普通高等教育"十一五"国家级规划教材

全国高等医药院校药学类专业第五轮规划教材

U0267214

发酵工艺学

第版

（供药学、生物工程、生物制药及相关专业使用）

主　编　夏焕章

副主编　倪孟祥　倪现朴　左爱仁　王远山

编　者　（以姓氏笔画为序）

王远山（浙江工业大学）

左爱仁（江西中医药大学）

田海山（温州医科大学）

李昆太（广东海洋大学）

陈　光（沈阳药科大学）

金利群（浙江工业大学）

周　林（广东药科大学）

胡忠策（浙江工业大学）

夏焕章（沈阳药科大学）

倪现朴（沈阳药科大学）

倪孟祥（中国药科大学）

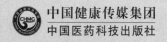

中国健康传媒集团

中国医药科技出版社

内容提要

本教材是"全国高等医药院校药学类专业第五轮规划教材"之一。共18章，内容涵盖发酵工程涉及的各种技术，包括工业微生物的菌种选育、培养基配制、灭菌与除菌方法、生产菌种的培养与保藏、发酵过程中的各种工艺条件的控制，以及几种发酵生物药物的生产过程。本教材为书网融合教材，即纸质教材有机融合电子教材、教学配套资源（PPT、图片等）、题库系统、数字化教学服务（在线教学、在线作业、在线考试）。

本教材可供全国高等医药院校药学、生物工程、生物技术、生物制药及相关专业师生作为教材使用，也可作为生物制药企业或生物药物研究人员的参考用书。

图书在版编目（CIP）数据

发酵工艺学／夏焕章主编. —4 版. —北京：中国医药科技出版社，2019.12

全国高等医药院校药学类专业第五轮规划教材

ISBN 978-7-5214-1515-5

Ⅰ.①发…　Ⅱ.①夏…　Ⅲ.①药物-发酵-生产工艺-医学院校-教材　Ⅳ.①TQ460.38

中国版本图书馆 CIP 数据核字（2020）第 000804 号

美术编辑　陈君杞
版式设计　友全图文

出版　**中国健康传媒集团**｜中国医药科技出版社
地址　北京市海淀区文慧园北路甲 22 号
邮编　100082
电话　发行：010-62227427　邮购：010-62236938
网址　www.cmstp.com
规格　889×1194mm　¹⁄₁₆
印张　20½
字数　455 千字
初版　2007 年 7 月第 1 版
版次　2019 年 12 月第 4 版
印次　2023 年 7 月第 3 次印刷
印刷　三河市航远印刷有限公司
经销　全国各地新华书店
书号　ISBN 978-7-5214-1515-5
定价　**52.00** 元

获取新书信息、投稿、为图书纠错，请扫码联系我们。

数字化教材编委会

主　编　夏焕章
副主编　倪孟祥　倪现朴　左爱仁　王远山
编　者　（以姓氏笔画为序）
　　　　王远山（浙江工业大学）
　　　　左爱仁（江西中医药大学）
　　　　田海山（温州医科大学）
　　　　李昆太（广东海洋大学）
　　　　陈　光（沈阳药科大学）
　　　　金利群（浙江工业大学）
　　　　周　林（广东药科大学）
　　　　胡忠策（浙江工业大学）
　　　　夏焕章（沈阳药科大学）
　　　　倪现朴（沈阳药科大学）
　　　　倪孟祥（中国药科大学）

出版说明

"全国高等医药院校药学类规划教材"，于20世纪90年代启动建设，是在教育部、国家药品监督管理局的领导和指导下，由中国医药科技出版社组织中国药科大学、沈阳药科大学、北京大学药学院、复旦大学药学院、四川大学华西药学院、广东药科大学等20余所院校和医疗单位的领导和权威专家成立教材常务委员会共同规划而成。

本套教材坚持"紧密结合药学类专业培养目标以及行业对人才的需求，借鉴国内外药学教育、教学的经验和成果"的编写思路，近30年来历经四轮编写修订，逐渐完善，形成了一套行业特色鲜明、课程门类齐全、学科系统优化、内容衔接合理的高质量精品教材，深受广大师生的欢迎，其中多数教材入选普通高等教育"十一五""十二五"国家级规划教材，为药学本科教育和药学人才培养做出了积极贡献。

为进一步提升教材质量，紧跟学科发展，建设符合教育部相关教学标准和要求，以及可更好地服务于院校教学的教材，我们在广泛调研和充分论证的基础上，于2019年5月对第三轮和第四轮规划教材的品种进行整合修订，启动"全国高等医药院校药学类专业第五轮规划教材"的编写工作，本套教材共56门，主要供全国高等院校药学类、中药学类专业教学使用。

全国高等医药院校药学类专业第五轮规划教材，是在深入贯彻落实教育部高等教育教学改革精神，依据高等药学教育培养目标及满足新时期医药行业高素质技术型、复合型、创新型人才需求，紧密结合《中国药典》《药品生产质量管理规范》（GMP）、《药品经营质量管理规范》（GSP）等新版国家药品标准、法律法规和《国家执业药师资格考试大纲》进行编写，体现医药行业最新要求，更好地服务于各院校药学教学与人才培养的需要。

本套教材定位清晰、特色鲜明，主要体现在以下方面。

1.契合人才需求，体现行业要求 契合新时期药学人才需求的变化，以培养创新型、应用型人才并重为目标，适应医药行业要求，及时体现新版《中国药典》及新版GMP、新版GSP等国家标准、法规和规范以及新版《国家执业药师资格考试大纲》等行业最新要求。

2.充实完善内容，打造教材精品 专家们在上一轮教材基础上进一步优化、精炼和充实内容，坚持"三基、五性、三特定"，注重整套教材的系统科学性、学科的衔接性，精炼教材内容，突出重点，强调理论与实际需求相结合，进一步提升教材质量。

3.创新编写形式，便于学生学习 本轮教材设有"学习目标""知识拓展""重点小结""复习题"等模块，以增强教材的可读性及学生学习的主动性，提升学习效率。

4.配套增值服务，丰富教学资源 本套教材为书网融合教材，即纸质教材有机融合数字教材，配套教学资源、题库系统、数字化教学服务，使教学资源更加多样化、立体化，满足信息化教学的需求。通过"一书一码"的强关联，为读者提供免费增值服务。按教材封底的提示激活教材后，读者可通过PC、手机阅读电子教材和配套课程资源（PPT、微课、视频、图片等），并可在线进行同步练习，实时反馈答案和解析。同时，读者也可以直接扫描书中二维码，阅读与教材内容关联的课程资源（"扫码学一学"，轻松学习PPT课件；"扫码看一看"，即可浏览微课、视频等教学资源；"扫码练一练"，随时做题检测学习效果），从而丰富学习体验，使学习更便捷。

编写出版本套高质量的全国本科药学类专业规划教材，得到了药学专家的精心指导，以及全国各有关院校领导和编者的大力支持，在此一并表示衷心感谢。希望本套教材的出版，能受到广大师生的欢迎，为促进我国药学类专业教育教学改革和人才培养做出积极贡献。希望广大师生在教学中积极使用本套教材，并提出宝贵意见，以便修订完善，共同打造精品教材。

中国医药科技出版社

2019年9月

前　言

　　发酵工程是将微生物学、生物化学和化学工程的基本原理有机地结合起来，利用微生物的某些特定功能，为人类生产有用的产品，或直接把微生物应用于工业生产过程的一种新技术。发酵工程是生物技术的重要组成部分，也是生物技术产业化的重要环节。发酵工程涉及医药、食品、能源、化工、农业和饲料等诸多行业。

　　《发酵工艺学》全书共分为18章，主要讲述发酵工程所涉及的各种技术，包括菌种选育、培养基、灭菌与除菌、生产种子制备、发酵工艺过程与工艺条件控制等。编者在本书写作过程中，紧随学科发展前沿，注重保持内容的先进性；同时注重知识的系统性、完整性和连贯性，系统地介绍了发酵的基本方法、控制原理和微生物药物工业化生产过程。此次修订相比第3版新增加了第十八章维生素的生产；更新了部分图片以及最新研究结果的数据，并新增数字化教材内容，使全书在内容上更加完善，更加适应教学需求。本教材为书网融合教材，即纸质教材有机融合电子教材、教学配套资源（PPT、图片等）、题库系统、数字化教学服务（在线教学、在线作业、在线考试）。

　　本教材由沈阳药科大学夏焕章主编，中国药科大学、广东药科大学、温州医科大学、江西中医药大学、江西农业大学、浙江工业大学教师参加编写，对各位编委表示衷心的感谢。

　　本教材可供药学、生物工程、生物技术、生物制药等专业的师生作为教材使用，也可作为参考书供生物制药企业或生物药物研究人员使用。

　　由于编者水平有所限，本书难免有疏漏之处，敬请读者指正。

编　者

2019 年 9 月

目 录

第一章 绪 论

学习目标

1. **掌握** 发酵和发酵工程的基本含义，发酵的重要技术。
2. **熟悉** 发酵生产的主要药物类型。
3. **了解** 发酵工业的发展历史。

第一节 发酵与发酵工程

一、发酵

最初，发酵（fermentation）是用来描述酵母菌作用于果汁或麦芽汁产生碳酸气泡的现象。1857 年法国化学家、微生物家巴斯德提出了著名的发酵理论："一切发酵过程都是微生物作用的结果。"巴斯德认为，酿酒是发酵，是微生物在起作用；酒变质也是发酵，是另一类微生物在作祟；随着科学技术的发展，可以用加热处理等方法来杀死有害的微生物，防止酒发生质变。同时，也可以把发酵的微生物分离出来，通过人工培养，根据不同的要求去诱发各种类型的发酵，获得所需的发酵产品。

生化和生理学意义的发酵是指微生物在无氧条件下，分解各种有机物质产生能量的一种方式，或者更严格地说，发酵是以有机物作为电子受体的氧化还原产能反应。如葡萄糖在无氧条件下被微生物利用，产生乙醇并放出 CO_2。

工业生产上笼统地把一切依靠微生物的生命活动而实现的工业生产均称为"发酵"，这样定义的发酵就是"工业发酵"。

工业发酵要依靠微生物的生命活动，生命活动依靠生物氧化提供的代谢能来支撑，因此工业发酵应该覆盖微生物生理学中生物氧化的所有方式：有氧呼吸、无氧呼吸和发酵。

二、发酵工程

发酵工程是将微生物学、生物化学和化学工程的基本原理有机地结合起来，利用微生物的某些特定功能，为人类生产有用的产品，或直接把微生物应用于工业生产过程的一种新技术。发酵工程所利用的微生物主要是细菌、放线菌、酵母菌和霉菌。

发酵工程由三部分组成：上游工程、中游工程和下游工程。其中上游工程包括优良菌种的选育，最适发酵条件（pH、温度、溶氧和营养组成）的确定等。中游工程主要指在最适发酵条件下，发酵罐中大量培养细胞和生产代谢产物的工艺技术。下游工程指从发酵液中分离和纯化产品的技术。

发酵工程主要涉及菌种的培养和选育、菌的代谢与调节、培养基灭菌、通气搅拌、溶氧、发酵条件的优化、发酵过程各种参数与动力学、发酵反应器的设计和自动控制、产品的分离纯化和精制等。

三、发酵应用领域

发酵广泛涉及医药、食品、化工、能源、农业和饲料等诸多行业。

1. 在医药工业领域的应用 包括抗生素、维生素、激素、药用氨基酸、核苷酸等。20世纪90年代以来，常用的抗生素已达100多种，如青霉素类、头孢菌素类、红霉素类和四环素类。应用发酵工程大量生产的基因工程药品有人生长激素、重组乙肝疫苗、某些种类的单克隆抗体、白细胞介素-2和抗血友病因子等。

2. 在食品工业领域的应用 包括传统的发酵产品，如白酒、啤酒、黄酒、果酒、食醋、酱油等；生产食品添加剂、防腐剂、色素、香料、营养强化剂，如L-苹果酸、枸橼酸、谷氨酸、红曲素、高果糖浆、黄原胶、结冷胶、赤藓糖醇等。

3. 在化工领域的应用 包括各种有机酸、长链二元酸、聚合有机物、生物材料、生物塑料、生物多糖、丙酮和丁醇等。

4. 在能源领域的应用 包括生物制氢、燃料乙醇等。

5. 在农业领域的应用 包括各种农用和兽用抗生素、维生素、氨基酸、激素、食用菌、微生态制剂和微生物肥料等。

6. 在酶制剂领域的应用 主要的酶制剂产品均为发酵工业生产，包括糖化酶、淀粉酶、蛋白酶、纤维素酶、脂肪酶、植酸酶、葡萄糖异构酶、葡聚糖酶和转苷酶等。

第二节 发酵工业的发展史

一、发展简史

尽管人类利用微生物发酵制造所需产物有几千年的历史，但对其过程的原理、反应步骤、物质变化、调控机制等的认识和理解主要是在20世纪完成的。发酵工程的发展大体上可分为下述四个阶段。

1. 原始天然发酵阶段 20世纪以前的时期，人类就利用传统的微生物发酵过程来生产酒、醋、酱、奶酪等食品。我们的祖先甚至可以凭借经验将这些过程控制和完善到惊人的程度，但还谈不上是生物学原理和工程学原理的自觉应用，还无法知道这些传统过程的本质。1675年，荷兰人列文虎克（Antony van Leeuwenhoek）发明了显微镜，首次观察到了微生物体，他的发现为生物界增添了一个新领域。今天我们所知道的原生动物、藻类、细菌、酵母菌等都是在300多年前由列文虎克最先描述的。到了19世纪中叶，法国葡萄酒的酿造者们在做酒过程中遇到了麻烦，他们发现葡萄酒得了一种"疾病"，于是，纷纷去找巴斯德寻求帮助，祈求巴斯德来医治这种"疾病"。正在对发酵作用机制进行研究的巴斯德当然关心他的科学研究的实际应用了，所以对这种求援十分重视。他充分利用自己化学家的特长，经分析发现，这种"疾病"的病根在于原来所进行的乙醇发酵部分地为另一种发酵过程所代替，也就是糖被部分地转变成乳酸了。同时，他用显微镜在得"病"的葡萄酒桶中找到了和酵母形态不一样的呈杆状和球状的生物体，巴斯德当时把它称作活跃因子或新的"酵母"。当然，我们今天已知它是乳酸杆菌了。巴斯德不但找出了"病根"，而且提出了"治疗"的办法，那就是对酒或糖液进行灭菌，这种灭菌方法就是现在所谓的巴斯德灭菌法。

巴斯德关于发酵作用的研究，从 1857~1876 年前后持续了 20 年。受过化学家训练的巴斯德以自己研究实践的科学结论说服了当时盛行的所谓的"自然发生学说"。他认为："一切发酵过程都是微生物作用的结果。发酵是没有空气的生命过程。微生物是引起化学变化的作用者。"他利用这种"发酵是生命过程"的理论，找到了葡萄酒和啤酒酸败的本质，又在解决问题的过程中创建了至今适用的巴斯德灭菌法。他对于上述产品致病原因的描述以及其防止办法的建议至今仍然是正确无疑的。巴斯德的发现不仅对以前的发酵食品加工过程给予了科学的解释，也为以后新的发酵过程的发现提供了理论基础，促使生物学原理和工程学原理相结合。

2. 发酵工业初创阶段 1900~1940 年期间，随着微生物培养技术的不断进步，新的发酵产品不断问世。新产品主要有酵母、甘油、乳酸、枸橼酸、丁醇和丙酮等。到了 20 世纪初，人们发现某些梭菌能引起丙酮-丁醇的发酵，丙酮是制造炸药的原料，随着第一次世界大战的爆发，一些服务于战争的弹药制造商们振兴了丙酮-丁醇制造工业。后来，战争虽然结束了，但丁醇作为汽车工业中硝基纤维素涂料的快干剂而大量使用，使这一工业经久不衰。时至今日，竞争力更强的新方法已逐步取代了昔日的发酵法。但它在生物工程发展中所做过的重要贡献使我们还有必要回顾它。它是第一个进行大规模工业生产的发酵过程，也是工业生产中首次采用纯培养技术。这一工艺获得成功的重要因素是排除了培养体系中其他有害的微生物。尽管这种"排除"和现在所说的无菌操作还有一定的距离，这里所说的大量纯培养技术和以后所说的大量纯培养技术也不能相提并论，但在 20 世纪初这段时期，这是相当进步的生物技术。该阶段的特点是生产过程简单，对发酵设备要求不高，生产规模不大，发酵产品的结构比原料简单，属于初级代谢产物。

3. 发酵工业全盛阶段 以青霉素工业生产为标志的深层通气培养法的建立是发酵工程发展的一次新飞跃，这一飞跃发生在 1942 年。早在 1929 年，英国科学家弗莱明在污染了霉菌的细菌培养平板上观察到了霉菌菌落的周围有一个细菌抑制圈，由于这种霉菌是青霉菌，所以弗莱明就把这个抑制细菌生长的霉菌分泌物称作青霉素。可是，它的提取精制在当时几乎无法做到，弗莱明只好忍痛割爱，放弃研究。10 年以后，第二次世界大战的战火燃遍欧亚大陆，大量的伤病员和战争受害者急需抢救，英国的一些科学家恢复了弗莱明的工作，取得了戏剧性的成功。这时，英国已战火弥漫无法试制，身处大战后方的美国承担了青霉素的试制任务。要生产这种被视为灵丹妙药的青霉素谈何容易，它必须要有一种严格的将不需要的微生物排除在生产体系之外的无菌操作技术，必须要有从外界通入大量空气而又不污染杂菌的培养技术，还要想方设法从大量培养液中拿出这种在当时还产量极低的较纯的青霉素。美国的研究者、生产者们齐心协力，攻克许多难关，花了 3 年的时间，在 1942 年正式实现了青霉素的工业化生产。这一惊人成就给当时千百万在战争死亡线和疾病死亡线上的挣扎者带来了生存的希望，也激起了科学家、企业家探索新抗生素的欲望，2 年以后，世界上第二个抗生素链霉素就诞生了。青霉素的工业化生产给千百万患者和伤者带来了福音，同时更重要的是，作为当时生物工程核心的发酵工程已从昔日以厌氧发酵为主的工艺，跃入深层通气发酵为主的工艺。这种工艺不只是通通气，与此相适应的还有一整套工程技术，例如，大量灭菌空气的制备技术、中间无菌取样技术、大罐无菌操作和管理技术、产品分离提纯技术、设备的设计技术等，因此，这是发酵工程第一次划时代的飞跃。

1952 年，应用黑根霉使孕酮的 C_{11} 位羟基化，生成 11-羟基孕酮，大大降低了可的松的成本，开辟了生物转化的领域。不久，科学家们又相继发现细菌、放线菌、真菌中的某些种，可以使一定结构的甾体化合物在一定的部位上发生分子结构的改变。这种酶促反应具有严格的底物特异性，一般能使底物分子上1或2个基团起反应，而并不需要对其他基团进行保护，有的还能把手征性的中心引入光学上无活性的分子中。至今已发现微生物转化甾体化合物的反应类型几乎包括任何已知的微生物酶促反应和已经发现的化学反应，如氧化、还原、水解、缩合、异构化、新的碳碳键的形成以及杂基团的导入等。通常，一个酶促反应可以代替几个化学反应步骤，使甾体药物的合成工艺变得更有效、更经济。

1957年，日本用微生物生产谷氨酸成功，如今20种氨基酸都可以用发酵法生产。氨基酸发酵工业的发展，是建立在代谢控制发酵新技术的基础上的。科学家在深入研究微生物代谢途径的基础上，通过对微生物进行人工诱变，先得到适合于生产某种产品的突变类型，再在人工控制的条件下培养，就能大量产生人们所需要的物质。

4. 现代发酵工业阶段　20世纪70年代以后，基因工程、细胞工程等生物工程技术的开发，使发酵工程进入了定向育种的新阶段，新产品层出不穷。20世纪80年代以来，随着学科之间的不断交叉和渗透，微生物学家开始用数学、动力学、化工工程原理、计算机技术对发酵过程进行综合研究，使得对发酵过程的控制更为合理。在一些国家，已经能够自动记录和自动控制发酵过程的全部参数，明显提高了生产效率。分子生物学和基因工程、细胞工程等新技术的发展加深了对微生物代谢产物生物合成的遗传学与调节机制的了解，从而也为这些新技术在此领域中更好地应用创造了条件。为了提高产物的单位产量，或有针对性地解除某一"限速步骤"，提高有关生物合成酶的表达水平或改变其调节机制，大大减少传统育种方法的随机性。在开发新品种方面，重组DNA和细胞融合技术不仅能在不同的程度上打破生物种属间的屏障，获得"杂交"分子的新产物，而且通过活化微生物的某些沉默基因，也可能获得一些新结构的活性物质。2019年6月，国内外首次利用合成生物学技术研制出了一种抗生素新药——可利霉素，已被批准上市。

二、重要发酵技术的建立

1. 纯培养技术　始于19世纪末至20世纪初，其技术特征为人类在显微镜的帮助下，把单一的微生物进行纯培养，在密闭容器中进行厌氧发酵生产酒精等工业产品。微生物纯培养技术的建立是发酵技术发展的第一个转折时期，发酵工程技术得到改进，发酵效率得到提高，生产过程中的腐败现象大大减少，厌气性发酵技术得以发展。

2. 通气搅拌发酵技术　始于20世纪40年代，其技术特征为成功地建立起深层通气进行微生物发酵的一整套技术，有效地控制了微生物有氧发酵的通气量、温度、pH和营养物质的供给。通气搅拌发酵技术的建立是发酵技术发展的第二个转折时期，是现代发酵工业的开端。通气搅拌发酵技术的建立，不仅促进了抗生素发酵工业的兴起，而且使各种有机酸、酶制剂、维生素、激素等产品都可以利用液体深层通气培养技术进行大规模生产。微生物发酵的代谢活动已经从分解代谢转变为合成代谢，超越了微生物正常代谢的框架。

3. 代谢调控发酵技术　始于20世纪60年代，其技术特征为以生物化学和遗传学为基础，研究代谢物的生物合成途径和代谢调节机制，控制微生物的代谢途径，使之进行最合理的代谢，在人工控制的条件下，选择性地大量积累人们所需要的代谢产物。代谢调控发酵技术的建立是发酵技术发展的第三个转折时期，形成了一个较完整的、利用微生物发酵的工业化生产体系。通过对微生物进行人工诱变，改变微生物代谢途径，最大限度地积累产物。

4. 发酵放大技术 发酵罐的容积发展到前所未有的规模，发酵规模巨大，搅拌型发酵罐已达 500m³，气升式发酵罐已达 2000m³；发酵时氧耗大，对发酵设备提出了新的要求，并逐步运用计算机以及自动化控制技术进行灭菌和发酵过程的 pH、溶解氧等发酵参数的控制，使发酵生产向连续化、自动化前进了一大步。

5. 基因工程等多种技术 20 世纪 70 年代，随着学科之间的不断交叉和渗透，发酵技术进入了全面发展阶段，建立了发酵动力学、发酵过程的连续化、自动化工程技术。原生质体融合技术、基因工程技术的发展和在微生物菌种选育方面的应用，可定向选育菌种来生产所需要的产物，提高产品的产量和质量，降低成本，为发酵技术带来了方法上、手段上的重大变化和革命；发酵罐的大型化、多样化、连续化、自动化方面有了极大的发展；发酵过程中利用数学、动力学、化工原理、计算机技术、自动控制技术对发酵过程进行综合研究，使得对发酵过程的控制更为合理，发酵工程进入了现代发酵工程阶段。随着工业自动化水平不断升级，微机也在发酵系统中发挥了越来越大的作用。目前已经能够实现自动记录和自动控制发酵过程的全部参数，明显提高生产效率，实现了发酵工程的高度自动化。

第三节 发酵生产过程与方式

一、发酵生产过程

发酵水平的提升和产品质量优化主要取决于三个方面的因素：微生物自身的遗传特性（菌种的性能）、发酵培养过程中微生物所处于的环境条件（发酵工艺条件）、生物反应器（发酵罐）的工作性能状况。

1. 生产菌种 优良菌种是保证发酵产品质量好、产量高的基础。优良菌种的取得，最初是通过对自然菌体进行筛选得到的。20 世纪 40 年代开始使用物理的或化学的诱变剂，如紫外线、芥子气等处理菌种，进行人工诱发突变，从而迅速选育出比自然菌种更优良的菌种。之后，又运用细胞工程和遗传工程的成果来获取菌种。通过菌种选育，提高菌种代谢产物产量；提高产物的纯度，减少副产物；提高有效组分，减少色素等杂质；通过改变菌种性状，改善发酵过程，包括：提高斜面孢子化程度，改变和扩大菌种所利用的原料结构，改善菌种生长速度，改善对氧的摄取条件，降低需氧量及能耗，抗噬菌体的侵染，筛选耐高温、耐酸碱、耐自身代谢产物，改善细胞透性，提高产物分泌能力。

2. 种子制备 种子扩大培养是指将保存在砂土管、冷冻干燥管中处于休眠状态的生产菌种接入试管斜面活化后，再经过扁瓶或摇瓶及种子罐逐级扩大培养，最终获得一定数量和质量的纯种过程。种子的制备一般采用两种方式，对于产孢子能力强的及孢子发芽、生长繁殖快的菌种可以采用固体培养基培养孢子，孢子可直接作为种子罐的种子，这样操作简便，不易污染杂菌。对于产孢子能力不强或孢子发芽慢的菌种，可以用摇瓶液体培养法。将孢子（可来自于斜面、冻存管、冻干管）或菌丝体（来自于液氮保存管）接入含液体培养基的摇瓶中，于摇瓶机上恒温振荡培养，获得菌丝体，作为种子。种子罐的作用：主要是使孢子发芽，生长繁殖成菌丝，接入发酵罐后能迅速生长，达到一定的菌体量，以利于产物的合成。种子质量的最终指标是考察其在发酵罐中所表现出来的生产能力。因此首先必须保证生产菌种的稳定性，其次是提供种子培养的适宜环境保证无杂菌侵入，以获得优良种子。

3. 发酵工艺 发酵过程在发酵罐中进行，这一过程的主要目的是使微生物积累大量的代谢产物。发酵开始前，所用的培养基和相应设备必须先经过灭菌，然后将种子罐种子接入发酵罐中进行培养。发酵过程中需要通入无菌空气并进行搅拌。发酵过程要对发酵的各种参数进行控制和优化，如菌体浓度、各种营养物质的浓度、溶解氧浓度、发酵液 pH、发酵液黏度、培养温度、通气量、搅拌转速、泡沫等。为了延长发酵周期，增加代谢产物的产量，在发酵过程中还要补入适当的新鲜料液。

二、发酵方式

按照发酵的特点，可以对发酵方式按不同的分类方法进行分类。根据微生物与氧的关系不同分为需氧发酵和厌氧发酵；根据培养基状态不同分为固体发酵和液体发酵；根据发酵设备分为敞口发酵、密闭发酵、浅盘发酵和深层发酵；根据微生物发酵操作方式的不同分为分批发酵、补料分批发酵和连续发酵；根据微生物发酵产物的不同分为微生物菌体发酵、微生物酶发酵、微生物代谢产物发酵、微生物的转化发酵和基因工程细胞发酵。实际上在微生物工业生产中，都是各种发酵方式结合进行的，选择哪些方式结合起来进行发酵，取决于菌种特性、原料特点、产物特色、设备状况、技术可行性、成本核算等。现代发酵工业大多数是好氧、液体、深层、分批、游离、单一纯种发酵方式结合进行的。

第四节　发酵生产的药物

微生物药物是指微生物在其生命活动过程中产生的在低微浓度下具有生理活性（或药理活性）的次级代谢产物及其衍生物。这些具有生理活性的次级代谢产物包括具有抗微生物感染、抗肿瘤和抗病毒作用的抗生素，以及具有调节原核生物和真核生物生长、复制等生理功能的特异性酶抑制、免疫调节、受体拮抗、抗氧化等作用的化学物质。微生物药物作为现代药物的重要组成部分，目前已有 100 多个品种，约占药物市场份额的 20% 以上，占中国内地市场的 35% 以上。微生物及其代谢产物作为治疗药物、辅助药物和预防药物等对人类的生命健康做出了巨大的贡献。

1. 抗生素 微生物产生的次级代谢产物具有各种不同的生物活性，如抗生素就是人们熟悉的具有抗感染、抗肿瘤作用的微生物次级代谢产物。

日前上市的各种具有结构代表性的抗菌药物有 28 种，其中 19 种或是直接来自微生物发酵的次级代谢产物或是其化学修饰物，另外 9 种为全合成产物。

近年来微生物药物的研究已经取得骄人的成绩，特别是抗感染和抗肿瘤疾病的治疗药物，如临床上使用的青霉素、头孢菌素、红霉素、两性霉素 B 和阿霉素等重要的抗生素为人类的健康做出了重大贡献。

2. 酶抑制剂 在最近 20 多年的微生物药物研究开发过程中，最令人兴奋的成果之一是从微生物次级代谢产物中发现了抑制胆固醇合成过程的限速酶的抑制剂，即 HMG-CoA 还原酶抑制剂洛伐他汀和普伐他汀。随后通过药物化学家的共同努力，很快应用化学合成的方法获得了阿托伐他汀、氟伐他汀和得伐他汀等一系列他汀类降血脂药物。由于这类药物的作用机制新颖和独特，所以取得了十分显著的临床治疗的效果。α-糖苷酶抑制剂阿卡波糖等和胰脂酶抑制剂奥利司他的开发成功，极大地鼓舞了科研工作者从微生物代谢产物中寻找新药的信心。

3. 免疫抑制剂 环孢素 A 首先是作为抗真菌药物被发现的。但当其作为免疫抑制剂用于临床抗器官移植排斥反应，取得了惊人的效果，是临床免疫抑制疗法的一场革命。目前，在临床应用的免疫抑制剂中，来自于微生物次级代谢产物的微生物药物起到了极其重要的作用。已经被应用于临床的药物包括：西罗莫司（雷帕霉素）、他克莫司（FK-506）、霉酚酸以及 15-脱氧精胍菌素和咪唑立宾等。

4. 维生素 人体生命活动必需的要素，主要以辅酶或辅基的形式参与生物体各种化学反应。维生素在医疗中发挥了重要作用。目前维生素 C、维生素 B_2、维生素 B_{12}、维生素 D 和 β-胡萝卜素等维生素可完全或部分地利用微生物进行工业生产。

维生素 C 又称抗坏血酸（ascorbic acid），能参与人体内多种代谢过程，使组织产生胶原质，影响毛细血管的渗透性及血浆的凝固，刺激人体造血功能，增强机体的免疫力。另外，由于它具有较强的还原能力，可作为抗氧化剂，已在医药、食品工业等方面获得广泛应用。维生素 C 的化学合成方法一般指莱氏法，后来人们改用微生物脱氢代替化学合成中 L-山梨糖中间产物的生成，使山梨糖的得率提高一倍。我国进一步利用另一种微生物将 L-山梨糖转化为 2-酮基-L-古龙酸，再经化学转化生产维生素 C，称为两步法发酵工艺。

维生素 B_2 又称核黄素，为水溶性维生素，是一种异咯嗪衍生物。很多微生物可生成维生素 B_2，用于工业生产的主要是棉阿舒囊霉和阿舒假囊酵母。此外，许多种的假丝酵母、多种霉菌和细菌也能少量形成维生素 B_2。

5. 氨基酸 构成蛋白质的基本单位，广泛应用于医药、食品及调味剂、动物饲料、化妆品的制造。1956 年分离到谷氨酸棒状杆菌，采用微生物发酵法工业化生产谷氨酸成功，从此推动了氨基酸生产的大发展。目前绝大多数氨基酸应用发酵法或酶法生产，包括谷氨酸、丙氨酸、精氨酸、瓜氨酸、组氨酸、异亮氨酸、亮氨酸、赖氨酸、天冬氨酸、苯丙氨酸、脯氨酸、苏氨酸、色氨酸、缬氨酸，极少数为天然提取或化学合成法生产。氨基酸发酵就是在以糖类和铵盐为主要原料的培养基中培养微生物，积累特定的氨基酸。起初是由从自然界中筛选有产酸能力的菌株，而后在确立突变技术和阐明氨基酸生物合成系统调节机制的基础上选育氨基酸生物合成高能力的菌株。主要菌种有谷氨酸棒杆菌、黄色短杆菌、乳糖发酵短杆菌、短芽孢杆菌和粘质沙雷式菌等，这些菌种往往是生物素缺陷型，也有些是氨基酸缺陷型，还有采用基因工程菌进行生产的。

第五节　发酵工业的发展展望

发酵工业未来的发展趋向主要有以下几个大方面。

1. 基因工程的发展为发酵工程带来新的活力。主要是以基因工程为龙头，对传统发酵工业进行改造，从诱变育种向分子育种转变，大幅度提高菌种的生产能力，基因工程和代谢工程成为改造传统发酵工业的重要技术手段。

2. 深入研究发酵过程，如过程中的生物学行为、化学反应、物质变化、发酵动力学和发酵传递力学等，以探索选用菌种的最适生产环境和有效的调控措施。

3. 设计适合于生物合成目的产物的反应器，大型化、连续化、自动化控制技术的应用为发酵工程的发展拓展了新空间。这些技术的应用，大大提高了发酵的效率和质量，降低了能耗和成本，开拓了发酵原料的来源和用途，提高了设备的利用率。

4. 代谢调控技术、连续发酵技术、高密度发酵技术、固定化增殖细胞技术、反应器技术、发酵与分离偶联技术、在线检测技术、自控和计算机控制技术、产物的分离纯化技术的发展，使发酵工程达到了一个新的高度。

5. 再生资源的利用给人们带来了希望。对各种发酵废弃物进行处理和转化，变害为宝，对实现无害化、资源化和产业化具有重大的意义。

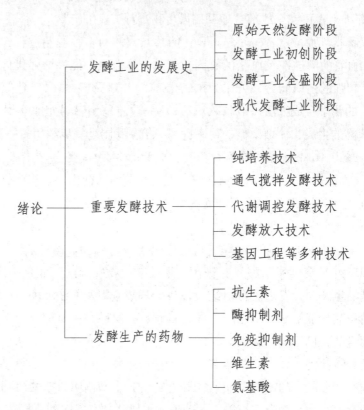

发酵工业的发展史
— 原始天然发酵阶段
— 发酵工业初创阶段
— 发酵工业全盛阶段
— 现代发酵工业阶段

绪论 — 重要发酵技术
— 纯培养技术
— 通气搅拌发酵技术
— 代谢调控发酵技术
— 发酵放大技术
— 基因工程等多种技术

发酵生产的药物
— 抗生素
— 酶抑制剂
— 免疫抑制剂
— 维生素
— 氨基酸

扫码"练一练"

? 思考题

1. 发酵和发酵工程的基本含义是什么？
2. 发酵的发展过程建立了哪些重要的技术？
3. 发酵生产的主要药物类型有哪些？

（夏焕章）

第二章　微生物药物生物合成与调控

扫码"学一学"

学习目标

1. **掌握**　微生物次级代谢产物的生物合成过程及其调节机制。
2. **熟悉**　微生物次级代谢产物的特点和次级代谢产物生物合成的控制。
3. **了解**　微生物药物的生物合成及其调节机制的指导意义。

微生物药物（这里指微生物次级代谢产物）的合成是在微生物体内酶催化下将小分子物质逐步合成产物的生化反应过程。在这一生物合成过程中既涉及初级代谢又涉及次级代谢，且各种代谢反应和代谢途径错综复杂地交织在一起，形成复杂的代谢网络（metabolic network），呈现出多代谢作用（pleometabolism）或代谢栅栏（metabolic grid）特征。另外在生物合成过程中，又严格地受到微生物细胞内存在的代谢调节，以及外界环境条件的调节。目前，人们利用已知或可能存在的生物合成途径及其代谢调控理论，成功地解决了微生物药物生产过程中菌种产量、发酵工艺、产品质量等关键问题。微生物药物的生物合成及其调控理论在微生物药物的生产中起着非常重要的指导作用。

第一节　微生物代谢调节

微生物体内存在着严密、精确、灵敏的代谢调节体系。这种自我调节作用使细胞经济有效地利用营养物质与能量，合理地进行各种代谢活动，以适应微生物自身的正常生长繁殖和外界环境的变化，达到微生物代谢活动和外界环境高度统一。微生物代谢调节机制复杂，具有多系统、多层次特点，但主要通过控制酶来实现，即酶合成的调节（诱导和阻遏）和酶活性的调节（激活或抑制）。研究微生物代谢调节的实际意义在于打破微生物原有的代谢调控系统，过量积累目标产物，提高生产效率。

一、代谢调节的部位

在微生物细胞的营养吸收、酶促反应、代谢物分泌的整个代谢活动中，代谢调节主要集中在3个部位：细胞（及细胞器）膜、酶本身、酶与底物的相对位置及间隔状况（代谢通道）。

细胞膜的组成、结构和功能影响营养物质的运输和代谢产物的排出。与膜密切相关的调节主要包括：膜的脂质（磷脂及其他脂质）分子结构以及环境条件（如离子强度、温度、pH 等）对膜脂质理化性质的影响；膜蛋白质（如酶、载体蛋白、电子传递链的成员及其他蛋白质）的绝对数量及其活性的调节；跨膜的电化学梯度以及 ATP、ADP、AMP 体系及无机磷浓度对溶质输送的调节；细胞壁结构（特别是骨架结构）的部分破坏或变形，形成不完全的细胞壁，影响细胞渗透性，从而影响膜对溶质的通透性。

酶调节主要是指酶分子活性和酶生成量的调节，特别是关键酶。原核生物细胞中的酶

9

转录和翻译均在细胞质内进行；真核生物细胞的酶转录在核中进行，翻译在细胞质中进行，但是线粒体的酶转录和翻译均在线粒体基质内进行。

通过酶与底物的相对位置及间隔状况（代谢通道）来调节和控制代谢途径。酶体系是区域化的，某一代谢途径相关的酶系集中于某一区域（表2-1），在一定空间范围内按特定顺序进行酶促反应。通过控制酶与底物的相对位置来控制代谢途径活性的方式被称作代谢通道控制作用。

表 2-1　原核生物和真核生物细胞的酶体系区域化

原核生物细胞	真核生物细胞
细胞质膜：与呼吸有关的酶系	线粒体：与呼吸产能反应有关的酶
核糖体：与蛋白质合成有关的酶系	核糖体：与蛋白质合成有关的酶
G^-壁膜间隙：分解大分子的水解酶	细胞核：与遗传物质复制与转录有关的酶
G^+胞外：分解大分子的水解酶	细胞质：与分解代谢有关的酶

微生物自我调节的3个部位实际上也是微生物代谢调节的3种形式：细胞透性的调节、代谢途径的区域化和流向调节、代谢速度的调节。它们都涉及酶促反应调节，即酶量调节和酶活性调节。

二、酶活性调节

酶活性调节是指通过改变代谢途径中的一个或几个关键酶的活性来调节代谢速度的调节方式，其特点是迅速、及时、有效和经济。

（一）酶的激活或抑制

酶的激活或抑制是指在某个酶促反应系统中，加入某种低分子量的物质后，导致酶活性的提高或降低，从而使得该酶促反应速度提高或下降的过程。能引起酶的活力提高或降低的物质称为酶的激活剂或酶的抑制剂，如外源物质、代谢产物、金属离子等。酶的抑制可以是不可逆的或可逆的，前者造成代谢作用停止；后者除去酶的抑制剂后，酶活性恢复。酶的抑制多数是可逆的，且多属于反馈抑制（feedback inhibition）。

（二）酶活性调节的方式

1. 前馈作用（feedforward）　在代谢途径中前面的底物对其后某一催化反应的调节酶有作用（激活或抑制）。如1,6-二磷酸果糖对丙酮酸激酶起前馈激活作用，乙酰辅酶A对乙酰辅酶A羧化酶起前馈抑制作用。

2. 终产物抑制（end product inhibition）　在代谢途径中，终产物对其合成途径第一个酶的活性产生抑制作用，又称为反馈抑制（feedback inhibition）。

3. 补偿性激活（compensatory activation）　当某一终产物的合成需要两种前体时，另一前体物的大量存在可能激活受终产物抑制的酶的活性。

4. 协同（多价）反馈抑制（concerted or multivalent feedback inhibition）　分支代谢途径中的几个终产物同时过量时才能抑制共同途径的第一个酶的调节方式。如谷氨酸棒杆菌（*Corynebacterium glutamicu*）中，苏氨酸和赖氨酸协同反馈抑制天门冬氨酸激酶，见图2-1。

5. 累积反馈抑制（cumulative feedback inhibition）　每一分支途径的终产物按一定百分率单独抑制共同途径前端的酶。当几种终产物同时存在时，它们的抑制作用是累积的；各终产物之间无关。谷氨酰胺合成酶受 8 种终产物的累积反馈抑制。

6. 增效（合作）反馈抑制（synergistic or cooperative feedback inhibition）　两种终产物同时存在时的反馈抑制效果远大于一种终产物过量时的反馈抑制作用。

7. 顺序反馈抑制（sequential feedback inhibition）　在分支代谢途径中，按一定顺序逐步进行的反馈抑制。

8. 同工酶调节　同工酶（isoenzyme）又称同功酶，是指催化相同的生化反应，但酶蛋白结构有差异，而且控制特征也不同的一组酶的通称。如果代谢途径中某一反应受到一组同工酶的催化，那么不同的同工酶可能受各不相同的末端产物控制，即称为同工酶调节。

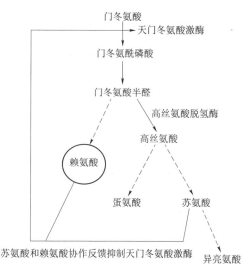

图 2-1　谷氨酸棒杆菌中的苏氨酸和赖氨酸的合成

9. 联合激活或抑制调节（终产物抑制的补偿性逆转）　由一种生物合成的中间产物参与两个完全独立的、不交叉的合成途径的控制。这种中间体物质浓度的变化会影响这两个独立代谢途径的代谢速率，因此这两个独立代谢途径之间就可能存在激活与抑制的联合调节方式。

10. 平衡合成（balanced synthesis）

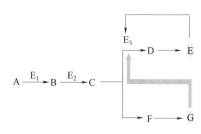

图 2-2　平衡合成示意图

经分支合成途径产生的两种终产物 E、G，取平衡合成模式，见图 2-2。若 E 优先合成，当 E 过剩时，反馈抑制 E_3 的活性，导致 C 转向 G 合成；当 G 过剩时，解除 E 对酶 E_3 的抑制，又转向为优先合成产物 E。

11. 代谢互锁（metabolic interlock）　分支途径上游的某个酶受到另一条分支途径的终产物，甚至与本分支途径几乎不相关的代谢中间物的抑制或激活，使酶的活力受到调节。

12. 假反馈抑制（pseudo-feedback inhibition）　结构类似物的反馈抑制。而结构类似物是指与代谢产物结构相似的化合物，如 S-（2-氨基乙基）-L-半胱氨酸（AEC）是赖氨酸的结构类似物。

（三）酶活性调节的分子机制

酶活性调节的分子机制可用酶的变构调节理论和酶分子的共价修饰调节理论加以解释。前者是通过分子空间构型上的变化来引起酶活性的改变，后者是通过酶分子本身化学组成上的改变来引起酶活性的变化。

酶的变构调节理论认为受反馈抑制的酶是变构酶。变构酶含有两个立体专一性不同的结合位点：一个是活性部位（或活性中心、催化中心），是与底物结合的部位，具有催化性质；另一部位称为变构部位或别构部位（或称调节中心），是与调节物（激活剂或抑制剂）非共价地可逆性结合的部位。酶的活性部位和变构部位处于不同的空间位置。能促进活性中心与底物结合，提高催化活性的效应物称为活化剂；能减弱活性中心与底物结合，降低酶活性的效应物称为抑制剂。酶与调节物（如终产物）复合体的形成引起酶分子的三级或四级结构的可逆性变化，酶构型的变化影响了底物与活性中心的结合或催化中心的改变，从而影响酶的催化效应。终产物和酶的调节中心的结合是可逆的，当终产物浓度降低时，终产物与酶的结合随即解离，从而恢复了酶蛋白的原有构型，使酶与底物可以发生催化作用。

酶分子的共价修饰调节包括可逆的共价修饰和不可逆的共价修饰。可逆的共价修饰是指细胞中有些酶以活性形式和非活性形式存在，而且两种形式可以通过另外的酶的催化作用进行共价修饰而互相转换。磷酸化修饰是生物体内常见的调节蛋白活性的方式，即在蛋白质的丝氨酸或苏氨酸残基的羟基进行磷酸化。如磷酸化酶在磷酸化酶激酶作用下共价地结合磷酸基使其以活性形式存在，但有活性的磷酸化酶在磷酸化酶磷酸酯酶作用下释放磷酸基又可转变成无活性的磷酸化酶。酶的可逆性共价修饰作用在于在短时间内生成大量的活性改变了的酶，能有效地控制细胞的代谢状况；可逆修饰更易做到为响应代谢环境的变化而控制酶的活性。不可逆共价修饰是指当功能需要时，无活性的酶原被相应的蛋白酶作用切去一小段肽链而活化，故又称为酶原激活（zymogen activation）。如胰蛋白酶原转变成胰蛋白酶的过程。

三、酶合成调节

酶合成调节是指通过控制酶的合成量来调节代谢速度的调节方式。其特点是缓慢、节约原料和能量、基因表达水平上调节。

（一）酶的诱导或阻遏

环境物质促使微生物细胞合成酶蛋白的现象称为酶的诱导。能够诱导某种酶合成的化合物称为酶的诱导剂（inducer），诱导剂通常是底物或底物的结构类似物及非底物高效诱导物。诱导剂种类和浓度影响诱导能力。酶的诱导包括协同诱导和顺序诱导。协同诱导是指加入一种诱导剂后，微生物能同时或几乎同时合成几种酶，它主要存在于较短的代谢途径中，合成这些酶的基因由同一操纵子所控制。顺序诱导是指第一种酶的底物会诱导第一种酶的合成，第一种酶的产物又可诱导第二种酶的合成，以此类推合成一系列的酶，它常见于较长的、用来降解好几个底物的降解途径。

微生物在代谢过程中，当胞内某种代谢产物积累到一定程度时，就会阻止代谢途径中包括关键酶在内的一系列酶的合成，从而控制代谢的进行，减少末端产物生成，这种现象称为酶合成的阻遏。阻遏包括分解代谢产物阻遏（catabolite repression）和末端代谢产物阻遏（end product repression）两种类型。

在酶合成的阻遏中，如果代谢产物是某种化合物分解的中间产物，这种阻遏称为分解代谢产物阻遏；如果代谢产物是某种合成途径的终产物，这种阻遏称为末端代谢产物阻遏。末端代谢产物阻遏通常称为反馈阻遏（feedback repression）。

（二）酶合成调节的方式

1. 简单终产物阻遏 单个终产物的生物合成途径中，当终产物过量时，途径中所有的酶均被阻遏，当终产物浓度受限制时均被解阻遏。

2. 可被阻遏的酶产物的诱导 单个终产物的生物合成途径中，终产物的阻遏只施加在途径的第一个酶上，由这个酶催化的反应的产物的高浓度，促使其下游的酶的诱导合成。

3. **多个单功能酶的简单终产物阻遏——同工酶阻遏** 多个终产物的生物合成途径中，共同途径的第一步反应受两个同工酶的催化，这两个同工酶分别受一个分支的终产物的阻遏。

4. **多功能酶的多价阻遏** 多功能酶是指多肽链上有两个或两个以上具有催化活力的酶。多个终产物的生物合成途径中，第一个、第二个酶是多功能酶肽链上的两个酶，C 是它前面的途径的产物，又是它后面途径的起始物。只有当途径的产物 C 和 E 均过量时，形成第一个产物的酶才被阻遏，见图 2-3。

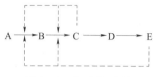

图 2-3 多功能酶的
多价阻遏示意图

5. **催化两条不同合成途径的共用酶系的阻遏** 多个终产物的生物合成途径中，催化两条不同合成途径的共用酶系的阻遏必须是两条途径的终产物均过量时才发生。

6. **分解代谢产物阻遏**（catabolite repression） 分解代谢途径中，比较容易被一种微生物降解的化合物，或其分解代谢物对较难被这种微生物降解的化合物的降解途径的阻遏。如葡萄糖的存在和降解阻遏了降解乳糖的酶系的合成。

7. **起始底物的诱导** 分解代谢途径中，起始底物诱导其自身被分解的途径的酶系统。如枯草芽孢杆菌中的组氨酸诱导其自身被分解代谢生成谷氨酸的途径的一系列酶。

8. **降解代谢途径的中间产物所引起的诱导** 分解代谢途径中，起始底物必须首先被转化成诱导物后，才能由该诱导物诱导合成降解途径的酶。

9. **汇流降解代谢途径中的诱导** 分解代谢途径中，经两条可诱导途径生成一个共同的中间产物，这个中间产物进而诱导一条对两个初始底物而言是共用的降解途径。

10. **多功能途径的诱导** 分解代谢途径中，两个化合物中的每一个均诱导一些反应，从而构成一条能降解这两个化合物的途径。

（三）酶合成调节的分子机制

1. **诱导作用的分子机制** 可用操纵子学说来解释，见图 2-4。操纵子由调节基因 R、启动子 P、操纵区 O 和结构基因 S 组成，结构基因的转录和翻译受调节蛋白、启动子和操纵区的控制。调节基因编码调控蛋白，调控蛋白有阻遏蛋白（阻遏物）和激活蛋白，调控蛋白是变构蛋白。阻遏蛋白既有与操纵基因结合的位点（DNA 结合域），又有与调节剂（诱导物）结合的位点。在无诱导物时，阻遏蛋白能与操纵区结合，阻挡 RNA 聚合酶对结构基因的转录，没有酶的合成；在有诱导物时，阻遏蛋白能与诱导物结合，使其构象发生改变，不能与操纵区结合，致使 RNA 聚合酶结合于启动子上，并进行转录和翻译，表达所需要的酶。如果调节基因发生突变，导致阻遏蛋白结构发生改变，失去同操纵区结合的能力；如果操纵区发生突变，导致阻遏蛋白不能与操纵区结合，造成结构基因不受控制地转录。上述两种突变导致即使没有诱导物存在结构基因也能转录，将这种突变称为组成型突变。

2. **代谢产物阻遏的分子机制** Monod 提出的乳糖操纵子模型解释分解代谢产物阻遏的分子机制，见图 2-5。乳糖操纵子的启动子内有与 RNA 聚合酶结合位点，还有一个与 CRP-cAMP 复合物的结合位点。CRP 由 *CRP* 基因编码，是 cAMP 受体蛋白。当 CRP 与 cAMP 结合后，就会被活化，CRP-cAMP 复合物又会使 RNA 聚合酶与启动子结合。在只含有乳糖的培养环境中，cAMP 含量高，乳糖操纵子的"开关"开启，三种与乳糖代谢有关的酶能被顺利合成。乳糖与葡萄糖同时存在时，分解葡萄糖的酶类（组成酶）能迅速地将葡萄糖降

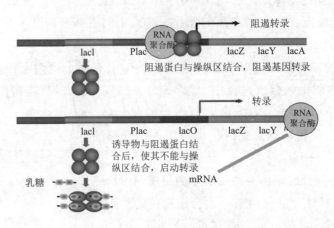

图 2-4 酶诱导的操纵子学说示意图

解成某种中间产物（X），X 即会阻止环化形成 cAMP，同时又会促进 cAMP 水解成 AMP，从而降低了 cAMP 的浓度，继而阻遏了与乳糖降解有关的诱导酶合成。葡萄糖分解代谢产物阻遏的实质是由于细胞内缺少了环腺苷酸（cAMP）。如果 *CRP* 基因发生缺失或突变，没有正常的 CRP 产生，不能形成 CRP-cAMP 复合物，则对葡萄糖分解代谢阻遏的酶系不能起解阻遏作用；如果启动子发生突变，使其与 RNA 多聚酶的亲和力增大，这样的突变株可能解除分解代谢物阻遏。

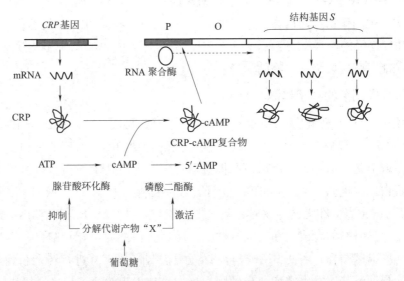

图 2-5 分解代谢产物阻遏的分子水平的机制

末端代谢产物阻遏的机制也可以用操纵子学说解释。末端代谢产物可以与调控蛋白结合，解除调控蛋白的阻遏。代谢通过筛选代谢产物或其类似物抗性突变株，则可能筛选到调节基因或操纵区发生突变的菌株。如果调节基因发生突变，改变的阻遏蛋白不能与终产物结合，去阻遏；如果操纵区发生突变，操纵区的阻塞无法实现，解除反馈阻遏（图 2-6）。上述突变株均可以解除反馈阻遏，过量合成该途径的酶，进而催化合成过量的末端代谢产物。这样的突变株在工业生产上是极其有价值的。

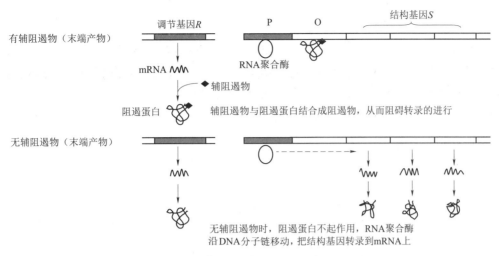

图 2-6　末端代谢产物阻遏在分子水平上的作用机制

四、代谢调控

掌握微生物代谢调节、调节方式及其调节的分子机制，就可以人为地对微生物代谢过程、代谢途径、代谢产物等方面进行调节控制。如提供较多的底物、诱导物、前体物、降低终产物浓度或移走终产物、阻断支路途径来达到目标产物的过量合成。微生物代谢调节控制方法主要有以下 4 个方面。

（一）产能代谢控制

产能代谢控制是通过改变细胞 ATP、ADP、AMP 三者比例来控制其代谢活动。细胞内存在着 ATP 合成的酶系统，如分解代谢酶类磷酸果糖激酶（PFK）和异枸橼酸脱氢酶（ID）等，及 ATP 消耗的酶系统如枸橼酸裂解酶、磷酸核糖焦磷酸合成酶等。当 ATP 合成的酶系统活性高时 ATP 含量高，对糖分解代谢产生反馈抑制；当 ATP 消耗的酶系统活性高时 ATP 降解为 ADP 和 AMP，含量减少，上述反馈抑制被解除。

（二）细胞渗透性调控

微生物细胞渗透性调控可分为细胞膜调控与细胞壁调控两类。通过改变细胞的渗透性，控制基质的吸收和产物的分泌，进而影响酶与基质之间的作用。通过限制培养基中生物素浓度，筛选生物素缺陷型或油酸缺陷型等细胞透性改变突变株，添加表面活性剂或脂溶剂，添加作用于细胞壁或细胞膜的抗生素，控制 Mn^{2+}、Zn^{2+} 的浓度等提高细胞渗透性。如曾获得细胞膜透性改变的青霉素高产菌株，摄取无机硫酸盐的能力要比低产菌株增加 2~3 倍。加入青霉素可促进谷氨酸分泌胞外，降低胞内谷氨酸浓度，解除谷氨酸引起的反馈调节，导致谷氨酸高产。

（三）菌种遗传特性改变

通过诱变剂处理、细胞融合及基因操作技术使菌种遗传物质发生改变，获得各种突变株如营养缺陷型、渗漏缺陷型、解除反馈调节突变株、解除分解代谢产物阻遏突变株、组成型突变株、各种抗性突变株如氨基酸结构类似物抗性突变株、增加有关基因数量的工程菌株等，从根本上打破微生物原有的代谢调节机制，积累目标产物，为生产提供高产高质量菌种。如在大肠埃希菌中引入一个携带 β-半乳糖苷酶的质粒后，可以增加 3 倍的 β-半乳糖苷酶产量。

（四）发酵工艺条件的控制

微生物发酵过程中涉及的培养基、pH、温度、溶解氧等发酵工艺参数及发酵方式均需要严格控制，使菌种的生产能力得到最大限度发挥。如青霉素 G 发酵生产中，通过降低培养基中葡萄糖基础浓度、发酵过程中流加或滴加葡萄糖，控制发酵液中葡萄糖浓度低于发生阻遏作用的浓度，以解除葡萄糖分解代谢物阻遏；通过控制前体物质苯乙酸的补加速度，从而控制发酵液中苯乙酸终浓度低于发生毒害作用的浓度，以解除苯乙酸的毒害作用，提高青霉素 G 产量。

第二节　次级代谢与次级代谢产物

根据与生长繁殖关系是否密切，将微生物的代谢活动分为初级代谢和次级代谢，其对应的产物分别是初级代谢产物（primary metabolites）和次级代谢产物（secondary metabolites）。初级代谢是指与微生物的生长繁殖有密切关系的代谢活动，而次级代谢是指与微生物的生长繁殖无明显相关功能的代谢活动。初级代谢产物是指与微生物的生长繁殖有密切关系的代谢产物，如氨基酸、蛋白质、核酸、核苷酸、维生素、脂肪酸等，它们是菌体生长繁殖所必需的物质，是各种微生物所共有的产物，存在着严格的代谢调控系统。次级代谢产物是指与微生物的生长繁殖无关的代谢产物，如抗生素、色素、生物碱、毒素等，它们是特定菌种、在特定生长阶段产生，由多基因控制的多组分混合物。

一、次级代谢产物类型

次级代谢产物种类繁多，按其结构可分为 50 多类。根据产物的作用将其分为抗生素、激素、维生素、毒素、生物碱、色素类型；根据产物的主要成分及其与初级代谢的关系将其分为糖类、多肽类、聚酯酰类、核酸碱基类似物、灵菌红素等其他类型。

二、次级代谢（产物）特点

1. 特定菌种产生的代谢产物　产生次级代谢产物的特定菌种多数来自于土壤微生物，如放线菌中的链霉菌属、稀有放线菌、不完全菌纲和担子菌纲的真菌以及产孢子的细菌。目前，也在积极开发海洋微生物、极端微生物，以寻找结构新颖的次级代谢产物。表 2-2 列举了一些特定微生物产生的次级代谢产物。

表 2-2　一些特定微生物产生的次级代谢产物

微生物	次级代谢产物
产黄青霉菌（*Penicillium chrysogenum*）	青霉素（Penicillin）
灰色链霉菌（*Streptomyces griseus*）	链霉素（Streptomycin）
阿维链霉菌（*Streptomyces avermitilis*）	阿维菌素（Avermectins）
生米卡链霉菌（*Streptomyces mycarofaciens*）	麦迪霉素（Midecamycin）
东方拟无枝酸菌（*Amycolatopsis orientalis*）	万古霉素（Vancomycin）

2. 菌体特定生长阶段的产物　次级代谢产物在菌体生长阶段不产生或极少产生，只有进入产物合成阶段才开始大量产生，在菌体衰亡（自溶）阶段停止产生。菌体由生长阶段转入次级代谢产物合成阶段是微生物生理状况发生了变化，如菌体生长速率减慢、积累了相当数量的某些代谢中间体、与菌体生长有关的酶活力开始下降、与次级代谢有关的酶开

始出现。这种生理阶段的转变对合成次级代谢产物是极其重要的。

3. 多组分的混合物 天然微生物产生的次级代谢产物是结构极其相似的多组分混合物。如产黄青霉菌可以产生6种天然次级代谢产物，主要差异是侧链取代基（R）不同，见图2-7；阿维链霉菌能够产生8种组分，仅在于 R_1、R_2 和 X—Y 基团的不同。

侧链取代基（R）	俗名	学名	相对分子质量	生物活性（U/mg 钠盐）
$C_6H_5CH_2$—	青霉素 G	氨苄青霉素	334.38	1667
$C_6H_5OCH_2$—	青霉素 V	苯氧甲基青霉素	350.38	1595
phoC$_6$H$_4$CH$_2$—	青霉素 X	对羟基苄青霉素	350.38	970
C_2H_5CH ＝ $CHCH_2$—	青霉素 F	戊烯青霉素	312.37	1625
$CH_3（CH_2）_4$—	双氢青霉素 F	戊青霉素	314.40	1610
$CH_3（CH_2）_6$—	青霉素 K	庚青霉素	342.35	2300

图 2-7 天然青霉素的结构和生物活性

经分析次级代谢产物产生多组分的原因有：①次级代谢产物的合成酶对底物要求的特异性不强。见图2-8，青霉素生物合成中的酰基转移酶，它可以将不同的酰基侧链转移

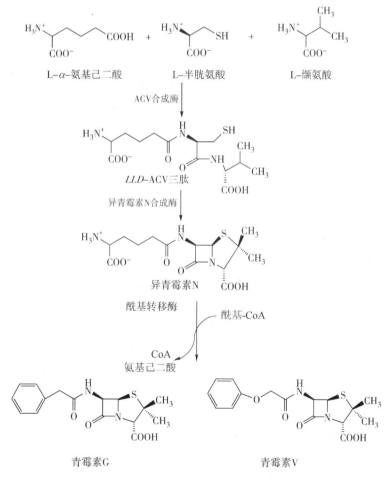

图 2-8 青霉素 G 和青霉素 V 的生物合成途径

到青霉素母核 6-氨基青霉烷酸（6-APA）的 7 位氨基上，因而天然青霉素发酵形成了多种不同的组分，青霉素 G、V、F、X 等。②次级代谢产物的合成酶对底物作用的不完全。见图 2-9，阿维菌素生物合成中，由于甲氧基转移酶催化反应进行得不完全，使得 A、B 组分同时存在于发酵产物中，因而形成了抗生素的多组分。③同一种底物可以被多种酶催化次级代谢过程。由于上述原因导致次级代谢过程是多代谢作用，代谢呈网络或栅栏状。

图 2-9 阿维菌素的生物合成途径

4. 以初级代谢产物为前体或起始物进行合成　次级代谢产物与初级代谢产物相对独立又相互联系，多数次级代谢产物以初级代谢产物为前体或起始物进行合成，见图 2-10。例如青霉素就是由初级代谢产物 L-α-氨基己二酸、L-半胱氨酸和 L-缬氨酸为起始物进行合成的。在微生物的代谢过程中，存在一些中间代谢产物，既可以被微生物用来合成初级代谢产物，也可以被用来合成次级代谢产物，我们将这样的中间体称作分叉中间体，见表 2-3，它是调节两种代谢途径的枢纽，如果分叉中间体通向初级代谢途径受到阻碍，次级代谢途径就会得到加强，反之，就会减弱。

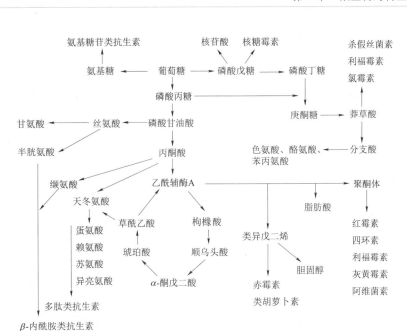

图 2-10 次级代谢产物与初级代谢产物的关系

表 2-3 初级代谢和次级代谢的分叉中间体

分叉中间体	初级代谢产物	次级代谢产物
α-氨基己二酸	赖氨酸	青霉素、头孢菌素 C
丙二酰-CoA	脂肪酸	大环内酯类抗生素、四环类抗生素、多烯大环内酯类抗生素、蒽环类抗生素
莽草酸	芳香族氨基酸	氯霉素、杀假丝菌素、西罗莫司
戊糖	核酸、核苷酸	核苷类抗生素（嘌呤霉素）
甲羟戊酸	胆固醇、甾族化合物	赤霉素、胡萝卜素

5. 次级代谢产物的生物合成受初级代谢的调节 初级代谢产物往往受到较为严格的代谢调控，为此也影响次级代谢产物的生物合成。例如，初级代谢产物赖氨酸和缬氨酸对青霉素生物合成具有调控作用。见图 2-11，代谢从 α-氨基己二酸开始出现分支，一个方向合成赖氨酸，一个方向合成青霉素 G，赖氨酸和青霉素 G 共同合成途径的第一个酶受赖氨酸的反馈抑制和反馈阻遏，抑制作用的结果使 α-氨基己二酸合成速率减慢，合成量减少，影响青霉素 G 的生物合成，降低青霉素 G 产量。缬氨酸是合成青霉素 G 的前体物，但它对自身合成途径的第一个酶有反馈抑制作用，见图 2-12，缬氨酸不会过量积累，影响青霉素 G 的生物合成，降低青霉素 G 产量。

6. 次级代谢产物结构多样、特殊 次级代谢产物结构具有多样性，包括氨基酸及其衍生物、糖及氨基糖、聚酮体及其衍生物、环多醇和氨基环多醇、吩噁嗪酮等结构；特殊结构有 β-内酰胺环、环肽、聚乙烯和多烯的不饱和键、大环内酯类抗生素的大环等，详见本章第三节内容。

7. 次级代谢酶在细胞中具有特定的位置和结构 次级代谢产物与次级代谢酶在细胞中存在的位置有关。例如，短杆菌肽 S 和杆菌肽 A 的合成酶是在胞浆中形成的，但只有当附着在细胞膜上时才能合成抗生素。另外，次级代谢酶系往往是一种多酶复合体，它可以被分离成几个亚单位，每个亚单位可以保持其酶活性，但作为复合体的酶活性消失。

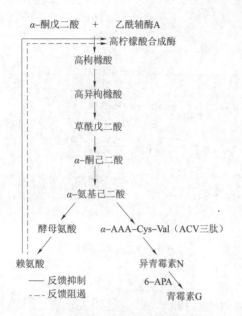

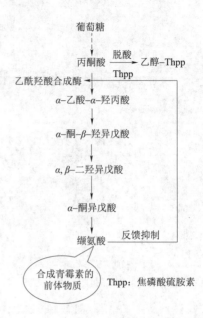

图 2-11　赖氨酸对青霉素生物合成的调节作用　　　　图 2-12　缬氨酸的生物合成途径

8. 次级代谢产物的合成过程中的基因控制　多数次级代谢产物的合成酶由染色体 DNA 编码，但也存在少数次级代谢产物的合成酶由质粒 DNA 编码。灰色链霉菌质粒上的 *afsA* 基因控制菌体内 A 因子的产生，而产生的 A 因子对该菌的孢子形成、链霉素合成、链霉素抗性产生及黄色色素分泌起重要作用。

9. 次级代谢产物的合成对环境因素特别敏感　环境因素主要指培养基和培养条件，影响次级代谢产物合成信息的表达。次级代谢产物对葡萄糖、硫酸铵、二价金属离子、磷酸盐等基质成分极其敏感，剂量不适合，会使产物合成能力大幅下降。培养条件如温度或 pH 过高或过低、菌种传代次数过多，都将导致产物合成能力明显下降。

10. 次级代谢产物的合成与菌体的形态变化有一定的关联　次级代谢产物合成伴随菌体形态变化，如细菌营养体形成芽孢、丝状真菌和放线菌形成孢子，或丝状菌形成空泡、原生质收缩等形态变化。菌体形态变化最直观，可根据它与产物合成的关联性来控制产物的合成。

第三节　次级代谢产物的生物合成

次级代谢产物的生物合成涉及起始物或称构建单位的合成、构建单位的连接和产物合成后的修饰过程。

一、次级代谢产物的构建单位与合成途径

1. 氨基酸及其衍生物　包括天然氨基酸；非天然氨基酸如 D-氨基酸、N-甲基氨基酸、β-氨基酸、二氨基酸等；天然氨基酸合成的中间产物如鸟氨酸和 α-氨基己二酸。代表产物主要是肽类抗生素，如达托霉素和万古霉素。达托霉素是从链霉菌属玫瑰色孢子中提取出来的具有独特环结构的脂肽类抗生素，由 1 个十碳烷侧链与 1 个环状 β-氨基酸肽链 N-末端

的色氨酸连接而成，见图 2-13。

2. 糖及氨基糖 由葡萄糖和戊糖合成的各种糖如链霉糖和红霉糖等。葡萄糖一般以活化型的脱氧胸腺核苷-5-二磷酸葡萄糖（dTDP-D-葡萄糖）的形式参与反应，葡萄糖的碳架经过异构化、氨基化、脱氧、碳原子重排、氧化还原或脱羧等化学修饰后形成各种糖类。氨基糖的合成是先将葡萄糖活化成己酮糖，然后经过转氨作用将谷氨酰胺或谷氨酸的氨基转移到己酮糖的分子上。糖及氨基糖以 *O*-糖苷、*N*-糖苷、*S*-糖苷和 *C*-糖苷等与次级代谢产物分子中的糖苷配基连接。代表产物是氨基糖苷类抗生素如链霉素（图 2-14）和大环内酯类抗生素。链霉素中的链霉糖可能是由葡萄糖合成 TDP-鼠李糖的

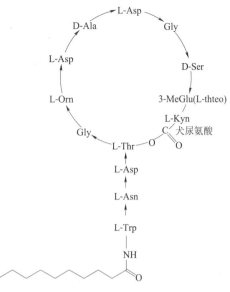

图 2-13 达托霉素（Daptomycin）

中间体，即 α-TDP-4-酮基-6-去氧艾杜糖（α-TDP-4-keto-6-deoxy-L-idose）衍生而来的，该中间体经 C-3、C-4 之间分子重排形成链霉糖，其反应过程见图 2-15。阿卡波糖的构建单位 dTDP-4-氨基-4,6-双脱氧-D-葡萄糖是由葡萄糖在 AcbA、AcbB、AcbV 作用下经过磷酸化、脱水、转氨基过程合成的，见图 2-16。

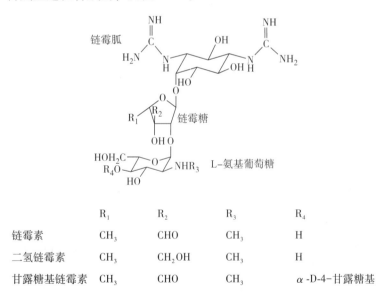

	R_1	R_2	R_3	R_4
链霉素	CH_3	CHO	CH_3	H
二氢链霉素	CH_3	CH_2OH	CH_3	H
甘露糖基链霉素	CH_3	CHO	CH_3	α-D-4-甘露糖基

图 2-14 链霉素族化学结构

3. 聚酮体及其衍生物 乙酸、丙酸、丁酸和某些短链脂肪酸缩合反应的产物。该反应均由多酶体系——聚酮合酶（polyketide synthase，PKS）催化。聚酮体途径或称为多聚乙酰途径（polyketide）。代表产物有大环内酯类抗生素、多烯类抗生素、蒽环类抗生素和四环类抗生素。四环素类抗生素（图 2-17）中的聚酮体链是由丙二酰辅酶 A 经过酰胺基转移酶形成的丙酰胺作为起始单位，再与其他 9 个丙二酰辅酶 A 经 PKS Ⅱ 型合酶（OxyA、B、C）催化形成的。

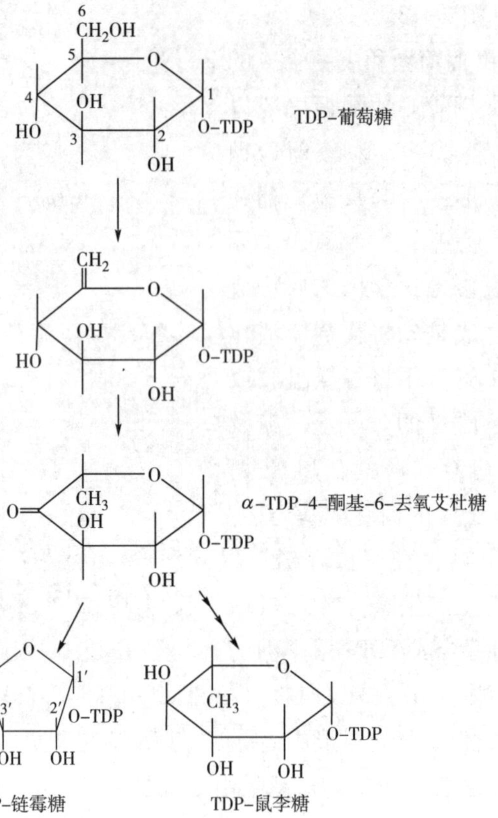

图 2-15　链霉糖的生物合成途径

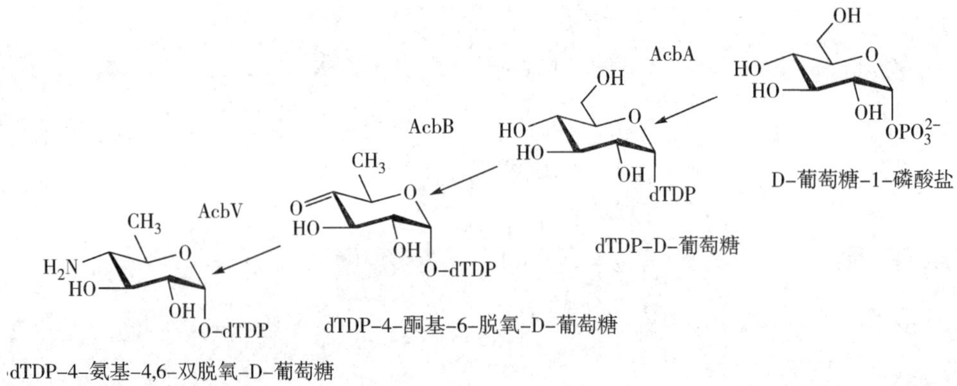

图 2-16　阿卡波糖构建单位 dTDP-4-氨基-4,6-双脱氧-D-葡萄糖的生物合成

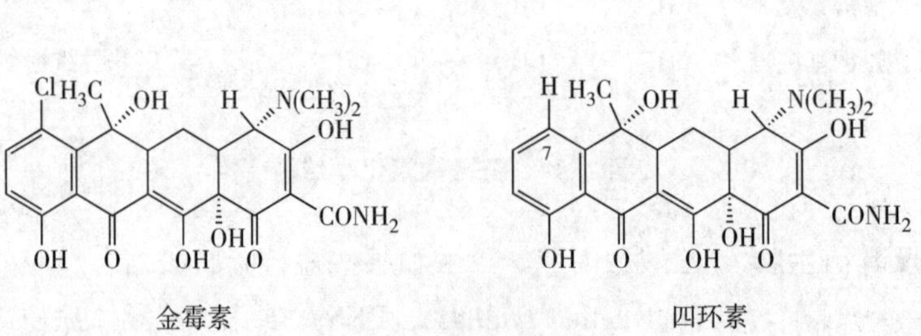

图 2-17　四环类抗生素

大环内酯类抗生素阿维菌素 A 组分的生物合成起始单位是异亮氨酸，B 组分是缬氨酸，经 PKS 合酶催化，以 7 个乙酸和 5 个丙酸单位逐步延伸、环化形成配糖体，再对配糖

体进行修饰——呋喃环的环化、C-5 酮基还原、甲基化、糖基化，最后形成阿维菌素。

聚酮体合成是以链的起始单位和链的延伸单位开始，然后在聚酮合酶催化下完成链的合成及链的还原与脱水过程，其基本过程见图 2-18。

起始单位	延伸单位	聚酮体链的合成	还原与脱水
乙酰辅酶A 丙酰辅酶A 丁酰辅酶A ……	丙二酰辅酶A（二碳供体） 甲基丙二酰辅酶A（三碳供体） 乙基丙二酰辅酶A（四碳供体） ……	单一构建单位缩合 几种构建单位交叉缩合 附着膜表面上完成缩合 4至多个构建单位组成 最长19个构建单位组成	完全的还原反应（脂肪酸） 不完全的还原反应 还原位点不同 重复脱水 环化作用

图 2-18 聚酮体合成的基本步骤

起始单位乙酰辅酶 A 可由糖分解代谢和脂肪分解代谢产生；丙酰辅酶 A 可由琥珀酰辅酶 A 转化、奇数脂肪酸降解和支链氨基酸降解等产生；丁酰辅酶 A 可由一分子乙酰辅酶 A 和一分子丙酰辅酶 A 缩合而成，或亮氨酸经过 $2-O-$异己酸降解生成，过程如下。

$$亮氨酸 \xrightarrow{转氨酶} 2-O-异己酸 \longrightarrow 乙酰乙酸 \longrightarrow 丁酸$$

丙二酰辅酶 A（malonyl CoA）的合成是脂肪酸合成时的第一步反应，因此丙二酰辅酶 A 直接来源于初级代谢产物，也是各种聚酮合酶最常使用的延伸单位。延长单位丙二酰辅酶 A 主要由乙酰辅酶 A 在乙酰辅酶 A 羧化酶催化生成。另外，丙二酰辅酶 A 还可以由丙二酸直接合成。

$$丙二酸+CoA+ATP \xrightarrow{丙二酰辅酶A合成} 丙二酰辅酶A + AMP + PPi$$

延长单位甲基丙二酰辅酶 A 生成过程如下。

$$乙酰辅酶A+ATP+CO_2+H_2O \xrightarrow{乙酰辅酶A羧化酶} 丙二酰辅酶A+ADP+Pi$$

$$丙酰辅酶A+ATP+CO_2+H_2O \xrightarrow{丙酰辅酶A羧化酶} 甲基丙二酰辅酶A+ADP+Pi$$

$$琥珀酸辅酶A \xrightarrow[甲基丙二酰辅酶A消旋酶]{甲基丙二酰辅酶A变位酶} 甲基丙二酰辅酶A$$

丙酰辅酶 A 来源包括：作为奇数和支链脂肪酸 β 氧化的产物；异亮氨酸、蛋氨酸和缬氨酸的分解代谢产物；胆固醇分解产物；丙酰辅酶 A 也可以通过环境中丙酸盐为底物来形成，用丙酰辅酶 A 连接酶将丙酸与辅酶 A 进行硫酯化反应形成丙酰辅酶 A。琥珀酰辅酶 A 最常见的来源是三羧酸循环。

除了上述两条途径外，研究发现聚酮延伸单位甲基丙二酰辅酶 A 还可以通过缬氨酸或乙酰乙酰辅酶 A 经过多步代谢合成。微生物的代谢能力和培养环境中碳源种类决定了甲基丙二酰辅酶 A 究竟是由什么途径合成。

以乙酰辅酶 A 为起始单位，丙二酰辅酶 A 为延长单位，在聚酮体合成酶/脂肪酸合成酶（PKS/FAS）催化下合成各种不同的聚酮体和脂肪酸，见图 2-19。PKS/FAS 包含 6 个酶域：其中酮酰合成酶（KS）、酰基转移酶（AT）和酰基载体蛋白（ACP），它们是必需的，可以完成小分子脂肪酸的缩合反应；另外 3 个是酮基还原酶（KR）催化酮基还原成羟基、脱

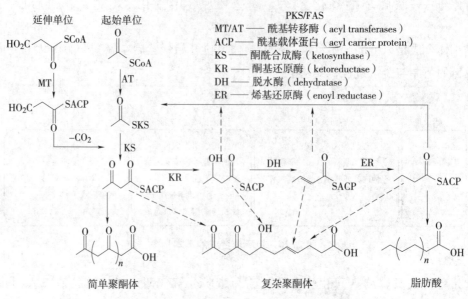

图 2-19 聚酮体产物与脂肪酸生物合成途径

水酶（DH）催化羟基脱水形成烯基、烯基还原酶（ER）催化烯基还原成饱和脂肪链，它们并不是必需的，如果缺少这三个酶，合成的产物将是简单聚酮体，反之，进行完全的还原反应，产物是长链饱和脂肪酸；如果缺少 DH 和 ER，则产物结构中含有羟基；如果缺少 ER，则产物结构中含有双键。由于 PKS 是多酶复合体，每条肽链上 KR、DH 和 ER 种类不同，导致结构不同，能得到各种不同、丰富多样的聚酮体。由聚酮体途径合成的产物见图 2-20。

聚酮体 —还原→ 含羟基化合物 —脱水→ 含烯基化合物 —还原→ 长链饱和脂肪

闭环

芳香化合物（四环素类、蒽环类）
大环内酯类抗生素（红霉素、麦迪霉素）

图 2-20 聚酮体途径合成产物示意图

在聚酮体链形成多种结构衍生物的过程中，伴随着一系列的化学修饰作用，如引进各种基团和原子：O-CH₃、C-CH₃、Cl、O 等。聚酮体化合物以糖苷键与多种糖连接，以酰胺键与氨基相连接，产生出各种不同、结构新颖的化合物。

4. 甲羟戊酸及其衍生物 甲羟戊酸（mevalonic，MVA），即 3-甲基-3,5-二羟基戊酸，由乙酸缩合而形成。甲羟戊酸经磷酸化、脱水和脱羧后形成具有生物活性的异戊二烯焦磷酸（C₅单位）。异戊二烯焦磷酸几乎可以任何数量的单元相结合，形成各种代谢产物（图 2-21），如初级代谢产物甾醇和类胡萝卜素，次级代谢产物赤霉素和生物碱。赤霉烷与几种代表性的赤霉素结构见图 2-22。

5. 环多醇和氨基环多醇 环多醇是一些带有羟基的环碳化合物。氨基环多醇是环多醇分子中的一个或多个羟基被氨基取代的衍生物（图 2-23）。代表产物有氨基环醇类抗生素（氨基糖苷类抗生素）。环多醇和氨基环多醇的生物合成见图 2-24。

6. 碱基及其衍生物 正常核酸嘌呤碱基和嘧啶碱基，或由合成核酸的嘌呤和嘧啶碱基经过化学修饰而形成的非核酸嘌呤碱基和嘧啶碱基，均可作为核酸与核苷类药物的构建单位。如肌苷（Inosine）是由次黄嘌呤与核糖结合而成，又称次黄嘌呤核苷，肌苷和肌苷酸

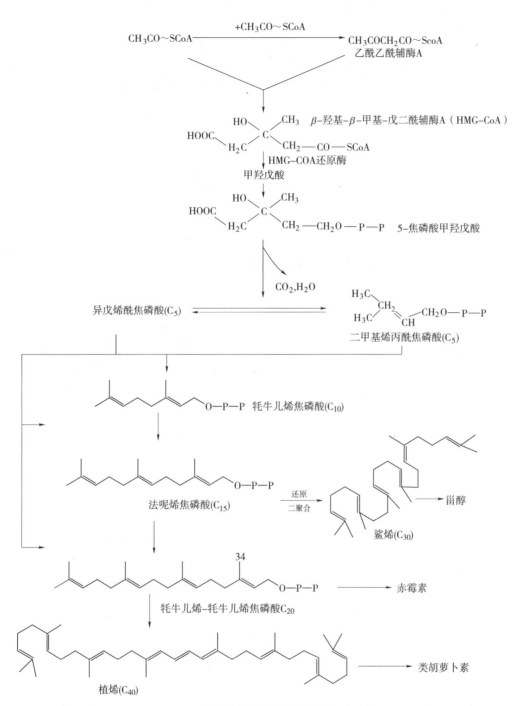

图 2-21　类胡萝卜素和甾醇的生物合成途径

的化学结构见图 2-25。

嘌呤霉素（Puromycin，3′- 脱氧嘌呤核苷类抗生素）的生物合成过程中，腺嘌呤核苷酸直接被产生菌作为前体并入嘌呤霉素的分子中（图 2-25），而不是由产生菌先将腺嘌呤核苷酸水解成腺嘌呤和核糖后再用于抗生素的合成。C-3′的还原反应是在核苷酸还原酶的催化下进行的。

阿糖腺苷（Vidarabine）是通过 2′- 羟基腺苷的差向异构化合成的。该反应包括腺苷羟基氧化为酮基，再异构化为烯醇式以及双键的还原，见图 2-26。

7. 莽草酸及其衍生物　莽草酸是许多芳香族化合物（包括芳香氨基酸、肉桂酸和某些

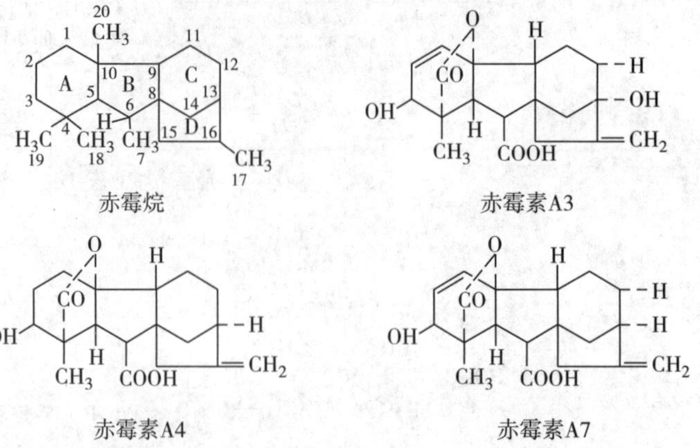

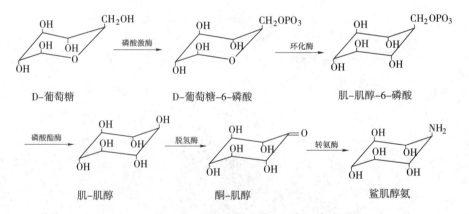

图 2-22　赤霉烷与几种代表性的赤霉素结构

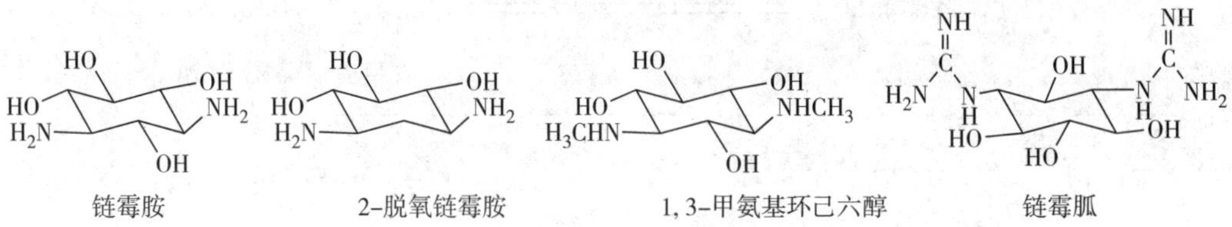

图 2-23　环多醇衍生物

图 2-24　环多醇和氨基环多醇的生物合成途径

多酚类化合物）的前体，源自葡萄糖。芳香族氨基酸合成时相同的那段途径叫莽草酸途径。代表产物利福霉素、绿脓菌素和新生霉素等（图 2-27）。利福霉素的芳香成分来自莽草酸；绿脓菌素的吩嗪骨架源自邻氨基苯甲酸；新生霉素和黄青霉素的芳香部分来自酪氨酸；放线菌素、吲哚霉素、硝吡咯菌素的芳香环源自色氨酸。

8. 吩噁嗪酮　构成某些次级代谢产物的一个基本结构，如放线菌素的发色团中就具有一个吩噁嗪酮的结构。代表产物是放线菌素（图 2-28）。色氨酸和其他一些代谢物是吩噁嗪酮生物合成的前体，它们先形成 4-甲基-3-羟基-邻氨基苯甲酸（图 2-29），然后两分子的 4-甲基-3-羟基-邻氨基苯甲酸在吩噁嗪酮合成酶的催化下被氧化脱水形成吩噁嗪酮（图 2-30）。

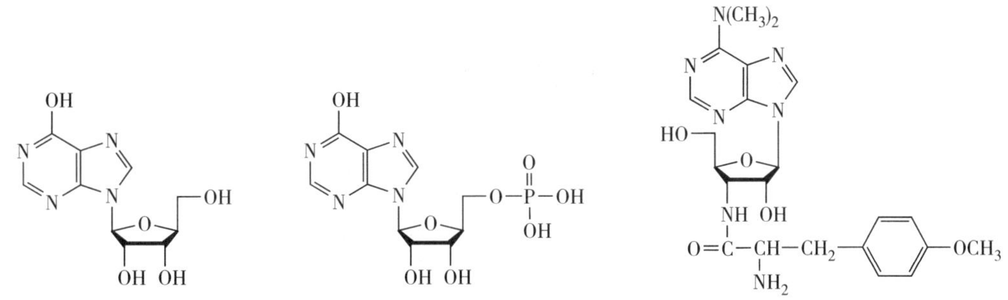

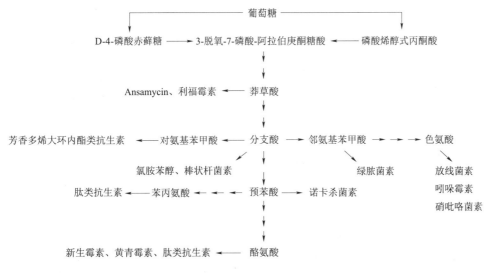

肌苷　　　　　　　　肌苷酸　　　　　　　　嘌呤霉素

图 2-25　肌苷、肌苷酸和嘌呤霉素

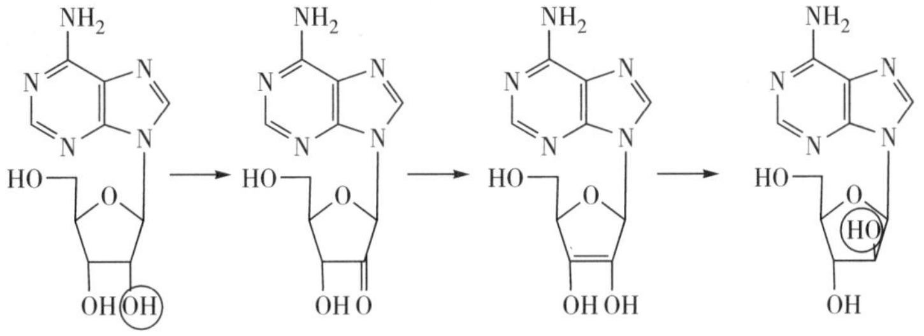

图 2-26　由腺苷向阿糖腺苷的转化

葡萄糖

D-4-磷酸赤藓糖 ⟶ 3-脱氧-7-磷酸-阿拉伯庚酮糖酸 ⟵ 磷酸烯醇式丙酮酸

Ansamycin、利福霉素 ⟵ 莽草酸

芳香多烯大环内酯类抗生素 ⟵ 对氨基苯甲酸 ⟵ 分支酸 ⟶ 邻氨基苯甲酸 ⟶ 色氨酸

氯胺苯醇、棒状杆菌素　　　　　　　　　　绿脓菌素　　　放线菌素

肽类抗生素 ⟵ 苯丙氨酸 ⟵ 预苯酸 ⟶ 诺卡杀菌素　　吲哚霉素
　　　　　　　　　　　　　　　　　　　　　　　　硝吡咯菌素

新生霉素、黄青霉素、肽类抗生素 ⟵ 酪氨酸

图 2-27　由芳香中间体合成的抗生素和其他次级代谢物

二、构建单位的连接

各个构建单位在合成酶、连接酶、脱水酶、转氨酶等酶的作用下相互连接，形成次级代谢产物的基本框架。例如，青霉素构建单位 L-α-氨基己二酸、L-半胱氨酸和 L-缬氨酸在 ACV 合成酶催化下合成 *LLD*-ACV 三肽，这里缬氨酸在消旋酶作用下由 L 构型转变成 D 构型。*LLD*-ACV 三肽在异青霉素 N 合成酶作用下发生闭环反应形成异青霉素 N，完成青霉素构建单位的组装过程，见图 2-8。青霉素等多数肽类抗生素不是在核糖体上以通常进行

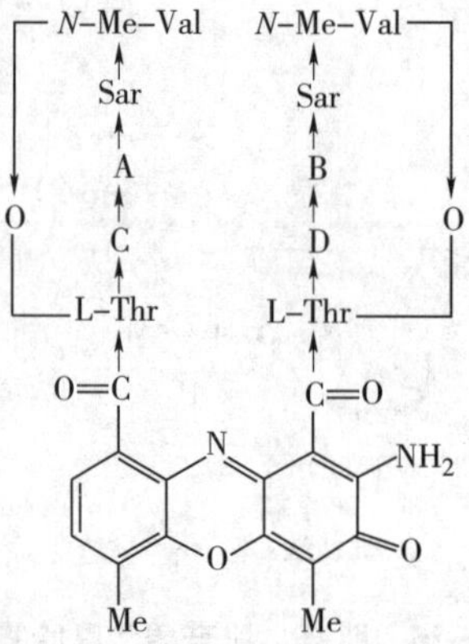

图 2-28　放线菌素（Actinomycin）

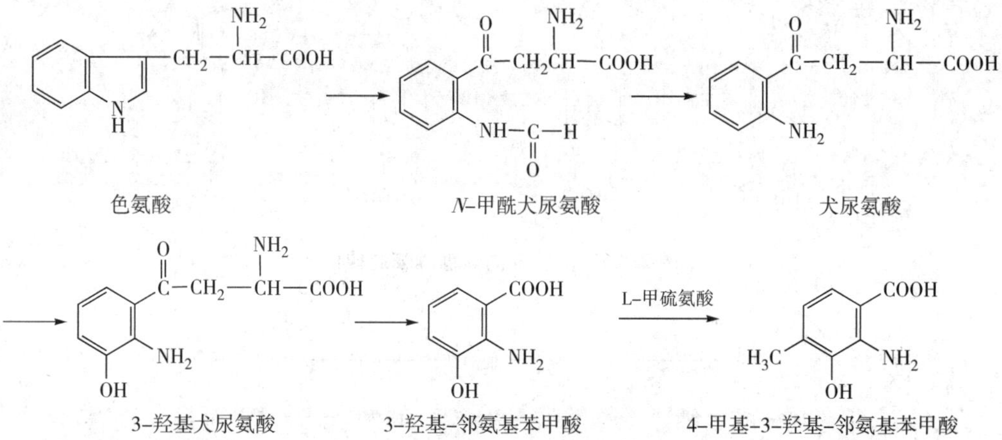

色氨酸 → N-甲酰犬尿氨酸 → 犬尿氨酸

3-羟基犬尿氨酸 → 3-羟基-邻氨基苯甲酸 →（L-甲硫氨酸）→ 4-甲基-3-羟基-邻氨基苯甲酸

图 2-29　吩噁嗪酮的前体 4-甲基-3-羟基-邻氨基苯甲酸合成途径

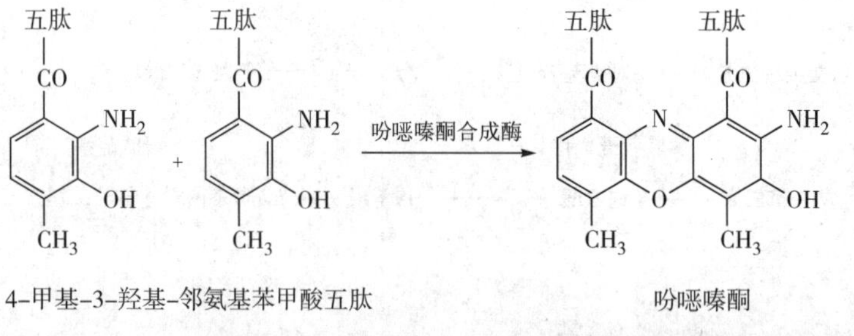

4-甲基-3-羟基-邻氨基苯甲酸五肽 +（吩噁嗪酮合成酶）→ 吩噁嗪酮

图 2-30　吩噁嗪酮的生物合成途径

蛋白质合成的模式进行合成的，而是采用硫代模板机制进行合成的，其所参与的酶系称为非核糖体多肽合成酶（NRPS）。ACV 属于 NRPS 类型。

链霉素 3 个构建单位（图 2-14）合成后，链霉胍先与链霉糖通过糖苷键形成假二糖，然后再与 N-甲基-L-葡萄糖胺连接形成链霉素。

三、产物合成后的修饰

产物合成后的修饰主要包括氨基化、甲基化、酰基化、羟基化等，最后产生具有生物活性的次级代谢产物。如前所述的阿维菌素（图2-9）对配糖体进行修饰作用：呋喃环的环化、C-5酮基还原、甲基化、糖基化，最后形成阿维菌素。

第四节　次级代谢产物生物合成的调节与控制

合成次级代谢产物的一些基因已经发现，基因启动、合成过程控制、停止，比初级代谢产物复杂，有些机制也不是完全清楚。就现有的研究结果，其调节机制的类型有整体调节控制和个别途径调节。前者是调节菌体的整个生长过程，因为次级代谢产物常常是在菌体的低比生长速率条件下产生的；后者是指某些调节机制对次级代谢产物合成的个别途径上的调节。调节方式也不尽相同，归纳有以下几个方面。

一、酶合成的诱导调节

次级代谢途径中的某些酶是诱导酶，在底物（或底物的结构类似物）的作用下形成。如6-氨基葡萄糖-2-脱氧链霉胺（底物）诱导卡那霉素-乙酰转移酶的合成；在头孢菌素C的生物合成中，蛋氨酸可诱导异青霉素N合成酶（环化酶）、脱乙酰氧头孢菌素C合成酶（扩环酶）的合成。

二、酶合成的反馈调节

在次级代谢产物的生物合成过程中，反馈抑制和反馈阻遏起着重要的调节作用。

1. 自身代谢产物的反馈调节　青霉素、链霉素、卡那霉素等多种次级代谢产物能抑制或阻遏其自身生物合成酶的调节作用。如卡那霉素能反馈抑制合成途径中酰基转移酶的活性；氯霉素终产物的调节通过阻遏其生物合成过程中的第一个酶——芳香胺合成酶的合成，而使代谢朝着芳香族氨基酸的合成途径进行。一些次级代谢产物的自身反馈调节见表2-4。

表2-4　次级代谢产物的自身反馈调节

次级代谢产物	被调节的酶	调节机制
氯霉素	芳香胺合成酶	阻遏
放线菌酮	未知	未知
红霉素	SAM：红霉素C O-甲基转移酶	抑制
吲哚霉素	第一个合成酶	抑制
卡那霉素	酰基转移酶	阻遏
嘌呤霉素	O-甲基转移酶	抑制
四环素	脱水四环素氧化酶	抑制
泰乐菌素	SAM：大菌素 O-甲基转移酶	抑制

由于存在自身代谢产物的反馈调节，产生菌不会过量积累次级代谢产物，使其生产能力受限。长期的实践表明，抑制抗生素自身合成需要的抗生素浓度与产生菌的生产能力呈正相关性，即低产菌株抑制抗生素自身合成需要的抗生素浓度低，高产菌株抑制抗生素自身合成需要的抗生素浓度高。因此，可通过提高对自身产物的抗性来提高产量。

2. 前体自身的反馈调节　前体（precursor）是能够直接被菌体用来合成代谢产物，而自身的分子结构没有显著改变的物质。如前面提到的青霉素生物合成起始物或构建单位 L-α-氨基己二酸、L-半胱氨酸和 L-缬氨酸即为前体。前体自身的反馈调节意指合成次级代谢产物的前体物质对其自身生物合成具有反馈调节（反馈抑制或反馈阻遏）作用。如缬氨酸是合成青霉素的前体物质，它能自身反馈抑制合成途径中的第一个酶乙酰羟酸合成酶的活性（图 2-12），控制自身的生物合成，从而影响青霉素的合成。

3. 支路产物的反馈调节　在同一分支途径中，支路产物对共同途径的某些酶具有反馈调节（反馈抑制或反馈阻遏）作用。如赖氨酸对青霉素生物合成的调节作用（图 2-11）。

三、磷酸盐调节及其机制

在抗生素等多种次级代谢产物合成中，高浓度磷酸盐表现出较强的抑制作用，称为磷酸盐调节。菌体生长需要磷酸盐浓度为 0.3~300mmol/L，抑制产物合成的磷酸盐浓度为大于 10mmol/L（表 2-5）。菌体生长需要磷酸盐，但在菌体生长所需磷酸盐浓度范围内即可抑制次级代谢产物的生物合成，显示出较强烈的磷酸盐调节作用。由于微生物合成的次级代谢产物途径的不同，磷酸盐表现的调节机制也不同。

表 2-5　适合抗生素合成的磷酸盐浓度

抗生素	产生菌	磷酸盐浓度（mmol/L）
放线菌素（Actionmycin）	抗生素链霉菌（*S. antibioticus*）	1.4~17
新生霉素（Novobiocin）	雪白链霉菌（*S. niveus*）	9~40
卡那霉素（Kanamycin）	卡那霉素链霉菌（*S. kanamyceticus*）	2.2~5.7
链霉素（Streptomycin）	灰色链霉菌（*S. griseus*）	1.5~15
万古霉素（Vancomycin）	东方拟无枝酸菌（*Amycolatopsis orientali*）	1~7
杆菌肽（Bacitracin）	地衣芽孢杆菌（*B. licheniformis*）	0.1~1
金霉素（Chlorotetracycline）	金霉素链霉菌（*S. aureofaciens*）	1~5
短杆菌肽 S（Gramicidin S）	短小芽孢杆菌（*B. pumilus*）	10~60
两性霉素 B（Amphotericin B）	结节链霉菌（*S. nodosus*）	1.5~2.2
杀假丝菌素（Candicidin）	灰色链霉菌（*S. griseus*）	0.5~5
制霉菌素（Nystatin）	诺尔斯链霉菌（*S. noursei*）	1.6~2.2

1. 磷酸盐促进初级代谢，抑制菌体的次级代谢　在微生物的代谢中，磷酸盐除影响糖代谢、细胞呼吸及细胞内 ATP 水平外，还控制着产生菌的 DNA、RNA、蛋白质和次级代谢产物的合成。例如，灰色链霉菌培养液中添加 5mmol/L 的磷酸盐，产生菌对氧的需要量显著增加，杀假丝菌素合成立即停止，同时细胞内的 RNA、DNA 和蛋白质的合成速率恢复到菌体生长时期的速率；当磷酸盐被利用完全时，菌体的呼吸强度，DNA、RNA 和蛋白质的合成速率又降至抗生素合成期的状态，抗生素重新开始合成。

2. 磷酸盐抑制次级代谢产物前体的生物合成　在链霉素合成中，链霉胍是链霉素的构建单位，而肌醇是合成链霉胍的前体，由葡萄糖衍生而来（图 2-24）。高浓度的磷酸盐能够抑制肌醇的形成，使链霉胍合成量减少，影响链霉素的生物合成。这里焦磷酸是 6-磷酸葡萄糖向 1-磷酸肌醇转化的 6-磷酸葡萄糖环化醛缩酶的竞争性抑制剂，影响酶促反应，而焦磷酸浓度增高是由于过量磷酸盐导致的。

3. 磷酸盐抑制磷酸酯酶的活性 在链霉素等的生物合成途径的最后一个中间体，是无生物活性的磷酸化产物链霉素磷酸酯。链霉素磷酸酯在磷酸酯酶的作用下生成相应的链霉素和磷酸。另外，在链霉素生物合成中有 3 步反应是在磷酸酯酶作用下的去磷酸反应，见图 2-31。磷酸酯酶影响链霉素的生物合成，且受到无机磷酸盐的调节。因此在链霉素等氨基糖苷类抗生素的发酵生产时，要很好地控制发酵培养基中的磷酸盐浓度。

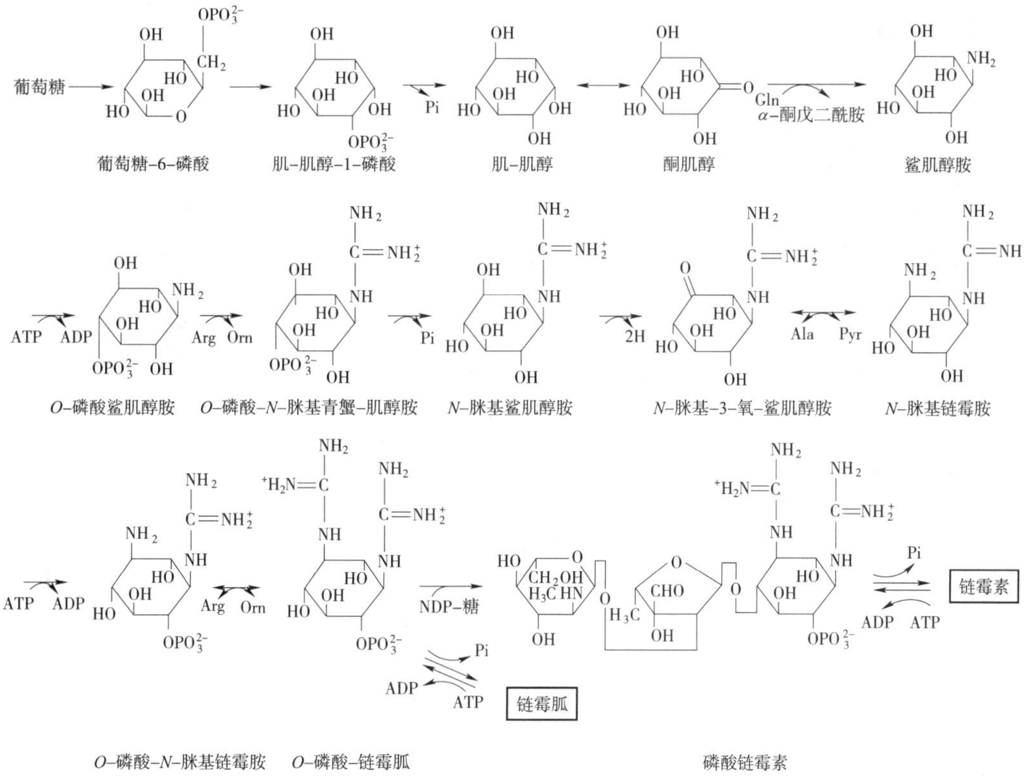

图 2-31 链霉胍生物合成的可能途径

4. ATP 的调节作用 四环素的生物合成受产生菌体内 ATP 水平的调节。丙二酰辅酶 A 形成的可能途径见图 2-32。对菌体生长旺盛期和四环素合成期的乙酰辅酶 A 羧化酶、磷酸烯醇式丙酮酸羧化酶和羧基转移酶的活力进行测定，结果表明四环素合成期中是由磷酸烯醇式丙酮酸→草酰乙酸→丙二酰辅酶 A 途径提供丙二酰辅酶 A，促进四环素的合成。过量的无机磷或 ATP 对磷酸烯醇式丙酮酸羧化酶有较强的抑制作用，使草酰乙酸的生成量明显较少，另过量的 ATP 对枸橼酸合成酶有反馈抑制作用，使枸橼酸和异枸橼酸的合成数量下降，因而会进一步降低枸橼酸和异枸橼酸对草酰乙酸脱羧酶的激活作用，也可使草酰乙酸生物合成能力降低。草酰乙酸合成量减少，丙二酰辅酶 A 合成量势必减少，最终导致四环素合成量下降，见图 2-33。

5. 磷酸盐对次级代谢产物合成酶的调节 磷酸盐对许多编码参与抗生素生物合成的酶的基因表达有调节作用。磷酸盐调节的有关生物合成酶见表 2-6。氨基环醇类、四环类、大环内酯类、多烯类、蒽环类、安莎类和聚醚类等抗生素的生物合成对磷酸盐都非常敏感。β-内酰胺类和多肽类抗生素的生物合成对磷酸盐的敏感性就要小得多。

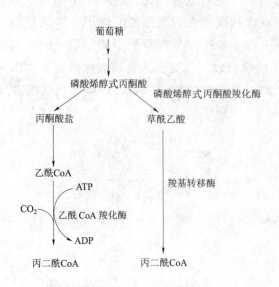

图 2-32　丙二酰 CoA 形成的可能途径

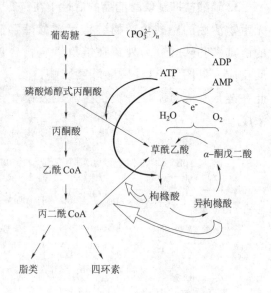

图 2-33　金霉素链霉菌中
可能存在的三羧酸循环调节机制

表 2-6　磷酸盐调节的有关生物合成酶

抗生素	产生菌	靶酶	调节机制
杀假丝菌素	灰色链霉菌	对氨基苯甲酸合成酶	R
头孢菌素	顶头孢霉	脱乙酰氧头孢菌素 C 合成酶（扩环酶）	D
头霉素	棒状链霉菌	α-氨基己二酰-L-半胱氨酰-缬氨酸合成酶（*LLD*-三肽合成酶）	D
		脱乙酰氧头孢菌素 C 合成酶	I
		异青霉素 N 合成酶（环化酶）	I
头霉素	*Nocardia lactamdurans*	脱乙酰氧头孢菌素 C 合成酶	I
短杆菌肽 S	短芽孢杆菌	短杆菌肽 S 合成酶	D
新霉素	弗氏链霉菌	磷酸新霉素磷酸转移酶	R
链霉素	灰色链霉菌	6-磷酸链霉素磷酸转移酶	R
四环素	金霉素链霉菌	脱水四环素加氧酶	R
泰乐菌素	弗氏链霉菌	缬氨酸脱氢酶	D
		甲基丙二酰 CoA：丙酮酸转羧酶	D
		丙酰 CoA 羧化酶	D
		原泰乐内酯合成酶	D
	链霉菌 T59-235	dTDP-D-葡萄糖-4,6-脱水酶	R
		dTDP-碳霉糖合成酶	R
		大菌素 *O*-甲基转移酶	R

注：R 表示阻遏；I 表示抑制；D 表示阻遏机制不确定。

6. 磷酸盐调控的分子机制　一般认为是作用在基因的转录水平上。例如，磷酸盐对多烯大环内酯类抗生素杀假丝菌素（Candicidin）生物合成中的对氨基苯甲酸（PABA）合成酶具有强烈的反馈阻遏，它是在转录水平进行调控的。杀假丝菌素由灰色链霉菌（*S. griseus* IMRU 3570）产生。在灰色链霉菌分批培养中，12 小时 PABA 合成酶的 mRNA

合成达到顶峰，补磷酸盐达 7.5mmol/L，总 RNA 的合成显著增加，但 PABA 合成酶的 mRNA 的合成下降 95%。启动子实验证实，在磷酸盐浓度为 0.1mmol/L 的培养基中，克隆基因 PABA 合成酶的表达被阻遏 50% 以上。分离到一个富含 AT 碱基对的 114bp 的启动子 P_{114}。P_{114} 中存在着磷酸盐调控（phosphate control，PC）顺序，该顺序和已报道过大肠埃希菌等许多基因中的磷酸盐框（pho）有极高的同源性。磷酸盐在转录水平对抗生素生物合成调控似乎像在大肠埃希菌中一样是通过 DNA 结合蛋白对 pho 框识别及可能引起的 DNA 弯曲，或与 RNA 聚合酶的专一 δ 亚基相互作用的方式，改变 RNA 聚合酶与 DNA 作用的专一性来发挥作用的。

四、碳分解产物调节作用及其机制

早期在研究青霉素生产中的最适碳源时发现，葡萄糖有利于菌体生长繁殖，但显著抑制青霉素的合成，而乳糖有利于青霉素的合成。当时把此现象称为"葡萄糖效应"。研究抗生素发酵培养基时发现，当培养基中含有 2 种或 2 种以上的碳源时，产生菌首先利用葡萄糖，葡萄糖利用完后再利用其他的碳源。次级代谢产物的生物合成一般是在葡萄糖等速效碳源消耗到一定浓度时才开始。将易被菌体迅速利用的碳源及其降（分）解产物对其他代谢途径的酶的调节作用称为碳分解产物调节作用（碳源分解代谢调节）。碳源对次级代谢产物生物合成的影响见表 2-7。

表 2-7　碳源对次级代谢产物生物合成的影响

次级代谢产物	干扰碳源	非干扰碳源	靶酶
放线菌素	葡萄糖、甘油	半乳糖、果糖	henoxazinone synthase[R]
			羟基犬尿素酶[R]
			犬尿素甲酰胺酶[R]
			色氨酸吡咯酶[R]
头孢菌素	葡萄糖、甘油、麦芽糖	蔗糖、半乳糖	去乙酰氧基头孢菌素 C 合成酶[R]
			乙酰水解酶[R]
金霉素	葡萄糖	蔗糖	
环丝氨酸	甘油		
红霉素	葡萄糖、蔗糖、甘油露糖、2-脱氧葡萄糖	乳糖、山梨糖	
庆大霉素	葡萄糖、木糖	果糖、甘露糖、麦芽糖、淀粉	
卡那霉素	葡萄糖		
Milbemycin	葡萄糖	果糖	
竹桃霉素	葡萄糖	蔗糖	
嘌呤霉素	葡萄糖		O-脱甲基嘌呤霉素甲基酶[R]
Rebecamycin	糖类	三糖、多糖	
链霉素	葡萄糖		
四环素	葡萄糖		
泰乐菌素	葡萄糖	脂肪酸	脂肪酸氧化酶[R,I]

注：R＝阻遏；I＝抑制。

　　关于碳分解产物调节机制，研究表明它是作用在 mRNA 转录水平上。抗生链霉菌生物合成放线菌素的关键酶吩噁嗪酮合成酶（phenoxazone synthetase，PHS）受碳源分解产物的调控。用克隆的 2.45kb PHS 基因片段与抗生链霉菌的 mRNA 进行 Northern（DNA/mRNA）杂交。当供给抗生链霉菌葡萄糖作为碳源时，菌体合成出的 PHS 的 mRNA 很少，而当供给菌体乳糖作为碳源时，则可以合成大量的 PHS 的 mRNA。葡萄糖对 PHS 的阻遏作用是作用在 mRNA 转录水平上。

五、氮分解产物调节（作用）及其机制

　　当发酵培养基中存在多种氮源的时候，微生物总是先利用简单的氮源，然后再分解利用复杂的氮源。简单的氮源物质（如铵离子、氨基酸）浓度高时，几乎不合成次级代谢产物，只有降到较低的浓度时，次级代谢产物才开始合成。在抗生素的生物合成中，这种现象表现得非常明显，人们把这种现象称作"铵离子阻遏作用"或"氮阻遏作用"。快速利用的氮源（如铵盐、硝酸盐、某些氨基酸）对许多种次级代谢产物的生物合成有较强烈的调节作用，称为氮分解产物调节作用。氮源对次级代谢产物生物合成的影响见表 2-8。

表 2-8　氮源对次级代谢产物生物合成的影响

次级代谢产物	影响次级代谢的氮源	不影响次级代谢的氮源
放线菌素	L-谷氨酸、L-丙氨酸、L-缬氨酸、L-苯丙氨酸	L-异亮氨酸
放线紫红素	NH_4^+	
杀念珠菌素	L-色氨酸、L-酪氨酸、L-苯丙氨酸、对氨基苯甲酸	
头孢菌素	NH_4^+	L-门冬氨酸、L-精氨酸、D-丝氨酸、L-脯氨酸
氯霉素	NH_4^+	DL-苯丙氨酸、DL-亮氨酸、L-异亮氨酸
红霉素	NH_4^+	
柱晶白霉素	NH_4^+	尿酸
利福霉素	NH_4^+	硝酸盐
螺旋霉素	NH_4^+	
链霉素	NH_4^+	脯氨酸
硫链丝菌素	NH_4^+	DL-门冬氨酸、L-谷氨酸、DL-丙氨酸、甘氨酸
四环素	NH_4^+	
泰乐菌素	NH_4^+	缬氨酸、L-异亮氨酸、L-亮氨酸、L-苏氨酸

　　氮分解产物调节一方面阻遏次级代谢产物生物合成酶的合成；另一方面调节初级代谢进而影响次级代谢产物的合成。如青霉素合成中的 ACV 合成酶受 NH_4^+ 阻遏；放线菌素合成中的犬尿氨酸甲酰胺酶Ⅱ受到谷氨酸和苯丙氨酸的阻遏；链霉素合成中的甘露糖苷链霉素合成酶受半胱氨酸和甲硫氨酸的阻遏。在阿维菌素合成中，铵盐抑制 HMP 途径中的葡萄糖-6-磷酸脱氢酶活性、促进琥珀酸脱氢酶活性以影响次级代谢；螺旋霉素合成中，加或不加 NH_4^+ 发酵培养基，缬氨酸脱氢酶的 mRNA 合成量少或多，直接影响缬氨酸合成丙酰 CoA 的量，从而影响次级代谢，NH_4^+ 对缬氨酸脱氢酶阻遏作用是作用在 mRNA 转录水平上。

六、菌体生长速率的调节

菌体生长速率用菌体比生长速率来描述，即单位重量干菌体每小时增加菌体的量，单位为 g（菌体增加量）/[g（干菌体）·h]。次级代谢产物受菌体生长速率调节。在生长期次级代谢产物合成酶受到阻抑作用，次级代谢产物不被合成。较低的菌体生长速率和某一特定营养缺乏时，有利于次级代谢产物的合成。菌体生长期中受阻抑的抗生素合成酶见表 2-9。

表 2-9　菌体生长期中受阻抑的抗生素合成酶

抗生素	受阻抑的酶	效应
青霉素	酰基转移酶	阻遏
头孢菌素	β-内酰胺合成酶	抑制
链霉素	脒基转移酶、链霉胍激酶	阻遏
卡那霉素	6-乙酰卡那霉素酰胺水解酶	
新霉素	碱性磷酸酯酶	
放线菌素	吩噁嗪酮合成酶	碳分解产物阻遏
杆菌肽	合成酶	阻遏
短杆菌肽 S	合成酶	阻遏
短杆菌酪肽	合成酶	阻遏
杀假丝菌素	合成酶	抑制
泰乐菌素	TDP-葡萄糖氧化还原酶 甲基转移酶	阻遏
桑吉瓦霉素	GTP-8-甲酰水解酶	阻遏
展开青霉素	6-甲基水杨酸合成酶	抑制

七、化学调节因子的调节

化学调节因子是微生物自身产生的小分子调节物如 A 因子（2-S-异辛酰基-3-R-羟甲基-γ-丁酸内酯）。化学调节因子对次级代谢产物的生物合成起着重要的调节作用。如灰色链霉菌产生的 A 因子调控灰色链霉菌孢子形成、次级代谢产物链霉素合成、链霉素抗性产生及黄色色素分泌，一旦 A 因子缺失，上述功能减弱或消失。

在固体培养时，链霉菌次级代谢产物产生通常与气生菌丝的发育一致或略微领先。在液体培养时，次级代谢产物产生始于稳定期。一个次级代谢产物的生物合成基因通常成簇排列。大多数基因簇含有途径特异性调节基因，调节基因簇上基因的转录。该类调控基因表达通常又受更高级调控基因的调控。这些多效性或全局性调控子也调控气生菌丝菌丝和孢子的形成。如图 2-34，在灰色链霉菌中，次级代谢（链霉素和 Grixazone 产生）和形态分化都需要 A 因子。A 因子的合成需要 *afsA* 基因。A 因子与细胞质内的阻遏蛋白 ArpA 结合。结合后 ArpA 蛋白立体结构改变，使 ArpA 从 adpA 启动子释放，启动 *adpA* 基因转录。AdpA 是 strR 转录激活因子，而 StrR 是途径特异性调控子，调控链霉素生物合成的基因转录。AdpA 同时能够激活多个基因的转录，从而激活孢子形成、次级代谢产物 Grixazone 的生物合成。

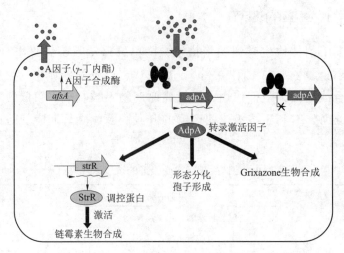

图 2-34　A 因子调控的灰色链霉菌表型及其调控机制

八、次级代谢产物生物合成的控制

调节次级代谢产物生物合成的因素即是次级代谢产物生物合成的控制因素。因此，对上述调节因素的正确控制，将有利于次级代谢产物的合成。为了提高次级代谢产物合成量，要加强诱导，并解除自身代谢产物的反馈调节，解除前体自身的反馈调节，解除支路产物的反馈调节，解除磷酸盐调节，解除碳（氮）分解产物调节，控制菌体生长速率等。解除的方法可以从遗传和环境两方面考虑。①遗传方面：采用传统的、现代的基因突变技术，对遗传物质进行改变，获得大量基因突变株，从中筛选出解除各种调节机制的突变株，提高次级代谢产物合成量，有关内容详见第三章描述。②环境方面：要控制培养基组成和发酵条件。培养基组成应提供诱导物、前体，对起调节作用的营养物质磷酸盐、葡萄糖、硫酸铵等的浓度要低或避免使用，或在发酵过程中以流加或滴加等方式补入；发酵过程应合理控制 pH、温度、基质浓度、菌体浓度、菌体形态、溶解氧、二氧化碳等参数，缩短菌体生长期，延长产物合成期，达到次级代谢产物大量合成的目的。

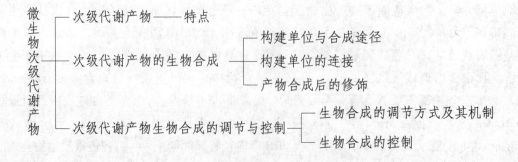

思考题

1. 酶活性和酶合成的调节方式有哪些？举实例说明。

2. 为什么过量的终产物会引起反馈抑制和反馈阻遏？如何解除反馈抑制和反馈阻遏？

3. 次级代谢产物有哪些特点？

4. 分析次级代谢产物产生多组分的原因，为获得某一组分应采取哪些策略？

5. 次级代谢产物的构建单位有哪些？与其对应的代表产物是什么？各举例一个产品。

6. 聚酮体生物合成的起始单位有哪些？延伸单位有哪些？

7. 以链霉素为例，阐述次级代谢产物生物合成的基本过程，并指出如何提高链霉素 A 的产量。

8. 次级代谢产物的生物合成受哪些因素调节？

9. 磷酸盐对次级代谢产物合成的调节机制具体表现在哪几个方面？如何解除磷酸盐的调节作用？

10. 次级代谢产物生物合成的控制方法有哪些？

（倪现朴）

扫码"练一练"

扫码"学一学"

第三章　工业微生物的菌种选育

📖 **学习目标**

1. **掌握**　工业微生物菌种选育的一般方法，诱变育种的过程。
2. **熟悉**　自然选育、杂交育种等的一般方法。
3. **了解**　现代生物技术手段在工业微生物菌种选育中的应用。

利用工业微生物发酵生产的过程中，决定生产水平高低最主要的有三个方面的因素：生产菌种、发酵工艺和后提取工艺。其中最重要的是生产菌种。从自然界分离得到的菌种，由于生产能力低，往往不能满足工业上的需要。因为在正常生理条件下，微生物依靠其代谢调节系统，趋向于快速生长和繁殖。但是，发酵工业的需要就与此相反，需要微生物能够积累大量的代谢产物。为此，采用各种措施来打破微生物的正常代谢，使之失去调节控制，从而大量积累我们所需要的代谢产物。要达到此目的，主要措施就是进行菌种选育和控制培养条件。

菌种选育的最初目的是改良菌种的特性，使其符合工业生产的要求。菌种选育工作大幅度提高了微生物发酵的产量，促进了微生物发酵工业的迅速发展。通过菌种选育，抗生素、氨基酸、维生素、药用酶等药物的发酵产量提高了几十倍、几百倍甚至几千倍。菌种选育在提高产品质量、增加品种、改善工艺条件和产生菌的遗传学研究等方面也发挥了重大作用。例如青霉素的原始生产菌种产生黄色色素，使成品带黄色，经过菌种选育，产生菌不再分泌黄色色素；卡那霉素产生菌经选育后，由生产卡那霉素 A 变成生产卡那霉素 B；土霉素产生菌在培养过程中产生大量泡沫，经诱变处理后改变了遗传特性，发酵泡沫减少，可节省大量消泡油并增加培养液的装量；红霉素等品种发酵遇有噬菌体侵袭时，发酵产量大幅度下降，甚至被迫停产，菌种经诱变处理获得抗噬菌体的特性，就可保证发酵生产的正常进行。随着这门技术研究的不断深入及相关学科的发展，菌种选育的目的已不仅仅局限于提高产量、改进质量，而且可用来开发新产品。如果以科研为目的，则通过菌种选育可了解菌种的遗传背景、增加菌种遗传标记、分析生物合成机制和提供分子遗传学研究材料。菌种选育的这些目的可用图 3-1 概括。

根据菌种自然变异而进行的自然选育，以及用人工方法引起菌种变异或形成新的杂种，再按照工业生产的要求进行筛选来获得新的变种或杂种，这是当前菌种选育的基本内容。

生产上广泛应用的自然选育、诱变育种等方法属于经验育种的范畴，主要是通过突变和筛选来获得优良的菌株。此外还有原生质体技术、杂交育种、分子生物学方法等现代菌种选育技术。本章将分别介绍自然选育、诱变育种、杂交育种、原生质体技术育种和基因工程技术育种。

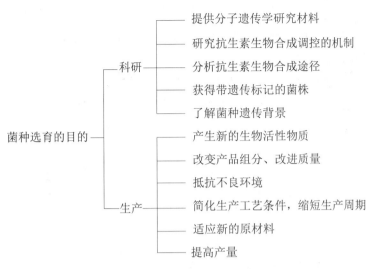

图 3-1　菌种选育的目的

第一节　自然选育

　　自然选育是一种纯种选育的方法。它利用微生物在一定条件下产生自发突变的原理，通过分离、筛选排除衰退型菌株，从中选择维持原有生产水平的菌株。因此，它能达到纯化、复壮菌种，稳定生产的目的，生产上将该方法又称为自然分离。自然选育有时也可用来选育高产量突变株，不过这种正突变的概率很低。

　　发酵工业中使用的生产菌种，几乎都是经过人工诱变处理后获得的突变株。这些突变株是以大量生成某种代谢产物（发酵产物）为目的筛选出来的，因而它们属于代谢调节失控的菌株。微生物的代谢调节系统趋向于最有效地利用环境中的营养物质，优先进行生长和繁殖，而生产菌种常常是打破了原有的代谢调节系统的突变株，因此常常表现出生活力比野生菌株弱的特点。此外，生产菌种是经人工诱变处理而筛选到的突变株，遗传特性往往不够稳定，容易继续发生变异。上述这些特点使得生产菌株呈现出容易发生自然变异的特性，如果不及时进行自然选育，通常会导致菌种发生变异，使发酵产量降低。但是，自然变异是不定向的，有的变异是菌种退化，使发酵产量降低，也有的变异是菌种获得优良性状使发酵产量提高。因此，需经常进行自然选育工作，淘汰衰退的菌株，保存优良的菌株。

　　自然选育得到的纯种能够稳定生产，提高平均生产水平，但不能使生产水平大幅度提高，这是因为菌种在自发突变过程中，自发突变的概率极低，变异过程亦十分缓慢，所以获得优良菌种的可能性极小，因此难以依赖自然选育来获得高产突变株。

　　菌种衰退的原因是自然选育工作的基础，下面我们先分析一下菌种衰退的原因，然后再介绍自然选育的一般方法。

一、菌种退化与变异原因

　　抗生素生产是纯种发酵过程，但生产菌在长期使用、保藏过程中都会产生退化和变异，究其原因，有细胞内在因素，也有外在的环境因素。

　　1. 遗传基因型的分离　抗生素产生菌多为放线菌和丝状真菌，它们的菌丝体是由多个细胞组成，大多数细胞含有一个细胞核，有的含有多个细胞核，因而其遗传物质基础具有多样化和复杂性的特点。微生物又属群体繁殖模式，在群体繁殖过程中，不可避免地会产生不同遗传基因型的分离。

以抗生素产率等数量性状而言，其群体表现型表现为正态分布，即群体中各个体间的抗生素生产能力不是同一水平，大部分个体处于平均水平，少量个体的抗生素产率处于较高或较低的水平，如不进行选择，在传代使用过程中，群体产量的分布曲线有向低值移动的趋势，这是数量遗传的自体调节现象。

2. 自发突变的结果 自发突变也是不定向的，且多数是负向变异，如抗生素产量的下降、孢子形成能力的降低、存活率的降低等都是退化变异。微生物自发突变可因种类不同而异，但造成变异的主要原因可能是：①用砂土管等长期保藏；②菌种连续传代，这种自发突变比保藏过程中产生的比例要高，因为在生命活动过程中遗传物质更容易受环境因素的影响；③活细胞内进行的新陈代谢活动，能产生一些具有诱变作用的物质，如过氧化氢、有机过氧化合物等，当这些物质在胞内累积到一定浓度时能诱发 DNA 结构的改变；④DNA中存在的增变基因也能诱发基因突变；⑤有的微生物的染色体上还存在导致菌体退化的死亡基因，DNA 的代谢失调也会引起基因突变而造成菌种退化。

自发突变的产生特点是变异速度比较缓慢，因为导致变异的不利因素不是强烈因子；另外，一个基因发生突变不可能立即影响微生物群体的性状变异，变异要通过 DNA 复制才能传到下一代，并在一定的环境条件下才能体现出来。更重要的是必须在突变基因取得数量上的优势时，才能使群体表现出性状的变异。

3. 经诱变剂处理后的退化变异 菌种经人工诱变处理后，在初筛时选得的高产突变株，有的在以后的多次复筛中产量下降，不能体现初筛时的高产水平，这就是人工诱变后的退化变异。其产生原因有以下几种：①初筛出的菌落可能是由成对或成堆孢子发育成的，其中只有一个细胞诱发了基因突变，在传代中细胞核分裂时，未发生基因突变的细胞逐渐在数量上占优势，便表现出产量下降；②可能是诱变菌种的细胞是异核体，而发生基因突变的只是其中一个细胞核的遗传基因，那么在传代过程中由于产生细胞核的分离现象，高产突变基因的核在数量上失去了优势，便出现产量性状的退化变异；③突变发生在无意义链上，在遗传信息传递过程中被丢失，致使正突变性状消失；④在诱变剂的作用下，被诱变菌种出现基因混杂，突变的高产基因虽然已经传递到下一代，但在传代使用过程中，当环境条件适合于低产型突变株繁殖时，使其在数量上占优势，便表现出低产水平。

综上所述，造成菌种退化变异的原因是多方面的，为保持生产菌种的稳定性，自然选育可作为日常工作的一部分。

二、自然选育的方法

自然选育的基本流程见图3-2。

1. 单孢子悬浮液的制备 用无菌生理盐水或缓冲液制备单孢子悬浮液，在显微镜下计数，也可经稀释后在平板上进行活菌计数。

2. 分离及单菌落培养 根据计数结果，定量稀释后制成50~200个单细胞/毫升的菌悬液，取适量加到平皿培养基上，培养后长出分离的单菌落。按丝状真菌、放线菌菌落大小不同，分离量以5~20个菌落/平皿为宜。

3. 筛选 将分离培养后的各种类型单菌落，接斜面培养，成熟后接入发酵瓶，测定发酵单位的过程。它分初筛、复筛两个过程。

（1）初筛系 初步筛选，以多量筛选为原则。因此，初筛时尽量不用母瓶，将斜面直接接入发酵瓶，测其产量；对一些生长慢的菌种也可先接入母瓶，生长好后再转入发酵瓶。初筛中高单位菌株挑选量以 5%～20% 为宜。

（2）复筛 对初筛得到的高产菌株的复试，以挑选出稳定高产菌株为原则。每一初筛通过斜面可进 2～3 只摇瓶，最好使用母瓶、发酵瓶两级，并要重复 3～5 次，用统计分析法确定产量水平。

初筛、复筛都要同时以生产菌株作对照。复筛选出的高单位菌株至少要比对照菌株产量提高 5% 以上，并经过菌落纯度、摇瓶单位波动情况，以及糖、氮代谢等的考察，合格后方可在生产罐上试验。复筛得到的高单位菌株应制成砂土管、冷冻管或液氮管进行保藏。

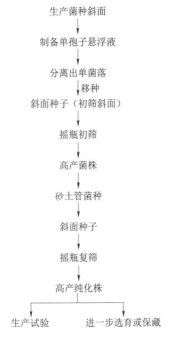

图 3-2 自然选育流程图

第二节 诱变育种

自发突变的频率较低，不能满足育种工作的需要。如果通过诱变剂处理就可以大大提高菌种的突变频率，扩大变异幅度，从中选出具有优良特性的变异菌株，这种方法就称为诱变育种。

诱变育种和其他育种方法相比较，具有速度快、收效大、方法简便等优点，是当前菌种选育的一种主要方法，在生产中使用得十分普遍。但是诱发突变缺乏定向性，因此诱发突变必须与大规模的筛选工作相配合才能收到良好的效果。

诱变育种工作主要包括出发菌株的选择、诱变处理和筛选突变株三个部分，一般步骤见图 3-3。

一、突变诱发过程

在微生物学中我们学习了诱变剂的作用机制。诱变剂所造成的 DNA 分子的某一位置的结构改变称为前突变。例如，紫外线照射形成的胸腺嘧啶二聚体就是一种前突变。前突变可以通过影响 DNA 复制而成为真正的突变，也可以经过修复重新回到原有的结构，即不发生突变。许多环境因素可以影响突变的诱发过程，从而影响突变率。以下将讨论从诱变剂进入细胞到突变型出现的整个过程以及影响这一过程的一些因素。

（一）诱变剂接触 DNA 分子前

诱变剂要进入细胞才能诱发突变，因此细胞对诱变剂的透性将影响诱变效果。诱变剂在接触 DNA 之前要经过细胞质，细胞质的某些组分和某些酶可和诱变剂相互作用而影响诱变效果。

突变的诱发还与基因所处的状态有关，而基因的状态又和培养条件有关。在培养基中加入诱导剂使基因处于转录状态，可能有利于诱变剂的作用。在转录时，DNA 双链解开更

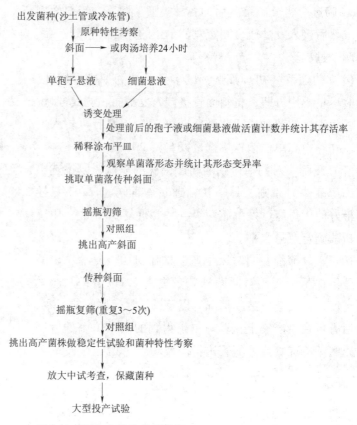

图 3-3　诱变育种的典型流程

有利于诱变剂作用。

（二）DNA 损伤的修复

DNA 损伤的修复和基因突变有着密切的关系。已发现微生物有五种方式来修复 DNA 损伤：①光复活作用；②切补修复；③重组修复；④SOS 修复系统；⑤DNA 多聚酶的校正作用。

1. 光复活作用　人们发现某些经紫外线照射过的放线菌孢子，如果在可见光下培养时，存活数显然大于在黑暗中培养的同一样品。经研究证明，这是有一种为可见光所激活的酶在起作用，这种酶能和经紫外线照射过的 DNA 在黑暗中结合，形成的复合物置于可见光下后，酶和 DNA 解离，解离下来的 DNA 分子中不再存在原来的胸腺嘧啶二聚体，见图 3-4a。

2. 切补修复　在四种酶的协同作用下进行 DNA 损伤修复，这四种酶都不需要可见光的激活。首先在胸腺嘧啶二聚体 5′端，在核酸内切酶的作用下造成单链断裂；其次在核酸外切酶的作用下切除胸腺嘧啶二聚体；然后在 DNA 多聚酶Ⅰ、Ⅲ的作用下进行修补合成，最后在 DNA 连接酶的作用下形成一个完整的双链结构，见图 3-4b。

3. 重组修复　必须在 DNA 进行复制的情况下进行，所以又称为复制后修复。重组修复在不切除胸腺嘧啶二聚体的情况下进行修复作用。以带有二聚体的单链为模板合成互补单链，可是会在每一个二聚体附近留下一个空隙。一般认为通过染色体交换，空隙部位就不再面对着二聚体，而是面对着正常的单链，在这种情况下，DNA 多聚酶和连接酶就能把空隙部分修复好，见图 3-4c。

4. SOS 修复系统　这是一种能够造成误差修复的"呼救信号"修复系统。当 DNA

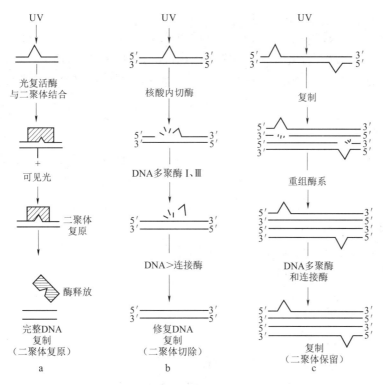

a. 光复活；b. 切补修复；c. 重组修复

图 3-4　三种 DNA 修复作用

受到诱变剂损伤而阻断 DNA 复制过程时，DNA 损伤相当于一个呼救信号，促使细胞中的有关酶系解除阻遏，而进行 DNA 的修复。在修复过程中，DNA 多聚酶在无模板的情况下进行 DNA 的修复合成，并将合成的 DNA 片段插入受损 DNA 的空隙处。SOS 修复系统的修复作用容易导致基因突变，大多数经诱变所获得的突变来源于此修复系统的作用。

5. DNA 多聚酶的校正作用　除了上述种种修复作用以外，细胞还具有对复制过程中出现的差错加以校正的功能。大肠埃希菌中的 DNA 复制依赖于三种 DNA 多聚酶（多聚酶 I、II、III）的作用，这三种酶除了具有对于多核苷酸的多聚作用以外，还具有 $3' \rightarrow 5'$ 核酸外切酶的作用。一般认为依靠 DNA 多聚酶的这一作用，能在复制过程中随时切除不正常的核苷酸。如果 DNA 多聚酶发生突变而使其核酸外切酶活性减弱，那么它切除不正常核苷酸的能力也会减弱，菌体的突变率相应地提高，成为增变突变型。DNA 多聚酶为 DNA 修复作用所必需，所以增变突变型对于诱变剂的作用格外敏感。

（三）从前突变到突变

前突变形成后，细胞中几种修复系统就会对它施加作用。从对突变诱发的影响看，修复系统可以分为校正差错和引起差错这两类。一般认为光复活作用、切补修复和 DNA 多聚酶校正作用这三种修复作用具有校正差错的性质而不利于突变的诱发，而重组修复和 SOS 修复系统这两种修复作用具有引起差错的性质而有利于突变的发生。

可以理解，一切影响这些修复系统中的酶活性的因素都能影响由前突变向突变转变这一过程。例如，咖啡因能抑制切补修复系统，因而增强诱变作用。氯霉素能抑制细菌的蛋白质合成，从而抑制了依赖于蛋白质合成的 SOS 修复系统和重组修复，降低诱变率。相反地，一切有利于蛋白质合成的因素都有利于提高突变率。

与突变有关的一些酶的激活剂或抑制剂也会影响突变率。Ba^{2+} 对 DNA 多聚酶的 $3'$

核酸外切酶活性有抑制作用，从而可提高突变率。

从以上叙述可以看出：诱变前后的处理可影响诱变的效果。其原因主要有两个方面：①通过影响与 DNA 修复作用有关的酶的活性而影响诱变的效果；②通过使诱变的目的基因处于活化状态（复制或转录状态），使之更容易被诱变剂所作用，从而影响目的基因的突变率。

（四）从突变到突变型

突变基因的出现并不等于突变表型的出现，表型的改变落后于基因型改变的现象称为表型迟延。表型迟延有两种原因：分离性迟延和生理性迟延。

1. **分离性迟延**　实际上是经诱变处理后，细胞中的基因处于不纯的状态（野生型基因和突变型基因并存于同一细胞中），突变型基因由于属于隐性基因而暂时得不到表达，需经过复制、分离，在细胞中处于纯的状态（一细胞中只有突变型基因，没有野生型基因）时，其性状才得以表达。

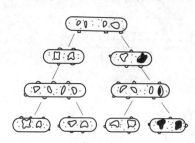

黑色的核质体代表发生突变的核质体；
细胞中的细点代表酶分子

图 3-5　细菌的分离性迟延

图 3-5 中，大肠埃希菌在对数生长期含有 2~4 个核质体，当其中一个核发生突变时，这个细胞即变成异核体。如果突变表型为某个基因所控制的产物的丧失，那么这一突变在异核体内就是隐性的。因为其他的核继续生产该基因控制的产物。需要经历 1~2 个世代，通过细胞分裂而出现同一细胞的两个核中都带有这一突变基因时，突变表型才出现。

2. **生理性迟延**　突变基因由杂合状态变为纯合状态时，还不一定出现突变表型，新的表型必须等到原有基因的产物稀释到某一程度后才能表现出来。而这些原有基因产物的浓度降低到能改变表型的临界水平以前，细胞已经分裂多次，经过了好几个世代。例如，某个产酶基因发生了突变，可是细胞中原有的酶仍在起作用，细胞所表现的仍是野生型表型。只有通过细胞分裂，原有的酶已经足够稀释或失去活性时，才出现突变型的表型。生理性迟延最明显的例子是噬菌体抗性突变的表达。用诱变剂处理噬菌体敏感菌，将存活菌立即分离在含噬菌体的培养基上，其抗性菌株不立即出现；而将存活菌先在不含噬菌体的培养基中繁殖几代后，再分离在含有噬菌体的培养基中，则可得到大量抗性菌。有些诱发突变要经历 14 个世代才能表达。敏感菌对某一噬菌体敏感是因为其细胞表面具有该噬菌体的受体，抗性菌因不产生该受体而对噬菌体具有抗性。但是基因发生了抗性突变，而细胞表面仍具有受体的细胞仍会受到噬菌体的感染，抗性突变的表型必须等到经过多次细胞分裂，细胞表面不再存有噬菌体受体时才能表现出来。

二、诱变育种方案的设计

诱变育种包括三个环节：突变的诱发、突变株的筛选和突变高产基因的表现。这三个环节是相互联系、缺一不可的。在诱变育种的早期阶段，工作一般是顺利的，高产突变株不断涌现。但经过长期诱变得到的高产突变株，再进一步提高时，进展逐渐变慢，困难也越来越多。因此，在早期周密地设计一个选育工作方案，就显得格外重要。

（一）制定筛选目标

诱发突变是随机而不定向的，有可能出现多种多样变异性状的突变株。除了高产性状外，还要考虑其他有利性状。例如：生长速度快、产孢子多；消除某些色素或无益组分；能有效利用廉价发酵原材料；改善发酵工艺中某些缺陷（如泡沫过多、对温度波动敏感，菌丝量太多、自溶早、过滤困难等）等。但是所定的筛选目标不可太多，要充分估计本实验室的人力、物力和测试能力等，要考虑实现这些目标的可能性。要选出一个达到一定产量的高产菌株，往往要筛选 1000 个左右的突变株，经历多次诱变和筛选。

（二）制定筛选方案

方案设计的中心内容是确定诱变筛选流程（图 3-3）。

1. 诱变过程 由出发菌种开始，制出新鲜孢子悬浮液（或细菌悬浮液）做诱变处理，然后以一定稀释度涂布平皿，至平皿上长出单菌落为止的各步骤过程。简述如下。

（1）出发菌种的斜面 非常重要，其培养工艺最好是经过试验已知的最佳培养基和培养条件。要选取对诱变剂最敏感的斜面种龄，要求孢子数适中而新鲜。

（2）单孢子悬浮液制备（见本章第一节）。

（3）孢子计数 诱变处理前后孢子要计数，以控制处理液的孢子数和统计诱变致死率，常用于处理的孢子液浓度为 $10^5 \sim 10^8$ 个孢子/毫升。孢子计数采用血球计数法在显微镜下直接计数。致死率通过处理前后孢子液活菌数来测定。

（4）单菌落分离 平皿内倾入 20ml 左右的培养基，凝固后，加入一定量经诱变处理的孢子液（以控制每一平皿生长 10 ~ 50 个菌落为合适的量），用刮棒涂布均匀后进行培养。

2. 筛选过程 诱变处理的孢子，经单菌落分离长出单菌落后，随机挑选单菌落进行生产能力测定。每一被挑选的单菌落传种斜面后在模拟发酵工艺的摇瓶中培养，然后测定其生产能力。筛选过程主要包括传种斜面、留种保藏菌种和筛选高产菌株这三项工作。

（1）传种斜面 主要挑选生长良好的正常形态的菌落传种斜面，并可适当挑选少数形态或色素有变异的菌落。经诱变处理，形态严重变异的往往为低产菌株。

（2）留种保藏菌种 经筛选挑出比对照生产能力高 10% 以上的菌株，要制成砂土管或冷冻管留种保藏。图 3-3 中留种保藏菌种这一步骤很重要，可保证高产菌株不会得而复失，复筛结果比较可靠，也符合生产过程的特点。

（3）筛选高产菌株 诱变处理后的孢子传种斜面后，进行生产能力测试筛选。为了获得优良菌株，初筛菌株的量要大，发酵和测试的条件都可粗放一些。例如，可以采用琼脂块筛选法进行初筛，也可以采用一个菌株进一个摇瓶的方法进行初筛。随着以后一次一次的复筛，对发酵和测试条件的要求应逐步提高，复筛一般每个菌株进 3 ~ 5 个摇瓶，如果生产能力继续保持优异，再重复几次复筛。初筛和复筛均需有亲株作为对照，以比较生产能力是否优良。复筛后，对于有发展前途的优良菌株，可考察其稳定性、菌种特性和最适培养条件等。

诱变形成的高产菌株的数量往往小于筛选的实验误差，这是筛选工业生产的高产菌株时常见的情况。因为真正的高产菌株，往往需要经过产量提高的逐步累积过程，才能变得越来越明显。所以有必要多挑选一些出发菌株进行多步育种，以确保挑选出高产菌株，见

图 3-6。反复诱变和筛选，将会提高筛选效率，可参考如下速度快、效果好的筛选工作步骤。

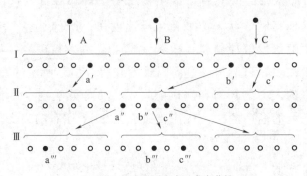

Ⅰ、Ⅱ、Ⅲ中黑圆点表示高产菌株

图 3-6　连续选择高产突变菌株模式图

三、突变的诱发

突变的诱发受到菌种的遗传特性、诱变剂、菌种的生理状态以及诱变处理时环境条件的影响。

（一）出发菌株的选择

出发菌株就是用来进行诱变试验的菌株。出发菌株的选择是诱变育种工作成败的关键。出发菌株的性能，如菌种的纯一性、菌种系谱、菌种的形态、生理、传代、保存等特性，对诱变效果影响很大。挑选出发菌株有如下几点经验。

1. 选择纯种　纯种作为出发菌株，可排除异核体或异质体的影响。在柱晶白霉素产生菌选育过程中，采用不纯的出发菌株，经过 36 代诱变，发酵单位提高幅度不大，仅由 $30\mu g/ml$ 提高至 $2000 \sim 2500\mu g/ml$。而采用去除异核体的纯出发菌株后，经过 32 代诱变，可由 $30\mu g/ml$ 提高到 $12\,000\mu g/ml$。选择纯种作为出发菌株，从宏观上讲，就是要选择发酵产量稳定、波动范围小的菌株为出发菌株。如果出发菌株遗传性不纯，可以用自然分离或用缓和的诱变剂进行处理，取得纯种作为出发菌株。这样虽然要花一些时间，但效果更好。

2. 选择具有优良性状的菌株　选择出发菌株，不仅是选产量高的，还应该考虑其他因素，如产孢子早而多、色素多或少、生长速度快等有利于发酵产物合成的性状。特别重要的是选择的出发菌株应当具有我们所需要的代谢特性。例如，适合补料工艺的高产菌株是从糖、氮代谢速度较快的出发菌株得来的。用生活力旺盛而发酵产量又不很低的形态回复突变株作为出发菌株，常可收到好的效果。

3. 选择对诱变剂敏感的菌株　不但可以提高变异频率，而且高产突变株的出现率也大。生产中经过长期选育的菌株，有时会对诱变剂不敏感。在此情况下，应设法改变菌株的遗传型，以提高菌株对诱变剂的敏感性。杂交、诱发抗性突变和采用大剂量的诱变剂处理均能改变菌株的遗传型，而提高菌株对诱变剂的敏感性。

（二）诱变剂的选择

诱变剂的选择主要是根据已经成功的经验，诱变作用不但决定于诱变剂，还与菌种的种类和出发菌株的遗传背景有关。一般对于遗传上不稳定的菌株，可采用温和的诱变剂，或采用已见效果的诱变剂；对于遗传上较稳定的菌株则采用强烈的、不常用的、诱变谱广的诱变剂。要重视出发菌株的诱变系谱，不经常采用同一种诱变剂反复处理，以防止诱变效应饱和；但也不要频频变换诱变剂，以避免造成菌种的遗传背景复杂，不利于高产菌株的稳定。

选择诱变剂时，还应该考虑诱变剂本身的特点。例如，紫外线主要作用于 DNA 分子的嘧啶碱基，而亚硝酸则主要作用于 DNA 分子的嘌呤碱基。紫外线和亚硝酸复合使用，突变谱宽，诱变效果好。

关于诱变剂的最适剂量，有人主张采用致死率较高的剂量，例如采用 90%～99.9% 致死率的剂量，认为高剂量虽然负变株多，但变异幅度大；也有人主张采用中等剂量如致死率 75%～80% 或更低的剂量，认为这种剂量不会导致太多的负变株和形态突变株，因而高产菌株出现率较高。更为重要的是，采用低剂量诱变剂可能更有利于高产菌株的稳定。

（三）影响诱变效果的因素

除了出发菌株的遗传特性和诱变剂会影响诱变效果之外，菌种的生理状态、被处理菌株的预培养和后培养条件以及诱变处理时的外界条件等都会影响诱变效果。

菌种的生理状态与诱变效果有密切关系，例如，有的碱基类似物、亚硝基胍（NTG）等只对分裂中的 DNA 有效，对静止的或休眠的孢子或细胞无效；而另外一些诱变剂，如紫外线、亚硝酸、烷化剂、电离辐射等能直接与 DNA 起反应，因此对静止的细胞也有诱变效应，但是对分裂中的细胞更有效。因此，放线菌、真菌的孢子诱变前经培养稍加萌发可以提高诱变率。

诱变处理前后的培养条件对诱变效果有明显的影响。可有意地在培养基中添加某些物质（如核酸碱基、咖啡因、氨基酸、氯化锂、重金属离子等）来影响细胞对 DNA 损伤的修复作用，使之出现更多的差错，而达到提高诱变率的目的。例如，菌种在紫外线处理前，在富有核酸碱基的培养基中培养，能增加其对紫外线的敏感性。相反，如果菌种在进行紫外线处理以前，培养于含有氯霉素（或缺乏色氨酸）的培养基中，则会降低突变率。紫外线诱变处理后，将孢子液分离于富有氨基酸的培养基中，则有利于菌种发生突变。

诱变率还受到其他外界条件，例如温度、氧气、pH、可见光、搅拌、诱变浓度、作用时间以及方式等的影响。

四、突变株的筛选

菌体细胞经诱变剂处理后，要从大量的变异菌株中，把一些具有优良性状的突变株挑选出来，这需要有明确的筛选目标和筛选方法，需要进行认真细致的筛选工作。育种工作中常采用随机筛选和理性化筛选这两种筛选方法。

（一）随机筛选

随机筛选即菌种经诱变处理后，进行平板分离，随机挑选单菌落，从中筛选高产菌株。为了提高筛选效率，可采用下列方法增大筛选量。

1. **摇瓶筛选法** 这是生产上一直使用的传统方法。即将挑出的单菌落传种斜面后，再由斜面接入模拟发酵工艺的摇瓶中培养，然后测定其发酵生产能力。选育高产菌株的目的是要在生产发酵罐中推广应用，因此摇瓶的培养条件要尽可能和发酵生产的培养条件相近。但是，实际上摇瓶培养条件很难和发酵罐培养条件相同。

摇瓶筛选的优点是培养条件与生产培养条件相接近，但工作量大、时间长、操作复杂。

2. 琼脂块筛选法 这是一种简便、迅速的初筛方法。将单菌落连同其生长培养基（琼脂块）用打孔器取出，培养一段时间后，置于检定平板以测定其发酵产量。琼脂块筛选法的优点是操作简便、速度快。但是，固体培养条件和液体培养条件之间是有差异的，利用此法所取得的初筛结果必须经摇瓶复筛加以验证。

3. 筛选自动化和筛选工具微型化 近年来，在研究筛选自动化方面有很大进展，筛选实验实现了自动化和半自动化，省去了烦琐的劳动，大大提高了筛选效率。筛选工具的微型化也是很有意义的，例如将一些小瓶子取代现有的发酵摇瓶，在固定框架中振荡培养，可使操作简便，又可加大筛选量。

（二）理性化筛选

传统的菌种选育是采用随机筛选的方法。由于正变株出现的概率小，产量提高的范围往往在生物学波动的范围内，因而选出一株高产菌株需要耗费大量的人力、物力。而且，随着发酵产量不断提高，用随机筛选方法获得高产菌株的概率越来越小。近年来，随着遗传学、生物化学知识的积累，人们对于代谢途径、代谢调控机制了解得更多了，因而筛选方法逐渐从随机筛选方法转向理性化筛选方法。理性化筛选指运用遗传学、生物化学的原理，根据产物已知的或可能的生物合成途径、代谢调控机制和产物分子结构来进行设计和采用一些筛选方法，打破微生物原有的代谢调控机制，获得能大量形成产物的高产突变株。

微生物的代谢产物不同，其筛选方法也有所不同。

1. 初级代谢产物高产菌株的筛选 根据代谢调控的机制，氨基酸、核苷酸、维生素等小分子初级代谢产物的合成途径中普遍存在着反馈阻遏或反馈抑制，这对于产生菌本身是有意义的，因为可以避免合成过多的代谢物，而造成能量的浪费。但是，在工业生产中，需要产生菌产生大量的氨基酸、核苷酸、维生素。因此，需要打破微生物原有的反馈调节系统。育种工作要达到此目的，可从以下两个方面着手。

（1）降低终产物浓度 ①筛选终产物营养缺陷型，图 3-7 中，假设我们所需要的发酵产物是 C，而该生物合成途径的终产物是 E，则可筛选 E 的营养缺陷型，如果营养缺陷型是由 C→D 的代谢被阻断，则可解除终产物 E 对发酵产物 C 生产的反馈阻遏或反馈抑制，而积累大量的发酵产物 C。类似的例子可见图 3-8、3-9。总之，筛选终产物营养缺陷型适合于下面三种情况：发酵产物为某一直线合成途径的中间产物，图 3-7；发酵产物为某一分支合成途径的中间产物，见图 3-8；发酵产物为某一分支合成途径的一个终产物时，可筛选该分支合成途径的另一终产物的营养缺陷型，见图 3-9。②筛选细胞膜透性改变的突变株，使之大量分泌终产物，以降低

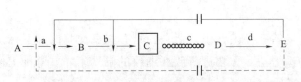

在一原始菌株中，其终点产物 E 反馈抑制（----）第一个酶，并反馈阻遏（——）第一个和第二个酶。获得了缺少（∞∞∞）第三个酶的突变株，需供给 E 才生长。如果供给限量的 E，就可打破（-+-）反馈调节，而产生大量的 C

图 3-7 在简单的代谢途径中积累中间产物

细胞内终产物浓度，从而避免终产物反馈调节。例如，用谷氨酸棒杆菌（*Corynebacterium glutamicum*）的生物素营养缺陷型进行谷氨酸发酵，生物素是合成脂肪酸所必需的，而脂肪酸又是组成细胞膜类脂的必要成分。该缺陷型在生物素处于限量的情况下，不利于脂肪酸的合成，因而使细胞膜的透性发生变化，有利于将谷氨酸分泌至体外的发酵液中。

如果使用油酸缺陷型菌株或者甘油缺陷型菌株，即使在生物素过量的条件下，也可使谷氨酸在体外大量积累。

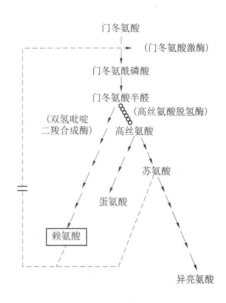

在原始菌株中，终点产物 L 反馈抑制（－－－－）
a 酶和 j₁ 酶，并反馈阻遏（——）a 酶，终点
产物 N 反馈抑制和阻遏 a 酶和 j₂ 酶。L 和 N 对 a 酶
有累加反馈效应。已获得了一个缺少（○○○）j₁ 酶的
突变株，它生长需要 L。如以限制生长的浓度
供给 L 时，可打破（－╫－）L 的反馈调节，
因而积累大量 J。此图解代表产氨杆菌的
一个腺嘌呤缺陷型的肌苷酸的大量生成

图 3-8　在某一分支途径中，中间产物大量积累

在谷氨酸棒杆菌的原始菌株中，赖氨酸和苏
氨酸合作反馈抑制（－－－－）天门冬氨酸激酶。
获得了一个缺少（○○○）高丝氨酸脱氢酶的突
变株。它的生长需要苏氨酸和蛋氨酸。如果
苏氨酸以限制生长的浓度加入时，合作反馈
抑制被打破（－╫－）而大量产生赖氨酸。
谷氨酸棒杆菌的双氢吡啶二羧酸合成酶对赖
氨酸的反馈抑制不敏感

图 3-9　赖氨酸的大量合成

（2）筛选抗反馈调节突变菌株　①筛选结构类似物（抗代谢物）抗性突变株：分离抗反馈调节突变菌株的最常用的方法是用与代谢产物结构类似的化合物（结构类似物）处理微生物细胞群体，杀死或抑制绝大多数细胞，选出能大量产生该代谢物的抗反馈突变株。结构类似物一方面具有和代谢物相似的结构，因而具有和代谢物相似的反馈调节作用，阻碍该代谢物的生成；另一方面它不同于代谢物，不具有正常的生理功能，对细胞的正常代谢有阻碍作用，会抑制菌的生长或导致菌的死亡。例如，一种氨基酸终产物，在正常的情况下，参与蛋白质合成，过量时可抑制或阻遏它自身的合成酶类。如果这种氨基酸的结构类似物也显示这种抑制或阻遏，但却不能用于蛋白质的合成，那么当用这种结构类似物处理菌种时，大多数细胞将由于缺少该种氨基酸而不能生长或者死亡，只有那些对该结构类似物不敏感的突变株，仍然能够合成该种氨基酸而继续生长。某些菌株所以能抵抗这种结构类似物，是因为被该氨基酸（或结构类似物）反馈抑制的酶的结构发生了改变（抗反馈抑制），或者被阻遏的酶的生成系统发生了改变（抗反馈阻遏）。由于突破了原有的反馈调节系统，这些突变株就可产生大量的该种氨基酸。②利用回复突变筛选抗反馈突变菌株：经诱变处理出发菌株，先选出对产物敏感的营养缺陷型，再将营养缺陷型进行第二次诱变处理得到回复突变株。筛选的目的不是要获得完全恢复原有状态的回复突变株，而是希望经过两次诱发突变，所得的回复突变株有可能改变了产物合成酶的调节位点的氨基酸的顺序，使之不能与产物结合，因而不受产物的反馈抑制。例如，谷氨酸棒杆菌的肌苷酸脱氢酶的回复突变株对其终产物鸟苷酸的反馈调节不敏感，从而提高了鸟苷酸的产量。

2. 次级代谢产物（主要是抗生素）高产菌株的筛选　次级代谢是某些生物为了避免在初级代谢过程中某些中间产物积累所造成的不利作用，而产生的一类有利于生存的代谢类型。次级代谢有不同于初级代谢的特点，因此其筛选方法也和初级代谢略有不同。次级代谢产物不是菌生长、繁殖所必需的，往往不能简单地采用筛选营养缺陷型或结构类似物抗性菌株的方法来获得高产菌株。次级代谢又受到初级代谢的调节，次级代谢和初级代谢有一些共同的中间产物，这些中间产物可以进而合成初级代谢产物，也可以进而合成次级代谢产物，这取决于菌的遗传特性和生理状态。微生物的代谢调节系统趋向于平衡地利用营养物质，当环境中某些营养物质过剩，而某些营养物质缺乏时，菌体为了避免不平衡生长而导致死亡，在代谢调节系统作用下，菌的生长繁殖速率下降，并通过代谢途径的改变将过剩的营养物质转变成与生长繁殖无关的次级代谢产物。因此，可筛选某些营养缺陷型或初级代谢产物结构类似物抗性菌株，以消除初级代谢产物对那些共同中间产物的反馈调节，使之大量积累而有利于次级代谢产物的合成。大多数菌在被快速利用的碳、氮、磷源消耗至一定程度时才出现有活性的次级代谢酶，因此筛选解除分解代谢调节突变株，可以获得高产菌。

次级代谢产物高产菌株的筛选方法如下。

（1）利用营养缺陷型筛选　抗生素产生菌的营养缺陷型大多为低产菌株，但是如果某些次级代谢和初级代谢处于同一分支合成途径时，筛选初级代谢产物的营养缺陷型常可使相应的次级代谢产物增产。例如，芳香族氨基酸营养缺陷型可以增产氯霉素，芳香族氨基酸和氯霉素的生物合成途径中有一个共同的中间代谢物莽草酸，当诱变处理使莽草酸→芳香族氨基酸的生物合成出现遗传性阻碍时，菌体不能够合成芳香族氨基酸，从而避免了芳香族氨基酸对莽草酸生物合成的反馈调节，莽草酸得以大量合成，进而合成大量的氯霉素。同样的道理，脂肪酸和制霉菌素、四环素、灰黄霉素有共同的中间代谢物丙二酰 CoA，脂肪酸营养缺陷型可以增产上述的抗生素。类似的例子还有头孢菌素产生菌的亮氨酸营养缺陷型可增产头孢菌素 C，亮氨酸和缬氨酸有共同的中间代谢物 α -酮基异戊酸，亮氨酸营养缺陷型使得缬氨酸的生成量增加，缬氨酸作为头孢菌素 C 合成的前体物质，参与头孢菌素 C 母核的合成，所以亮氨酸营养缺陷型可以提高头孢菌素 C 的发酵产量。一般来说，氨基酸营养缺陷型不适合工业发酵生产的要求，将这种氨基酸营养缺陷型和生产菌株（或另一种营养缺陷型）杂交或者回复突变，可能得到适合于工业生产的高产菌株。因为这样的杂交后代或回复突变株，可能既保留了营养缺陷型的代谢优点（生成较多的抗生素前体），又便于发酵生产的控制（不需要另外补充相应的营养物质）。而且，还可能通过杂交或回复突变获得具有与抗生素合成有关的基因的部分二倍体。

筛选渗漏缺陷型是一种值得重视的方法。所谓渗漏缺陷型是遗传性障碍不完全的营养缺陷型，突变使某一种酶的活性下降而不是完全丧失，所以这种缺陷型能够少量地合成某一代谢产物，能在基本培养基上少量地生长。由于渗漏缺陷型不会合成过多的终产物，所以不会造成反馈调节而影响中间代谢物的积累。大多数抗生素高产菌株的生长速率低于野生型菌株的生长速率，似乎可以认为它们在某种意义上属于渗漏缺陷型，生长速率降低可能有利于抗生素合成。

根据以上的推理，可设计如下筛选过程：先进行摇瓶发酵试验，选出对抗生素发酵产量有明显影响的初级代谢产物，据此诱变出相应的营养缺陷型，然后再诱发回复突变或将野生型菌株诱变成另一营养缺陷型，再与之杂交。如欲筛选渗漏缺陷型，则把营养缺陷型接种在基本培养基上，这上面出现的菌落是回复突变株，其中长得特别小的菌落可能是渗漏缺陷型。

（2）筛选负变株或零变株的回复突变株　选择经过诱变处理后抗生素生产能力明显降低或完全丧失，但其他性状仍近于正常的突变株作为实验材料，进行诱变，再挑选高产菌株。因为二次诱变都作用于和抗生素生物合成有关的基因上，动摇了抗生素合成的遗传基础。用此方法得到的突变株，其抗生素合成有关的酶受调节的程度，往往低于原出发菌株。此外，从突变株中筛选回复突变株也比较容易，因为负变株没有发酵产量或发酵产量很低，便于从中检出有较高抗生素产量的回复突变株。

（3）筛选去磷酸盐调节突变株　磷酸盐对许多抗生素的生物合成有抑制作用，筛选去磷酸盐调节突变株对于生产抗生素是很有意义的。因为要提高抗生素的产量，既要使产生菌生长到一定的量，又要使产生菌产生较多的抗生素。这样培养基中必须加入一定量的磷酸盐，以供菌体生长的需要，但菌体生长所需要的磷酸盐浓度往往对抗生素生产有抑制作用，去磷酸盐调节突变株可消除或减弱这种抑制作用以获得高产。

为筛选到去磷酸盐调节菌株，可设计如下筛选方法：①筛选能在磷酸盐抑制浓度条件下，正常产生抗生素的突变株：将孢子悬浮液诱变处理后，将孢子接种于完全培养基上，使突变株得以表达，再由完全培养基上的菌落影印接种于发酵培养基（含正常浓度的磷酸盐、加琼脂），待菌落长出后，用打孔器把长有单个菌落的琼脂块转移到一张浸有高浓度磷酸盐的滤纸上培养、发酵，然后生物检定，抑菌活力（抑菌圈直径/菌落直径）明显大于其他菌落的可能就是去磷酸盐调节突变株，从影印平板挑取相应的菌落，摇瓶发酵测定抗生素产量；②筛选磷酸盐结构类似物（如砷酸盐、钒酸盐）抗性突变株：磷酸盐结构类似物对菌体细胞具有毒性，其抗性菌株可能对磷酸盐调节不敏感。例如，钒酸钠是一种 ATP 酶的抑制剂，粗糙链孢霉菌（*Neurospora crassa*）细胞内有两种磷酸盐转运系统。一是低亲和力的磷酸盐转运系统Ⅰ，一是高亲和力的磷酸盐转运系统Ⅱ，钒酸钠抗性突变株，缺失磷酸盐转运系统Ⅱ，因而避免了过多地吸收钒酸钠而导致菌的死亡，同时也避免了过多地吸收磷酸盐而导致磷酸盐抑制。

（4）筛选去碳源分解代谢调节突变株　能被菌快速利用的碳源在被快速分解利用时，往往对许多其他代谢途径中的酶（包括许多抗生素合成酶和其他的酶）有阻遏或抑制作用，成为抗生素发酵产量的限制因素，不利于发酵生产工艺的控制。筛选去碳源分解代谢调节突变株，对于提高抗生素发酵产量，简化发酵生产工艺具有重要意义。抗生素生产中最常见的碳源分解代谢调节是"葡萄糖效应"，葡萄糖被快速分解代谢所积累的分解代谢产物在抑制抗生素合成的同时也抑制其他某些碳、氮源的分解利用。因此，可以利用这些碳（或氮）源作为唯一可供菌利用的碳（或氮）源，进行抗葡萄糖分解代谢调节突变株的筛选。例如，将菌在含有葡萄糖（阻遏性碳源）和组氨酸为唯一氮源的培养基中连续传代后，可选出去葡萄糖分解代谢调节突变株。正常的组氨酸分解酶类是被葡萄糖分解代谢物阻遏的，如果突变株能在这种培养基中生长，说明它具有能分解组氨酸而获得氮源的酶。这样的结果，可有两种解释：①组氨酸分解酶发生了突变，不再受到原有的分解代谢物阻遏；②葡萄糖分解代谢有关的酶发生了突变，不再产生或积累那么多的分解代谢阻遏物。第 2 种解释符合许多去葡萄糖分解代谢调节突变株的特性，因为同时有许多酶（受分解代谢调节的酶）的生成都不再受到葡萄糖分解代谢物阻遏。这种现象也是我们在抗生素育种工作中选择这种方法筛选去碳源分解代谢调节突变株的依据。

葡萄糖的毒性结构类似物也可用于筛选去碳源分解代谢调节突变株。例如，以半乳糖作为可供菌生长利用的唯一碳源，再于培养基中添加葡萄糖的毒性结构类似物 2-脱氧-D-葡萄糖，2-脱氧-D-葡萄糖不能为菌所利用，但可抑制菌利用半乳糖。所以，在这种培养条件下，只有去葡萄糖分解代谢调节突变株能够利用半乳糖进行生长，原始菌株由于不能利用半乳糖而不能生长。因而可选出去碳源分解代谢调节突变株。

筛选去碳源分解代谢调节突变株还应注意避免走向另一个极端，即片面追求葡萄糖分解代谢速率下降，因为保持合适的葡萄糖分解代谢速率是抗生素高产的关键。

此外，筛选淀粉酶活性高的突变，以利于在发酵培养基中增加淀粉类物质作为补充碳源，也可以减弱碳分解代谢调节对抗生素生产的抑制作用。

（5）筛选氨基酸结构类似物抗性突变株　许多抗生素和氨基酸有共同的前体或者有些氨基酸本身可以作为某些抗生素的前体。因此，氨基酸的代谢和抗生素合成有着密切的联系，打破菌的氨基酸代谢的调节，可能导致抗生素高产。

在培养基中加入氨基酸结构类似物，氨基酸结构类似物对菌的生长有抑制作用，因此可以筛选到解除了氨基酸反馈调节的突变株。这些突变株能够在含有氨基酸结构类似物的培养基中生长，抗性的机制可能在于生成较多的氨基酸，从而提高抗生素前体的量。例如，在青霉素生物合成途径中，半胱氨酸和缬氨酸是青霉素母核的前体，筛选抗半胱氨酸结构类似物或抗缬氨酸结构类似物的抗性突变株，可以提高半胱氨酸或缬氨酸的生成量，进而提高青霉素产量。又如赖氨酸和青霉素有共同的中间代谢产物α-氨基己二酸，筛选抗赖氨酸结构类似物抗性突变株，可以解除赖氨酸对α-氨基己二酸生成的反馈调节，使α-氨基己二酸生成量增加而促进青霉素合成。筛选方法如下：将菌种诱变处理，接种于含抑制浓度的氨基酸结构类似物的培养基中，由于此种培养条件使得正常菌株不能生长，而抗氨基酸反馈调节的突变株或其他抗性突变株能够生长，因此可筛选出氨基酸结构类似物抗性突变株。在实际操作过程中，有许多氨基酸结构类似物并不抑制菌的生长，或只有在高浓度时才抑制菌的生长，因此要选择合适的氨基酸结构类似物用于筛选。还有一些氨基酸结构类似物仅抑制菌落的生长和减少孢子的数量，但高浓度都不抑制菌落形成和孢子形成，在此情况下，正常大小或正常产孢子的菌落被视为抗性菌。还可以用加入抗代谢抑制剂（如多烯类抗生素）方法，使细胞膜透性改变而提高筛选效果（排除一部分因细胞膜透性改变而具有抗性的突变株和提高菌体细胞对氨基酸结构类似物的敏感性）。

（6）筛选二价金属离子抗性突变株　加入能和产物（抗生素）或其中间体结合的生长抑制剂（二价金属离子），抑制剂达一定浓度，抗生素低产菌株不能生长而高产菌株能够幸存下来，因而可能筛选到高产菌株。抗性的机制为形成大量产物或中间体和二价金属离子结合，以解除二价金属离子对产生菌的毒性。但是用此方法，细胞膜透性改变而对二价金属离子具有抗性的菌株也会存留下来，需要进一步进行摇瓶筛选，通过抗生素产量的比较去除那些并不高产的抗性突变株。

采用上述方法曾筛选出青霉素和杆菌肽等抗生素的高产菌株。杆菌肽能和二价金属离子结合，具有输送二价金属离子进出细胞的生理功能。选育杆菌肽高产菌株时，于培养基中添加适量的硫酸亚铁，在此条件下筛选到的抗性菌株多数表现出高产的特性，其可能的抗性机制如下：产生菌形成大量的杆菌肽和二价铁离子结合，将二价铁离子送出细胞外，从而避免了二价铁离子对产生菌的毒性作用。

（7）筛选前体或前体结构类似物抗性突变株　前体或前体结构类似物对某些抗生素产生菌的生长有抑制作用，且可抑制或促进抗生素的生物合成。筛选对前体或前体结构类似物的抗性突变株，可以消除前体或前体结构类似物对产生菌的生长及其抗生素合成的抑制作用，提高抗生素产量。例如，灰黄霉素发酵使用氯化物为前体，筛选抗氯化物的突变株，提高了灰黄霉素的产量；以苯氧乙酸为青霉素前体，选用抗苯氧乙酸突变株，提高了青霉素 V 的发酵产量；以青霉素的前体缬氨酸、α-氨基己二酸或半胱氨酸、缬氨酸的结构类似物，筛选抗性菌株，提高了青霉素的产量。

依据前体特性的不同，筛选抗性突变株的增产机制也有所不同。第一类前体是产生菌不能合成或很少合成的化合物，这一类前体通常需要人为地添加到发酵培养基中，以促进提高抗生素产量或提高抗生素某一组分的产量。例如，青霉素侧链前体苯氧乙酸、苯乙酸等，这一类前体通常对产生菌的生长具有毒性作用。对这些前体具有抗性的高产菌株可以通过高活性的酰基转移酶将前体掺入青霉素分子的侧链中，以合成青霉素，并解除前体对产生菌的毒性，使产生菌在高浓度的毒性前体存在时也能生长。筛选这一类前体的抗性突变株应注意避免那些由于细胞膜透性下降使前体吸收减少的低产突变株，或那些由于加强了对前体氧化分解的低产突变株。第二类前体是产生菌能够合成但不能大量积累的初级代谢中间产物，发酵生产中需要在发酵培养基中补充这一类前体以提高抗生素产量。例如，红霉素发酵生产中添加丙醇以提高发酵产量。这一类物质过多会干扰产生菌的初级代谢而抑制菌的生长，抗性菌株的增产机制可能在于迅速将丙酸衍生物合成为红霉素，从而避免了丙酸衍生物对初级代谢的干扰作用。第三类前体是初级代谢终产物，这一类前体一般对自身的生物合成有反馈调节作用，因而难以在细胞内大量积累。例如，青霉素发酵生产中缬氨酸反馈抑制乙酰羟酸合成酶，从而抑制了缬氨酸的合成。筛选抗缬氨酸结构类似物抗性突变株，可使乙酰羟酸合成酶对缬氨酸的反馈抑制的敏感性减弱，促使细胞的内源缬氨酸的浓度增加而提高青霉素产量。

（8）筛选自身所产的抗生素抗性突变株　某些抗生素产生菌的不同生产能力的菌株，对其自身所产的抗生素的耐受能力不同，高产菌株的耐受能力大于低产菌株。因此，可用自产的抗生素来筛选高产菌株。例如，有人把金霉素产生菌多次移种到金霉素浓度不断提高的培养基中去，最后获得一株生产能力提高 4 倍的突变株。此方法在抗生素高产菌株选育中有广泛应用，青霉素、链霉素、庆大霉素等抗生素的产生菌均有用此方法来提高产量的例子。此方法还适用于进一步纯化高产菌株。

除了以上的理性化筛选方法，用于菌种理性化筛选的，还有各种类型的突变株，如组成型突变株、消除无益组分的突变株、能有效利用廉价碳源或氮源的突变株、细胞形态改变更有利于分离提取工艺的突变株、抗噬菌体的突变株等。这些突变株均有重大的经济价值，而且这些筛选目标虽然不以产量为唯一目标，但突变株所具有的优良特性却往往能导致产量的提高。例如，红霉素生产中的抗噬菌体菌株，其红霉素产量表现出较大的变异范围，得到比原种产量高的突变株。这可能是由于发生了抗噬菌体突变后，动摇了菌种原有的遗传基础，使之更容易获得高产突变株。

五、突变高产基因的表现

菌种的发酵产量决定于菌种的遗传特性和菌种的培养条件。突变株的遗传特性改变了，其培养条件也应该做出相应的改变。在菌种选育过程的每个阶段，都需不断改进培养基和培养条件，以鉴别带有新特点的突变株，寻找符合生产上某些特殊要求的菌株。高产突变株被筛选出来以后，要进行最佳发酵条件的研究，使高产基因能在生产规模下得以表达。例如，诱变处理四环素产生菌得到的突变株，在原培养基上与出发菌株相比较，发酵单位的提高并不明显，但是在原培养基配方中增加碳、氮浓度、调整磷的浓度，该菌株就表现出代谢速度快、发酵产量高的特性。用该菌株进行生产，并采用通氨补料的工艺来适应该突变株代谢速度快的特点，使四环素发酵产量有了新的突破。总之，在菌种选育的同时，要重视培养基和发酵条件的研究，以保证突变菌株得到最佳的表现。

第三节　杂交育种

发酵工业的优良菌种的选育主要用诱变育种方法。但是，一个菌种长期使用诱变剂处理之后，会产生诱变饱和现象，即对诱变剂不敏感，导致诱变因素对产量基因影响的有效性降低；另外，长期使用诱变剂，也会导致菌种的生活能力逐渐下降，例如生长周期延长，孢子量减少，代谢减慢，产量增加缓慢等。因此，有必要利用杂交育种方法。

杂交育种是指将两个基因型不同的菌株经吻合（或接合）使遗传物质重新组合，从中分离和筛选具有新性状的菌株。

杂交育种的目的在于：①通过杂交使不同菌株的遗传物质进行交换和重新组合，从而改变原有菌株的遗传物质基础，获得杂种菌株（重组体）；②可以通过杂交把不同菌株的优良生产性能集中于重组体中，克服长期用诱变剂处理造成的菌株生活力下降等缺陷；③通过杂交，可以扩大变异范围，改变产品的质量和产量，甚至出现新的品种；④分析杂交结果，可以总结遗传物质的转移和传递规律，促进遗传学理论的发展。

微生物杂交育种所使用的配对菌株称为直接亲本。由于多数微生物尚未发现其有性世代，因此，直接亲本菌株应带有适当的遗传标记。常用的遗传标记有颜色、营养要求和抗药性等。营养标记菌株（即营养缺陷型菌株）是最常用的遗传标记之一。所谓营养缺陷型菌株是微生物经诱变剂处理后产生的一种生化突变体。由于基因突变，它失去了合成某种物质（氨基酸、维生素或核苷酸碱基）的能力，在基本培养基上不能生长，大多数营养缺陷型菌株需要补加一定种类的有机物质后才能生长。

一、细菌的杂交育种

1940年，人们经过X射线处理在粗糙链孢霉菌中得到了营养缺陷型。通过杂交证明这些缺陷型都是单一基因突变的结果。接着也在细菌中获得了一系列的营养缺陷型。因此，人们会很自然地推想这些细菌的营养缺陷型同样是单一基因突变的结果，如果进一步推想，细菌也能杂交的话，那在一个含有两种不同营养缺陷型菌株的混合培养中将会有不再需要两种物质的重组子出现。根据这些推测，通过实验，研究人员于1946年第一次在大肠埃希菌K-12菌株中发现并证实了细菌的杂交行为。

首先在大肠埃希菌 K-12 菌株中诱发一个营养缺陷型（A⁻），不能发酵乳糖（Lac⁻），抗链霉素（SMʳ）以及对噬菌体 T₁ 敏感的突变体，可以写成 $A^-B^+Lac^-SM^rT_1^s$；另一菌株中诱发另一个营养缺陷型（B⁻），能发酵乳糖（Lac⁺），对链霉素敏感（SMˢ）和抗噬菌体 T₁ 的突变株，可以写成 $A^+B^-Lac^+SM^sT_1^r$。这两个菌株各自都不能在基本培养基上生长，如果把大约 $10^5/ml$ 浓度的上述两种菌株混合在一起，并接种在基本培养基上，则能长出少数菌落。

实验已证明，如果把上述两种菌株分别接种到一个特制的"U"形管的两端去培养，中间用一片可以使培养液流通，但不能使细菌通过的烧结玻璃隔开，那么在基本培养基上就不会出现菌落，这一事实说明细胞的接触是导致基因重组的必要条件。

细菌的杂交还可以通过 F 因子转移、转化和转导等发生基因重组，但通过这些方式进行杂交育种获得成功的报道还不多。

二、放线菌的杂交育种

放线菌杂交是在细菌杂交研究的基础上发展起来的。放线菌和细菌一样属于原核生物，但它们却像霉菌一样以菌丝形态生长，而且形成分生孢子。所以就本质来讲，虽然放线菌的基因重组过程近似于细菌，但就育种方法来讲，它却有许多与霉菌相似的方面。

（一）放线菌杂交原理

放线菌属于原核生物，只有一条环状染色体。放线菌染色体结构的特殊性决定其基因重组过程的特殊性。放线菌的基因重组过程类似于大肠埃希菌，大体上有以下四种遗传体系。

1. **异核现象**　有些放线菌的营养缺陷型在混合培养或杂交过程中，经菌丝和菌丝间的接触和融合而形成异核体。所谓异核体即同一条菌丝或细胞中含有不同基因型的细胞核。异核体所形成的菌落在表型上是原养型的，但其基因型分别与亲本之一相同，而无重组体出现。由此证明，在这些放线菌的同一个细胞质里，存在着两种遗传上不同的细胞核，它们在营养上起着互补作用。在繁殖过程中，它们没有发生遗传信息的交换。有些链霉菌可以形成异核体，有些则不能。在不同菌株中形成异核体和发生基因重组缺乏明显的相关性。因此，可以认为它的染色体的转移途径是不同的，但形成异核体和重组体除与菌株有关外，外界条件也起着一定作用。

2. **接合现象**　菌丝间接触和融合后，相同细胞质里不同基因型的细胞核在双方增殖中，发生部分染色体的转移或遗传信息的交换。接合现象的结果导致部分合子的形成。部分合子是由一个供体染色体片段与一个受体染色体的整体相结合而形成的，但也有可能两个亲本染色体都不完整，见图 3-10。

3. **异核系的形成**　当部分合子形成后，接着就产生杂合的无性繁殖系（异核系 heteroclone）的细胞核，后者是经过一次单交换而产生的异核系染色体组。它有一个二体区，即染色体的末端具有串联的重复结构。根据交换数目和染色体间的关系而产生单倍重组体或重组异核系。异核系的菌落形态很小，遗传类型各不相同。能在基本培养基上或选择性培养基上生长。但将异核系的分生孢子影印到同样培养基上就不能生长。

4. **重组体的形成**　异核系不稳定，在菌落生长过程中，染色体重叠两节段（二体区）的不同位置上发生交换后，能产生重组体孢子。异核系所产生的孢子几乎全部是单倍体，而成为一个单倍的无性繁殖系，能长出各种类型的分离子，但是，重组体也可由部分合子经过双交换而产生，见图 3-11。

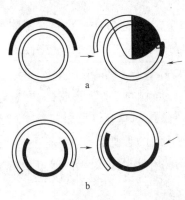

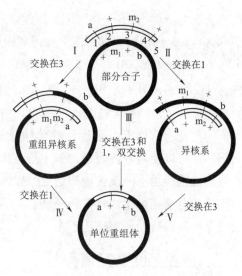

a. 一个亲本染色体组完整，一个不完整；

b. 两个都不完整，但在不同区域（右面两图是带有一个二体区的两个异核系染色体组）

图 3-10　部分合子染色体的两种结构

1~5：交换区域；Ⅰ~Ⅴ：交换的方式

图 3-11　异核系和单倍重组体

（二）放线菌杂交技术

放线菌的基因重组于 1955~1957 年首先在天蓝色链霉菌中被发现，之后在其他科、属、种中相继被发现。链霉菌基因重组的主要过程见图 3-12。现在常用的放线菌杂交方法主要有三种，即混合培养法、平板杂交法和玻璃纸转移法。

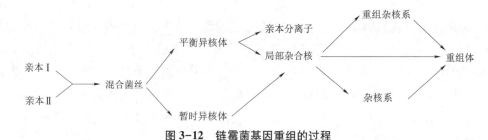

图 3-12　链霉菌基因重组的过程

1. 混合培养法

（1）选择性平板法　所使用的两亲株必须是互补的营养缺陷型。将用来进行重组的两亲株混合，接种到丰富的完全培养基斜面上（若其中一株产生孢子慢时，可多接一些），孢子形成后制成单孢子悬浮液，然后在选择性培养基平板上进行分离，长出的菌落即为各种类型的重组体。

（2）异核系分析法　将混合培养后所制得的单孢子悬浮液，分离在基本培养基平板上，其中长成的小而丰富的菌落即为异核系。然后将异核系再分离在完全培养基上，长出的菌落即为分离子。

2. 平板杂交法

先将菌落培养在非选择培养基上，当菌落形成孢子以后，用影印培养法将菌落印至已铺有试验菌孢子（浓度为 10^7~10^9 个孢子/毫升）的完全培养基平板上，再培养至孢子形成。然后把这上面的孢子影印到一系列选择性培养基上，以便于各种重组体子代的生长。

平板杂交法的优点是能迅速地进行大量杂交，尤其是确定大量菌落与一个共同试验菌配对时的致育力更为方便。平板杂交法适用于迅速研究大量表型相似菌株的遗传，一般一个培养皿可以排列 20 个菌株与一株配对菌株杂交。

3. 玻璃纸转移法　使用本法必须具备两个条件：①直接亲本必须带有两个遗传标记，即一个直接亲本带有一种营养要求和抗药性（如抗链霉素），而另一个直接亲本则为对该药物敏感（如对链霉素敏感）和带有另一种营养缺陷型；②选择性培养基是带有抗性药物的补充培养基。

该方法是在选择性培养基上挑选异核系菌落，其原理是：异核体带有链霉素敏感的等位基因，在含有链霉素的选择性培养基上不能生长。敏感性亲本和抗药性亲本因为营养要求得不到满足，也不能在该选择性培养基上生长。而不带链霉素敏感等位基因的两直接亲本的局部结合子则能在该选择性培养基上生长、繁殖成为异核系菌丛。具体方法如下。

（1）玻璃纸混合培养　将两直接亲本幼年培养物的孢子混合接种于铺有玻璃纸的完全培养基平板上，培养 24 小时。

（2）混合培养物的转移　转移时间取决于两亲本相应的孢子浓度和生长情况。一般培养 24 小时左右，在显微镜下观察微小菌落间刚刚接触，而未生长气生菌丝为宜。此时只有玻璃纸上发育成一层基内菌丝，即可将玻璃纸转移到含有链霉素的基本培养基平板上。在转移后，基内菌丝停止生长（抗性亲本有时继续缓慢生长）。培养 48 小时后，在玻璃纸表面出现微小的气生菌丝体的小菌丛即为异核系。

（3）异核系的分离　在立体显微镜下，用无菌的细针收集异核系小菌丛。如果培养基太湿，可先将玻璃纸转移到一个干燥的培养皿盖内，经几分钟适当干燥后，菌丛变硬，则容易挑取。将挑取的异核系小菌丛置于完全培养基平板表面上的一滴无菌水中，涂布均匀，培养 3 天后，即为分离子菌落。

国外，在金霉素、土霉素、新霉素、红霉素和新生霉素等抗生素产生菌的杂交育种方面都有过成功的报道。在我国几乎与国外同时起步开展放线菌基因重组的研究工作，并取得了一定成效。刘颐屏等研究了金霉素链霉菌的遗传重组作用，他们从一个野生型菌株出发诱发营养缺陷型，用这些营养缺陷型菌株进行杂交，获得了产量高于野生型菌株的重组体。对于某些重组体再进一步用诱变剂进行处理时，发现产量变异幅度较野生型菌株更大，而且整个分布偏向于高产方面，从而育成了高产菌株。

三、霉菌的杂交育种

不产生有性孢子的微生物，如真菌中的半知菌类和放线菌通常只进行无性繁殖。1952 年，Pontecorvo 首先在构巢曲霉菌（*Aspergillus nidulans*）中发现准性生殖，从而证实不产生有性孢子的微生物除了主要进行无性繁殖外，还能进行准性生殖。准性生殖的发现，不仅促进了这类微生物遗传的研究，而且为这类微生物的育种提供了一条新的途径。

（一）准性生殖的过程

所谓准性生殖（parasexual reproduction）是指真菌中不通过有性生殖的基因重组过程。准性生殖的整个过程包括三个相互联系的阶段：异核体的形成、二倍体的形成、体细胞重组。

1. 异核体的形成　当具有不同性状的两个细胞或两条菌丝相互联结时，导致在一个细胞或一条菌丝中并存有两种或两种以上不同遗传型的核。这样的细胞或菌丝体叫作异核体（heterocaryon），这种现象叫异核现象。这是准性生殖的第一步。这现象多发生在分生孢子发芽初期，有时在孢子发芽管与菌丝间亦可见到。

2. 杂合双倍体的形成　随着异核体的形成，准性生殖便进入杂合双倍体的形成阶段，就是异核体菌丝在繁殖过程中，偶尔发生两种不同遗传型核的融合，形成杂合细胞核。由于组成异核体的两个亲本细胞核各具有一个染色体组，所以杂合核是双倍体。杂合双倍体形成之后，随异核体的繁殖而繁殖，这样就在异核体菌落上形成杂合二倍体的斑点或扇面。将这些斑点或扇面的孢子挑出进行单孢子分离，即可得到杂合双倍体菌株。在自然条件下，通常形成杂合双倍体的频率是很低的。

3. 体细胞重组　杂合双倍体只具有相对的稳定性，在其繁殖过程中可以发生染色体交换和染色体单倍化，从而形成各种分离子。染色体交换和染色体单倍化是两个相互独立的过程，有人把它们总称为体细胞重组（somatic recombination），这就是准性生殖的最后阶段。

（1）染色体交换　由准性生殖第二阶段形成的杂合双倍体并不进行减数分裂，却会发生染色体交换。由于这种交换发生在体细胞的有丝分裂过程中，因此它们被称为体细胞交换（somatic crossing over）。杂合双倍体发生了体细胞交换后所形成的两个子细胞仍然是双倍体细胞。但是就基因型而言，则不同于原来的细胞。例如 AB/ab 杂合双倍体细胞通过体细胞交换后出现表现隐性性状 a 的细胞，这就是由体细胞交换而造成变异的原因。

（2）染色体单倍化　杂合双倍体除了发生染色体交换外，还能发生染色体单倍化。这过程不同于减数分裂。在减数分裂过程中，全部染色体同时由一对减为一个，所以通过一次减数分裂，由一个双倍体细胞产生四个单倍体细胞。而染色体单倍化则不同，它是通过每一次细胞分裂后，往往只有一对染色体变为一个，而其余染色体则仍然都是成双的。这样经过多次细胞分裂，才使一个双倍体细胞转变为单倍体细胞。通过单倍化过程，形成了各种类型的分离子，它包括非整倍体、双倍体和单倍体。

从上述准性生殖的整个过程可以看到，准性生殖具有和有性生殖相类似的遗传现象，如核融合、形成杂合双倍体，随后染色体再分离，同源染色体间进行交换，出现重组体等。由此可见，有性生殖和准性生殖最根本的相同点是它们均能导致基因重组，从而丰富遗传基础，出现子代的多样性，所不同的是前者通过典型的减数分裂，而后者则是通过体细胞交换和单倍化。

（二）霉菌杂交技术

1. 选择直接亲本　用来进行杂交的两个野生型菌株叫作原始亲本。原始亲本经过诱变以后得到各种突变型菌株。假设这种菌株是用来作为形成异核体的亲本，就叫直接亲本。

作为直接亲本的遗传标记有多种多样。如营养突变型、抗药性突变型、形态突变型等。当前应用较普遍的是营养缺陷型菌株。但是在选择遗传标记时还要注意到进一步杂交育种的要求。如菌株形态特征必须稳定，能在基本培养基上形成丰富的分生孢子，标记最好不影响产量，以及配对过程中必须较容易形成异核体等。

2. 异核体的形成　在基本培养基上，强迫两株营养缺陷型互补营养，则这两个菌株经过菌丝细胞间的吻合形成异核体。由直接亲本形成异核体的方法有：完全培养基液体混合培养法；完全培养基斜面混合培养法；液体有限培养基混合培养法；有限培养基平板异核丛形成法；基本培养基斜面衔接接种法；基本培养基平板穿刺法等。

3. 双倍体的检出　检出双倍体的方法有 3 种。

（1）用放大镜观察异核体菌落的表面，如果发现有野生型颜色的斑点和扇面，即可用接种针将其孢子挑出，进行分离纯化，即得杂合双倍体。

（2）将异核体菌丝打碎，于基本培养基和完全培养基平板上进行分离，经培养长出异核菌落。在个别异核菌落上长出野生型原养性的斑点和扇面，将其挑出进行分离纯化即可。

上述两种方法只能从每个异核体菌落（丛）上挑取一个斑点或扇面，以排除无性繁殖的干扰。

（3）将大量异核体孢子分离于基本培养基平板上（$1\sim2\times10^6$ 孢子/皿），从中长出野生型原养性菌落，将其挑出分离纯化，即得杂合双倍体。

4. 分离子的检出　检出分离子的方法有以下 2 种。

（1）将杂合双倍体单孢子分离于完全培养基平板上，培养至菌落成熟，检查大量双倍体菌落，在一些菌落上有突变颜色（隐性标记）的斑点或扇面出现。从每个菌落接出一个斑点或扇面的孢子于完全培养基斜面上，培养后经过纯化和鉴别即得分离子。

（2）用选择性培养基筛选分离子。该选择性培养基有 2 种类型，一种是完全培养基加重组剂对氟苯丙氨酸（PFA），因为该物质能促进体细胞重组，提高分离子出现频率。但它不引起基因突变。目前该重组剂已广泛应用于霉菌杂交。另一种类型是在完全培养基中加入吖啶黄之类的药物，将大量的双倍体孢子分离于这种培养基上，就可以检出抗吖啶黄等的分离子。因为一个抗性突变株与一个敏感突变株合成的双倍体对这种药物是敏感的，所以双倍体孢子不能在它上面生长，只有抗药性分离子可以在其上面生长。

我国进行了不少霉菌杂交育种方面的工作。20 世纪 60 年代青霉素产生菌产黄青霉菌和灰黄霉素产生菌荨麻青霉菌种间准性杂交成功，同时灰黄霉素产生菌的杂交育种亦获成功，得到了高产菌株。1978 年青霉素产生菌的杂交也获得了成功，得到了高产重组体菌株，提高了青霉素的发酵单位。

第四节　原生质体技术育种

通过基因突变和重组两种手段可以改变、更新微生物的遗传性状。控制遗传性状的基因可通过自发突变和诱变而改变。有些对微生物有害的突变却有利于工业发酵。可以从群体中筛选得到这种突变型，经过反复考验而用之于生产。重组可以使基因组成发生较大改变，随之使生物的性状发生变化。但对微生物育种来说，有性重组的局限性很大，因为迄今为止发现有杂交现象的微生物为数不多，在有工业价值的微生物中则更少，而且即使发生杂交，遗传重组的频率亦不高，这就妨碍了基因重组在微生物育种中的应用。另外，如转化、转导等现象在微生物中亦不普遍。近年来，原生质体技术作为一种新的育种技术具有很大潜力。

原生质体是植物或微生物细胞去掉壁以后的内含物。原生质体融合技术是生物工程中细胞工程的一个重要方面，是将遗传性不同的两个细胞融为一个新的细胞。这种在细胞水平上的遗传操纵属细胞工程。

20 世纪 70 年代以后，对原生质体制备、再生的研究趋于深入，在细胞融合、转化和转染中日益广泛地应用原生质体进行遗传分析和育种，并取得了一些实际成果。其先决条件是具有较高的原生质体形成率和再生率。Okamishi 等对灰色链霉菌、委内瑞拉链霉菌等菌株的原生质体制备和再生进行了系统的研究；Pesti 等首次提出融合育种提高青霉素产量的报告；Hamly 成功地应用此技术，使头孢菌素 C 产量提高 40%；Mazieres 等报道了用卡那霉素产生菌和巴龙霉素产生菌原生质体融合产生的抗生素类似新霉素；此外还有螺旋霉素、麦迪霉素、泰乐星、小诺米星等。20 世纪 80 年代以来，在微生物学领域中，应用原生质体技术取得了很大的成果。如 1984 年松吉撒等用球拟酵母菌（*Torulupsis*）和毕氏酵母菌（*Pichia*）的原生质体融合，使长链二元酸产量由每升 4.0g 增至 34.8g，提高 8 倍以上。利用原生质体融合使维生素 B_{12} 产量提高 54~675 倍。但是在传统的细胞融合的基础上发展起来的原生质体融合技术，由于其过程的复杂性和融合子特性的不确定性，还存在很多需要进一步研究的问题。随着对放线菌以及其他抗生素产生菌原生质体研究的深入，人们发现原生质体再生过程并非仅仅是细胞壁脱去与再生的改变，可能对菌体的遗传也有深刻的影响，因而有可能据此建立一种新的筛选和育种方法。同时，利用原生质体对诱变剂的敏感性高于孢子，将再生与常规诱变结合也取得了一些成果。常规原生质体制备和一般融合过程见图 3-13。

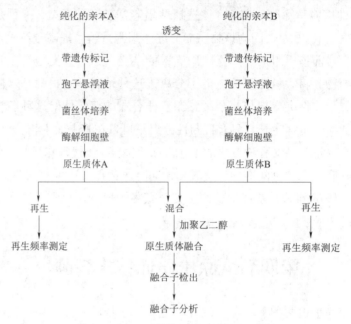

图 3-13　原生质体制备和一般融合过程

一、原生质体的制备

供融合用的两个亲株要求性能稳定并带有遗传标记，以利于融合子的选择。采用的遗传标记一般以营养缺陷型和抗药性等遗传性状为标记。

获得有活力、去壁较为完全的原生质体对于随后的原生质体融合和原生质体再生是非常重要的；对于细菌和放线菌，制备原生质体主要采用溶菌酶；对于酵母菌和霉菌，则一般采用蜗牛酶和纤维素酶。影响原生质体制备的因素有许多，主要有以下几个方面。

1. 菌体的预处理　在使用脱壁酶处理菌体以前，先用某些化合物对菌体进行预处理，有利于原生质体制备。例如用 EDTA（乙二胺四乙酸）、甘氨酸、青霉素或 D-环丝氨酸等处理细菌，可使菌体的细胞壁对酶的敏感性增加。EDTA 能与多种金属离子形成络合物，避免金属离子对酶的抑制作用而提高酶的脱壁效果。甘氨酸可以代替丙氨酸参与细胞壁肽聚糖的合成，干扰细胞壁肽聚糖的相互交联，便于原生质体形成。

2. 菌体的培养时间　为了使菌体细胞易于原生质体化，一般选择对数生长期后期的菌体进行酶处理。这时的细胞正在生长，代谢旺盛，细胞壁对酶解作用最为敏感。采用这个时期的菌体制备原生质体，原生质体形成率高，再生率亦很高。

3. 酶浓度　一般地说，酶浓度增加，原生质体的形成率亦增大，超过一定范围，则原生质体形成率的提高不明显。酶浓度过低，则不利于原生质体的形成；酶浓度过高，则导致原生质体再生率的降低。为了兼顾原生质体形成率和再生率，有人建议以使原生质体形成率和再生率之乘积达到最大时的酶浓度为最适酶浓度。

4. 酶解温度　温度对酶解作用有双重影响，一方面随着温度升高，酶解反应速度加快；另一方面，随着温度升高，酶蛋白变性而使酶失活。一般酶解温度控制在 $20\sim40℃$。

5. 酶解时间　充足的酶解时间是原生质体化的必要条件。但是如果酶解时间过长，则再生率随酶解的时间延长而显著降低。其原因是当酶解达到一定时间后，绝大多数的菌体细胞均已形成原生质体，因此，再进行酶解作用，酶便会进一步对原生质体发生作用而使细胞质膜受到损伤，造成原生质体失活。

6. 渗透压稳定剂　原生质体对溶液和培养基的渗透压很敏感，必须在高渗透压或等渗透压的溶液或培养基中才能维持其生存，在低渗透压溶液中，原生质体将会破裂而死亡。对于不同的菌种，采用的渗透压稳定剂不同。对于细菌或放线菌，一般采用蔗糖、丁二酸钠等为渗透压稳定剂；对于酵母菌采用山梨醇、甘露醇等；对于霉菌则采用 KCl 和 NaCl 等。稳定剂的使用浓度一般为 $0.3\sim0.8mol/L$。一定浓度的 Ca^{2+}、Mg^{2+} 等二价阳离子可增加原生质膜的稳定性，所以是高渗培养基中不可缺少的成分。

由于原生质体比菌体细胞对渗透压敏感得多，可将原生质体（包括剩余的菌体细胞）在蒸馏水这样的低渗溶液中悬浮，使原生质体破裂而死亡，再接种到普通培养基平板上，只有剩余的菌体细胞能形成菌落。

原生质体形成率的计算方法如下。

$$原生质体形成率=\frac{破壁前菌数-剩余菌数}{破壁前菌数}\times100\%$$

二、原生质体的融合

融合是把两个亲株的原生质体混合在一起，在融合剂 PEG 和 Ca^{2+} 作用下，发生原生质体的融合。关于 PEG 诱导融合的机制，有人认为，PEG 可以使原生质体的膜电位下降，然后，原生质体通过 Ca^{2+} 交联而促进凝集。另外，由于 PEG 的脱水作用，扰乱了分散在原生质膜表面的蛋白质和脂质的排列，提高了脂质胶粒的流动性，从而促进原生质体融合。一般原生质体融合选用 PEG 的分子量以 $4000\sim6000$ 为好，融合时 PEG 的最终浓度为 $30\%\sim40\%$，$CaCl_2$ 的浓度为 $0.05mol/L$ 左右。为了提高融合频率，人们正在研究各种措施，例如，采用电诱导原生质体融合，利用紫外线照射原生质体再进行融合等。

三、融合子的选择

融合子的选择主要依靠两个亲本的选择性遗传标记，在选择性培养基上，通过两个亲本的遗传标记互补而挑选出融合子。但是，由于原生质体融合后会产生两种情况，一种是真正的融合，即产生杂合二倍体或单倍重组体；另一种是暂时的融合，形成异核体。两者均可以在选择培养基上生长，一般前者较稳定，而后者不稳定，会分离成亲本类型，有的甚至可以异核状态移接几代。因此，要获得真正融合子，必须在融合体再生后，进行几代自然分离、选择，才能确定。

四、原生质体的再生

原生质体失去了细胞壁，就成为失去了原有细胞形态的球状体。因此，尽管它们具有生物活性，但毕竟不是正常的细胞，在普通培养基平板上也不能正常地生长、繁殖。为此，必须想办法使其细胞壁再生长出来，以恢复细胞原有形态和功能。原生质体的再生，必须使用再生培养基，再生培养基由渗透压稳定剂和各种营养成分组成。影响原生质体再生的因素主要有菌种的特性、原生质体制备条件、再生培养基成分、再生培养条件等。

随着原生质体融合技术的应用，人们发现，经原生质体再生可以提高抗生素产生菌的生产能力，这可以大大地减少原生质体融合技术中的菌株标记和融合子筛选等烦琐的工作，其实验过程变得和一般的诱变育种过程相似。如福堤霉素产生菌制备原生质体后经再生，产量分布分散，类似于诱变育种后的产量分布，为两个正态的混合分布。推测原生质体再生过程具有诱变作用，或可能对再生细胞壁的结构及抗生素的生物合成有影响。Hotta 的实验也已经证明，原生质体的再生过程具有对抗生素产生菌的诱变作用，并引起某个酶基因的扩增。与一般的诱发突变不同的是，再生菌落的正变率较高。这可能是原生质体再生过程中有一个优存劣亡的筛选作用，从而使正变率提高，即初级代谢和次级代谢产物合成途径代谢旺盛的原生质体得以再生，而引起次级代谢产物的产量提高。

在福堤霉素产生菌小单胞菌 sp. SIPI4812（*micromonospora* sp. SIPI4812）的原生质体再生实验中，用对数生长期前后不同培养时间的菌丝体进行酶解，酶解后的原生质体悬浮液用镜检计数，发现在对数生长期中期的菌丝容易分离出原生质体，而对数生长期后期以及静止期的菌丝体，产生原生质体数急剧下降，甚至不产生原生质体。而经过二级生长培养的菌丝体，即先在不含甘氨酸的培养基中培养 36~40 小时，然后以 10%的接种量接到含甘氨酸 0.05%的菌丝体培养基中培养 24 小时，发现对溶菌酶的敏感性大为增加，在含有 2mg/ml 溶菌酶的酶解液中可分离到原生质体达 $10^8 \sim 10^9$ 个/毫升。纯化后的原生质体涂布于再生培养基上，经培养一定时间后，长出菌落。对再生菌落随机挑选进行摇瓶发酵试验的结果表明，原生质体再生的菌落其产量分布分散，正变率近 60%，个别菌落的效价可达到原株的 280%。

在甲砜霉素产生菌的选育中，出发菌株卡特利链霉菌 358（*Streptomyces cattleya* 358）经过原生质体再生处理后，对再生菌株进行效价测定，结果表明，抗生素产量有较大变化，产量变异向正方向移动，正变率有了较大的提高，37.4%的再生株相对效价高于 120%，最高达到 160%，而用自然分离的最高效价为 120%。链霉菌具有遗传性不稳定的特点，随传代次数增加和保藏时间的延长，产抗生素的能力逐渐降低，因此选育稳定性好的菌株在工业生产上具有很重要的意义。从再生处理后的再生菌株中挑出相对效价为 160%的高产菌株，传代几次后测定效价。结果表明，部分高产再生菌株经过几次传代后，发生效价的回复。

在微生物原生质体再生成正常细胞的过程中，常常使次级代谢产物的调节发生变化。原生质体再生技术应用于菌种选育后，使某些抗生素产生菌效价得到提高，如泰乐星产生菌弗氏链霉菌效价提高了 3 倍；螺旋霉素产生菌产生二素链霉菌效价提高了 1.4 倍；麦迪霉素产生菌产生米卡链霉菌产量超过亲本 15%以上等。表明对于某些抗生素产生菌，原生质体再生可以作为一种有效的育种手段。这一过程的遗传背景与机制虽然不十分清楚，但可能的原因分析有以下五点。

1. 原生质体再生过程也具有对抗生素产生菌的诱变作用，脱壁后的细胞质膜能更敏感地接受外界化学信号，引起细胞内的一系列化学反应，造成菌株遗传性的改变，例如某些酶基因的表达、扩增或抑制，使产抗生素能力提高。

2. 再生过程中发生了种内原生质体自然融合，产生了重组体。

3. 细胞壁的脱去与再生使细胞壁通透性发生改变，从而有利于抗生素的分泌与体外积累。

4. 原生质体的形成与再生使孢子形成受到影响，而孢子的形成往往与抗生素产生有关。

5. 原生质体的形成与再生也是一个筛选过程，只有代谢旺盛的细胞才能生存和再生，并形成孢子丰满的菌落。通过筛选获得生物特性好、产量高的新菌株。因而认为采用原生质体再生的方法也能获得性能优于亲株的优良变株，以达到改善菌种产抗生素能力的目的。再生菌落其正变率高于常规诱变育种，工作量可以大大减少，加之这个技术和操作方法比较容易掌握，因此，原生质体再生育种将成为一个值得重视的、方便的手段而用于抗生素的菌种选育。

五、原生质体的诱变

原生质体由于失去了细胞壁，对外界环境的影响更加敏感。原生质体诱变技术已经应用于一些抗生素和有机酸的菌种选育中，对于链霉菌的原生质体的研究已有不少报道，国外已有利用原生质体诱变技术进行红霉素育种研究的报道。据文献报道，用紫外线对红霉素产生菌-红色链霉菌的原生质体进行诱变处理，并选择抑菌圈大而清晰的再生菌株，通过摇瓶发酵进一步筛选，结果获得提高效价 45.6%～225.8% 的 5 个突变株。以一株突变株 PR-117 为出发菌株进行原生质体与孢子的紫外线诱变和亚硫酸氢钠诱变，并以 PR-117 的自然分离作对照，紫外线诱变为照射 90 秒（15W，30cm），亚硫酸氢钠诱变为与 $NaHSO_3$ 溶液（1mol/ml，pH 5）1∶1 混合，处理 5 分钟效价测定结果表明，与菌株 PR-117 的自然分离相比，孢子和原生质体的紫外线诱变处理后效价都向负方向移动，效价的分布也更加分散，但原生质体的紫外线诱变使效价偏离程度更大，正变率也稍大一些。孢子和原生质体的亚硫酸氢钠诱变也使效价向负方向移动，而且负变率高于紫外线诱变，最高效价也要低一些。因此孢子和原生质体的紫外线诱变效果要好于亚硫酸氢钠诱变，而原生质体的紫外线诱变效果好于孢子。原生质体经两种诱变方法处理后，筛选出高产突变株，传代几次并测定抗生素效价。结果显示，传代 3 次后，由于链霉菌的遗传不稳定性，部分高产突变株发生了效价的回复，菌株 Pru-336 传代 1 次后，相对效价由 210% 降到 190%，而在以后的每次传代后稳定在 190%，比原始菌株提高 90%，是比较理想的一株突变株。

在洛伐他汀产生菌原生质体诱变育种工作中，显示分离后的原生质体对诱变剂的敏感性相对细胞形式如孢子、菌丝等要大得多，原生质体经 2～3 分钟紫外线照射几乎达 100% 的致死率。经紫外线-氯化锂复合诱变洛伐他汀产生菌原生质体，获得再生菌株 63 株，经摇瓶实验，其中 BTL-23、BTL-56 的洛伐他汀发酵效价分别为 1675mg/L、1732mg/L，较出发菌株 BN270-053（1423mg/L）分别提高 17.71%、21.71%。

六、原生质体再生与常规诱变相结合

脱壁后的细胞质膜能更敏感地接受外界化学信号。如龟裂链霉菌原生质体经常规诱变处理，正变率高于孢子，效价提高 58.3%，而孢子诱变后效价提高仅 25%。又如甲砜霉素产生菌卡特利链霉菌 358 原生质体再生相对效价提高 60%，而原生质体加紫外线诱变，其相对效价提高 90%，相比之下，孢子紫外线诱变的负变率高于正变率。尽管原生质体经过一些诱变剂的处理后，死亡率很高，但由于产量的分布幅度更广，而且正变率一般都很高，因此在进一步的筛选中，选出高产菌株的概率相对来说要更大。目前对原生质体的诱变作用还只是应用了较少的一些诱变剂，如果使用更广泛的诱变剂，相信将会取得更好的成效。

七、灭活原生质体融合技术在育种中的应用

灭活原生质体融合技术是指采用热、紫外线、电离辐射，以及某些生化试剂、抗生素等作为灭活剂处理单一亲株或双亲株的原生质体，使之失去再生的能力，经细胞融合后，由于损伤部位的互补可以形成能再生的融合体。灭活处理的条件应该适当温和一些，以保持细胞 DNA 的遗传功能和重组能力。例如，在一株链霉菌中，其原生质体用 55℃热处理 30 分钟，存活率为零，种内单亲株灭活融合，能够得到融合子，而处理时间为 60 分钟时，则得不到融合子。

1. 单一亲株灭活　该方法可以采用灭活一原养型亲株的原生质体，与另一带有营养缺陷型标记的非亲株融合，然后筛选原养型重组体。例如，有人在小单孢菌中用热灭活野生型亲株的原生质体，与另一营养缺陷型耐链霉素亲株融合，在再生群体中分离到的原养型菌株有 80% 为链霉素耐药菌。

一般认为，被灭活的亲株在融合中起遗传物质供体的作用。

2. 双亲株或多亲株灭活　常规的杂交育种和原生质体融合，一般都要用诱变方法给双亲株进行遗传标记，这不仅要耗费很大的人力和时间，并且往往对亲株的生产性能有重大的不利影响。双亲株原生质体灭活，只要其致死损伤不一致，就有可能通过融合而互补产生活的重组体。有人将链霉素产生菌灰色链霉菌的高产菌株 81-36、84-102 和野生型菌株 4.181、4.139 四个亲株的原生质体等量混合后，均等分成两份，分别用热和紫外线灭活，然后进行融合，获得的融合子中有一株兼有生产菌株的效价高和野生型菌株的生长快的双重优点。该方法由于可以不用遗传标记等优点，在育种工作中已初见成效。

第五节　基因工程技术育种

长期以来，工业生产中使用的抗生素高产菌株都是通过物理或化学手段进行诱变育种得到的。尽管目前诱变育种技术仍是改良微生物工业生产菌种的主要手段，但是利用基因工程技术有目的地定向改造基因，以改良菌种的生产能力也取得了成功。

一、概述

目前抗生素菌种选育技术发展迅速，取得了令人瞩目的成就，许多优良的生产菌种被选育出来并用于工业化生产。但还存在一些问题，如传统诱变育种随机性大，在提高了抗生素产量的同时也伴随着有害突变的产生；原生质体融合技术只局限于 2 个菌细胞之间的融合，没有扩展到 3 个以上菌细胞之间的融合等。从 20 世纪 70 年代起逐步建立起来的基因工程技术，使基因或一些具有特殊功能的 DNA 片段的分离变得十分容易。由于链霉菌是合成天然抗生素的最重要的生物，因此基因工程育种技术在链霉菌中应用最为广泛。在 20 世纪 80 年代，链霉菌遗传转化系统的建立和运用实现了链霉菌基因的克隆。1983 年，

Hopwood 等首次利用链霉菌宿主-载体系统克隆到抗生素的生物合成基因，此后，链霉菌的分子生物学发展很快，已形成了以变铅青链霉菌（*Streptomyces lividans*）为主的外源基因克隆表达系统。随着基因工程技术的发展，已形成大量有用的载体系列。对抗生素产生菌的基因表达调控研究及抗生素生物合成的分子遗传学研究不断深入，目前已有多种抗生素的生物合成基因获得成功克隆和表达，其生物合成机制的研究也已比较深入和全面。

抗生素的生物合成基因成簇存在于菌体内，包括抗性基因、结构基因、调节基因，各基因之间以种种机制相互制约，相互调控，配对同步翻译。在对抗生素生物合成途径及调控机制充分认识的基础上，利用 DNA 重组技术可在分子水平上有目的地定向改造抗生素产生菌，使之过量合成抗生素或改变原有抗生素的某些性质，合成更适用于临床或具有新的疗效的抗生素。另外，基因工程技术在一定范围内克服了传统育种的随机性和盲目性，可打破物种间的遗传障碍，实现远源基因的重组。随着对抗生素生物合成途径及其相关基因的分子生物学研究的深入，抗生素育种技术将会逐步转向以基因工程技术为主的育种方式。基因工程育种技术的全面发展必将开创抗生素菌种选育的新局面，并为新药的筛选与开发提供一个崭新的途径。

二、基因工程技术育种方案的设计

目前利用基因重组技术改良抗生素的生产菌包括：①提高限速酶的活力，解除抗生素生物合成中的限速步骤，改变细胞内代谢流的方向，提高抗生素的产量；②引入抗性基因和调节基因，增加抗性基因拷贝数，提高产生菌自身耐受性；③引入氧结合蛋白来提高抗生素的产量；④增强正调控作用或者解除负调控基因的阻遏作用，提高抗生素的产量；⑤通过敲除或破坏次要组分的生物合成基因来消除或减少次要组分。

（一）提高产量

1. 增加参与生物合成限速阶段基因的拷贝数 增加生物合成中限速阶段酶系基因剂量有可能提高抗生素的产量。抗生素生物合成途径中的某个阶段可能是整个合成中的限速阶段，如果能够确定生物合成途径中的"限速瓶颈"（rate-limiting bottleneck），并设法提高这个阶段酶系的基因拷贝数，在增加的中间产物对合成途径中某步骤不产生反馈抑制的情况下，就有可能增加最终抗生素的产量。

由于抗生素的产量与许多基因有关，甚至与有些不一定属于生物合成的基因有关。因此，单靠增加某一、二个基因的拷贝数来改善"限速瓶颈"效应是不大容易的，然而确有成功的例子。如十一烷基灵红菌素生物合成的最后阶段由 O-甲基转移酶催化，如将此酶基因转入阻断变株，酶活性比原株提高了 5 倍，抗生素单位产量也相应提高。泰乐菌素（tylosin，泰乐星）生物合成的最后一步是大菌素（macrocin）在 O-甲基转移酶催化下转化为泰乐菌素，Seno E. T. 等发现高产的弗氏链霉菌（*S. fradiae*）中 O-甲基转移酶比活性也高，但与泰乐菌素产量不成比例，并积累有较多的大菌素，故推测大菌素甲基化这一步反应可能是限速阶段；Cox K. L. 等通过克隆 O-甲基转移酶基因，提高了泰乐菌素的产量。

分析高产头孢菌素 C 工业菌株发酵液，发现还有青霉素 N 积累，表明合成途径中的下一步反应限制了这一中间体的转化。利用基因工程手段将一个带有 *cefEF* 基因的整合型重组质粒转入头孢菌素高产菌株顶头孢霉菌（*Cephalosporium acremonium*）394-4 中，所得的转化子有 25% 产量提高；在实验室小罐中产量提高最大达到 50%，而青霉素 N 的产量却降低了。这说明了脱乙酰头孢菌素 C 合成酶（DACS）/脱乙酰氧头孢菌素 C 合成酶（DAOCS）

活性的增加使其底物的消耗也相应增加，由此认为从异青霉素 N（IPN）到脱乙酰氧头孢菌素 C（DAOC）可能是生物合成中的限速阶段。对一株含有重组质粒的转化子 LU4-79-6 的详细分析表明，它有一个已整合到染色体Ⅲ上的附加 *cefEF* 基因拷贝，而内源 *cefEF* 基因拷贝则位于染色体Ⅱ上。由于 *cefEF* 基因拷贝数的增加，该菌株的细胞抽提液中 DACS/DAOCS 的活力提高了 1 倍，在中试罐发酵，无青霉素 N 中间体积累，头孢菌素 C 的产量提高了 15% 左右（图 3-14）。这些结果说明，在重组子顶头孢霉菌 LU4-79-6 中已有效地解除了头孢菌素 C 生物合成中的限速步骤。虽然在工业发酵中产量仅仅提高了 15% 左右，但对于头孢菌素 C 生产已高度开发的菌株来说，这仍然是重大的改进。这株工程菌现已应用于工业生产。

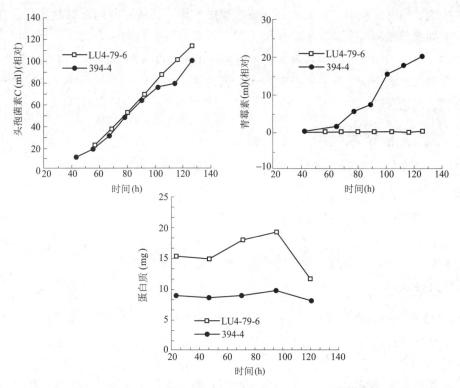

图 3-14　产生头孢菌素的重组菌株 LU4-79-6 与受体菌株 394-4 在中试罐中的发酵过程

2. **通过调节基因的作用**　可增加或降低抗生素的产量，在许多链霉菌中关键的调节基因嵌在控制抗生素产生的基因簇中，它常常是抗生素生物合成和自身抗性基因簇的组成部分。正调节基因可能通过一些正调控机制对结构基因进行正向调节，加速抗生素的产生。负调节基因可能通过一些负调控机制对结构基因进行负向调节，降低抗生素的产量。因此，增加正调节基因或降低负调节基因的作用，也是一种增加抗生素产量的可行方法。

将额外的正调节基因引入野生型菌株中，为获得高产量产物提供了最简单的方法。在放线紫红素（actinorhodin）产生菌天蓝色链霉菌（*S. coelicolor*）中 *act*Ⅱ调节 *act*Ⅰ、*act*Ⅲ和其他 *act* 基因的表达，将 *act*Ⅱ转入天蓝色链霉菌中，尽管 *act*Ⅱ的拷贝数仅增加了 1 倍，但放线紫红素产量提高了 20~40 倍。

3. **增加抗性基因**　抗生素的产量与产生对该抗生素的抗性基因密切相关，因此可以通过增加外源抗性基因的拷贝数来提高菌种的抗性水平，达到提高产量的目的。

抗性基因不但通过它的产物灭活胞内或胞外的抗生素，保护自身免受所产生的抗生素的杀灭作用，有些抗性基因的产物还直接参与抗生素的合成。抗性基因经常和生物合成基因连锁，而且它们的转录有可能也是紧密相连的，是激活生物合成基因进行转录的必需成分。因此，抗性基因必须首先进行转录，建立抗性后，生物合成基因的转录才能进行。抗生素的产生与菌种对其自身抗生素的抗性密切相关。抗生素的生产水平是由抗生素生物合成酶和对自身抗性的酶所共同确定的，这就为通过提高菌种自身抗性水平来改良菌种、提高抗生素产量提供了依据。

利用pIJ702载体，从卡那霉素产生菌中克隆了6′-N-氨基糖苷乙酰转移酶AAC6′的基因（aacA），该基因在乙酰辅酶A存在下，可将氨基糖苷类抗生素分子中2-脱氧链霉胺的氨基乙酰化。将aacA基因转入新霉素和卡那霉素产生菌中，结果转化子对许多氨基糖苷类抗生素的抗性有所提高，新霉素和卡那霉素的发酵效价也有明显提高。王以光利用螺旋霉素抗性基因，提高了螺旋霉素产生菌的自身抗性和发酵效价。

（二）改善抗生素组分

链霉菌产生的次级代谢产物常常是一组结构相似的混合物。每个化合物称为它的一个组分。多组分产生的分子基础是因为次级代谢产物的合成酶对底物的选择性不强以及合成途径中分支途径的存在。由于这些组分的化学结构和性质非常相似，而其生物活性有时却相差很大，这给有效组分的发酵、提取和精制带来很大不便。随着对各种抗生素生物合成途径的深入了解以及基因重组技术的不断发展，应用基因工程方法可以定向地改造抗生素产生菌，获得只产生有效组分的菌种。

1. 破坏分支途径的生物合成基因　不同组分的生物合成具有相同的中间体，再经不同的分支途径生物合成不同的组分，则可通过基因工程手段，灭活某分支途径的酶，定向改变微生物代谢途径，就可以去除该分支途径的产物。此策略常用来去除发酵产物中的无用组分，提高有用组分的含量。

伊维菌素是通过化学方法由阿维菌素B2a制得的。阿维菌素产生菌能产生8个组分：4个主要组分A1a、A2a、B1a、B2a和4个次要组分A1b、A2b、B1b、B2b（图3-15）。A与B组分的区别在于C-5的羟化基团上是否连有甲基，这是由5-O-甲基转移酶基因（aveD）决定的；a和b组分的区别在于C-25侧链的不同，如果C-25是仲丁基，其支链来源于异亮氨酸，如果C-25是异丙基，其支链来源于缬氨酸；1和2组分区别的是由C-22、C-23的碳链脱氢酶基因（aveC）引起的。由于阿维菌素B1a和B2a是活性最好的主要组分，而且只有B1a组分才是制备伊维菌素B1a的原料，所以选育只产生阿维菌素B1a组分的菌种是非常有意义的。如果从原株出发，获得只产生阿维菌素B1a的菌株，至少要引入3个突变：①aveD基因突变使5-O-甲基转移酶失活，只产生B组分；②选择性地利用支链氨基酸，使异亮氨酸掺入阿维菌素的糖苷配基，失去缬氨酸掺入能力，只产生a组分；③aveC基因突变使C-22、C-23脱氢酶失活，只产生2组分。利用NTG诱变和原生质体融合技术获得了只产生阿维菌素B1a和B2a两个组分的菌株K2038。经过近10年的努力，阿维菌素的生物合成基因簇已全部研究清楚，aveC基因被定位在一个4.8kb BamHⅠ的片段上。利用体外基因突变等方法，先亚克隆BamHⅠ片段左侧包括aveC区域的PstⅠ-SphⅠ片段，然后利用PCR扩增，得到碱基置换或颠换的扩增片段，将该片段同源重组到菌株K2038的染色体上，得到克隆菌株K2099。该菌株仅产生阿维菌素B2a单一组分。阿维菌素B2a单一组分重组工程菌的获得，不仅大大提高了阿维菌素有效组分的发酵效价，而且给提取、精制、半合成等后处理工序带来了很大便利。

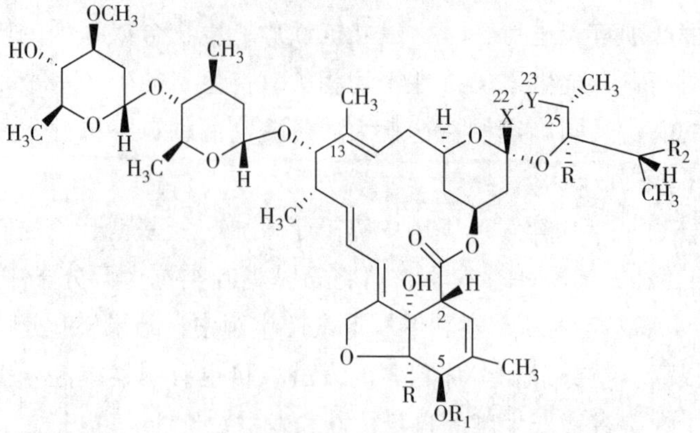

图 3-15 阿维菌素各组分的结构

		R1	R2	X—Y
阿维菌素				
	A1a	CH₃	C₂H₅	CH=CH
	A1b	CH₃	CH₃	CH=CH
	A2a	CH₃	C₂H₅	CH₂—CH(OH)
	A2b	CH₃	CH₃	CH₂—CH(OH)
	B1a	H	C₂H₅	CH=CH
	B1b	H	CH₃	CH=CH
	B2a	H	C₂H₅	CH₂—CH(OH)
	B2b	H	CH₃	CH₂—CH(OH)
伊维菌素				
	B1a	H	C₂H₅	CH₂—CH₂
	B1b	H	CH₃	CH₂—CH₂

2. 破坏次要组分的生物合成基因 如果不同组分的生物合成途径不同，它们的生物合成基因位于不同的基因簇时，利用同源重组进行基因破坏，通过破坏次要组分的生物合成基因，阻断其生物合成途径，获得主组分产生菌。

妥布霉素是一种氨基糖苷类抗生素，抗菌谱广，特别是对铜绿假单胞菌有较强的抗菌活性，多用于烧伤等疾病的感染，且毒性低，故被美、英、中等国的药典收载。黑暗链霉菌产生多种氨基糖苷类抗生素，包括安普霉素、氨甲酰卡那霉素 B 和氨甲酰妥布霉素，因此，妥布霉素的产生一定是伴随着其他结构和性质相似的抗生素同时产生，生产妥布霉素的菌株常是产生二组分或三组分的产生菌。我国中科院微生物研究所得到了二组分（安普霉素和妥布霉素）的产生菌。无论是二组分或三组分产生菌，要获得单一的妥布霉素，都必须采用烦琐费时的离子交换色谱法进行分离，除去安普霉素和氨甲酰卡那霉素 B，获得氨甲酰妥布霉素，然后经碱水解，脱去氨甲酰基，才能得到妥布霉素产品。由于采用的分离手段是缓慢而麻烦的离子交换色谱方法，生产上出现很多缺点：操作烦琐、生产周期太长、生产规模受限、产品成本高等问题。如果获得直接产生妥布霉素单组分的菌种用于生产，省去烦琐的离子交换色谱过程，可以大大简化生产工艺、缩短生产周期，降低生产成本，提高生产效益。

通过鸟枪克隆法从黑暗链霉菌 H-6 中克隆到了安普霉素抗性基因 *aprR*，在抗基因上游找到一个完整的 ORF，定名为 aprA。将抗性基因上游片段和报告基因 *ermE*、*xylE* 插入带有 *aprA* 片段的质粒 pHZ132 中，得到重组质粒。转化黑暗链霉菌得到双交换的突变菌株。对突变菌株发酵产物的分析表明，只产生氨甲酰妥布霉素，再将编码氨甲酰转移酶的 *tacA* 基因失活，获得直接发酵产生妥布霉素的菌种。

（三）改进抗生素生产工艺

抗生素的生物合成一般对氧的供应较为敏感，不能大量供氧往往是高产发酵的限制因素。为了使细胞处于有氧呼吸状态，传统方法往往只能改变最适操作条件、降低细胞生长速率或培养密度。提高供氧水平通常只从设备和操作角度考虑，着眼于提高溶氧水平或气液传质系数，提高发酵罐中无菌空气的通入量，并采用各种各样的搅拌装置，使空气分散，以满足菌体的需氧要求。空气的压缩、冷却、过滤和搅拌都消耗大量的能源，而结果只有一小部分的氧得到利用，造成能源浪费。

进入液相的氧分子，需穿过几层界膜，进入菌体后，再经物理扩散，才能到达消耗氧并产生能量的呼吸细胞器。如在菌体内导入与氧有亲合力的血红蛋白，呼吸细胞器就能容易地获得足够的氧，降低细胞对氧的敏感程度，可以利用它来改善发酵过程中溶氧的控制强度。因此，利用重组 DNA 技术克隆血红蛋白基因到抗生素产生菌中，在细胞中表达血红蛋白，可望从提高细胞自身代谢功能入手解决溶氧供求矛盾，提高氧的利用率，具有良好的应用前景。

将一种丝状细菌——透明颤菌（*Vitreoscilla*）的血红蛋白基因克隆到放线菌中，可促进有氧代谢、菌体生长和抗生素的合成。透明颤菌为一专性好氧细菌，生存于有机物腐烂的死水池塘，在氧的限量下，透明颤菌血红蛋白（vitreoscilla hemoglobin，VHb）受到诱导，合成量可扩增几倍。这一血红蛋白已经纯化，被证明含有两个亚基和 146 个氨基酸残基，分子量为 1.56×10^5。这个血红蛋白基因（vitreoscilla globin gene，*vgb*）已在大肠埃希菌中得到克隆，经细胞内定位研究，证明大量的 VHb 存在于细胞间区，其功能是为细胞提供更多的氧给呼吸细胞器。VHb 最大诱导表达是在微氧条件下（溶氧水平低于空气饱和浓度的 20% 时），调节发生在转录水平，转录在完全厌氧条件下降低很多，而在低氧又不完全厌氧的情况下，诱导作用可达到最大，在贫氧条件下对细胞生长和蛋白合成有促进作用。

Magnolo 等人把血红蛋白基因克隆到天蓝色链霉菌中，在氧限量的条件下，血红蛋白基因的表达可使放线紫红素的产量提高 10 倍之多（图 3-16）；Demodena 等人将血红蛋白基因引入产黄顶头孢霉菌（*Acremonium chrysogenum*）中，限氧时血红蛋白表达量较高，头孢菌素 C 的产量比对照菌株提高 5 倍。

（四）产生新的杂合抗生素

应用基因工程技术改造菌种，产生新的杂合抗生素，这为微生物药物提供了一个新的来源。杂合抗生素（hybrid antibiotic）是通过遗传重组技术产生的新的抗菌活性化合物。

Epp 等克隆了耐温链霉菌的 16 元大环内酯碳霉素的部分生物合成基因，将编码异戊酰辅酶 A 转移酶的 *carE* 基因转到产生类似结构的 16 元大环内酯抗生素螺旋霉素产生菌生二素链霉菌中，其转化子产生了 4"-异戊酰螺旋霉

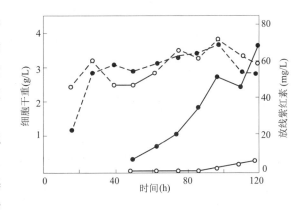

图 3-16　天蓝色链霉菌氧限量下发酵曲线
-------细胞干重；——放线紫红素合成量；
● 工程菌（表达 VHb）；○ 对照（不表达 VHb）

素（图 3-17）。由于碳霉素异戊酰辅酶 A 转移酶具有识别螺旋霉素碳霉糖（mycarose）对应位置的能力，从而将异戊酰基转移到螺旋霉素 4″-OH 上。这是第一个有目的地改造抗生素而获得新杂合抗生素的成功例子。王以光等以 *carE* 基因为探针，从麦迪霉素基因文库中克隆到了同源 DNA 片段，其中 2.65kb 的 *Eco*R I-*Eco*R I-*Pst* I 片段编码一个酰化酶基因。将这个基因导入变青链霉菌 TK24，并在发酵时添加螺旋霉素，结果产生了丙酰螺旋霉素（图 3-16）；将这个基因导入螺旋霉素产生菌，结果发酵产物中丙酰螺旋素的组分占 70%，而原产物螺旋霉素仅占 7%～8%。

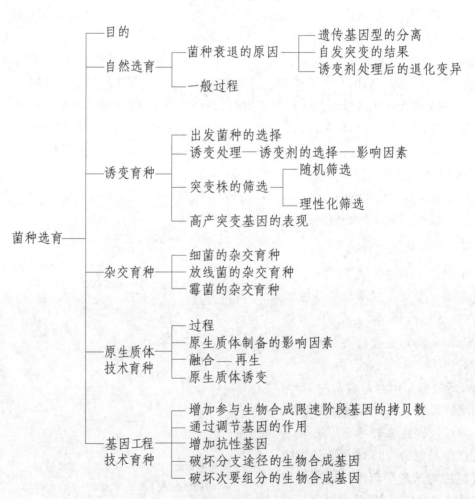

图 3-17　丙酰螺旋霉素和异戊酰螺旋霉素的结构

重点小结

菌种选育
- 目的
- 自然选育
  - 菌种衰退的原因
    - 遗传基因型的分离
    - 自发突变的结果
    - 诱变剂处理后的退化变异
  - 一般过程
- 诱变育种
  - 出发菌种的选择
  - 诱变处理——诱变剂的选择——影响因素
  - 突变株的筛选
    - 随机筛选
    - 理性化筛选
  - 高产突变基因的表现
- 杂交育种
  - 细菌的杂交育种
  - 放线菌的杂交育种
  - 霉菌的杂交育种
- 原生质体技术育种
  - 过程
  - 原生质体制备的影响因素
  - 融合——再生
  - 原生质体诱变
- 基因工程技术育种
  - 增加参与生物合成限速阶段基因的拷贝数
  - 通过调节基因的作用
  - 增加抗性基因
  - 破坏分支途径的生物合成基因
  - 破坏次要组分的生物合成基因

思考题

1. 菌种选育的主要目的有哪些？
2. 自然选育的过程主要有哪些？菌种衰退的原因主要有哪些？
3. 诱变育种主要有哪些实验环节？各要注意哪些因素？
4. 杂交育种的目的有哪些？霉菌杂交育种的一般过程是什么？
5. 原生质体制备中主要有哪些影响因素？
6. 如何进行基因工程育种的设计？

扫码"练一练"

（倪孟祥）

扫码"学一学"

第四章　培养基

📖 **学习目标**

1. **掌握**　培养基的组成、成分、培养基的种类。
2. **熟悉**　培养基的筛选方法。
3. **了解**　影响培养基质量的因素。

　　培养基（medium）是按一定比例人工配制的，供微生物生长繁殖和生物合成各种代谢产物所需要的各种物质的混合物。微生物发酵是一个非线性、非结构化的复杂系统。微生物培养基在支持微生物基本生长的基础上，还直接影响微生物的代谢过程。对于具体的代谢途径，如果说微生物的遗传因素是内因，培养基则是外因。内因是代谢途径的决定性因素，外因则通过和内因相互作用影响代谢的进行。工业发酵培养基的质量对于工业发酵过程有决定性的影响。

第一节　概　述

一、培养基组成

　　根据微生物培养目的或生长阶段不同，可将培养基分为生长培养基，如孢子培养基、种子培养基；生产培养基或发酵培养基；分离培养基及鉴别培养基等。一般来说，不同微生物的生理生化特性、发酵设备和工艺条件不同，所采用的培养基也不完全相同。即使同一个菌种，培养目的、发酵阶段或工艺过程不同，其培养基组成也不完全一样。

　　工业发酵微生物大都是异养型微生物，其培养基成分（medium components）主要包括碳源、氮源、无机盐和微量元素、水、生长调节物质（如生长因子、前体、促进剂、抑制剂）、消泡剂。

　　对于特定的菌种，需要经过充分的实验室研究、中试和放大生产实践，才能确定适合菌体生长和目的代谢产物合成的培养基配方。随着菌种遗传特性的改变、培养基原料来源的变化、发酵工艺条件或设备的改进，需要不断优化培养基配方。

二、培养基组成影响微生物生理和形态

　　微生物细胞在一定的生长条件下会发生细胞形态、生理功能和化学组成上的变化。培养基中的各种成分，如二价阳离子、阴离子聚合物、表面活性剂、固形物含量，培养液的pH都会影响细胞分化，进而影响产物合成。产黄青霉的菌丝体在碱性培养基中短而粗壮，易形成球状，向培养基中加入海藻酸钠或羧甲基纤维素能促进产黄青霉的菌丝呈丝状体生长。在青霉素丝状菌发酵过程中，要想获得青霉素的高产，应控制菌丝形态使其保持一定的分枝和长度，避免聚集成球状；而在青霉素球状菌发酵中，则应使菌丝球保持适当大小

和聚集程度，并尽量减少游离菌丝的数量。二价阳离子能与细胞表面的部分阴离子基团结合，通过"盐桥"克服细胞间正电荷间的斥力，促进菌丝形成球状体。如锰离子可改变黑曲霉细胞壁的组成而影响菌体形态和细胞生理功能，在黑曲霉的枸橼酸发酵和土曲霉的衣康酸发酵中，菌丝体呈小而致密的球状时，产酸率最高。二价阳离子易引起菌丝呈球状体生长，若阴离子聚合物同时存在，可抑制二价阳离子的影响。

某些物质能影响细胞膜的组成，导致细胞膜通透性、生理功能和细胞形态发生变化。谷氨酸发酵中，控制生物素（biotin）浓度亚适量，可增加产生菌的细胞膜通透性，使谷氨酸连续分泌到细胞外，解除了谷氨酸对谷氨酸脱氢酶的反馈抑制作用，提高谷氨酸的产量。添加青霉素也能提高谷氨酸产量，青霉素抑制谷氨酸产生菌细胞壁的后期合成，主要是抑制糖肽转移酶（transpeptidase）影响细胞壁糖肽的生物合成，从而形成不完全的细胞壁。膜内外的渗透压差，使缺少细胞壁保护的细胞膜产生物理损伤，增加了谷氨酸向胞外的渗出。同时细胞形态发生显著变化，由"八"字形和短杆形转变为伸长、膨胀的细胞。

微生物的形态、结构、功能（生理）存在内在的相关性，培养基作为外因和微生物的内在遗传因素共同决定微生物的形态和代谢。

三、工业发酵培养基的配制

工业发酵培养基需要实现目标产物规模化、经济性生产，与实验室筛选菌种、研究菌种生长规律、产物合成条件的培养基侧重点不同。不同微生物发酵工艺对培养基的具体要求不同，总体来说要求培养基：①营养恰当，各种营养成分组成丰富，浓度恰当，能满足细胞生长、产物合成的需要；②相对稳定，各种成分或原材料之间不易产生化学反应；③黏度适中，具有适当的渗透压，不会影响溶氧；④符合内在调控规律，在满足微生物基本营养（生长）需要的基础上，实现目标产物的最大积累；⑤符合工艺要求，不影响通气和搅拌操作，对后续产物分离精制和废物处理的影响小；⑥节约成本，大宗原材料尽量做到因地制宜，在确保质量的基础上，降低成本。

第二节　培养基的成分

一、碳源

用于构成微生物细胞和代谢产物中碳素来源的营养物质称为碳源（carbon source）。微生物细胞中碳素含量约占干物质的 50%。碳源是工业发酵培养基的主要成分之一，它既能构成菌体细胞和代谢产物，又能提供微生物生命活动中所需能量。生产中使用的碳源有碳水化合物（糖类）、脂肪、有机酸、醇和碳氢化合物等。由于各种微生物生理特性不同，所含的碳源分解酶并不完全一致，所利用的碳源品种会存在差异。

1. **糖类**　工业发酵中使用的糖类可分为单糖、双糖、淀粉质类和糖蜜等。葡萄糖是工业发酵最常用的单糖，由淀粉加工制备，其产品有固体粉末状葡萄糖、葡萄糖糖浆（含少量双糖）。它们被广泛用于抗生素、氨基酸、有机酸、多糖、甾类转化等发酵生产中。大多数微生物都可以利用葡萄糖作为碳源，木糖和其他单糖由于成本等原因生产中用得很少。

工业发酵中使用的蔗糖和乳糖既有纯品，也有含此二种糖的糖蜜和乳清。麦芽糖多用其糖浆。主要用于抗生素、氨基酸、有机酸、酶类的发酵。生产中使用的糖蜜有甜菜废糖蜜和甘蔗废糖蜜。

玉米淀粉及其水解液是抗生素、氨基酸、核苷酸、酶制剂等发酵中常用的碳源。马铃薯、小麦、燕麦淀粉等用于有机酸、醇等生产中。液化淀粉可被微生物产生的胞外淀粉酶和糖化酶逐步分解成葡萄糖，被菌体吸收利用。

根据微生物利用碳源速度的快慢，可将碳源分为速效碳源（readily metabolized carbon source），如葡萄糖、蔗糖；迟效碳源（gradually metabolized carbon source），如乳糖、淀粉。葡萄糖等易被菌体迅速利用的糖类对许多产物合成有反馈调节作用，应注意控制其浓度，或与被菌体缓慢利用的多糖组成混合碳源，有利于目标产物的合成。如青霉素发酵中，葡萄糖能阻遏青霉素的合成，而乳糖对青霉素的合成几乎无阻遏作用。如果采用成本较低的葡萄糖作为青霉素合成的碳源，需采用流加等控制方式。

2. 油脂 常见的油脂主要指动物、植物油，如豆油、玉米油、棉籽油和猪油等。霉菌和放线菌可利用油脂作为碳源。在培养基中糖类缺乏或发酵至某一阶段，菌体一般可利用油脂。在发酵过程中加入的油脂具有消泡和补充碳源的双重作用。菌体利用油脂作碳源时耗氧量增加，因此必须充分供氧，否则易导致有机酸积累，发酵液的 pH 降低。油脂在贮藏过程中易酸败，同时还可能增加过氧化物的含量，对微生物的代谢有抑制作用。使用时注意将油脂低温贮藏，并控制贮藏时间。

3. 有机酸、醇 主要有乳酸、枸橼酸、延胡索酸、氨基酸、低级脂肪酸、高级脂肪酸、甲醇、乙醇、甘油等，用于单细胞蛋白（SCP）、氨基酸、维生素、麦角碱和抗生素的发酵生产。乙醇在青霉素发酵中的应用取得了较好效果。甘油是很好的碳源，常用于抗生素和甾类转化的发酵。山梨醇是生产维生素 C 的重要原料。有机酸除了作为碳源，同时能调节发酵液 pH，发酵液的 pH 随有机酸的氧化而升高。

4. 碳氢化合物 石油产品可以作为某些微生物发酵的碳源。石油产品在单细胞蛋白、氨基酸、核苷酸、有机酸、维生素、酶类、糖类、抗生素等发酵中均有研究。由于成本、市场、安全性等因素投入工业化生产的很少。随着石油资源的减少和环境问题的日趋严重，可以预期围绕碳氢化合物的生物利用、转化、降解等相关研究会受到更多的重视。

二、氮源

氮源是构成微生物细胞和代谢产物中的氮素来源的营养物质。主要功能是构成微生物细胞和含氮的代谢产物。常用的氮源有两大类：无机氮源（inorganic nitrogen source）和有机氮源（organic nitrogen source）。常用的无机氮源有氨水、铵盐和硝酸盐；常用的有机氮源有花生饼粉、黄豆饼粉、酵母粉、蛋白胨等。当培养基中碳源不足时，有机氮源可作为补充碳源。

1. 无机氮源的特点

（1）成分单一 微生物吸收利用铵盐和硝酸盐的能力强，NH_4^+ 被细胞吸收后可直接被利用，而 NO_3^- 被吸收后需要进一步还原成 NH_4^+ 再被微生物利用。无机氮源容易被微生物吸收利用，常作为辅助氮源。另外，由于 NH_4^+ 对下游产物的合成往往有调节作用，应控制加入的浓度。

（2）影响培养液的 pH 以 $(NH_4)_2SO_4$ 等铵盐为氮源时，由于 NH_4^+ 被菌体利用，会导致培养基 pH 下降；而以硝酸盐为氮源时，由于 NO_3^- 被菌体吸收利用，会导致培养基 pH 升高，因此，无机氮源具有改变培养液 pH 的作用。

一般把代谢后能产生酸性物质的营养成分称为生理酸性物质，如硫酸铵、氯化铵；代谢后能产生碱性物质的营养成分称为生理碱性物质，如硝酸钠、乙酸钠。在培养基中加入适量的生理酸性物质或生理碱性物质，可以调节发酵液的 pH。

2. 有机氮源的特点

（1）成分较复杂　有机氮源大多来源于农副产品，含有丰富的蛋白质、肽类、游离的氨基酸，此外还含有少量的糖类、脂肪、无机盐和生长因子等。

（2）被菌体利用的速度不同　玉米浆中的氮源物质主要以易吸收的蛋白质降解产物形式存在，而降解产物特别是氨基酸可以通过转氨作用直接被机体利用，有利于菌体生长，为速效氮源；而黄豆饼粉和花生饼粉等中的氮主要以大分子的蛋白质形式存在，需要进一步降解成小分子的肽和氨基酸后才能被微生物吸收利用，其利用速度缓慢，有利于代谢产物的形成，为迟效氮源。在生产中，通过控制速效氮源和迟效氮源的比例，可以协调菌体生长期和代谢产物形成期，达到提高产量的目的。

（3）微生物对氨基酸的选择性利用　微生物在有机氮源的培养基中，可以直接利用游离的氨基酸或其他有机化合物的碳架，合成用于构成细胞的蛋白质和其他细胞物质。微生物对氨基酸的利用有选择性，如缬氨酸既可用于红霉素链霉菌的生长，也可以氮源的形式参加红霉素的生物合成。在螺旋霉素发酵中，在发酵培养基里加入 L-色氨酸可使螺旋霉素的产量显著提高，但加入 L-赖氨酸则抑制螺旋霉素的生物合成。另外，有机氮源中含有的某些氨基酸是菌体合成初级代谢产物的前体。如 α-氨基己酸、半胱氨酸和缬氨酸是合成青霉素和头孢菌素的直接前体，玉米浆中的苯乙胺和苯丙氨酸是合成青霉素 G 的前体。色氨酸是合成硝吡咯菌素和麦角碱的前体。

（4）引起发酵水平波动的主要因素　天然原料中的有机氮源由于产地、加工方法不同，质量不稳定，常引起发酵水平波动，因此，选择有机氮源时要注意品种、产地、加工方法、储存条件对发酵的影响，注意它们与菌体生长和代谢产物生物合成的相关性。

生产中常用的有机氮源有黄豆（饼）粉、棉籽（饼）粉、麸质粉、蛋白胨、酵母粉、鱼粉。国外将棉籽粉加工成低毒、质量稳定的 pharmamedia 和 proflo，将玉米浆加工成 solulys L。国内也制备了质量稳定的酵母粉培养基。商业化的培养基可以满足某些发酵产品严格的质控要求。

三、无机盐和微量元素

工业发酵中应用的微生物在生长繁殖和产物合成中都需要无机盐和微量元素，如 P、S、Fe、Na、K、Ca、Zn、Mn、Co、Cl 等。许多金属离子对微生物生理活性的作用与其浓度相关，低浓度时往往呈现刺激作用，高浓度却表现出抑制作用。最适浓度需根据菌种的生理特性和发酵工艺条件来确定。

生长所需浓度在 $10^{-3} \sim 10^{-4}$ mol/L 范围内的元素，可称为大量元素，例如 P、S、K、Mg、Ca、Na 和 Fe；所需浓度在 $10^{-6} \sim 10^{-8}$ mol/L 范围内的元素，则称为微量元素，如 Cu、Zn、Mn、Mo 和 Co。Fe 实际上介于大量元素与微量元素之间。

1. 磷　构成菌体核酸、核蛋白等细胞的组成成分，是许多辅酶和高能磷酸键的组成元素，又是氧化磷酸化反应的必需元素。磷酸盐既能促进菌体的基础代谢，又能影响许多代谢产物的生物合成；作为缓冲系统可调节培养基 pH。因此，磷酸盐可作为发酵生产中的一种限制性营养成分，如链霉素、四环素等的发酵生产中，产物的合成速率受到发酵液中磷酸盐浓度的调节。常用的磷酸盐有 KH_2PO_4、K_2HPO_4 及其钠盐。

2. 硫 含硫氨基酸（胱氨酸、半胱氨酸、甲硫氨酸）、维生素的组成元素，也是某些产物的组成元素。含硫的谷胱甘肽可调节胞内氧化还原电位。硫元素占青霉素分子量的 9%，占头孢菌素 C 分子量的 15%。常用的含硫化合物有 Na_2SO_4、NaS_2O_3、$MgSO_4$ 和 $(NH_4)_2SO_4$。

3. 铁 菌体的细胞色素、细胞色素氧化酶和过氧化酶的组成元素，是菌体生命活动必需的元素。铁离子的含量影响多种代谢产物的合成，如在青霉素发酵中，发酵培养基 Fe^{2+} 浓度为 $6\mu g/ml$ 时，不影响青霉素的生物合成，当 Fe^{2+} 浓度为达 $60\mu g/ml$ 时，青霉素产量下降 30%，当 Fe^{2+} 浓度为 $300\mu g/ml$ 时，产量下降 90%。在四环素、麦迪霉素等发酵中，高浓度 Fe^{2+} 都显示较强的抑制作用，抗生素产量显著下降。因此，铁质发酵罐在正式投产之前，需用稀硫酸铵或稀硫酸溶液预处理，以去除罐壁上铁离子，且目前大多已采用不锈钢材质。

4. 钠、钾、钙 不是微生物细胞的组成成分，但在微生物代谢中不可缺少。钠离子有维持细胞渗透压的功能，但含量高时对细胞生命活动有一定的影响。钾离子能影响细胞膜的透性。钙离子有调节细胞透性的作用，还能调节培养液中的磷酸盐含量。工业生产中应用的钙盐是轻质碳酸钙，它难溶于水，几乎呈中性，能调节发酵液的 pH。常用化合物形式为 $CaCl_2$、$CaCO_3$。

5. 锌、镁、钴 某些酶的辅酶或激活剂。微量的锌对青霉素发酵有促进作用，过量时呈现抑制作用。锌是链霉素发酵的必需元素，微量的锌能够促进菌体生长和链霉素的生物合成。镁能提高卡那霉素、新霉素、链霉素的生产菌对自身产物的耐受性。其机制是镁离子能提高结合于菌体上的抗生素释放到发酵液中的速度。钴是组成维生素 B_{12} 的元素之一，维生素 B_{12} 能促进微生物对一碳单位的代谢。培养基中加入一定量的钴（$0.1\sim10\mu g/ml$）能刺激一些抗生素的合成。如庆大霉素发酵培养基中加入一定量的氯化钴（$4\sim8\mu g/ml$），不仅能延长发酵周期，还能使抗生素的产量倍增。锌、镁、钴盐常用化合物形式为 $ZnSO_4$、$MgSO_4$ 和 $CoCl_2$。

6. 氯 对微生物一般不具有营养作用，但为一些嗜盐菌所需。在金霉素、灰黄霉素等含氯代谢物的发酵中，除了从其他天然原料和水中带入的氯离子外，还需加入约 0.1% KCl 以补充氯离子。

无机盐成分的常用浓度范围见表 4-1。

表 4-1 无机盐成分的常用浓度范围

成分	浓度（g/L）	成分	浓度（g/L）
$CaCO_3$	5.0~17.0	$ZnSO_4 \cdot 8H_2O$	0.1~1.0
KH_2PO_4	1.0~4.0	$MnSO_4 \cdot H_2O$	0.01~0.1
KCl	0.5~12.0	$CuSO_4 \cdot 5H_2O$	0.003~0.01
$MgSO_4 \cdot 7H_2O$	0.2~3.0	$Na_2MoO_4 \cdot 2H_2O$	0.01~0.1

四、水

水是菌体生长必不可少的培养基组成成分。微生物细胞中水的含量约为湿重的 80%，以游离态（约 80%）和结合态（约 20%）存在。水在细胞中的主要功能：①作为溶剂和运输介质，营养物质的吸收和代谢产物的分泌必须以水为介质才能完成；②维持细胞的正常形态；③维持蛋白质、核酸等生物大分子稳定的构象；④控制胞内的温度，吸收代谢过程中产生的热并及时排出胞外；⑤参与细胞内一系列化学反应；⑥微生物通过水合作用与脱水作用控制多亚基结构，如酶、微管、鞭毛及病毒颗粒的组装与解离。

在一定温度和压力下，环境中水对微生物的可给性常以水的活度值 Aw 表示。纯水 Aw 为 1.00，溶液中溶质越多，Aw 越小，微生物适应的 Aw 为 0.60~0.99，Aw 过低时，微生物生长的延迟期延长，比生长速率和总生物量减少。生产中使用的水有深井水、自来水、地表水。水质要定期检测，并达到相关质量标准。

五、代谢调节物质

发酵培养基中某些微量非营养成分的加入能调节微生物的生长或产物的形成，主要有生长因子、前体、产物促进剂和抑制剂。

1. 生长因子 一般指对微生物正常代谢不可缺少的，且不能用简单的碳源或氮源自行合成的有机物。主要包括维生素、氨基酸、碱基、卟啉、甾醇、胺类、低链（C-2~ C-6）脂肪酸等。特定的一种生长因子如生物素，不是所有微生物都必需的，它只是对于某些生长需要但不能自己合成的微生物才是必需的。目前使用的赖氨酸产生菌几乎都是谷氨酸产生菌的各种生物素缺陷型突变株，需要生物素作为生长因子。如果同时也是某种氨基酸的营养缺陷型，如高丝氨酸，则高丝氨酸也是对应微生物菌株的生长因子。

对大多数微生物来说，其生长繁殖需要的生长因子如维生素等，从添加的复合碳源或有机氮源已能基本满足，但某些微生物的培养基尚需加入微量生长因子，以满足目标产物代谢的需要。

2. 前体（precusor） 在产物的生物合成过程中，被菌体直接用于产物合成而自身结构无显著改变的物质。几种已知发酵产物的前体物质见表 4-2。前体分为内源性前体和外源性前体。内源性前体是指菌体自身能合成的物质，如合成青霉素分子的缬氨酸和半胱氨酸。外源性前体是指菌体不能自身合成或合成量很少，必须在发酵过程中加入的物质，如合成青霉素 G 的苯乙酸、合成青霉素 V 的苯氧乙酸、合成红霉素大环内酯环的丙酸盐等。这些外源性的前体是培养基的组成成分之一。

表 4-2　常见的前体及其发酵产物

产物	前体	产生菌
青霉素 G	苯乙酸及衍生物	*Penicillum chrysogenum*
青霉素 V	苯氧乙酸	*Penicillum chrysogenum*
金霉素	氯化物	*Streptomyces aureofaciens*
链霉素	肌醇、精氨酸	*Streptomyces griseus*
红霉素	丙酸、丙醇	*Streptomyces erythreus*
维生素 B_{12}	钴化物	*Propionibacterium freudenreichii*
类胡萝卜素	β-紫罗兰酮	*Phycomyces blakesleeanus*
L-色氨酸	邻氨基苯甲酸	*Bacillus subtilis*
L-丝氨酸	甘氨酸	*Pseudomonas flava*

培养基加入前体后，可明显提高目标产物及其类似物产量。如青霉素发酵培养基中加入苯乙酸或苯乙酰胺，不仅可以增加青霉素 G 的含量，还能提高青霉素的总产量。但是培

养基中前体物质浓度超过一定量时，对菌体生长有抑制作用。应控制前体的加入量、加入时间和加入方式，或通过筛选前体或前体结构类似物突变株来解除前体的反馈抑制作用。

3. 促进剂　在抗生素等发酵中为了促进菌体生长或产物合成，可向培养基中加入某种促进剂（promoter）。常见的促进剂见表4-3。

表4-3　常见的促进剂

促进剂	发酵产物
β-吲哚乙酸、α-萘乙酸	金霉素
巴比妥	链霉素
硫氰化苄	四环素
甲硫氨酸、亮氨酸	头孢菌素
丙氨酸、异亮氨酸	阿弗米丁
色氨酸	麦角甾醇类
苯丙氨酸	圆弧菌素

在酶的发酵生产中，培养基中常加入诱导物。由于工业酶，如蛋白酶、淀粉酶、纤维素酶、脂肪酶等大多为诱导酶，酶的正常底物或底物类似物都可以作为诱导物促进酶的生物合成。淀粉、糊精或麦芽糖是淀粉酶或糖化酶的诱导物。有时加入某些酶的表面活性剂也能提高酶的产量。如用爪哇真青霉（*Eupenicillium javanicum*）生产纤维素酶时，添加0.1%的吐温80，纤维素酶的产量可提高4倍以上。

4. 抑制剂　向培养基中加入某种抑制剂（inhibitor）可抑制不需要的代谢产物的合成。如在四环素发酵培养基中，加入溴化钠和M-促进剂（2-巯基苯并噻唑），能抑制金霉素的生物合成，同时增加四环素的产量。常见的抑制剂见表4-4。

表4-4　常见的抑制剂

抑制剂	被抑制产物
甘露聚糖	甘露糖链霉素
巴比妥	其他利福霉素
乙硫氨酸	链霉素
溴化物、硫脲	金霉素
L-蛋氨酸	头孢菌素 N
亚硫酸盐	乙醇

六、消泡剂

工业发酵过程中常用一些消泡剂（antifoaming agent）消除发酵中产生的泡沫，防止逃液和染菌。常用的消泡剂有天然油脂、聚醚类、高级醇类和硅树脂类，此外还有脂肪酸、亚硫酸和磺酸盐等。在抗生素发酵中，化学消泡剂在应用时常以动物油、植物油或矿物油稀释。选用消泡剂时，除了要求消泡作用高效持久，能耐受高压灭菌而不变性外；还不能影响微生物的生长、生物合成及下游的分离纯化过程；对设备无腐蚀，来源广泛等方面（常见消泡剂见附录）。

第三节 培养基的种类与选择

一、培养基的种类

发酵工业中应用的培养基种类较多（表4-5）。按培养基的组成可分为合成培养基（synthetic medium）和复合培养基（complex medium），复合培养基亦称为有机培养基或天然培养基。合成培养基由已知组成成分的各种营养物质组成，主要用于实验室研究；复合培养基由一些组成成分不完全明确的天然产物如黄豆（饼）粉等与一些无机盐组成，用于工业生产。按培养基的形态可分为固体培养基（solid medium）、液体培养基（liquid medium）和半固体培养基（semi-solid medium）。液体培养基具有固形物少、黏度小，有利于氧的溶解和传递，对发酵温度等参数的控制有利等优点，大多数品种发酵采用了液体培养基生产。按工业发酵的用途可分为孢子培养基、种子培养基、发酵培养基、补料培养基。另外，研究或生产中还使用某些特殊用途的培养基，如菌种选育用的分离纯化培养基、理性化筛选培养基、原生质体再生培养基、鉴别培养基、抗生素生物效价检测用的生物检测培养基等。以下主要依据生产流程和作用，介绍工业发酵中常见的斜面培养基、种子培养基、发酵培养基、补料培养基。

表4-5 培养基的种类和特点

	种类	特点	用途
按培养基物理状态	固体培养基	液体培养基中加入1.5%~2%的琼脂	分离、鉴定、计数、保藏等
	半固体培养基	液体培养基中加入0.2%~0.7%的琼脂	观察微生物运动、分类鉴定及噬菌体效价测定等
	液体培养基	不加入凝固剂	生理生化、代谢、遗传等
按培养基组成	合成培养基	化学成分明确，可精确定量	生理生化、营养、代谢、遗传等
	半合成培养基	化学成分部分明确	生理生化、营养、代谢等
	天然培养基	营养丰富，成分复杂，低成本	实验室培养、工业发酵
按用途	种子培养基	营养丰富，氮源比例较高	培养菌种
	孢子培养基	营养适量，氮源比例适量	培养孢子
	发酵培养基	营养丰富，成分复杂，控制成本	工业发酵
	选择培养基	含特定的生长因子或抑制剂	菌种分离、筛选
	鉴别培养基	含某种化学物质或指示剂，使微生物呈特定的颜色反应	菌种鉴定、文库筛选
按培养微生物种类	营养肉汤培养基	动物水解物，营养丰富	培养细菌
	高氏一号培养基	化学成分明确，可精确定量	培养放线菌
	查氏培养基	化学成分明确，可精确定量	培养霉菌、酵母菌
	马铃薯蔗糖培养基	植物水解物，营养丰富	培养霉菌、酵母菌
	几丁质琼脂培养基	含胶态几丁质、矿物盐	培养链霉菌、微单孢菌
	细胞培养基	成分复杂，需加入血清或生长激素、生长因子	培养动物细胞
	活组织培养基	含活组织或细胞	培养病毒

1. **斜面培养基**（spore medium）　供微生物细胞生长繁殖或保藏菌种用的培养基。其特点是富含有机氮源，有利于菌体的生长繁殖。但对于放线菌或霉菌的产孢子斜面培养基，基质的浓度，特别是有机氮源的浓度，要低一些，否则影响孢子的形成。如链霉素产生菌灰色链霉菌在葡萄糖-硝酸盐的培养基上生长良好，并能形成丰富的孢子，如果加入 0.5% 以上酵母膏或酪蛋白，就只长菌丝不长孢子。无机盐的浓度也要适量，否则影响孢子的数量和质量。还要注意孢子培养基的 pH 和湿度。孢子培养基的组成因菌种不同而异。生产中常用的孢子培养基有麦麸培养基，大（小）米培养基，由葡萄糖（或淀粉）、无机盐、蛋白胨等配制的琼脂斜面培养基等。

2. **种子培养基**（seed medium）　供种子罐中孢子发芽和菌体生长繁殖用的培养基。营养成分要比较丰富、完整，易被菌体吸收利用，其中氮源和维生素的含量应略高，以利菌体的生长繁殖。常用的原材料有葡萄糖、糊精、蛋白胨、玉米浆、酵母粉、尿素、硫酸盐（硫酸铵、硫酸镁）等。种子质量对发酵水平的影响很大，为使培养的种子能较快地适应发酵罐内的环境，最后一级的种子培养基的成分应接近发酵培养基。

3. **发酵培养基**（fermentation medium）　供发酵罐中菌体生长繁殖和合成大量代谢产物用的培养基。要求培养基的组成应丰富完全，营养成分浓度和黏度适中，利于菌体的生长与代谢产物合成。发酵培养基的组成除满足菌体生长所必需的元素和化合物外，还要有形成产物所需的特定元素、前体和促进剂等。另外，发酵培养基的原材料质量要相对稳定，不应影响产品的分离精制和产品的质量。

根据发酵生产各阶段菌体对营养的需求可以看出，孢子阶段培养基要求营养简单、适量；种子阶段培养基要求丰富、完全；发酵阶段培养基要求在维持适当生长之外与产物相关联，能提供前体等特定代谢调节物质。

4. **补料培养基**（fed medium）　在补料分配发酵过程中，间歇或连续补加的、含有一种或多种培养基成分的新鲜料液。应用补料工艺，可稳定发酵工艺条件，有利于产生菌的生长和代谢，减少目标代谢产物的反馈抑制或阻遏，延长发酵周期，提高生产水平。

二、培养基的设计

设计一个合适的培养基需要基于前人的工作（文献）和科学的实验。主要是确定培养基的基本组成，以及培养基成分的配比和浓度。

1. **培养基的基本组成**　必须满足菌体生长繁殖和合成代谢产物的元素需求，还要提供维持细胞生命活动和合成代谢产物所需的能量。组成微生物细胞的元素包括 C、H、O、N、S、P、Fe、Mg、K 等。在设计培养基（孢子培养基、种子培养基、发酵培养基）时，要充分考虑细胞的元素组成。分析某些细菌细胞的元素组成与培养基中相应元素浓度的相关性时发现，培养基中某些元素，如 P、K 是超量的，某些元素如 Zn、Cu 接近最大需求量，P 浓度的改变能导致许多培养液缓冲能力的变化。

某些微生物能在无生长因子（氨基酸、维生素、核苷酸）的培养基中生长良好，说明这些细胞能自身合成生长所需要的多种生长因子。对一些不能合成自身生长所需要的生长因子的微生物来说，在设计培养基时，要选用含有相应生长因子的复合培养基，以满足菌体的正常生长。

对于微生物在生长后期合成目标代谢产物的发酵来说，设计培养基时不仅要考虑细胞组成所需求的元素，还要分析组成代谢产物的元素种类和数量，以及各种营养物质与代谢产物合成的内在联系。一般来说，设计的培养基应满足：菌体对数生长期开始时，支持菌体迅速生长；对数生长期末期能迅速转入代谢产物的合成，并使产物合成速率保持一定的线性关系，从而获得最大的产物合成量。

通过多种代谢产物合成数量与碳源种类和浓度的相关性研究，发现碳源在许多代谢产物合成中起着关键性的作用。由于代谢产物合成途径的复杂性，许多产物合成需要的各种元素质量难以准确计算。1979 年，Cooney 研究产黄青霉菌生物合成青霉素时，假设生产期中，全部碳源用于合成青霉素和能量代谢，提出了合成青霉素 G（Pc-G）理论产量的化学计算式：$aC_6H_{12}O_6+bNH_3+cCO_2+dH_2SO_4+ePAA \rightarrow nPc\text{-}G+pCO_2+gH_2O$，式中 a、b、c、d、e、n、p、g 是计算系数，PAA 是苯乙酸。

确定一种适合于工业生产的培养基，如发酵培养基，只有上述的理论值还不够，因为不同微生物的生理特性、合成途径不同。必须对微生物种类、生理特性、一般营养要求、产物的组成和生物合成途径、产品的质量要求等进行深入的分析。同时，也要考虑所采用的发酵设备和工艺条件、原材料的来源等。上述工作完成后才能进行基础培养基组成的设计。设计的基础培养基组成要经过一定时间的小试考察，根据菌种的生长动力学、产物合成动力学、两者的内在联系及其与环境条件的关系，进一步修改其组成，使之适合菌体生长和产物合成的要求。

2. 培养基成分的配比和浓度 培养基的基本组成确定后，还要进一步考察所选用的原材料的配比关系。发酵培养基的各种原材料的浓度配比恰当，有利于菌体的生长又能充分发挥菌体合成代谢产物的潜力。如果各种营养物质配比失调，就会影响发酵水平。其中碳、氮元素的比例（碳氮比，C/N ratio）对微生物生长繁殖和产物合成的影响最为显著。碳氮比偏小，氮源过多，能导致菌体的旺盛生长，pH 偏高，易造成菌体提前衰老自溶，影响产物的积累；碳氮比过大，氮源过少，菌体繁殖数量少，不利于产物积累。碳源过多容易形成较低的 pH，碳源不足则容易引起菌体的衰老和自溶。碳氮比适合，但碳源、氮源浓度过高，能导致菌体大量繁殖，增加发酵液黏度，影响溶解氧浓度，容易引起菌体的代谢异常。

微生物在不同的生长阶段对碳氮比的需求不一样。一般工业发酵培养基的碳氮比为 100∶（0.5～2.0）。但在谷氨酸发酵中因为产物含氮量高，所以氮源比例相对高些，一般可以达到 100∶（20～30）。若碳氮比低于 100∶20，则出现只长菌体而几乎不合成谷氨酸的现象；当碳氮比高于 100∶30，菌体生长受到一定的抑制，产生的谷氨酸转化为谷氨酰胺。碳氮比受菌种、碳源、氮源种类、通气、搅拌、流加等因素的影响，必须根据试验确定合适的碳氮比。

三、培养基的筛选

筛选培养基中的成分和浓度时，常采用单因素试验、正交试验、均匀试验等方法。单因素试验适用于培养基组成和单一营养成分的选择，也是开展多因素优化试验的基础。通过单因素试验可以确定各培养基成分对微生物生长情况，如形态、生物量、生长速率以及目标产物合成等的影响。但是单因素试验无法确定各因素的交互影响，采用正交试验、均匀试验设计等数学方法，可以有效提高试验效率。如采用单因子试验法考察利福霉素发酵培养基中 8 种组分的组成与浓度配比，需进行 7000 余次实验，约需 3 年时间才能完成。而采用正交试验设计法，只用半年时间就选出最佳的发酵培养基配方，其发酵单位提高了数倍。试验设计（design of experiment，DOE）在培养基筛选中日益重要，借助于各种试验设计方法，如响应面分析（RSM，response surface methodoloy）、人工神经网络（ANN，artificial neural network）、遗传算法（GA，genetic algorithm）和相应软件，如 DPS、SPSS 等可以极大地提高培养基筛选的效率。常用的实验设计方法见表 4-6。

表 4-6　常用的实验设计方法

实验方法	实验次数 （因素为 m，水平为 n）	特点	分析方法	适用范围
析因设计	$m \times n$	全面、均衡	方差分析	多因素对水平实验
正交设计	m^2	均匀分散、整齐可比	回归分析	多因素对水平实验
均匀设计	m	均匀分散	回归分析	多因素对水平实验

正交试验设计（orthogonal design experimentation）和均匀设计（uniform design）是培养基、发酵参数等优化常用的试验设计方法。正交试验设计是以概率论数理统计知识和实践经验为基础，利用标准化正交表安排实验方案，并对结果进行计算分析，最终找到优化方案的一种科学统计方法。经过对实验结果进行分析，能清楚各个因素对实验指标的影响程度，确定因素的主次顺序，找出较好的实验条件或最优参数组合。

均匀设计，又称均匀设计试验法（uniform design experimentation）或空间填充设计，由方开泰教授和王元院士在 1978 年共同提出。它是只考虑试验点在试验范围内均匀散布的一种试验设计方法。由于不再考虑"整齐可比"性，那些在正交设计中为整齐可比而设置的实验点可不再考虑，因而可大大减少实验次数，且实验次数与各因素所取的水平数相等。用均匀设计可适当增加实验的水平数，而不必担心导致像正交设计那样其实验次数呈平方次增长的现象。其特点就是利用一套简易的表格，以最少的实验次数、最短的实验周期得到一个回归方程，该方程能定量地描述各因素对目标函数的影响，得到最佳工艺条件。以下通过具体运用实例介绍两种方法的使用过程。

1. 在基础培养基的基础上，通过正交试验筛选某一产碱性纤维素酶菌株的最适碳源、氮源（3 因素）及其添加浓度（3 水平）。选用 $L_9(3^4)$ 正交表对培养基进行优化，以酶活力为指标。试验安排及结果见表 4-7、表 4-8。

表 4-7　三因素三水平

水平	因素		
	玉米粉（%）	豆饼粉（%）	麸皮（%）
1	5.5	3.5	4.0
2	5.0	3.0	3.0
3	4.5	2.5	2.5

表 4-8　培养基正交实验结果

编号	因素水平			酶活力
	玉米粉（%）	豆饼粉（%）	麸皮（%）	（U/ml）
1	1	1	1	5632
2	1	2	2	8140

续表

编号	因素水平			酶活力（U/ml）
	玉米粉（%）	豆饼粉（%）	麸皮（%）	
3	1	3	3	5148
4	2	1	3	6160
5	2	2	1	8096
6	2	3	2	6424
7	3	1	2	4312
8	3	2	3	6820
9	3	3	1	7480
K_1	6307	5368	6292	7069
K_2	6893	7685	7260	6292
K_3	6204	6351	5852	6043
k_1	2102	1789	2097	2356
k_2	2298	2562	2420	2097
k_3	2068	2117	1951	2014
R	230	772	469	342

其中，K_i 表示任一列上水平号为 i 时，所对应的试验结果之和。$k_i = K_i/s$，其中 s 为任一列上各水平出现的次数。R（极差）：在任一列上 $R = \max\{k_1, k_2, k_3\} - \min\{k_1, k_2, k_3\}$。

通过极差分析可知，三种成分对酶活力影响由大到小依次为豆饼粉（772）＞麸皮（469）＞玉米粉（230），较优的各培养基浓度为玉米粉 5%、豆饼粉 3%、麸皮为 3%。

2. 采用均匀设计考察发酵培养基中 6 种成分对某菌株发酵产肌苷的影响。为了便于安排，采用每个实验水平重复一次的拟水平法，选择 12 因素、16 水平的均匀设计表 $U_{16}(16^{12})$，试验方案和结果见表 4-9、4-10、4-11。

表 4-9 六种培养基成分的水平表

组号	葡萄糖（%）	玉米浆（%）	硫酸铵（%）	尿素（%）	酵母粉（%）	硫酸镁（%）
1	8	0.65	0.9	0.6	1.3	6
2	8	0.65	0.9	0.6	1.3	6
3	9	0.70	1	0.8	1.4	7
4	9	0.70	1	0.8	1.4	7
5	10	0.75	1.1	1.0	1.5	8
6	10	0.75	1.1	1.0	1.5	8
7	11	0.80	1.2	1.2	1.6	9
8	11	0.80	1.2	1.2	1.6	9
9	12	0.85	1.3	1.4	1.7	10
10	12	0.85	1.3	1.4	1.7	10
11	13	0.90	1.4	1.6	1.8	11
12	13	0.90	1.4	1.6	1.8	11
13	14	0.95	1.5	1.8	1.9	12
14	14	0.95	1.5	1.8	1.9	12
15	15	1.00	1.6	2.0	2.0	13
16	15	1.00	1.6	2.0	2.0	13

表 4-10　培养基成分的均匀设计

组号	葡萄糖（%）	玉米浆（%）	硫酸铵（%）	尿素（%）	酵母粉（%）	硫酸镁（%）
1	8	0.7	1.1	1.4	1.9	13
2	8	0.8	1.4	0.8	1.8	12
3	9	0.9	0.9	1.8	1.6	11
4	9	1.0	1.2	1.0	1.5	10
5	10	0.7	1.5	2.0	1.3	9
6	10	0.8	0.9	1.4	2.0	8
7	11	0.9	1.2	0.6	1.9	7
8	11	1.0	1.5	1.6	1.7	6
9	12	0.65	1.0	1.0	1.6	13
10	12	0.75	1.3	2.0	1.4	12
11	13	0.85	1.6	1.2	1.3	11
12	13	0.95	1.0	0.6	2.0	10
13	14	0.65	1.3	1.6	1.8	9
14	14	0.75	1.6	0.8	1.7	8
15	15	0.85	1.1	1.8	1.5	7
16	15	0.95	1.4	1.2	1.4	6

表 4-11　均匀试验结果

组号	肌苷含量（g/L）	预测值（g/L）
1	10.85	11.37
2	12.25	11.83
3	10.56	11.67
4	12.47	11.84
5	13.12	13.25
6	11.46	10.67
7	10.18	10.87
8	10.34	9.89
9	14.59	14.04
10	14.59	14.52
11	14.69	14.64
12	12.86	12.90
13	14.95	15.25
14	14.23	14.33
15	14.26	13.67
16	11.87	12.46

采用均匀设计等统计软件处理上述数据（表 4-12），F 检验的临界值：$F(8, 7) 0.01 = 6.84$，$F(1, 7) 0.01 = 12.2$，$F(1, 7) 0.05 = 5.59$。由此得到反映各因素影响产肌苷规律的经验回归模型：$Y = -15.093 + 0.532X_1 - 3.994X_2 + 8.309X_3 + 8.269X_5 + 2.670X_6 - 2.976X_3^2 - 2.887X_5^2 - 0.122X_6^2$。回归方程的 F 检验统计量 $F = 7.61 > F(8, 7) 0.01 = 6.84$，即在显著性水平 $\alpha = 0.01$ 时，回归方程式 F 检验高度显著。回归相关系数 $R = 95\%$，剩余标准差 $S =$

0.80，说明回归效果好，所建经验模型准确有效。

表 4-12　用逐步回归法处理的数据结果

变量	回归系数	F 检验值
X_1	−15.093	23.648
X_2	0.532	3.504
X_3	−3.994	0.527
X_5	8.309	0.287
X_6	8.269	8.603
X_3^2	2.670	0.428
X_5^2	−2.976	0.383
X_6^2	−2.887	6.564
方程式总体	−0.122	7.612

根据经验模型，可以确定培养基最优水平组合并对过程进行分析和预测，按表 4-12 中各变量显著性检验 F 值的大小，可排出各因素对发酵产肌苷影响的强弱程度：X_1（葡萄糖）$>X_6$（硫酸镁）$>X_6^2$（尿素）$>X_2$（玉米浆）$>X_3$（硫酸铵）$>X_3^2>X_5^2>X_5$。利用偏微分法求出使 Y 值最大的一些因素的极点为：$X_3 \max = 1.395$，$X_5 \max = 1.43$，$X_6 \max = 10.98$。根据本实验的要求（肌苷含量最高），综合考虑回归方程中各因素所对应变量的正负号，取值范围和极值点，确定出优化组合配比，见表 4-13。

表 4-13　优化试验结果

项目	含量（%）
葡萄糖	12
玉米浆	0.5
硫酸铵	1.3
尿素	0.2
酵母粉	1.4
硫酸镁	0.2
磷酸氢二钠	0.5
氯化钾	0.6
碳酸钙	2.0
卡那霉素	50
肌苷预测值（g/L）	15.6
三次实测肌苷平均值（g/L）	15.2

归纳起来，应用均匀设计的一般程序：①明确试验目的，确定试验指标，多个指标需要根据经验、文献等进行综合分析；②选择试验因素，根据专业知识和实际经验进行试验因素的选择，一般选择对试验指标影响较大的因素进行试验；③确定因素水平，根据试验条件和以往的实践经验，首先确定各因素的取值范围，然后在此范围内设置适当的水平；④选择均匀设计表，排布因素水平，根据因素数、水平数来选择合适的均匀设计表进行因素水平数据排布；⑤明确试验方案，进行试验操作；⑥试验结果分析，采用直接观察法或回归分析方法对试验结果进行分析进而发现优化的试验条件；⑦优化条件的试验验证，通

过回归分析方法计算得出的优化试验条件一般需要实际试验验证（可进一步修正回归模型）；⑧可缩小试验范围进行更精确的试验，寻找更好的试验条件，直至达到试验目的为止。

第四节　影响培养基质量的因素

工业发酵过程中，可能出现生产水平大幅度波动或菌体代谢异常等现象。产生这些现象的可能原因很多，如种子质量不稳定、发酵工业条件控制的不严格、培养基质量变化等。引起培养基质量变化的因素较多，如原材料品种和质量、培养基的配制工艺、灭菌操作等。

一、原材料质量的影响

工业发酵中用于配制培养基的原料品种较多，尤其是天然培养基，大多是农牧业的副产品或工业生产副产物。由于它们的来源广、加工方法多样，制备出来的培养基质量易产生波动。

有机氮源的原材料质量是引起水平波动的主要因素之一。引起有机氮源质量变化的原因，主要是加工用的原材料品种、产地、加工方法和贮存条件的差异。如抗生素发酵中常用的黄豆饼粉，整体而言，我国东北产的大豆加工制备的黄豆饼粉质量较好，主要是此种大豆中含硫氨基酸的含量较高，有的含量达 4.0% 以上。此外，黄豆饼粉质量还受到加工方法的影响，热榨黄豆饼粉和冷榨黄豆饼粉对发酵生产影响是不同的。

玉米浆（corn steep liquor, CSL）是常用的有机氮源，对许多品种的发酵水平有显著影响。玉米浆是制玉米淀粉的副产物，是将浸泡玉米的亚硫酸浸泡液浓缩加工制成的黄褐色液体。玉米浆中含有丰富的可溶性蛋白、生长素和一些前体物质，含 40% ~ 50% 固体物质。玉米产地不同、浸渍工艺不同，玉米浆质量是不同的。玉米浆中磷含量一般在 0.11% ~ 0.40%，对某些抗生素发酵影响也很大。

常用的蛋白胨（peptone）有肉胨、血胨、骨胨、鱼胨、植物胨等。由于制备蛋白胨使用的原材料和加工方法的不同，每种蛋白胨中所含的氨基酸种类、含量以及磷含量都有较大差异。

生产中对有机氮源的品种和质量必须十分重视，在质量检测中，要检测各种有机氮源中的蛋白质、磷、脂肪和水分的含量，酸价变化、贮存温度和时间等，还应检测其促生长性能。

碳源质量的差异也能引起发酵水平的波动，但碳源质量对发酵的影响一般不如氮源的影响显著。采用不同的原料、产地、加工方法制备的淀粉、葡萄糖和乳糖等产品，其质量是不同的。如不同产地的乳糖，其中的含氮化合物不同，能引起灰黄霉素发酵水平的波动。采用蛋白质含量高（0.6%）的淀粉制备葡萄糖的结晶母液作为碳源时，常出现发酵前期泡沫增多，通气效果下降，导致发酵异常。酸法制备葡萄糖的结晶母液中含有 5-羟甲基糠醛等物质，对微生物代谢产生毒性抑制作用。

用于工业发酵的油脂，如豆油、玉米油、米糠油、杂鱼油等，质量差异较大，特别是杂鱼油的成分复杂。如果贮藏的温度高，时间长，就可能产生一些对微生物代谢有抑制作用的降解产物。

培养基中使用的无机盐（如碳酸钙、磷酸钙）和前体物（如苯乙酸）等化学物质，其组成明确，有一定的质量规格，较易控制。但有的化学物质，由于杂质含量变化，对生产水平也有影响，如碳酸钙中的氧化钙含量高时，能显著影响培养基的 pH 和磷酸盐的含量，对生产是不利的。

综上所述，各种原材料的质量能影响培养基的质量。因此，在科研和生产中，为了稳定生产工艺和生产水平，应采用符合质量标准的原材料并建立相应的检测、验证方法。在改换原材料品种时，必须有充分的实验依据。不符合质量标准或生产工艺要求的原材料不能用于生产。

二、水质的影响

水是构成培养基的主要成分之一，水的质量对许多产品的生产有较大的影响。大生产中使用的水有深井水、自来水、地表水和蒸馏水。不同来源水中含有的无机离子和有机物的含量是不同的。深井水的水质因地质结构、井的深度、采水季节等的不同而异。地表水的水质与环境污染程度密切相关，同时受到季节的影响。所以，生产中应根据工艺需要使用合适的水，并对水的质量进行检控。为了避免水质波动的影响，可以在水中加入一定量的某种无机盐。例如配制四环素斜面培养基时，可在无盐水中加入 0.03%（NH_4）$_2HPO_4$、0.028% KH_2PO_4 及 0.01% $MgSO_4$，以确保孢子质量，提高四环素发酵产量。

三、灭菌的影响

工业发酵常采用饱和蒸汽杀灭培养基中的有机体。在灭菌过程中，必须控制蒸汽的温度和压力。培养基在高温条件下，其营养成分能产生降解或发生某些化学反应，蒸汽压力越大、灭菌时间越长，营养成分损失越多，还有可能产生对微生物代谢有抑制作用的物质，从而影响菌体的生长或代谢。

糖类在高温条件下易被破坏，特别是还原糖与氨基酸、肽类或蛋白质等有机氮源一起加热时，容易产生化学反应，形成 5-羟甲基糠醛和棕色的类黑精（melanoidin）。氨基酸在反应中起着催化作用，能加速葡萄糖的降解反应速度。其中，赖氨酸易与糖类产生化学反应。糖类还能与磷酸盐产生络合反应，形成棕色色素。上述的大分子色素物质能引起微生物代谢途径的改变，甚至影响菌体的生长。为了避免糖类与其他成分在灭菌过程中发生反应，在生产中，可将糖与其他成分分别灭菌，既可减少糖类的损失，又可减少有色物质的形成，保证培养基的质量。如青霉素发酵，将发酵培养基中的糖类与其他成分分开灭菌，发酵产生的青霉素比糖与其他成分混合一起灭菌的产量平均提高约 10%。这表明改进培养基的灭菌工艺，可以稳定培养基的质量，有利于产生菌的生长和代谢产物的生物合成。

除了糖类和氨基酸易发生反应，培养基中的无机盐之间也能产生化学反应。磷酸盐、碳酸盐与某些钙、镁、铁等阳离子结合形成难溶性复合物而产生沉淀，使培养基中的可溶性无机钙离子浓度降低、碳酸盐的缓冲作用降低。可加入乙二胺四乙酸（EDTA）螯合剂，或将含钙、镁、铁等离子的成分与磷酸盐、碳酸盐分别进行灭菌，然后再混合，避免形成沉淀。

泡沫的存在也会影响灭菌处理。泡沫中的空气能形成隔热层，使泡沫中的微生物难以被灭活。所以，在培养基中加入消泡剂以减少泡沫的产生，或适当提高灭菌温度，延长灭菌时间，以保证培养基的灭菌质量。

原材料的颗粒度也影响培养基灭菌质量，颗粒度太大，会产生培养基灭不透的现象。因此，工业生产上对原材料的颗粒度应有要求。

四、其他影响因素

培养基的 pH 对微生物的生长和代谢产物的合成有较大的影响。配制培养基时，为使灭菌后的 pH 适于菌体生长，优先使用生理酸性或碱性物质，或在灭菌前用酸或碱进行调整。还可以在培养基中加入 pH 缓冲剂，如加入 K_2HPO_4 和 KH_2PO_4 组成的混合物、$CaCO_3$ 等。培养基中存在一些天然的缓冲系统，如氨基酸、肽、蛋白质都属于两性电解质，也可以起到缓冲剂的作用。

培养基的黏度对发酵水平有一定的影响。如果采用淀粉、黄豆饼粉、玉米粉、花生饼粉等原料配制培养基，由于固形颗粒的存在，使黏度增加，影响其灭菌质量。另外，培养基的黏度对发酵参数控制和产品的分离精制都有影响。因此，培养基中固形成分液化，是保证培养基灭菌质量，提高生产水平的有效途径之一。

培养基的氧化还原电位（Φ）也影响培养基的质量。不同微生物对 Φ 值的要求不同，好氧微生物的 Φ 值大于 0.1V，一般是 0.3~0.4V。培养基中加入氧化剂，可使 Φ 值增加；培养基中加入抗坏血酸、硫化氢、半胱氨酸、谷胱甘肽、二硫苏糖醇等还原性物质，可使 Φ 值降低。根据发酵菌种的特性，控制培养基的 Φ 值在所需要的范围内。

上述介绍的影响培养基质量的因素，也是研究或生产中要控制的因素。为了保证发酵过程中培养基的质量，应合理地控制原材料质量、灭菌质量、水的质量、pH、黏度等，并进行规范操作。

附录 4-1　培养基的主要成分及其生理功能

培养基成分	分类	代表物质	功能
碳源	糖类	葡萄糖、蔗糖、淀粉	构成微生物细胞和代谢产物中的碳素来源
	油脂	豆油、玉米油、棉籽油、猪油	
	有机酸、醇	乳酸、枸橼酸、延胡索酸、甲醇、乙醇、甘油	
	碳氢化合物	正十四烷、正十六烷	
氮源	有机氮源	花生饼粉、黄豆饼粉、酵母粉、蛋白胨	构成微生物细胞和代谢产物中的氮素来源
	无机氮源	氨水、硫酸铵、硝酸钠	
无机盐和微量元素		P、S、K、Mg、Ca、Na、Fe、Cu、Zn、Mn、Mo、Co	除了构成细胞，还参与代谢，具有多种生理功能
水		深井水、自来水、地表水、蒸馏水	溶剂、介质、参与反应等
代谢调节物质	生长因子	维生素、氨基酸、碱基、卟啉、甾醇等	维持微生物正常代谢
	前体	苯乙酸及衍生物、氯化物、甘氨酸等	有利于产物的合成
	促进剂	β-吲哚乙酸、巴比妥、硫氰化苄等	
	抑制剂	甘露聚糖、巴比妥、乙硫氨酸等	
消泡剂	天然油脂	玉米油、米糠油、豆油、棉籽油、猪油	
	聚醚类	聚氧丙烯甘油、聚氧乙烯氧丙烯甘油（GPE，俗称泡敌）	
	高级醇类	十八醇	
	硅树脂类	聚二甲基硅氧烷、SAG100	

附录 4-2 玉米浆的成分

成分	液态玉米浆（g/100g）	干玉米浆（g/100g）
干物	46.8~49.6	90.4~91.7
灰分	8.0~10.4	12.9~13.7
总氮	3.3~3.7	7.4~8.3
总糖（以葡萄糖计）	0.8~4.4	5.7~5.9
酸度 ml（0.1mol NaOH）/L	108.0~144.0	149.0~198.0
挥发酸 ml·（0.1mol NaOH）/L	0.1~1.1	0.5~1.35
乳酸	11.6~19.3	15.1~17.7
pH	4.0~4.7	3.2~4.4
磷	1.5~1.9	2.6~2.8
钙	0.02~0.07	
钾	2.0~2.5	
沉淀固体	38.4~52.0	

附录 4-3 黄豆粉的成分

组分	脱脂黄豆粉（%）	低脂黄豆粉（%）	全脂黄豆粉（%）
蛋白质	48.60~52.80	46.31~40.63	33.75~38.00
油脂	0.43~1.59	3.99~14.40	19.54~20.46
灰分	5.88~7.20	7.34~5.10	4.52~4.81
水分	6.17~9.48	11.00~4.70	8.84~9.29

附录 4-4 Pharmamedia 的组成

总糖组成（%）		氨基酸（%）				维生素（μg/g）		无机物（mg/g）	
牛乳糖	33.0	赖氨酸	4.5	组氨酸	3.0	维生素 B₁	15.6	钙	1.8
葡萄糖	26.0	精氨酸	12.3	色氨酸	1.0	烟酸	59.7	磷	12.2
阿拉伯糖	24.0	天门冬氨酸	9.7	苏氨酸	3.3	吡哆醇	11.9	氯	0.9
木糖	6.0	丝氨酸	4.6	谷氨酸	21.8	肌醇	10 800	铁	0.1
甘露糖		脯氨酸	4.0	甘氨酸	3.3	核黄素	10.8	SO₄	1.2
核糖	11.0	丙氨酸	3.9	胱氨酸	1.5	泛酸	43.2	镁	6.8
鼠李糖		缬氨酸	4.6	蛋氨酸	1.5	生长素	0.5	钾	13.0
		异亮氨酸	3.3	亮氨酸	6.1	胆碱	3240	钠	0.27
		酪氨酸	3.4	苯丙氨酸	5.9				

重点小结

培养基
— 概述—概念、成分、分类
— 培养基的筛选—单因素试验、正交试验、均匀试验
— 影响培养基质量的因素—原材料、水质、灭菌等

思考题

1. 哪些物质可作为生理酸性物质和生理碱性物质？

2. 哪些物质可作为速效氮源和迟效氮源？

3. 比较以下四种培养基的异同点：牛肉膏蛋白胨培养基（细菌）、高氏1号合成培养基（放线菌）、麦芽汁培养基（酵母菌）、查氏合成培养基（霉菌）。

4. 微生物培养基的成分和人类食品的营养成分有何异同？

5. 某公司从自然界筛选到了一株经诱导能产生淀粉酶的细菌，拟对其进行开发，试设计一个培养基的筛选方案并进行必要的说明（未提供的信息可以合理假设，方案必须具有可操作性）。

（周　林）

扫码"练一练"

第五章　灭菌与除菌

扫码"学一学"

绝大多数的工业发酵过程是需氧的纯种发酵，发酵过程中还需要不断通入无菌空气，以满足微生物生长及合成代谢产物的需要。染菌会给发酵带来各种不良后果：营养物质会被杂菌消耗而损失，杂菌产生的毒性物质和某些酶类会抑制生产菌株的生长，造成产物的产率下降；杂菌大量繁殖会改变培养液的性质（如溶解氧、黏度、pH），抑制产物的生物合成；杂菌可能会分解产物而使生产失败；产物的提取变得困难，造成收率下降或产品质量下降；发生噬菌体污染，微生物细胞被裂解而使生产失败等。染菌是工业发酵的"大敌"。为了保证纯种培养应该采取以下措施：设备灭菌并确保无泄漏；培养基必须灭菌；加入的所有物料必须灭菌；通入的气体必须除菌处理；种子无污染，确保纯种等。

第一节　灭菌与除菌的基本原理

灭菌是指用物理或化学的方法杀灭或除去所有活的微生物及其孢子的过程。消毒是指用物理或化学的方法杀灭或除去病原微生物的过程，一般只能杀死营养细胞而不能杀死细菌芽孢。除菌是指用过滤方法除去空气或液体中所有的微生物及其孢子。

一、高温湿热灭菌

高温湿热灭菌是利用饱和蒸汽直接接触需要灭菌的物品以杀死微生物。蒸汽具有强大的穿透力，冷凝时释放大量潜热，使微生物细胞中的原生质胶体和酶蛋白变性凝固，核酸分子的氢键破坏，酶失去活性，于是微生物因代谢发生障碍而在短时间内死亡。蒸汽的价格低廉，来源方便，灭菌效果可靠，所以湿热灭菌是最基本的灭菌方法。广泛用于工业生产，适用于培养基、发酵罐、附属设备（油罐、糖罐等）、管道及其他耐高温物品的灭菌。

一般微生物都有最适生长温度范围，还有可以维持生命活动的温度范围，大多数微生物（嗜中温菌）生长的最适温度为 25~40℃，而维持生命活动的温度为 5~50℃。当环境温度超过维持生命活动的最高温度时，微生物就会死亡。能够杀死微生物的温度称为致死温度。在致死温度杀死全部微生物所需要的时间称为致死时间。对于同种微生物，在致死温度范围，温度愈高，致死时间就愈短。同种微生物的营养体、芽孢和孢子的结构不同，对热的抵抗力也不同，致死时间就不同。不同的微生物的致死温度和致死时间也有差别。一般无芽孢的营养菌体在 60℃ 保温 10 分钟即可被全部杀死，而芽孢在 100℃ 下保温数十分钟乃至数小时才能被杀死，某些嗜热细菌在 121℃ 下可耐受 20~30 分钟。一般来说，灭菌是否彻底，以能否杀死热阻大的芽孢杆菌为指标。微生物对热的抵抗力常用"热阻"表示。热阻是指微生物在某一种特定条件下（主要指温度和加热方式）的致死时间。相对热阻是指某一种微生物在某一条件下的致死时间与另一种微生物在相同条件下的致死时间之比。表 5-1 列出了某些微生物的相对热阻和对灭菌剂的相对抵抗力，表 5-2 比较了湿热与干热的穿透力，表 5-3 比较了灭菌温度与时间的关系，表 5-4 比较了饱和蒸汽的压力与温度的关系。

表 5-1　某些微生物的相对热阻和对灭菌剂的相对抵抗力

灭菌方式	大肠埃希菌	霉菌孢子	细菌芽孢	噬菌体或病毒
干热	1	2~10	1×10^3	1
湿热	1	2~10	1×10^6	1~5
苯酚	1	1~2	1×10^9	30
甲醛	1	2~10	250	2
紫外线	1	5~100	2~5	5~10

表 5-2　湿热与干热穿透力的比较

灭菌方式	温度（℃）	加热时间（h）	透过 20 层布层的温度（℃）	透过 40 层布层的温度（℃）	透过 100 层布层的温度（℃）	结论
干热	130~140	4	85	72	<70	不完全灭菌
湿热	105.3	3	101	101	101	完全灭菌

表 5-3　灭菌温度与时间的关系

湿热灭菌温度（℃）	湿热灭菌时间	干热灭菌温度（℃）	干热灭菌时间
100	20h	120	8h
110	2.5h	140	2.5h
115	30min	160	1h
121	15min	170	40min
125	6.5min	180	20min
130	2.5min		
140	0.9min		

表 5-4　饱和蒸汽的压力与温度的关系

蒸汽压力（$\times 10^5$Pa）	温度（℃）	蒸汽压力（$\times 10^5$Pa）	温度（℃）
1.00	99.09	2.03	120.10
1.01	100.00	2.10	121.16
1.50	110.79	2.20	122.65
1.70	114.57	2.30	124.18
1.80	118.01	2.40	125.46
2.00	119.62	2.50	126.79

二、高温干热灭菌

干热灭菌是指在干燥高温条件下，细胞内蛋白质和核酸等物质变性，使微生物的致死率迅速增高而达到灭菌的目的。只要有足够高的温度和足够长的时间，干热处理可以杀死所有的微生物。干热灭菌主要用于需要保持干燥，而且能够耐高温的器械、容器的灭菌，如培养皿、接种针、牙签、吸管等物品。工业生产中常采用的条件是 160℃，灭菌 1~2 小时。

三、介质过滤除菌

要去除液体或气体中的微生物以达到无菌要求，可以使用适当的材料进行过滤，这种方法只能用于澄清流体的除菌。工业上主要用于热敏性物质（氨水、丙醇等）和空气的除菌。

处理液体最常用的过滤材料是微孔滤膜。一般情况下，选择孔径为 0.2μm 或 0.45μm 的滤膜就可以达到除菌的目的。动物细胞血清培养基用 0.1μm 的滤膜可以除去支原体的污染。滤膜材料可以是醋酸纤维素、尼龙、聚醚砜、聚丙烯等。对于气体，可用较大孔隙的纤维介质等滤材来去除极小的悬浮微生物。常用的滤材有棉花、石棉、玻璃纤维、烧结玻璃、粉末烧结金属、聚四氟乙烯薄膜等。

空气中的微生物大多数是细菌和芽孢，还有一定数量的霉菌、酵母和病毒。细菌的大小为零点几微米至几微米。这些微生物在空气中极少单独游离存在，基本都是附着在灰尘、液滴等微粒的表面上。采用空气过滤器制备大量的无菌空气，滤材要求能耐受高温高压、不易被油水污染、除菌效率高、阻力小、成本低和易更换。常用的介质有棉花、棒状活性炭、玻璃棉、超细玻璃纤维纸、石棉板、烧结金属、多孔陶瓷、硝酸纤维酯类物质、聚四氟乙烯、聚砜、尼龙膜等。事实上，常将几种除菌方法结合使用。例如，空气压缩机放出的热量可使空气的温度从常温骤然上升至 180~198℃，将空气冷却后再经过空气过滤器除菌，这就是加热灭菌和介质过滤两种方法的结合。

空气过滤除菌的原理与液体过滤除菌的原理是不同的，后者介质间的空隙小于颗粒直径，靠机械过滤作用除去菌体；而前者介质间的空隙往往远大于颗粒直径。如棉花纤维直径一般为 16~20μm，充填系数（空气过滤器内过滤介质的体积占过滤器总体积的百分率）为 8% 时，棉花纤维间形成的空隙为 20~50μm。球菌的直径一般在 0.5~2μm，杆菌一般长 1~5μm，宽 0.5~1μm。带微粒空气流过纤维滤层时，纤维能捕集空气中的微粒。因为过滤介质是由无数的纤维纵横交错组成的，形成的网格阻碍气流前进，使气流无数次地改变运动速度和运动方向，这些改变引起空气中微粒的惯性冲击、拦截、扩散、重力沉降和静电吸附等作用，于是大大增加了微粒被纤维捕获的概率。

灰尘微粒有一定的质量，因而在运动时有一定的惯性。当灰尘微粒随气流前进遇到过滤介质时，气流突然改变流向，而微粒由于惯性力的作用仍然沿直线向前运动，与纤维碰撞而被吸附于纤维的表面上，此微粒就被捕集。这种惯性冲击作用的程度取决于微粒的动能、纤维阻力、气流速度。惯性冲击作用的强弱与气流流速成正比，空气流速大时，惯性冲击就起主导作用。

当气流速度较低时，微粒的运动轨迹与空气流线相似。气流改变方向时，微粒的流向随之改变，与纤维表面接触时就被捕集，这种作用叫拦截。空气流速较小时，拦截才起作用。直径小于 1μm 的微粒，在很慢的气流中往往产生不规则的直线运动，称为布朗运动。结果使较小的微粒聚集成为较大的微粒，增加了与纤维接触的机会，当与纤维接触时就被捕集，这种作用叫作扩散。

空气中的灰尘微粒所受的重力大于气流对它的支持力时，微粒就会沉降。直径 50μm 以上的颗粒沉降作用比较显著，小颗粒只有在气流速度很慢时才有沉降作用。一般重力沉降是与拦截作用相配合的，即在纤维的边界滞留区内，微粒的沉降作用提高了拦截的捕集效率。

干空气与非导体物质相对运动发生摩擦时，会产生诱导电荷。不少微生物细胞和芽孢都带电荷。有人曾测定，大肠埃希菌、枯草芽孢杆菌约有75%的细胞或芽孢带负电荷，15%带正电荷，其余10%是电中性的。带电荷的微生物通过过滤介质层时，可被具有相反电荷的纤维介质吸引，而被吸附捕集；也可能是纤维介质被流动的带电荷的粒子所感应，产生相反的电荷而将粒子吸引。

实践证明，介质过滤不能达到100%的除菌效果。在分批发酵过程中，介质过滤除菌的实质是通过介质的作用，大大延长了空气中的微生物在过滤介质中的停留时间，在整个发酵周期内阻止空气中的杂菌进入发酵罐导致染菌。

空气过滤后的微粒数与过滤前的微粒数的比值称为穿透率 P。对数穿透定律则表示进入过滤介质滤层的菌数与穿透介质滤层的菌数之比的对数与滤层厚度成正比。如果要将杂菌完全除尽，滤层厚度需要无穷大，事实上是不可能的。这说明介质过滤不可能长期拥有100%的除菌效率，当气流速度达到一定值或过滤介质使用时间太长，介质中滞留的杂菌微粒就有可能穿过，所以过滤器必须定期灭菌。

四、化学物质消毒和灭菌

许多化学物质，如甲醛、乙醇、苯酚、高锰酸钾、环氧乙烷、漂白粉、硫黄、季铵盐（如苯扎溴铵）等可用于消毒。这些化学物质容易与微生物的细胞成分发生化学反应，如使蛋白质变性、酶类失活、破坏细胞膜的通透性而杀灭微生物。生产中使用的培养基里含有蛋白质等营养物质，容易与上述化学物质发生化学反应，而这些化学物质加入之后很难去除，所以化学物质不适用于培养基的灭菌，只适用于厂房、无菌室等空间，溶氧电极等器具以及皮肤表面的消毒。甲醛最为常用，可直接使用或与空调净化系统配合使用，但使用时需注意它对设备、金属的腐蚀性。

五、臭氧灭菌

臭氧灭菌是利用臭氧的氧化作用杀灭微生物细胞。臭氧在常温、常压下分子结构不稳定，很快自行分解成氧气和单个氧原子，后者对细菌有极强的氧化作用。臭氧氧化分解细胞内氧化葡萄糖所必需的酶，从而直接破坏细胞膜，将细菌杀死，多余的氧原子则会自行结合成为普通氧分子，不存在任何有毒残留物，故称为无污染消毒剂。臭氧不但对各种细菌（包括大肠埃希菌、铜绿假单胞菌等）有很强的杀灭能力，而且对杀死霉菌也很有效，具有使用安全、安装灵活、杀菌作用明显的特点，主要用于洁净室及净化设备的消毒。臭氧消毒需要安装臭氧发生器，也可与空调净化系统配合使用。

六、辐射灭菌

辐射灭菌是利用紫外线、高能量的电磁辐射或放射性物质产生的高能粒子来杀灭微生物。波长在210~310nm的紫外线有灭菌作用，其中最有效的波长是253.7nm。其原理主要是菌体内核酸的碱基具有强烈吸收紫外线的能力，引发DNA结构的变化，形成胸腺嘧啶二聚体，造成菌体死亡。紫外线对营养细胞和芽孢均有杀灭作用，但穿透力很低，只适用于表面、局部空间和空气的灭菌，如更衣室、洁净室、净化台面。紫外线的作用与温度关系不大，处理不必控制温度，但可见光对紫外线造成的DNA损伤具有光复活作用。用于灭菌的射线还有 X 射线、γ 射线等，它们的能量极高，照射后使环境中水分子和细胞中水分子产生自由基，这些自由基与液体内存在的氧分子作用，产生一些具有强氧化性的过氧化物如 H_2O_2 等，而使细胞内某些重要蛋白质和酶发生变化，阻碍微生物的代谢活动而导致细胞损伤或死亡。X 射线的致死效应与环境中还原性物质和巯基化合物的存在密切相关。X 射线的穿透力极强，但成本较高，其辐射是自一点向四周放射，不适于大生产使用。

七、静电除菌

静电除菌是化工、冶金等工业生产中净化空气所使用的方法，发酵工业亦可应用。这种方法的特点是能耗低（处理 $1000m^3$ 空气耗电 $0.4 \sim 0.8kW$），空气压力损失少（$10^5 Pa$ 左右），对 $1\mu m$ 的尘埃粒子的捕集效率达 99% 以上，设备庞大，属高压电技术。

静电除尘器的除菌部分由钢管（正极）和钢丝（负级）组成，钢丝装在钢管的中心线上，钢管与钢丝之间形成高压直流电场。含有灰尘和微生物的空气通过钢管，当电场强度大于 $1000V/cm^2$ 时，气体电离产生的离子使灰尘和微生物等成为带电体，被捕集于电极上。由于钢管的表面积大，可捕集大部分的灰尘，钢丝上吸附的微粒较少。吸附于电极上的颗粒、油滴、水滴等须定期清洗，以保证除尘效率和除尘器的绝缘程度。

第二节 培养基与发酵设备的灭菌

通常培养基灭菌的条件是在 121℃，约 $1\times10^5 Pa$（表压），维持 20~30 分钟。将饱和蒸汽通入培养基中灭菌时，冷凝水会稀释培养基，所以在配制培养基时应扣除冷凝水的体积，以保证培养基在灭菌后达到所要求的浓度。

一、温度和时间对培养基灭菌的影响

用湿热灭菌方法对培养基灭菌，在杀灭微生物的同时，也会对营养成分造成破坏。在高压加热的条件下，会使糖液焦化变色、维生素失活、醛糖与氨基化合物反应、不饱和醛聚合和一些化合物水解等。选择既能达到灭菌要求又能减少营养成分破坏的灭菌温度和时间，是提高培养基灭菌质量的重要内容。

随着温度的升高，灭菌反应速度常数增加的倍数大于破坏营养成分反应速度常数增加的倍数。温度升高对反应速度常数的影响可用 Q_{10} 来表示（Q_{10} 为温度每升高 10℃，反应速度常数与原温度时的反应速度常数的比值）。一般化学反应的 Q_{10} 为 1.5~2.0，杀灭微生物营养体反应的 Q_{10} 为 5~10，杀死细菌芽孢反应的 Q_{10} 为 35 左右。在灭菌过程中，当温度升高时，两种反应过程的速度都在增加，但微生物死亡的速度增加值超过培养基营养成分破坏的速度增加值。采用高温快速灭菌方法，既可杀死培养基中的全部有生命的有机体，又可减少营养成分的破坏。表 5-5 列出的是达到完全灭菌（以杀灭细菌芽孢为准）的灭菌温度、时间和营养成分维生素 B_1 破坏量的比较，可以清楚地说明一这问题。

表 5-5 灭菌温度、灭菌时间和维生素 B_1 破坏量的比较

灭菌温度（℃）	灭菌时间（min）	维生素 B_1 破坏量（%）
100	400	99.3
110	36	67
115	15	50

续表

灭菌温度（℃）	灭菌时间（min）	维生素 B_1 破坏量（%）
120	4	27
130	0.5	8
145	0.08	2
150	0.01	<1

二、影响培养基灭菌的其他因素

1. 培养基的成分　油脂、糖类及一定浓度的蛋白质会增加微生物的耐热性。高浓度有机物会在细胞的周围形成一层薄膜，阻碍热量的传入，所以这时灭菌温度应高些，例如，大肠埃希菌在水中加热 60~65℃ 便死亡，但在 10% 的糖液需 70℃ 处理 4~6 分钟，而在 30% 的糖液中则需 70℃ 处理 30 分钟。

2. 培养基的 pH　环境 pH 对微生物耐热性影响很大。pH 为 6.0~8.0 时微生物耐热能力最强，碱性环境次之，pH 小于 6.0 时，氢离子易渗入微生物细胞内，改变细胞的生理反应，促使其死亡。所以培养基 pH 愈低，灭菌所需时间就愈短。一般微生物生长对培养基的 pH 都有一定的要求，在不允许调节 pH 的情况下，就要考虑适当延长灭菌时间或提高灭菌温度。

3. 培养基的物理状态　培养基的物理状态对灭菌有极大的影响。固体培养基的灭菌时间要比液体培养基的灭菌时间长，如果 100℃ 时液体培养基的灭菌时间为 1 小时，固体培养基则需要 2~3 小时才能达到同样的灭菌效果。其原因在于液体培养灭菌时，热量传递是由传导作用和对流作用完成的，而固体培养基只有传导作用而没有对流作用。此外，液体培养基中水的传热系数要比固体有机物质大得多。

4. 泡沫　泡沫中的空气会形成隔热层，使传热困难，对灭菌极为不利。对易生产泡沫的培养基进行灭菌时，可加入少量消泡剂。

5. 培养基中的微生物数量　不同成分的培养基中含菌量是不同的。培养基中微生物数量越多，达到无菌要求所需的灭菌时间也越长。天然基质培养基，特别是营养丰富或变质的原料中的含菌量远比化工原料的含菌量多，因此灭菌时间要适当延长。含芽孢杆菌多的培养基，要适当提高灭菌温度或延长灭菌时间。

三、培养基的灭菌方法

工业生产中对于大量的培养基和发酵设备的灭菌，最有效、最常用的方法是蒸汽灭菌（湿热灭菌）。培养基的灭菌包括分批灭菌和连续灭菌两种。

1. 分批灭菌（实罐灭菌）　将配制好的培养基输入发酵罐内，经过间接蒸汽预热，然后直接通入饱和蒸汽加热，使培养基和设备一起灭菌。达到要求的温度和压力后维持一定时间，再冷却至发酵要求的温度，这一工艺过程称为分批灭菌或实罐灭菌，简称实消。这种灭菌方法不需要专门的灭菌设备，投资少、操作简便、灭菌效果可靠、对蒸汽的要求较低，一般在 $2 \times 10^5 \sim 3 \times 10^5 \, Pa$ 就可满足要求，是生产上中小型发酵罐培养基常用的灭菌方法。其缺点是在灭菌过程中蒸汽用量变化大，造成锅炉负荷波动大；加热和冷却时间较长，营养成分有一定的损失；罐利用率低；不能采用高温快速灭菌工艺。对于染菌罐，特别是染芽孢杆菌的，必须先空罐灭菌。实罐灭菌示意图见图 5-1。

进行实罐灭菌前，通常先把空气分过滤器灭菌并用空气吹干。将配制好的培养基送至罐内，开动搅拌以防料液沉淀，排放夹套或蛇管中的冷水，开启排气管阀，在夹套或蛇管内缓慢通入蒸汽以预热料液，使物料溶胀并均匀受热。当发酵罐的温度预热至 80~90℃，关闭夹套或蛇管蒸汽阀门。由空气进口、取样管和放料管通入蒸汽，开启排气管阀和进料管、补料管、接种管排气阀。如果一开始不预热就直接导入蒸汽，由于培养基与蒸汽的温差过大，会产生大量的冷凝水，使培养基稀释。直接导入蒸汽还容易造成泡沫急剧上升，使物料外溢。当发酵罐内温度升至 110℃ 左右，控制进出蒸汽阀门直至温度达 121℃，压力为 $1 \times 10^5\,Pa$ 时，开始保温。生产中习惯采用的保温时间为 30 分钟。在保温阶段，凡开口在培养基液面以下各管道都应通蒸汽，开口在培养基液面以上的各管道则应排蒸汽，与罐相连通的管道均应遵循蒸汽"不进则出"的原则，才能保证灭菌彻底，不留死角。各路蒸汽进入要均匀畅通，防止短路逆流；罐内液体翻动要激烈；各路排气也要畅通，但排气量不宜过大，以节约蒸汽；维持压力，温度恒定直到保温结束。实罐灭菌主要是在保温阶段起作用，在升温阶段后期也有一定的灭菌作用。

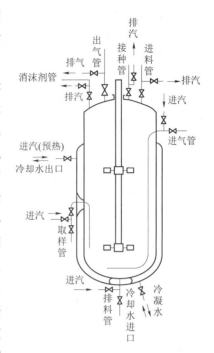

图 5-1　实罐灭菌示意图

为了减少营养成分的破坏，多采用快速冷却方式。关闭各排气，进气阀门，并通过空气过滤器迅速向罐内通入无菌空气，维持发酵罐降温过程中的正压，但在通入无菌空气前应注意罐压必须低于空气过滤器压力，否则物料会倒流到过滤器内。在夹套或蛇管中通入冷却水，使培养基的温度降到所需温度。

培养基分批灭菌时，发酵罐容积越大，加热和冷却时间就越长。这两段时间实际上也有一定的灭菌作用，所以分批灭菌的总时间为加热、维持和冷却所需要的时间之和。如果知道加热和冷却所需要的时间，合理设计维持时间，能够减少灭菌过程中培养基营养成分的破坏。

2. 连续灭菌　培养基在发酵过罐外经过一套灭菌设备连续加热灭菌，冷却后送入已灭菌的发酵罐内，这种工艺过程称为连续灭菌，简称连消。连续灭菌工艺的优点：可采用高温快速灭菌方法，营养成分破坏少；发酵罐非生产占用时间短，容积利用率高；热能利用合理，适合自动化控制；蒸汽用量平稳，但蒸汽压力一般要求高于 $5 \times 10^5\,Pa$。缺点：不适用于黏度大或固形物含量高的培养基的灭菌；需增加一套连续灭菌设备，投资较大；增多了操作环节，增加了染菌的概率。连续灭菌成败的关键是培养基在维持罐里的温度和时间是否符合灭菌要求，培养基流速是否稳定。

培养基连续灭菌前，发酵罐应先进行空罐灭菌，以容纳经过灭菌的培养基。连续灭菌设备加热器、维持罐和冷却器也应先行灭菌，然后才能进行培养基连续灭菌。组成培养基的耐热性物料和不耐热性物料可分开在不同温度下灭菌，以减少物料的破坏，也可将糖和氮源分开灭菌，以免醛基与氨基发生反应防止有害物质生成。含有淀粉的培养基必须用酸水解或酶水解后才能进行连续灭菌，否则黏度大，影响灭菌效果。如培养基中含有悬浮颗粒，需要增加灭菌时间。如含 1mm 悬浮颗粒，必须增加 1 秒，含 1cm 悬浮颗粒，则必须增加 100 秒。连续灭菌时，培养基中的悬浮颗粒不能大于 2mm。

连续灭菌以采用的设备和工艺条件，分为以下 3 种形式。

（1）连消-喷淋冷却连续灭菌流程　这是最基础最常用的连续灭菌方法，见图 5-2。培养基配制后，从预热罐放出，用泵送入连消塔底部，与蒸汽直接混合，培养基被加热至灭菌温度，由连消塔顶部流出，进入维持罐，保温 10 分钟左右。由维持罐上部流出，维持罐内最后剩余的培养基由底部排尽，经喷淋冷却器冷却至发酵温度，送到发酵罐。

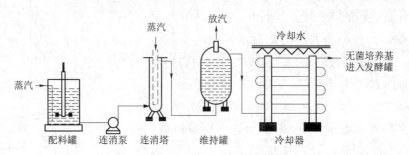

图 5-2　连消-喷淋冷却连续灭菌流程

灭菌时，要求培养基输入的压力与蒸汽总压力相接近，否则培养基的流速不能稳定，影响培养基的灭菌质量。一般控制培养基输入连消塔的速度小于 0.1m/min，灭菌温度为 132℃，在连消塔内停留的时间为 20~30 秒，再送入维持罐保温。该连续灭菌流程的灭菌效果取决于培养基高温处理后在维持罐内的维持时间。在生产实践中，一般维持时间定为 5~7 分钟。喷淋冷却器一般安装在室外，顶端装有带齿状的水槽，冷却水从水槽内溢出，沿下方的管壁以膜状依次流下。部分冷却水汽化，故传热系数较大。培养基从下部进入，从上部排出，由分配站进入发酵罐，流速一般为 0.3~0.8m/s。

（2）由换热器组成的连续灭菌设备流程　图 5-3 是由一系列换热器组成的连续灭菌流程，为最先进的灭菌方法。该流程中，新鲜培养基进入热回收器，由灭过菌的培养基在 20~30 秒内将其预热到 90~120℃。然后进入加热器，由蒸汽很快加热至 140℃，继续进入

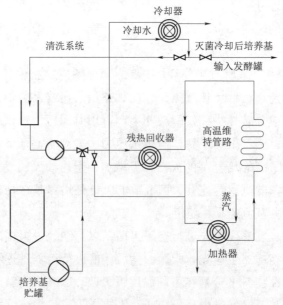

图 5-3　由换热器组成的连续灭菌设备流程

维持管道内保温 30~120 秒；再进入热回收器的另一端冷却，灭过菌的培养基的热量被回收后再进入冷却器，用水冷却至发酵要求的温度，冷却时间为 20~30 秒，然后直接送入灭过菌的发酵罐内。由于新鲜培养基的预热是利用灭过菌的培养基的热量完成的，所以节约了蒸汽及冷却水的用量。

板式换热器由许多带有波纹的金属板叠合而成，冷热流体在相邻的间隙流动并进行热量交换。具有体积小、传热面积大、传热系数大、可拆洗等优点；但也有板间的叠合不严密会造成污染，且流动阻力大等缺点。

（3）喷射加热-真空冷却连续灭菌流程　图 5-4 是喷射加热-真空冷却连续灭菌流程，由喷射加热器、维持管道、真空冷却器 3 部分组成。此系统灭菌时，预热后的培养基连续送入一个特制的喷射加热器中，以较高的速度自喷嘴喷出，与蒸汽混合，将培养基迅速加热至灭菌温度。经过维持管道一定时间后，通过膨胀阀进入真空冷却器，因真空作用使水分急骤蒸发而冷却，冷至发酵温度后送入已灭菌的发酵罐内。此流程由于受热时间短，可以采取高温灭菌，如 140℃，不致引起培养基营养成分的严重破坏；维持管能保证先进入的培养基先输出，避免过热或灭菌不彻底的现象。缺点是随着蒸汽的冷凝使培养基稀释，由于培养基黏度的变化，使灭菌温度和压力的控制受到影响；如维持时间较长，维持管的长度就需要很长，安装使用不便。

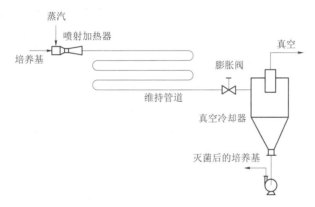

图 5-4　喷射加热-真空冷却连续灭菌流程

四、发酵设备的灭菌方法

实罐灭菌时，发酵罐与培养基一起灭菌。培养基采用连续灭菌时，发酵罐需在培养基灭菌前直接用蒸汽进行空罐灭菌。要求蒸汽总管道压力不低于 3.0×10^5 Pa，使用蒸汽压力不低于 2.5×10^5 Pa。因空气相对密度大于蒸汽，灭菌开始时从罐顶通入蒸汽，将罐内的空气从罐底排出。空罐灭菌一般维持罐压 1.5×10^5 Pa，罐温 125~130℃，时间 30~45 分钟。空罐灭菌之后不能立即冷却，以避免罐压急速下降造成负压而染菌，应先开排气阀，排除罐内蒸汽，待罐压低于空气压力时，通入无菌空气保压，开冷却水冷却到所需温度，将灭菌后的培养基输入罐内。

总空气过滤器灭菌时，进入的蒸汽压力必须在 3.0×10^5 Pa 以上，灭菌过程中总过滤器要保压在 $1.5 \times 10^5 \sim 2.0 \times 10^5$ Pa，保温 1.5~2.0 小时。对于新装介质的过滤器，灭菌时间适当延长 15~20 分钟。灭菌后要用压缩空气将介质吹干。吹干时空气流速要适当，流速太小吹不干，流速太大容易将介质顶翻，造成空气短路而染菌。

发酵罐的附属设备有分空气过滤器、补料系统、消泡剂系统等，分空气过滤器在发酵罐灭菌之前需进行灭菌，灭菌后用空气吹干备用。补料罐的灭菌温度视物料性质而定，如糖水罐灭菌蒸汽压力为 1.0×10^5 Pa（120℃），保温 30 分钟。油罐（消泡剂罐）灭菌时，其蒸汽压力为 $1.5\times10^5\sim1.8\times10^5$ Pa，保温 60 分钟。补料管路、消泡剂管路可与补料罐、油罐同时进行灭菌，但保温时间为 1 小时。移种管路灭菌一般要求蒸汽压力为 $3.0\times10^5\sim3.5\times10^5$ Pa，保温 1 小时。上述各种管路在灭菌之前，要进行严格检查，以防泄漏和存在"死角"。

第三节　空气除菌

　　需氧微生物的培养，在微生物发酵中占绝大多数，必须不断将无菌空气通入发酵罐内，以满足微生物生理代谢对氧的需求。大气中灰尘和微生物的含量随地域和季节而变化，一般城市多于农村，夏季多于冬季，离地面较近的空气含菌量较多，大城市上空空气中含有的细菌数为 3000～10 000 个/立方米。要根据空气中的含菌情况，在将空气输送进发酵罐之前进行严格除菌。发酵类型不同，对空气无菌程度的要求也不同，如酵母培养所用的培养基成分以糖为主，酵母菌能利用无机氮，要求的 pH 较低，一般细菌较难繁殖，而酵母的繁殖速度又较快，能抵抗少量的杂菌影响，因此对无菌空气的要求不十分严格，采用高压离心式鼓风机通风即可。

　　抗生素等多数品种发酵，耗氧量大，无菌程度要求十分严格，所以空气必须经过严格的无菌处理后，才能通入发酵罐内，以确保生产在纯种培养状态下进行。抗生素发酵用无菌空气的质量标准主要包括：①连续提供一定流量的压缩空气；②空气的压强（表压）为 0.2～0.4MPa；③进入过滤器之前，空气相对湿度小于 70%，这是为了防止空气过滤介质受潮；④进入发酵罐的空气温度可比培养温度高 10～30℃；⑤压缩空气的洁净度达到 100 级。100 级是指每立方米空气中尘埃粒子数最大允许值 ≥0.5μm 的尘埃粒子数为 3500，≥5μm 的尘埃粒子数为 0；每立方米空气中微生物最大允许数为 5 个浮游菌，1 个沉降菌。

　　获取无菌空气的方法有多种，如辐射灭菌、化学灭菌、加热灭菌、静电除菌、过滤除菌等。工业生产中最常用的制备大量无菌空气的方法为介质过滤除菌。

一、空气过滤除菌流程

　　工艺上比较成熟的空气净化流程见图 5-5，常在发酵生产中使用。首先在高空采气。空气中微生物的数量因地域、气候、空气污染程度而不同。据报道，吸气口每升高 3.05m，微生物数量就减少一个数量级。因此吸气口高度越高越好，距地面至少 10m，并在吸气口处装置筛网，防止杂物吸入。设计气流速度 8m/s 左右。为节省地方和利用空间，可以把采风塔做成采风室，直接构筑在空压机房的屋顶上。

　　粗过滤器安装在空压机吸入口前，主要作用是拦截空气中较大的灰尘，以保护空气压缩机，减轻总过滤器的负担。从大气中吸入的空气常带有灰尘、沙土、细菌等，在进入空气压缩机前要先经过前过滤器，滤去灰尘、沙土等固体颗粒，以减少往复式空气压缩机活塞和气缸的磨损，保证空气压缩机的效率，也起到一定的除菌作用，减轻总过滤器的负担。

　　空气压缩机的作用是提供动力，以克服随后各设备的阻力。供给发酵用的无菌空气需要克服过滤介质阻力、发酵液静压力和管道阻力，故一般使用空气压缩机输送。常用的空气压缩机有往复式空气压缩机、螺杆式空气压缩机和涡轮式空气压缩机。为保证连续供气，一般不使用单台空气压缩机。

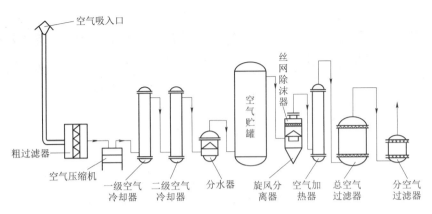

图 5-5　空气过滤除菌工艺流程图

空气贮罐的作用是消除压缩空气的脉动，这对往复式空气压缩机尤为重要。如果选用螺杆式或涡轮式空气压缩机，由于其排气是均匀而连续的，空气贮罐则可以省去。

冷却器可以对压缩空气进行降温。往复式空气压缩机出口气温一般在 120℃ 左右，必须冷却。另外，在潮湿地区和季节，空气中含水量较高，为了避免过滤介质受潮而失效，冷却还可以达到降湿的目的。空气经压缩，出口处的压力一般在 2.0×10^5 Pa 以上，温度也会升高，涡轮式压缩机出口空气温度达 150℃，能起到一定的灭菌作用。但目前生产中应用的过滤介质难以耐受这样高的温度，所以压缩空气在进入过滤器前必须先行冷却。一般采用两级空气冷却串联，来冷却压缩空气。第一级冷却器可用循环水将压缩空气冷却至 40～50℃，第二级冷却器采用 9℃ 左右的低温水冷却至 20～25℃。

气液分离设备。冷却后的压缩空气含有来自空气压缩机的润滑油，如果冷却温度低于露点，空气中还含有水。冷却出来的油、水必须及时除去，严防带入空气过滤器中，否则会使过滤介质（如棉花）受潮，失去除菌作用。一般采用油水分离器与除沫器相结合的方法除尘、除油、除水。50μm 以上的液滴用旋风分离器除掉，5μm 以上的液滴用丝网除沫器捕捉。

空气加热设备。除去油污、水滴的空气相应湿度仍为 100%，当温度微下降时（例如冬天或过滤器阻力下降很大时）就会析出水，使过滤介质受潮。因此，空气进入过滤器之前尚必须加热至 30～35℃，一般采用列管式换热器或套管式加热器，以降低空气相对湿度（要求在 60% 以下），保证过滤介质不致受潮失效。

加热后的空气进入空气过滤器（介质多为棉花、活性炭与玻璃纤维）进行除菌。总空气过滤器一般用 2 台，交替使用。每个发酵罐前还须单独配备分空气过滤器。空气经总过滤器和分过滤器除菌后，即能得到洁净度、温度、压力和流量均符合生产要求的无菌空气，送入发酵罐。

二、空气过滤器

1. 棉花活性炭过滤器　圆筒形，过滤介质由上下两层棉花和中间一层颗粒活性炭组成，由两层多孔筛板将过滤介质压紧并加以固定。棉花常用未经脱脂的（脱脂棉花易吸水而使体积变小），压紧后仍有弹性，纤维长度适中（2～3cm）。棉花的纤维直径为 16～20μm，真密度为 1520kg/m³，通常过滤器内棉花的填充密度为 130～150kg/m³，故其填充率为 8.5%～10%。为了使棉花填放平整，可先将棉花弹成比过滤器圆筒稍大的棉垫后，再放入过滤器内。常用的颗粒状活性炭是小圆柱体，密度为 $1140kg/m^3$，填充率为 44% 左右。过滤器用的活性炭应质地坚硬，不易被压碎，颗粒均一，但吸附能力不作为主要指标，装填时细粒及粉末要筛去。介质层的高度与纤维性质、直径、填充密度、气流速度和过滤器持续使用时间有关。装填过滤器时，介质层总高度为 0.3~1.0m，棉花层：活性炭层：棉花层高度比为 1：(1~2)：1。

通过过滤器的气流速度（以压缩空气通过过滤器筒身的截面积为基准）一般为 0.2~0.3m/s。空气一般从下部圆筒切线方向通入，从上部圆筒切线方向排出，以减少阻力损失。出口不宜安装在顶盖上，以免检修时拆装管道困难。过滤器上方应装有安全阀、压力表，罐底装有排污孔，以便经常检查空气冷却是否完全，过滤介质是否潮湿等。

棉花活性炭过滤器填充层厚，体积大，吸收油水能力强，一般作为空气总过滤器用。但更换介质时劳动强度大，如填装不匀，容易造成空气短路，甚至介质被吹翻，使过滤器失效。此外，压降也较大。

过滤器进行灭菌时，一般是自上而下通入 $2×10^5 ~ 4×10^5Pa$ 的蒸汽，灭菌 45 分钟左右，用压缩空气吹干备用。空气总过滤器约每月灭菌一次。为了使总过滤器不间断地工作，一般应有一个备用的总过滤器，以便灭菌时替换使用。

2. 平板式超细纤维过滤器　这种过滤器的结构类似旋风分离器。作为过滤介质的超细纤维滤纸是由直径 1.0~1.5μm 的玻璃纤维用造纸方法制成的，其孔径为 1.0~1.5μm，厚 0.25~0.40mm，实密度为 $2600kg/m^3$，填充密度为 $384kg/m^3$，故填充率为 14.8%。通常以 3~6 张滤纸叠合在一起，两面用麻布和细铜丝网保护，同时垫以橡皮垫，再用法兰盘压紧，以保证过滤器的严密。这种滤纸的除菌效率很高（对大于 0.3μm 的颗粒去除效率为 99.99% 以上），阻力很小。缺点是强度不大，特别是受潮后强度更差，因此滤纸常用酚醛树脂、甲基丙烯酸树脂、嘧胺树脂、含氢硅油等增韧剂或疏水剂处理，以提高其防湿能力和强度；也可在制造滤纸时，在纸浆中混入 7%~50% 的木浆，这样滤纸强度就有显著改善。为了使滤纸平整地置于过滤器内，能经受灭菌时蒸汽的冲击和使用时空气的冲击，在过滤器筒身和顶盖的法兰间夹有两块相互契合的多孔板（板上开有很多 8mm 的小孔，开孔面积约占板面积的 40%）以夹住滤纸，安装时还须在滤纸上下分别铺上铜丝网，细麻布和橡皮垫圈。

过滤时，空气从筒身中部切线方向进入，空气中的水雾、油雾沉于筒底，由排污管排出，空气通过下孔板经超细纤维滤纸过滤后，从上孔板进入顶盖经排气孔排出。空气在过滤器内的流速为 0.2~1.5m/s，而且阻力很小，未经树脂处理过的单张滤纸在气流速度为 3.6m/s 时，压降仅 3mm 水柱左右。经树脂处理或混有木浆的滤纸，阻力稍大。这种过滤器占地小，装卸方便，主要缺点是过滤介质机械强度差，易破损，广泛用作分过滤器。

3. 金属烧结管过滤器　这种过滤器的金属烧结过滤管是采用粉末冶金工艺，将镍粉烧结形成单管状，将单根或几十根或上百根金属烧过滤管，安装在不锈钢过滤器壳体内，用硅橡胶作密封材料。现在已有处理量从每分钟数升到 $100m^3$ 的系列产品。

压缩空气进入壳程，通过金属烧结过滤管壁除去杂菌和颗粒，得到无菌空气，由管程排出。此种过滤器的特点是：介质滤层厚度薄（0.8mm），能滤除 0.3~0.5μm 的微粒，孔径均匀稳定，机械强度高，使用寿命长，耐高热，气体阻力小，安装维修方便。但烧结过滤管支数较多，在安装使用过程中易出现密封不良，易被油水污染，导致除菌效果不佳而造成染菌。使用时为了防止空气管道中的铁锈和微粒以及蒸汽管道中的铁锈对金属烧结过滤管的污染，在金属烧结管过滤器之前要加装一个与其匹配的空气预过滤器和蒸汽过滤器。

4. 微孔膜过滤器　过滤介质由耐高温、疏水的聚四氟乙烯薄膜构成，厚度为 150μm。它能滤除所有大于 0.01μm 的微粒，除去空气中夹带的几乎所有的微生物，获得发酵用的无菌空气。为了增强膜芯的强度，用不锈钢做中心柱，把滤膜做成折叠型的过滤层，绕在不锈钢中心柱上，外加耐热的聚丙烯外套。微孔膜过滤器体积小、处理量大、压降小、除菌效率高。空气经过滤膜的气速应控制在 0.5~0.7m/s，压降低于 100Pa。微孔膜过滤器价格较贵，为了延长过滤器的使用寿命，使用时应配置与过滤器相匹配的空气预过滤器和蒸汽过滤器，除去管道内的铁锈和污垢，避免微粒对微孔膜的污染。预过滤器出口之后的管道应采用不锈钢管。目前工业上常用 Dominck Hunter 公司和 Millipore 公司的膜过滤器产品。

第四节　无菌检查与染菌后的处理

生产过程中，为了及早发现染菌并进行恰当处理，保证生产正常进行，在菌种制备、种子罐、发酵罐的接种前后和培养过程中，必须按工艺规程要求按时取样，进行无菌检查。

一、无菌检查

培养液是否污染杂菌可从培养试验、显微镜检查及培养液的生化指标变化情况等来判断。正常生产过程中，种子罐和发酵罐每隔 8 小时取样一次，进行无菌检查。

1. 无菌检查方法

（1）显微镜检查法　通常用简单染色法或革兰染色法，将菌体染色后在显微镜下观察。根据生产菌与杂菌的不同特征来判断是否染菌，必要时还可进行芽孢染色和鞭毛染色。此法简单直接，是最常用的无菌检查方法之一。但是污染的杂菌要繁殖到一定的数量才能被检出，因此不利于发现发酵周期较短的生产菌的早期污染，往往需要与其他方法相结合。

（2）平板划线培养检查法　将待检样品在无菌平板上划线，根据可能的污染类型，分别置于 37℃、27℃ 培养，以适应嗜中温菌和嗜低温菌的生长。一般在 8 小时后即可观察到是否有杂菌污染。

（3）肉汤培养检查法　直接用装有酚红肉汤培养基的无菌试管取样，然后分别置于 37℃、27℃ 培养，定时观察试管内酚红肉汤培养基的颜色变化，同时进行显微镜观察。样品接入肉汤培养基，在平板培养基上划线，剩下的肉汤培养基 37℃ 培养 6 小时后，再划线一次。一般杂菌 37℃ 培养 24 小时后能长成菌落，必要时延长到 48 小时。特点是结果准确，但时间较长。

2. 染菌判断方法
培养液染菌的情况是错综复杂的，判断是否染菌需要细致观察、认真分析。对染菌的判断，以无菌检查中的酚红肉汤培养和平板划线培养为主，以镜检为辅。每个样品的无菌试验，至少用 2 份酚红肉汤和 1 份平板同时取样培养。要定量取样或用接种环蘸取法取样，因取样量不同会影响颜色反应和浑浊程度。如果连续 3 段时间的酚红肉汤样品发生颜色变化（由红色变黄色）或产生浑浊，或平板上连续 3 段时间样品长出杂菌，即判断为染菌。有时酚红肉汤反应不明显，要结合镜检，如确认连续 3 段时间样品染菌，即判为染菌。各级种子罐的染菌判断也可以参照上述规定。

对无菌检查的肉汤和平板的观察及保存：发酵培养基灭菌后应取样，以后每隔 8 小时取样一次，做无菌试验，直至放罐。无菌检查期间应每 6 小时观察一次无菌试验样品，以便染菌时能及早发现。无菌试验的肉汤和平板应观察并保存至本罐批放罐后 12 小时，确认为无菌后方可弃去。

二、染菌后的处理

发酵生产中污染杂菌的情况比较复杂，染菌的时间有发酵前期、发酵中期和发酵后期；染菌的规模有个别罐体染菌、种子罐和发酵罐小规模和大规模染菌；染菌的类型有噬菌体、细菌、霉菌，其中细菌常被污染的有芽孢杆菌、产碱杆菌等。处理时，应根据上述不同的染菌情况，采取不同的处理方法，同时对所涉及的设备也要及时处理。

1. 种子罐染菌处理　种子罐染菌后不能往下道工序移种，要及时用高压蒸汽直接灭菌后，放下水道。

2. 发酵罐染菌处理　发酵罐前期染菌，如果污染的杂菌对产生菌的危害性大，可将培养液用蒸汽灭菌后放入下水道；如果危害性不大，培养液可重新灭菌、接种、培养；如果营养成分消耗较多，可放掉部分培养液，补入部分新培养基后进行灭菌，重新接种培养；如果污染的杂菌量少且生长缓慢，可以继续运转下去，但要时刻注意杂菌数量和代谢的变化。发酵的中后期染菌，应设法控制杂菌的生长速度：①加入适量的杀菌剂，如呋喃西林或某些抗生素；②降低培养温度或控制补料量；如果采用上述两种措施仍不见效，就要考虑提前放罐。

3. 染菌后其他设备的处理　染菌后的罐体用甲醛等化学物质处理，再用蒸汽灭菌（包括各种附属设备）。在再次投料之前，应彻底清洗罐体、附件，同时进行严密程度检查，以防渗漏。

三、污染噬菌体后的处理

抗生素、氨基酸、维生素等产品的发酵过程中都出现过噬菌体污染，轻者造成生产水平大幅度下降，重者造成停产，带来很大的经济损失。

1. 污染噬菌体的发现　噬菌体污染后，往往出现发酵液突然转稀，泡沫增多，早期镜检发现菌体染色不均匀，菌丝成像模糊，在较短时间内菌体大量自溶，最后仅残留菌丝断片，平皿培养出现典型的噬菌斑，pH 逐渐上升，溶解氧浓度回升提前，营养成分很少消耗，产生合成停止等现象。

污染烈性噬菌体时上述现象比较严重。如果污染温和噬菌体，其反应比较温和，平板培养不出现明显的噬菌斑，只出现部分菌体自溶，生化指标变化不显著，生产能力降低。污染温和噬菌体，对生产的危害亦是严重的，且不易被发现，应当予以高度重视。

要进一步证实污染噬菌体，必须做各种检查测定，常用下面两种方法。

（1）双层琼脂平板培养　用2%琼脂肉汤培养基作底层铺成平板，然后将生产菌悬液（作为指示菌）0.2ml、待检样品 0.1ml 及冷却至 45℃ 左右的 1% 琼脂肉汤培养基 3~4ml 混合后，迅速倾入底层平板上，37℃ 培养过夜。如果存在噬菌体，在双层琼脂上层将出现透明的空斑，即为噬菌斑。观察记录噬菌斑的大小、形态、透明度和边缘等情况。

（2）电子显微镜检查　取感染噬菌体的发酵液，离心，取上清液做电子显微镜检查。观察记录噬菌体的形态和大小。

2. 污染噬菌体的处理方法

（1）发酵早期出现噬菌体的处理　可以采取加热至 60℃ 杀灭噬菌体，再接入抗性生产菌种，或者在不灭菌条件下直接接入抗性菌种。

（2）发酵中期出现噬菌体的处理　可适当补充部分营养物质，然后再灭菌和接入抗性菌种。对于谷氨酸发酵中期污染噬菌体，可采取并罐处理，将处于发酵中期的没有染噬菌体的发酵液与感染噬菌体的发酵液以等体积混合，利用分裂完全的细胞不受噬菌体感染的特点，利用营养物质以合成产物。

（3）污染噬菌体后设备和环境的处理　污染噬菌体的发酵液经高压蒸汽灭菌后可放掉，但要严防发酵液的任意流失。污染的罐体可用甲醛熏蒸，再用蒸汽高温高压灭菌（包括各种附属设备）。再次使用前，要彻底清洗罐体、附件等，对空气系统等进行检查。如生产岗位噬菌体污染严重，有必要停产，可用漂白粉、石灰、苯扎溴铵、过氧乙酸、废碱液等对大面积的室外路面、广场、屋顶和平台等环境进行全面清洗和灭菌。对于小面积室内环境或器皿可采用苯扎溴铵、75%乙醇、苯酚等杀菌。对于种子室和摇床室可使用甲醛熏蒸，以杀灭噬菌体。

3. 污染噬菌体的防治措施

（1）添加噬菌体抑制剂　培养液中加入枸橼酸钠、草酸盐、三聚磷酸盐、氯霉素、四环素、聚乙二醇单酯及聚氧乙烯烷基醚等，以抑制噬菌体的生长。使用时，注意控制浓度，避免或减少对正常生产菌株的生长和产物合成的影响。

（2）选育抗噬菌体的突变株　多年的生产实践证明，选育抗噬菌体的突变株，并利用噬菌体对寄主专一性强的特点，更换生产菌种，是解决噬菌体污染的有效方法。选育噬菌体抗性突变株可采取下列方法。

1）直接从污染噬菌体的发酵液中分离　取污染噬菌体的发酵液进行培养、分离，获得噬菌体抗性突变株，对其产量、性状进行测定，保留稳定株和高产菌株，用于生产。

2）生产敏感菌株反复与污染的噬菌体接触　多次接触、混合、培养后，从中选择抗噬菌体突变株，经过筛选，保留稳定株和高产菌株，用于生产。

3）诱变剂与噬菌体处理敏感菌株　采用紫外线或亚硝基胍等诱变剂处理生产敏感菌株，再与污染的相应噬菌体多次接触、混合、培养，从中选择抗噬菌体突变株，经过筛选，保留稳定株和高产菌株，用于生产。

第五节　染菌控制

一、染菌原因的分析

引起发酵染菌的原因很复杂，染菌后发酵罐内的表现也是多种多样的，要准确地分析染菌的原因很困难。发现染菌时需要从多方面查找原因，查出杂菌的来源，采取相应措施予以制服。某制药厂对链霉素发酵染菌的原因，进行了分析统计，认为种子带菌占0.6%、空气带菌占26.0%、设备渗漏占7.6%、灭菌不彻底占0.6%、操作失误占1.6%，管理不善占7.09%，其他原因占56.51%。

污染杂菌的原因可以从以下几个方面进行分析。

1. 染菌的时间　如果是部分发酵罐在发酵早期染菌，可能是培养基灭菌不彻底、种子罐带菌、接触管道灭菌不彻底，接种操作不当或空气带菌等原因造成的。如果是发酵的中后期染菌，可能是补料系统、加消泡剂系统污染或操作问题引起的。

2. 杂菌的种类 发酵过程染菌，多种菌型出现的概率多，单种菌型出现的概率较小。污染耐热芽孢杆菌时，与培养基灭菌不彻底或设备内部有"死角"关系甚大。污染的杂菌是不耐热的球菌或无芽孢杆菌时，原因可能是种子带菌、空气除菌不彻底、设备渗漏或操作问题。若污染的是浅绿色菌落的杂菌，可能是冷却盘管渗漏。若污染的是霉菌，一般是无菌室灭菌不彻底或无菌操作有问题。若污染的是酵母菌，则主要由于糖液灭菌不彻底，特别是糖液放置时间较长而引起的。

3. 染菌的规模 在发酵过程中，如果种子罐和发酵罐同时大面积染菌，而且污染的是同种杂菌，问题一般出在空气净化系统，如空气过滤器失效或空气管道渗漏。其次考虑种子制备工序。如果只是发酵罐大面积染菌，除考虑空气净化系统带菌外，还要重点考查接种管道、补料系统。发酵培养基采用连续灭菌工艺时，要严格检查连消系统是否带入杂菌。

个别发酵罐连续染菌，应从单个罐体查找杂菌来源，如罐内是否有"死角"或冷却系统有渗漏，还要检查附件。个别罐批的散在性染菌，原因比较复杂，要具体情况具体分析。

二、制服染菌的要点

根据制服染菌的经验，按照生产要求，对发酵过程中涉及的空气净化系统、设备系统、蒸汽质量、工艺操作等要严格把关。

1. 空气系统 进入发酵罐的空气必须严格除菌。因空气带菌造成的染菌，可影响许多批次的发酵，对生产危害很大。空气净化系统环节较多，相互制约，倘若一个环节出了问题，就会使整个系统的除菌失败。防止空气净化系统带菌，应该提高空气进口的空气洁净度。除尽压缩空气中夹带的水和油；过滤器应定期灭菌和检查，过滤介质应定期更换；无菌空气定期做无菌检查。为防止润滑油混入空气或列管式冷却器穿孔，可采用无润滑空气压缩机，定期检查列管式冷却器。

2. 设备 发酵设备及其附件一旦渗漏，就会造成染菌。如果冷却水盘管或夹套穿孔，带菌的冷却水会通过漏孔进入发酵罐而染菌。阀门渗漏也会使带菌的空气或水进入发酵罐导致染菌。发酵设备的设计、安装要合理，要易于清洗和灭菌。发酵罐及其附属设备要做到无渗漏，无"死角"。凡与物料、空气、下水道连接的管件阀门应保证严密不漏，特别是进罐的阀门，往往采用密封性能好的隔膜阀。蛇管和夹层应定期试漏。连续灭菌设备要定时拆卸清洗。对整个发酵设备要定期维修、保养，一般一年一次大规模检修。

3. 培养基 培养基灭菌不彻底是常见染菌原因。影响因素主要有 3 条：①蒸汽压力不足、蒸汽量不足或灭菌时间不够；②灭菌时培养基产生大量泡沫，培养基内有不溶解的固体颗粒或发酵罐内有污垢堆积；③设备制作或安装不合理，存在蒸汽不易到达的"死角"。要做到培养基的彻底灭菌，首先要重视蒸汽质量，一般采用饱和蒸汽，严格控制蒸汽中的含水量。按照不同灭菌工艺要求提供稳定的蒸汽压力，灭菌过程中蒸汽压力不要大幅度波动，以保证灭菌效果。其次要采用活蒸汽灭菌，蒸汽有进有出，保持畅通。此外，灭菌时间一定要保证，灭菌从常温升高到灭菌温度的时间不要太快（一般为 45 分钟左右），以防止产生大量泡沫。

4. 种子 种子的无菌情况是直接影响发酵染菌的重要环节。种子制备的许多操作在无菌室内进行，所制备的种子不得污染杂菌。因此，对无菌室的洁净度要求较高，一般为万级。应按照 GMP 规范并考虑实际生产经验，设计无菌室，合理布局，如墙壁用耐清洗消毒的壁板，门窗为不锈钢或彩钢板，地面采用水磨石，各种阴阳角均为圆弧状。操作人员需经更衣室并淋浴后进入。此外，应定期对无菌室消毒，以保持无菌状态。

5. **工艺操作**　要严格按照工艺规程操作。发酵罐放罐后，应对罐体和附属设备进行全面清洗和检查，清除罐内的残渣，除尽罐壁上的污垢，清除罐内附件处的堆积物；配制培养基时要防止物料结块或带入异物，配料罐和料液输送系统要定时清洗消毒；在实罐灭菌、空罐灭菌、培养基连续灭菌，各种管道的灭菌等操作过程中，要严格执行工艺规程要求；灭菌中要保证蒸汽畅通，保证蒸汽压力与温度的对应关系；要严格按照工艺规程制备生产种子，对进入无菌室的全部物料、器械实行灭菌，坚持无菌室和无菌操作人员的菌落检测制度；发酵过程的无菌检查要严格取样操作，力求减少在取样和平板划线时的操作误差；严格镜检岗位的操作要求，降低无菌检查中的错判与误判；对发酵染菌罐批，要及时查明原因，并采取相应措施予以处理。

重点小结

灭菌与除菌 —┬— 灭菌与除菌原理 ——— 各种灭菌和除菌方法的基本参数

　　　　　　├— 培养基与设备灭菌 ——— 各种影响因素，培养基和设备灭菌方法

　　　　　　├— 空气除菌 ——— 除菌工艺流程和各过滤器的作用

　　　　　　├— 无菌检查与染菌后处理 ——— 检查方法和染菌、染噬菌体的处理方法

　　　　　　└— 制服染菌要点 ——— 染菌原因分析和制服要点

思考题

1. 请阐述发酵过程中污染杂菌的危害和主要应对措施。

2. 请阐述几种常用的灭菌和除菌方法的基本原理。

3. 请阐述温度、时间、成分、pH、泡沫等因素对培养基灭菌的影响。

4. 请阐述实罐灭菌的原理和优缺点。

5. 请阐述连续灭菌的定义、优缺点和成败的关键。

6. 请阐述抗生素发酵用无菌空气的质量标准。

7. 请阐述空气过滤除菌的基本流程及各设备的作用。

8. 请阐述几种常用的无菌检查方法及判断染菌的方法。

9. 请阐述污染杂菌和噬菌体后的处理方法。

10. 你认为工业发酵过程中染菌的主要原因是什么？制服染菌有什么可行的方法？

扫码"练一练"

（左爱仁）

扫码"学一学"

第六章 生产菌种的培养与保藏

📖 学习目标

1. **掌握** 生产菌种的一般制备过程。
2. **熟悉** 影响种子质量的一般因素及控制措施，常用的菌种保藏方法。
3. **了解** 国内外菌种保藏的机构。

生产菌种的培养是发酵生产的第一道生产工序，该工序又称之为种子制备。种子制备不仅要使菌体数量增加，更重要的是，经过种子制备培养出具有高质量的生产种子供发酵生产使用。因此，如何提供发酵产量高、生产性能稳定、数量足而且不被其他杂菌污染的生产菌种，是生产菌种制备工艺的关键。

第一节 生产菌种的制备过程

生产菌种的制备一般包括两个过程，即在固体培养基上生产大量孢子的孢子制备过程和在液体培养基中生产大量菌丝的种子制备过程。

一、孢子制备

孢子制备是生产菌种制备过程的开始，是发酵生产的一个重要环节。孢子的质量、数量对以后菌丝的生长、繁殖和发酵产量都有明显的影响。不同菌种的孢子制备工艺有其不同的特点。

（一）放线菌孢子制备

放线菌的孢子培养一般采用琼脂斜面培养基，培养基中含有一些适合产孢子的营养成分，如麸皮、豌豆浸汁、蛋白胨和一些无机盐等，碳源和氮源不要太丰富（碳源约为 1%，氮源不超过 0.5%），碳源丰富容易造成生理酸性的营养环境，不利于放线菌孢子的形成，氮源丰富则有利于菌丝繁殖而不利于孢子形成。一般情况下，干燥和限制营养可直接或间接诱导孢子形成。放线菌斜面的培养温度大多数为 28℃，少数为 37℃，培养时间为 5 ~ 14 天。

放线菌发酵生产的工艺过程如下。

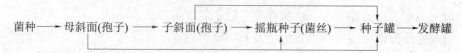

菌种 ⟶ 母斜面(孢子) ⟶ 子斜面(孢子) ⟶ 摇瓶种子(菌丝) ⟶ 种子罐 ⟶ 发酵罐

采用哪一代的斜面孢子接入液体培养基培养，视菌种特性而定。采用母斜面孢子接入液体培养基有利于防止菌种变异，采用子斜面孢子接入液体培养基可节约菌种用量。菌种进入种子罐有两种方法：①孢子进罐法，将斜面孢子制成孢子悬浮液直接接入种子罐。此方法可减少批与批之间的差异，具有操作方便、工艺过程简单、便于控制孢子质量等优点，孢子进罐法已成为发酵生产的一个方向。②摇瓶菌丝进罐法，适用于某些生长发育缓慢的放线菌，此方法的优点是可以缩短种子在种子罐内的培养时间。

（二）霉菌孢子制备

霉菌的孢子培养，一般以大米、小米、玉米、麸皮、麦粒等天然农产品为培养基。这是由于这些农产品中的营养成分较适合霉菌的孢子繁殖，而且这类培养基的表面积较大，可获得大量的孢子。霉菌的培养温度一般为 25~28℃，培养时间为 4~14 天。具体制备方法见菌种保藏方法一节。

（三）细菌孢子制备

细菌的斜面培养基多采用碳源限量而氮源丰富的配方，牛肉膏、蛋白胨常用作有机氮源。细菌培养温度大多数为 37℃，少数为 28℃，细菌菌体培养时间一般为 1~2 天，产芽孢的细菌则需培养 5~10 天。

二、种子制备

种子制备是将固体培养基上培养出的孢子或菌体转入液体培养基中培养，使其繁殖成大量菌丝或菌体的过程。种子制备所使用的培养基和其他工艺条件，都要有利于孢子发芽和菌体繁殖。

（一）摇瓶种子制备

某些孢子发芽和菌丝繁殖速度缓慢的菌种，需将孢子经摇瓶培养成菌丝后再进入种子罐，这就是摇瓶种子。摇瓶相当于微缩了的种子罐，其培养基配方和培养条件与种子罐相似。

摇瓶菌丝进罐，常采用母瓶、子瓶两级培养，有时母瓶也可以直接进罐。种子培养基要求比较丰富和完全，并易被菌体分解利用，氮源丰富有利于菌丝生长。原则上各种营养成分不宜过浓，子瓶培养基浓度比母瓶略高，更接近种子罐的培养基配方。

（二）种子罐种子制备

种子罐种子制备的工艺过程，因菌种不同而异，一般可分为一级种子、二级种子和三级种子的制备。孢子（或摇瓶菌丝）被接入体积较小的种子罐中，经培养后形成大量的菌丝，这样的种子称为一级种子，把一级种子转入发酵罐内发酵，称为二级发酵。如果将一级种子接入体积较大的种子罐内，经过培养形成更多的菌丝，这样制备的种子称为二级种子，将二级种子转入发酵罐内发酵，称为三级发酵。同样道理，使用三级种子的发酵，称为四级发酵。

种子罐的级数主要决定于菌种的性质和菌体生长速度及发酵设备的合理应用。种子制备的目的是要形成一定数量和质量的菌体。孢子发芽和菌体开始繁殖时，菌体量很少，在小型罐内即可进行。发酵的目的是获得大量的发酵产物。产物是在菌体大量形成并达到一定生长阶段后形成的，需要在大型发酵罐内才能进行。同时若干发酵产物的产生菌，其不同生长阶段对营养和培养条件的要求有差异。因此，将两个目的不同、工艺要求有差异的生物学过程放在一个大罐内进行，既会影响发酵产物的产量，又会造成动力和设备的浪费。种子罐级数减少，有利于生产过程的简化及发酵过程的控制，可以减少因种子生长异常而造成发酵的波动。

第二节 种子质量的控制

种子质量是影响发酵生产水平的重要因素。种子质量的优劣，主要取决于菌种本身的遗传特性和培养条件两个方面，这就是说既要有优良的菌种，又要有良好的培养条件才能获得高质量的种子。

一、影响孢子质量的因素及其控制

孢子质量与培养基、培养温度和湿度、培养时间和接种量等有关，这些因素相互联系、相互影响，因此必须全面考虑各种因素，认真加以控制。

（一）培养基

构成孢子培养基的原材料，其产地、品种、加工方法和用量对孢子质量都有一定的影响。生产过程中孢子质量不稳定的现象，常常是原材料质量不稳定所造成的。原材料产地、品种和加工方法的不同，会导致培养基中的微量元素和其他营养成分含量的变化。例如，由于生产蛋白胨所用的原材料及生产工艺的不同，蛋白胨的微量元素含量、磷含量、氨基酸组分均有所不同，而这些营养成分对于菌体生长和孢子形成有重要作用。琼脂的牌号不同，对孢子质量也有影响，这是由于不同牌号的琼脂含有不同的无机离子造成的。

水质的影响也不能忽视。地区的不同、季节的变化和水源的污染，均可使水质波动。为了避免水质波动对孢子质量的影响，可在蒸馏水或无盐水中加入适量的无机盐，供配制培养基使用。例如在配制四环素斜面培养基时，有时在无盐水内加入 0.03%（NH_4）$_2HPO_4$、0.028% KH_2PO_4 及 0.01% $MgSO_4$，确保孢子质量，提高四环素发酵产量。

为了保证孢子培养基的质量，斜面培养基所用的主要原材料，糖、氮、磷含量需经过化学分析及摇瓶发酵试验合格后才能使用。制备培养基时要严格控制灭菌后的培养基质量，斜面培养基使用前，需在适当温度下放置一定的时间，使斜面无冷凝水呈现，水分适中有利于孢子生长。

配制孢子培养基还应该考虑不同代谢类型的菌落对多种氨基酸的选择。菌种在固体培养基上可呈现多种不同代谢类型的菌落，各种氨基酸对菌落的表现不同。氮源品种越多，出现的菌落类型也越多，不利于生产的稳定。斜面培养基上用较单一的氮源，可抑制某些不正常型菌落的出现；而在分离筛选的平板培养基则需加入较复杂的氮源，使其多种菌落类型充分表现，以利筛选。因此在制备固体培养基时有两条经验：①供生产用的孢子培养基或作为制备砂土孢子或传代所用的培养基要用比较单一的氮源，以便保持正常菌落类型的优势；②作为选种或分离用的平板培养基，则需采用较复杂的有机氮源，目的是便于选择特殊代谢的菌落。

（二）培养温度和湿度

微生物能在一个较宽的温度范围内生长。但是，要获得高质量的孢子，其最适温度区间很狭窄。一般来说，提高培养温度，可使菌体代谢活动加快，缩短培养时间。但是，菌体的糖代谢和氮代谢的各种酶类，对温度的敏感性是不同的。因此，培养温度不同，菌的生理状态也不同，如果不是用最适温度培养的孢子，其生产能力就会下降。不同的菌株要求的最适温度不同，需经实践考察确定。例如，龟裂链霉菌斜面最适温度为 $36.5\sim37℃$，如果高于37℃，则孢子成熟早，易老化，接入发酵罐后，就会出现菌丝对糖氮利用缓慢，氨基氮回升提前，发酵产量降低等现象。培养温度控制低一些，则有利于孢子的形成。龟裂链霉菌斜面先放在36.5℃培养3天，再放在28.5℃培养1天，所得的孢子数量比在36.5℃培养4天所得的孢子数量增加3~7倍。

斜面孢子培养时，培养室的相对湿度对孢子形成的速度、数量和质量有很大影响，空气中相对湿度高时，培养基内的水分蒸发少；相对湿度低时，培养基内的水分蒸发多。例如，在我国北方干燥地区，冬季由于气候干燥，空气相对湿度偏低，斜面培养基内的水分蒸发得快，致使斜面下部含有一定水分，而上部易干瘪，这时孢子长得快，且从斜面下部向上长。夏季时空气相对湿度高，斜面内水分蒸发得慢，这时斜面孢子从上部往下长，下部常因积存冷凝水，致使孢子生长得慢或孢子不能生长。试验表明，在一定条件下培养斜面孢子时，在北方相对湿度控制在40%~45%，而在南方相对湿度控制在35%~42%，所得孢子质量较好。一般来说，真菌对湿度要求偏高，而放线菌对湿度要求偏低。

在培养箱培养时，如果相对湿度偏低，可放入盛水的平皿，提高培养箱内的相对湿度，为了保证新鲜空气的交换，培养箱每天宜开启几次，以利于孢子生长。现代化的培养箱是恒温、恒湿，并可换气，不用人工控制。

最适培养温度和湿度是相对的，例如相对湿度、培养基组分不同，对微生物的最适温度会有影响。培养温度、培养基组分不同也会影响微生物培养的最适相对湿度。

（三）培养时间和冷藏时间

丝状菌在斜面培养基上的生长发育过程可分为五个阶段：①孢子发芽和基内菌丝生长阶段；②气生菌丝生长阶段；③孢子形成阶段；④孢子成熟阶段；⑤斜面衰老菌丝自溶阶段。

1. 孢子的培养时间　基内菌丝和气生菌丝内部的核物质和细胞质处于流动状态，如果把菌丝断开，各菌丝片断之间的内生质量是不同的，有的片断中含有核粒，有的片断中没有核粒，而核粒的多少亦不均匀，该阶段的菌丝不适宜于菌种保存和传代。而孢子本身是一个独立的遗传体，其遗传物质比较完整，因此孢子用于传代和保存均能保持原始菌种的基本特征。但是孢子本身亦有年轻与衰老的区别。一般来说衰老的孢子不如年轻的孢子，因为衰老的孢子已在逐步进入发芽阶段，核物质趋于分化状态。孢子的培养工艺一般选择在孢子成熟阶段时终止培养，此时显微镜下可见到成串孢子或游离的分散孢子，如果继续培养，则进入斜面衰老菌丝自溶阶段，表现为斜面外观变色，发暗或黄、菌层下陷，有时出现白色斑点或发黑。白斑表示孢子发芽长出第二代菌丝，黑色显示菌丝自溶。孢子的培养时间对孢子质量有重要影响，过于年轻的孢子经不起冷藏，如土霉素菌种斜面培养4.5天，孢子尚未完全成熟，冷藏7~8天菌丝即开始自溶。而培养时间延长半天（培养5天），孢子完全成熟，可冷藏20天也不自溶。过于衰老的孢子会导致生产能力下降，孢子的培养时间应控制在孢子量多、孢子成熟、发酵产量正常的阶段终止培养。

2. 孢子的冷藏时间　斜面孢子的冷藏时间，对孢子质量也有影响，其影响随菌种不同而异，总的原则是冷藏时间宜短不宜长。曾有报道，在链霉素生产中，斜面孢子在6℃冷藏2个月后的发酵单位比冷藏1个月的低18%，冷藏3个月后则降低35%。

（四）接种量

制备孢子时的接种量要适中，接种量过大或过小均对孢子质量产生影响。因为接种量的大小影响在一定量培养基中孢子的个体数量的多少，进而影响菌体的生理状况。凡接种后菌落均匀分布整个斜面，隐约可分菌落者为正常接种。接种量过小则斜面上长出的菌落稀疏，接种量过大则斜面上菌落密集一片。一般传代用的斜面孢子要求菌落分布较稀，适于挑选单个菌落进行传代培养。接种摇瓶或进罐的斜面孢子，要求菌落密度适中或稍密，孢子数达到要求标准。一般一支高度为 20cm、直径为 3cm 的试管斜面，丝状菌孢子数要求达到 10^7 以上。

接入种子罐的孢子接种量对发酵生产也有影响。例如，青霉素产生菌之一的球状菌的孢子数量对青霉素发酵产量影响极大，因为孢子数量过少，则进罐后长出的球状体过大，影响通气效果；若孢子数量过多，则进罐后不能很好地维持球状体。

除了以上几个因素需加以控制之外，要获得高质量的孢子，还需要对菌种质量加以控制，用各种方法保存的菌种每过 1 年都应进行 1 次自然分离，从中选出形态、生产性能好的单菌落接种孢子培养基。制备好的斜面孢子，要经过摇瓶发酵试验，合格后才能用于发酵生产。

二、影响种子质量的因素及其控制

种子质量主要受孢子质量、培养基、培养条件、种龄和接种量等因素的影响。摇瓶种子的质量主要以外观颜色、效价、菌丝浓度或黏度以及糖氮代谢、pH 变化等为指标，符合要求方可进罐。

种子制备的目的是为发酵生产提供一定数量和质量的种子。种子的质量是发酵能否正常进行的重要因素之一。因为种子制备不仅是要提供一定数量的菌体，更为重要的是要为发酵生产提供适合发酵、具有一定生理状态的菌体。种子质量的控制，将以此为出发点。

1. 培养基　种子培养基的原材料质量的控制类似于孢子培养基原材料质量的控制。种子培养基的营养成分应适合种子培养的需要，一般选择一些有利于孢子发芽和菌丝生长的培养基，在营养上要易于被菌体直接吸收和利用，营养成分要适当地丰富和完全，氮源和维生素含量较高，这样可以使菌丝粗壮并具有较强的活力。另一方面，培养基的营养成分要尽可能地和发酵培养基接近，以适合发酵的需要，这样的种子一旦移入发酵罐后也能比较容易适应发酵罐的培养条件。发酵的目的是为了获得尽可能多的发酵产物，其培养基一般比较浓，而种子培养基以略稀薄为宜。种子培养基的 pH 要比较稳定，以适合菌的生长和发育。pH 的变化会引起各种酶活力的改变，对菌丝形态和代谢途径影响很大。例如，种子培养基的 pH 控制对四环素发酵有显著影响。

2. 培养条件　种子培养应选择最适温度，前面已有叙述。培养过程中通气搅拌的控制也很重要，各级种子罐或者同级种子罐的各个不同时期的需氧量不同，应区别控制，一般前期需氧量较少，后期需氧量较多，应适当增大供氧量。在青霉素生产的种子制备过程中，充足的通气量可以提高种子质量。例如，将通气充足和通气不足两种情况下得到的种子都接入发酵罐内，它们的发酵单位可相差 1 倍。但是，在土霉素发酵生产中，一级种子罐的通气量小一些却对发酵有利。通气搅拌不足可引起菌丝结团、菌丝粘壁等异常现象。生产过程中，有时种子培养会产生大量泡沫而影响正常的通气搅拌，此时应严格控制培养基的消毒质量，甚至考虑改变培养基配方，以减少发泡。

对青霉素生产的小罐种子，可采用补料工艺来提高种子质量，即在种子罐培养一定时间后，补入一定量的种子培养基，结果种子罐放罐体积增加，菌丝内积蓄物增多，菌丝粗壮，发酵单位增高。

3. 种龄　种子培养时间称为种龄。在种子罐内，随着培养时间延长，菌体量逐渐增加。但是菌体繁殖到一定程度，由于营养物质消耗和代谢产物积累，菌体量不再继续增加，而是逐渐趋于老化。由于菌体在生长发育过程中，不同生长阶段的菌体的生理活性差别很大，种龄的控制就显得非常重要。在工业发酵生产中，最适的种龄一般都选在生命力极为旺盛的对数生长期，菌体量尚未达到最高峰时移种。此时的种子能很快适应环境，生长繁殖快；可大大缩短在发酵罐中的调整期，缩短在发酵罐中的非产物合成时间，提高发酵罐的利用率，节省动力消耗。如果种龄控制不适当，种龄过于年轻的种子接入发酵罐后，往往会出现前期生长缓慢、泡沫多、发酵周期延长以及因菌体量过少而菌丝结团，引起异常发酵等；而种龄过老的种子接入发酵罐后，则会因菌体老化而导致生产能力衰退。在土霉素生产中，一级种子的种龄相差 2~3 小时，转入发酵罐后，菌体的代谢就会有明显的差异。

最适种龄因菌种不同而有很大的差异。细菌种龄一般为 7~24 小时，霉菌种龄一般为 16~50 小时，放线菌种龄一般为 21~64 小时。同一菌种采用不同的工艺条件，其种龄也有所不同。即使在稳定的工艺条件下，同一菌种的不同罐批培养相同的时间，得到的种子质量也不完全一致，因此最适的种龄应通过多次试验，特别要根据本批种子质量来确定。

4. 接种量　移入的种子液体积和接种后培养液体积的比例，称为接种量。发酵罐的接种量的大小与菌种特性、种子质量和发酵条件等有关。不同的微生物其发酵的接种量是不同的，如制霉菌素发酵的接种量为 0.1%~1%，肌苷酸发酵接种量为 1.5%~2%，霉菌的发酵接种量一般为 10%，多数抗生素发酵的接种量为 7%~15%，有时可加大到 20%~25%。

接种量的大小与该菌在发酵罐中生长繁殖的速度有关。有些产品的发酵以接种量大一些较为有利，采用大接种量，种子进入发酵罐后容易适应，而且种子液中含有大量的水解酶，有利于对发酵培养基的利用。大接种量还可以缩短发酵罐中菌体繁殖至高峰所需的时间，使产物合成速度加快。但是，过大的接种量往往使菌体生长过快、过稠，造成营养基质缺乏或溶解氧不足而不利于发酵；接种量过小，则会引起发酵前期菌体生长缓慢，使发酵周期延长，菌丝量少，还可能产生菌丝团，导致发酵异常等。但是，对于某些品种，较小的接种量也可以获得较好的生产效果。例如，生产制霉菌素时用 1% 的接种量，其效果较用 10% 的为好，而 0.1% 接种量的生产效果与 1% 接种量的生产效果相似。

近年来，生产上多以大接种量和丰富培养基作为高产措施。为了加大接种量，有些品种的生产采用双种法，即 2 个种子罐的种子接入 1 个发酵罐。有时因为种子罐染菌或种子质量不理想，而采用倒种法，即以适宜的发酵液倒出部分给另一发酵罐作为种子。有时 2 只种子罐中有 1 只染菌，此时可采用混种进罐的方法，即以种子液和发酵液混合作为发酵罐的种子。以上三种接种方法运用得当，有可能提高发酵产量，但是其染菌机会和变异机会增多。

三、种子质量标准

不同产品、不同菌种以及不同工艺条件的种子质量标准有所不同，况且，判断种子质量的优劣尚需要有实践经验。发酵工业生产上常用的种子质量标准，大致有如下几个方面。

1. 细胞或菌体　种子培养的目的是获得健壮和足够数量的菌体。因此，菌体形态、菌体浓度以及培养液的外观，是种子质量的重要指标。菌体形态可通过显微镜观察来确定，以单细胞菌体为种子的质量要求是菌体健壮、菌形一致、均匀整齐，有的还要求有一定的排列或形态。以霉菌、放线菌为种子的质量要求是菌丝粗壮，对某些染料着色力强、生长旺盛、菌丝分枝情况和内含物情况良好。

菌体的生长量也是种子质量的重要指标，生产上常用离心沉淀法、光密度法和细胞计数法等进行测定。种子液外观如颜色、黏度等也可作为种子质量的粗略指标。

2. 生化指标　种子液的糖、氮、磷含量的变化和 pH 变化是菌体生长繁殖、物质代谢的反映，不少产品的种子液质量是以这些物质的利用情况及 pH 变化为指标的。

3. 产物生成量　种子液中产物的生成量是多种抗生素发酵考察种子质量的重要指标，因为种子液中产物生成量的多少是种子生产能力和成熟程度的反映。

4. 酶活力　测定种子液中某种酶的活力，作为种子质量的标准。如土霉素生产的种子液中的淀粉酶活力与土霉素发酵单位有一定的关系，因此种子液淀粉酶活力可作为判断该种子质量的依据。

此外，种子应确保无任何杂菌污染。

四、种子异常的分析

在生产过程中，种子质量受各种各样因素的影响，种子异常的情况时有发生，会给发酵带来很大的困难。种子异常往往表现为菌种生长发育缓慢或过快、菌丝结团、菌丝粘壁三个方面。

1. 菌种生长发育缓慢或过快　与孢子质量以及种子罐的培养条件有关。生产中，通入种子罐的无菌空气的温度较低或者培养基的灭菌质量较差是种子生长、代谢缓慢的主要原因。生产中，培养基灭菌后需取样测定其 pH，以判断培养基的灭菌质量。

2. 菌丝结团　在液体培养条件下，繁殖的菌丝并不分散舒展而聚成团状称为菌丝团。这时从培养液的外观就能看见白色的小颗粒，菌丝聚集成团会影响菌体的呼吸和对营养物质的吸收。如果种子液中的菌丝团较少，进入发酵罐后，在良好的条件下，可以逐渐消失，不会对发酵造成显著影响。如果菌丝团较多，种子液移入发酵罐后往往形成更多的菌丝团，影响发酵的正常进行。菌丝结团和搅拌效果差、接种量小有关，一个菌丝团可以由一个孢子生长发育而来，也可由多个菌丝体聚集一起逐渐形成。

3. 菌丝粘壁　菌丝粘壁是指在种子培养过程中，由于搅拌效果不好，泡沫过多以及种子罐装料系数过小等原因，使菌丝逐步黏附在罐壁上，其结果，是培养液中菌丝浓度减少，最后就可能形成菌丝团。以真菌为产生菌的种子培养过程中，产生菌丝粘壁的机会较多。

第三节　菌种的保藏与复壮

一、菌种的保藏

一个优良的菌种被选育出来以后，要保持其生产性能的稳定，不污染杂菌，不死亡，这是菌种保藏的主要目的。

（一）菌种保藏的原理

菌种保藏主要是根据菌种的生理、生化特性，人工创造条件使菌体的代谢活动处于休眠状态。保藏时，一般利用菌种的休眠体（孢子、芽孢等），创造最有利于休眠状态的环境条件，如低温、干燥、隔绝空气或氧气、缺乏营养物质等，以降低菌种的代谢活动，减少菌种变异，达到长期保存的目的。一个好的菌种保藏方法，应能保持原菌种的优良特性和较高的存活率，同时也应考虑到方法本身的经济、简便。由于微生物种类繁多，代谢特点各异，对各种外界环境因素的适应能力不一致，一个菌种选用何种方法保藏较好，要根据具体情况而定。

（二）菌种保藏的方法

1. 斜面低温保藏法　本方法利用低温降低菌种的新陈代谢，使菌种的特性在短时期内保持不变。将新鲜斜面上长好的菌体或孢子，置于 4℃ 冰箱中保存。一般的菌种均可用此方法保存 1~3 个月。保存期间要注意冰箱的温度，不可波动太大，不能在 0℃ 以下保存，否则培养基会结冰脱水，造成菌种性能衰退或死亡。

影响斜面保存时间的一个突出问题，是培养基水分蒸发而收缩，使培养基成分浓度增大，造成"盐害"，更主要的是脱水后培养基表面收缩，造成板结，对菌种造成机械损伤而成为菌种的致死原因。为了克服斜面培养基水分的蒸发，用橡皮塞代替棉塞，有比较好的效果，也可克服棉塞受潮而长霉污染的缺点。有人将 2 株枯草杆菌、1 株大肠埃希菌和 1 株金黄色葡萄球菌，分别接种在 18mm×180mm 试管斜面上，当培养成熟后将试管口用喷灯火焰熔封，置于 4℃ 冰箱中保存了 12 年后，启封移种检查，结果除 1 株金黄色葡萄球菌已死亡，其余 3 株仍生长良好，这说明对某些菌种采用这种保藏方法，可以保存较长的时间。

2. 液体石蜡封存保藏法　在斜面菌种上加入灭菌后的液体石蜡，用量高出斜面 1cm，使菌种与空气隔绝，试管直立，置于 4℃ 冰箱中保存。保存期约 1 年。此法适用于不能以石蜡为碳源的菌种。液体石蜡采用蒸汽灭菌，灭菌后的石蜡在 40℃ 烘箱中烘干备用。

3. 固体曲保藏法　这是根据我国传统制曲原理加以改进的一种方法，适用于产孢子的真菌。该法采用麸皮、大米、小米或麦粒等天然农产品为产孢子培养基，使菌种产生大量的休眠体（孢子）后加以保存。该法的要点是控制适当的水分。例如，在采用大米孢子保藏法时，先取大米充分吸水膨胀，然后倒入搪瓷盘内蒸 15 分钟（使大米仍保持分散状态），蒸毕，取出搓散团块，稍冷，分装于茄形瓶内，蒸汽灭菌 30 分钟，最后抽查含水量，合格后备用。

将要保存的菌种制成孢子悬浮液，取适量加入已灭菌的大米培养基中，敲散拌匀，铺成斜面状，在一定温度下培养，在培养过程中要注意翻动，待孢子成熟后，取出置冰箱保存，或抽真空至水分含量在 10% 以下，放在盛有干燥剂的密封容器中低温或室温保存。保存期 1~3 年。

4. 砂土管保藏法　本方法用人工方法模拟自然环境使菌种得以栖息。适用于产孢子的放线菌、霉菌以及产芽孢的细菌。

砂土是砂和土的混合物，砂和土的比例一般为 3∶2 或 1∶1，将黄砂和泥土分别洗净，过筛，按比例混合后，装入小试管内，装料高度约为 1cm，经间歇灭菌 2~3 次，灭菌后烘干，并做无菌检查后备用。将要保存的菌种斜面孢子刮下，直接与砂土混合；或用无菌水洗下孢子，制成悬浮液，再与砂土混合。混合后的砂土管放在盛有五氧化二磷或无水氯化钙的干燥器中，用真空泵抽气干燥后，放在干燥低温环境下保存。此法保存期可达 1 年以上。

5. 冷冻干燥法　本方法的原理是在低温下迅速地将细胞冻结以保持细胞结构的完整，

然后在真空下使水分升华。这样菌种的生长和代谢活动处于极低水平，不易发生变异或死亡，因而能长期保存，一般为 5~10 年。此法适用于各种微生物。具体的做法是将菌种制成悬浮液，与保护剂（一般为脱脂牛奶或血清等）混合，放在安瓿管内，用低温酒精或干冰（-15℃以下）使之速冻，在低温下用真空泵抽干，最后将安瓿管真空熔封，低温保存备用。

6. 液氮超低温保藏法　以上介绍的几种菌种保藏方法，菌种在保存过程中都有不同程度的死亡，特别对一些不产孢子的菌体保存效果不够理想。微生物在-130℃以下，新陈代谢活动停止，这种环境下可永久性保存微生物菌种。液氮的温度可达-196℃，用液氮保存微生物菌种已获得满意的结果。

液氮超低温保藏法简便易行，关键是要有液氮冰箱装置。该方法要点：将要保存的菌种（菌液或长有菌体的琼脂块）置于 10% 甘油或二甲基亚砜保护剂中，密封于安瓿管内（安瓿管的玻璃要能承受很大温差而不致破裂）。先将菌液降至0℃，再以每分钟降低1℃的速度，一直降至-35℃，然后将安瓿管放入液氮罐的气相中保存（液氮上面的气相温度为-150℃以下）。

（三）菌种保藏的注意事项

菌种保藏要获得较好的效果，需注意如下三个方面。

1. 菌种在保藏前所处的状态　绝大多数微生物的菌种均保藏其休眠体，如孢子或芽孢。保藏用的孢子或芽孢等要采用新鲜斜面上生长丰满的培养物。菌种斜面的培养时间和培养温度影响其保藏质量。培养时间过短，保存时容易死亡；培养时间过长，生产性能衰退。一般以稍低于生长最适温度培养至孢子成熟的菌种进行保存，效果较好。

2. 菌种保藏所用的基质　斜面低温保藏所用的培养基，碳源比例应少些，营养成分贫乏些较好，否则易产生酸，或使代谢活动增强，影响保藏时间。砂土管保藏需将沙和土充分洗净，以防其中含有过多的有机物，影响菌的代谢或经灭菌后产生一些有毒的物质。冷冻干燥所用的保护剂，有不少经过加热就会分解或变性的物质，如还原糖和脱脂乳，过度加热往往形成有毒物质，灭菌时应特别注意。

3. 操作过程对细胞结构的损害　冷冻干燥时，冻结速度缓慢易导致细胞内形成较大的冰晶，对细胞结构造成机械损伤。真空干燥程度也将影响细胞结构，加入保护剂就是为了尽量减轻冷冻干燥所引起的对细胞结构的破坏。细胞结构的损伤不仅使菌种保藏的死亡率增加，而且容易导致菌种变异，造成菌种性能衰退。

二、菌种的复壮

生产上使用的菌种，在使用和保藏过程中，经常会逐渐向不利于生产的方向发生变化，这种变化称之为菌种衰退，其原因在菌种选育一章中有较详细的分析。由于菌种衰退包括菌种遗传特性的改变和菌种生理状况的改变这两个根本原因，衰退菌种的复壮也应该考虑这两个原因。一般衰退菌种的复壮措施如下。

（一）纯种分离

采用自然分离的方法，把衰退菌种的细胞群体中一部分仍保持原有典型性状的单细胞分离出来，通过扩大培养可以恢复菌种的原有性状。

（二）淘汰衰退的个体

芽孢产生菌经高温（80℃）处理，则不产芽孢的个体被淘汰。又如有人对"5406"抗生素产生菌的分生孢子，采用-10~-30℃的低温处理5~7天，使其死亡率达到80%，结果发现，在抗低温的存活个体中，留下了未衰退的健壮个体。

（三）选择合适的培养条件

一般来说将保藏后的菌种接种在保藏前所用的同一培养基上，有利于菌种原有性状的恢复。但是应该认识到，菌种经过多次传代培养或菌种保藏后，菌种的生理状态可能发生较大的变化，特别是可能出现某些生长因子的缺乏。由于菌种分离培养基和菌种斜面培养基要求营养成分相对贫乏，在这样的培养基上连续传代很可能导致菌种群体的生理特性衰退。例如，平菇菌种在PDA培养基（土豆-葡萄糖培养基）上连续传代会导致菌种衰退，而在PDA综合培养基（PDA培养基中添加维生素和蛋白胨等）中培养则有使衰退菌种复壮的作用。又如赤霉素菌种也可在培养基中加入蜜糖、氨基酸、核苷酸等物质来使菌种复壮。

三、国内外主要菌种保藏机构介绍

菌种是一个国家的重要资源，世界各国都对菌种极为重视，设置了各种专业性保藏机构，主要的菌种保藏机构介绍如下。

（一）国外主要菌种保藏机构

1. ATCC（American Type Culture Collection）Rockvill，Maryland，U. S. A.

美国标准菌种收藏所，美国，马里兰州，罗克维尔市。

2. CSH（Cold Spring Harbor Laboratory），U. S. A.

冷泉港研究室，美国。

3. IAM（Insitute of Applied Microbiology），University of Tokyo，Japan.

日本东京大学应用微生物研究所，日本，东京。

4. IFO（Institute for Fermentation），Osaka，Japan.

发酵研究所，日本，大阪。

5. KCC（Kaken Chemical Company Ltd），Tokyo，Japan.

科研化学有限公司，日本，东京。

6. NCTC（National Collection of Type Culture），London，United Kingdom.

国立标准菌种收藏所，英国，伦敦。

7. NIH（National Institutes of Health），Bethesda，Maryland，U. S. A.

国立卫生研究所，美国，马里兰州，贝塞斯达。

8. NRRL Northern Utilization Research and Development Division，U. S. A. Department of Agriculture，Peoria，U. S. A.

美国农业部、北方开发利用研究部，美国，皮奥里亚市。

（二）国内主要菌种保藏机构

在我国，为了推动菌种保藏事业的发展，1979年7月在国家科委和中国科学院主持下，召开了第一次全国菌种保藏工作会议，在会上成立了中国微生物菌种保藏管理委员会（China Committee for Culture Collection of Microorganisma，CCCMS），委托中国科学院负责担负全国菌种保藏管理业务，下设的菌种保藏管理中心如下。

1. **中国普通微生物菌种保藏管理中心**（CGMCC）　中国科学院微生物研究所，北京：真菌，细菌；中国科学院武汉病毒研究所，武汉：病毒。

2. 中国农业微生物菌种保藏管理中心（ACCC）　中国农业科学院农业资源与农业区划研究所。

3. 中国工业微生物菌种保藏管理中心（CICC）　中国食品发酵工业研究院，北京。

4. 中国药学微生物菌种保藏管理中心（CPCC）　中国医学科学院医药生物技术研究所，北京。

5. 中国兽医微生物菌种保藏管理中心（CVCC）　中国兽医药品监察所，北京。

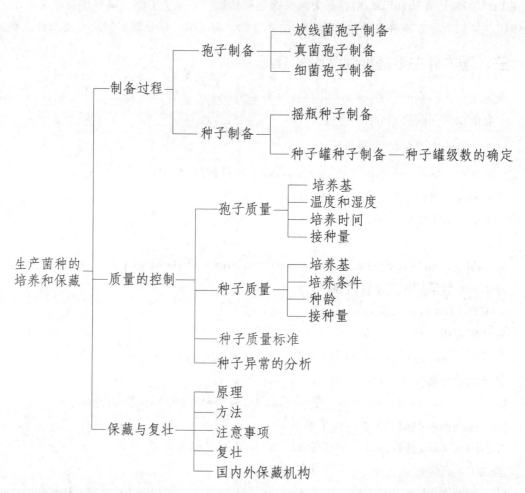

? 思考题

1. 孢子制备和种子制备的一般过程有哪些？

2. 影响孢子质量和种子质量的因素主要有哪些？如何控制？

3. 菌种保藏的目的和原理是什么？主要有哪些保藏方法？

扫码"练一练"

（倪孟祥）

第七章 发酵过程中的供氧

扫码"学一学"

学习目标

1. **掌握** 微生物需氧量的表示方法，液相体积氧传递系数 $K_L a$ 及影响 $K_L a$ 的因素，直接法测定 $K_L a$。

2. **熟悉** 氧在液体中的溶解特性，影响微生物需氧量的因素，氧传递的过程与阻力，摄氧率的测定。

3. **了解** 氧传递方程式，溶解氧浓度的测定。

目前，发酵产品主要是由需氧微生物和厌氧微生物产生的，其中大多数发酵产品是由需氧微生物产生的。在需氧菌的发酵过程中必须连续不断地向发酵液中通入无菌空气。氧气不仅可以作为底物参与微生物的物质代谢，同时还通过呼吸作用进行能量代谢。葡萄糖在微生物体内的有氧氧化可如下表示。

$$C_6H_{12}O_6 + 6O_2 \longrightarrow 6H_2O + 6CO_2 + 能量$$

这表明 1mol（180g）葡萄糖完全氧化需要 6mol（192g）的氧。微生物只能利用溶解于水中的葡萄糖和氧。葡萄糖在水中的最大溶解度可达 70%（W/V）左右。而氧难溶于水，在一个大气压和 25℃ 的条件下，发酵液中氧的饱和溶解度约为 0.2mmol/L（折合 6.4mg/L）。由此可以看出，在微生物的能量代谢活动中，氧的供给是十分重要的。如果发酵过程中微生物的需氧量按 20~50mmol/（L·h）计算，培养液中的溶氧只能维持菌体正常生命活动 20~50 秒。如果不继续向发酵液中连续供给氧气，菌体的呼吸就会受到强烈抑制。因此，如何迅速不间断地补充发酵液中的溶氧，保证菌体的正常代谢活动，是需氧发酵中要解决的重大课题。

工业生产中，通常不断地从发酵罐底部通入无菌空气以维持一定的溶氧浓度，带有搅拌装置的发酵罐通过搅拌作用也可以改善发酵液的溶氧状况。然而，随着生产能力的不断提高，微生物的需氧量亦不断增加，对发酵设备供氧能力的要求也愈来愈高。溶氧浓度已成为发酵生产中提高生产能力的限制因素。所以，处理好发酵过程中的供氧和需氧之间的关系，是研究最佳化发酵工艺条件的关键因素之一。

第一节 发酵过程中氧的需求

一、微生物对氧的需求

（一）微生物需氧量的表示

在发酵过程中，微生物对氧的需求量（耗氧量）可用以下两个物理量表示。

1. 摄氧率（r 或 OUR） 单位体积发酵液每小时消耗氧的量，单位为 mmol/（L·h）或 mg/（L·h）。

2. 呼吸强度（Q_{O_2}） 亦称氧比消耗速率，即单位重量的菌体（折干）每小时消耗氧的量，单位为 mmol/[g(干菌体)·h]。

两个物理量的关系为 $r = Q_{O_2} \cdot X$，其中 X 为发酵液中菌体浓度，单位为 g（干菌体）/L。

（二）呼吸临界氧浓度

微生物呼吸强度的大小受多种因素的影响，其中发酵液中的溶氧浓度（C_L）对呼吸强度的影响见图 7-1。从图中可以看出：在溶氧浓度较低时，不能满足菌体对氧气的需求，表现为呼吸强度随溶氧浓度的增加而增加；当溶氧浓度达到某一值后，达到了菌体的需氧要求，因此呼吸强度不再随溶氧浓度的增加而变化，把此时的溶氧浓度称为呼吸临界氧浓度，以 $C_{临界}$ 表示，即不影响微生物呼吸的最低溶氧浓度。一般来说，在发酵过程中需满足发酵液中的溶氧浓度不低于呼吸临界氧浓度。

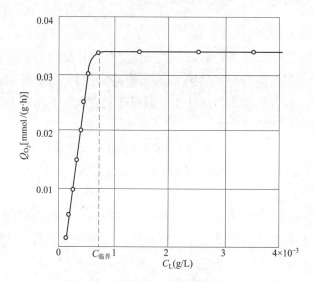

图 7-1 呼吸强度与溶氧浓度的关系

影响微生物呼吸临界氧浓度的主要因素如下。

1. 微生物的种类与培养温度 如表 7-1 所示，不同的微生物其呼吸临界氧浓度不同；同种微生物处于不同的培养温度，呼吸临界氧浓度也不相同。

表 7-1 某些微生物的呼吸临界氧浓度

微生物	培养温度（℃）	呼吸临界氧浓度（mmol/L）
大肠埃希菌	37	0.0082
	15	0.0031
酵母菌	35	0.0046
	20	0.0037
产黄青霉	30	0.0090
	24	0.0022

2. 微生物的生长阶段 次级代谢产物的发酵过程，可分为菌体生长阶段和产物合成阶段，这两个阶段的呼吸临界氧浓度分别以 $C_{长临}$ 和 $C_{合临}$ 表示。随菌种的生理学特性不同，两者表现出不同的关系：① $C_{长临}$ 和 $C_{合临}$ 大致相同；② $C_{长临}$ 大于 $C_{合临}$，如卷曲霉素（capreomycin）发酵过程中，$C_{长临}$ 为 12%，而 $C_{合临}$ 为 8%；③ $C_{长临}$ 小于 $C_{合临}$，如头孢菌素 C

发酵过程中，$C_{长临}$为 5%，而 $C_{合临}$为 10%~20%。现有大多数品种的发酵中 $C_{长临}$大于 $C_{合临}$。

3. 发酵液的理化性质及发酵罐的结构　不同微生物的发酵液表现为不同的流体类型：细菌和酵母菌的发酵液黏度较小、较为稀薄，属于牛顿型流体，其呼吸临界氧浓度不受培养条件的影响；放线菌和霉菌的发酵液由于形成较多的网状菌丝丛和球状菌丝体，较为黏稠，属于非牛顿型流体，其呼吸临界氧浓度与搅拌器的直径和搅拌转速相关，以雪白链霉菌为例，其发酵的临界氧浓度与其他发酵罐结构的关系见表 7-2。

表 7-2　雪白链霉菌发酵的临界氧浓度与其他发酵参数的关系

发酵罐容积 (L)	搅拌器直径 (cm)	搅拌器转速 (r/min)	呼吸临界氧浓度占饱和溶氧浓度的比例 (%)
20	7.0	400	0
20	12.0	275	0
20	21.0	180	50
250	15.8	175	5
250	15.8	220	18
250	23.7	175	22
1500	76.8	164	55
1500	90.5	124	55
1500	118.0	82	55

（三）影响微生物需氧量的因素

影响微生物需氧量的因素很多，归纳起来主要有菌种的生理特性、培养基组成、溶氧浓度和发酵工艺条件等。

1. 微生物的种类和生长阶段　微生物的种类不同，其生理特性不同，代谢活动中的需氧量也不同。例如：需氧菌和兼性厌氧菌的需氧量明显不同；同样是需氧菌，细菌、放线菌和真菌的需氧量也不同，见表 7-3。

表 7-3　某些微生物的呼吸强度 Q_{O_2} [mmol/(g·h)]

微生物	呼吸强度 Q_{O_2}
黑曲霉	3.0
灰色链霉菌	3.0
产黄青霉	3.9
产气克雷伯菌	4.0
啤酒酵母	8.0
大肠埃希菌	10.8

一般来说，微生物的细胞结构越简单，其生长速度就越快，单位时间内消耗的氧就越多。从菌体的生理阶段看：同一种微生物的不同生长阶段，其需氧量也不同。在延迟期，由于菌体代谢不活跃，需氧量较低；进入对数生长期，菌体代谢旺盛，呼吸强度高，需氧量随之增加；到了稳定期，需氧量不再增加。

从菌体的生产阶段看：菌体生长阶段的摄氧率大于产物合成期的摄氧率。因此认为培养液的摄氧率达最高值时，培养液中菌体浓度也达到了最大值。

2. 培养基的组成 微生物对不同营养物质的利用情况不同，因而培养基的组成对生产菌种的代谢及需氧量有显著的影响。培养基中碳源的种类和浓度对微生物需氧量的影响尤为显著，见表 7-4。一般说，在一定范围内，需氧量随碳源浓度的增加而增加。其原理是：碳源物质的分解利用与氧化过程密切相关，碳源物质经过有氧氧化最后被氧化成 CO_2、水并放出能量。

表 7-4 各种碳源对点青霉摄氧率的影响

有机物	摄氧率增加的百分率（%）	有机物	摄氧率增加的百分率（%）	有机物	摄氧率增加的百分率（%）
葡萄糖	130	糊精	60	乳糖	30
麦芽糖	115	乳酸钙	55	木糖	30
半乳糖	115	蔗糖	45	鼠李糖	30
纤维糖	110	甘油	40	阿拉伯糖	20
甘露糖	80	果糖	40		

注：表中数值系较内源呼吸增加的百分数。

在补料分批发酵过程中，微生物的需氧量随补入的碳源浓度而变化，一般补料后，摄氧率均有不同程度的增大。容易被微生物分解利用的碳源，消耗的氧就比较多；不容易被微生物分解利用的碳源消耗的氧就少（取决于微生物体内分解该物质的酶活力的大小）。

除了碳源物质直接影响摄氧率外，其他培养基成分，如磷酸盐、氮源等对微生物的摄氧率也有一定的影响。

3. 培养液中溶氧浓度 C_L 微生物的需氧量还受发酵液中溶氧浓度的影响。当培养液中的溶氧浓度 C_L 高于菌体的 $C_{长临}$ 时，菌体的呼吸就不受影响，菌体的各种代谢活动不受干扰；如果培养液中的 C_L 低于 $C_{长临}$ 时，菌体的呼吸受到抑制，多种生化代谢受到影响，严重时会产生不可逆的抑制菌体生长和产物合成的现象。

4. 培养条件 研究结果表明，微生物呼吸强度的临界值除受到培养基组成的影响外，还与培养液的 pH、温度等培养条件相关。一般来说，温度越高，营养成分越丰富，其呼吸强度的临界值也相应地增大。当 pH 为最适 pH 时，微生物的需氧量也最大。

5. CO_2 浓度 在发酵过程中，微生物在吸收氧气的同时，也呼出 CO_2 废气，它的生成与菌体的呼吸作用密切相关。已知在相同压力下，CO_2 在水中的溶解度是氧溶解度的 30 倍。因而发酵过程中如不及时将培养液中的 CO_2 从发酵液中除去，势必影响菌体的呼吸，进而影响菌体的代谢活动。这是由于氧气和 CO_2 的运输都是靠胞内外浓度差进行的被动扩散，由浓度高的地方向浓度低的地方扩散，发酵培养基中积累的 CO_2 如果不能及时地被排出，就会影响菌体的呼吸。

二、氧在液体中的溶解特性

（一）溶氧饱和浓度

氧溶解于水的过程是气体分子的扩散过程。气体与液体相接触，气体分子就会溶解于液体之中，经过一定时间的接触，气体分子在气液两相中的浓度就会达到动态平衡。若外界条件（如温度、压力等）不再变化，气体在液相中的浓度就不再随时间而变化，此时的浓度即为该条件下气体在溶液中的饱和浓度。溶氧的饱和浓度（C^*）的单位以 mmol/L 或 mg/L 表示。

（二）影响氧饱和浓度的因素

1. 温度　随温度的升高，气体分子的运动加快，溶液中的氧饱和浓度下降，见表 7-5。当纯水与一个大气压的空气平衡时，温度对氧饱和度的影响可用式 7-1 计算，适用范围为 4~33℃。

$$C^* = \frac{468}{31.6+t} \text{mg O}_2/\text{L} \tag{7-1}$$

表 7-5　一个大气压下纯氧在水中的溶解度（mmol/L）

温度（℃）	0	10	15	20	25	30	35	40
溶解度	2.18	1.70	1.54	1.38	1.26	1.16	1.09	1.03

2. 溶液的性质　一种气体在不同溶液中的溶解程度是不同的，同一种溶液由于其中溶质含量不同，氧的溶解度也不同。一般来说，溶质含量越高，氧的溶解度就越小，见表 7-6。

表 7-6　25℃及一个大气压下纯氧在不同溶液中的溶解度（mmol/L）

浓度（mol/L）	HCl	H$_2$SO$_4$	NaCl	纯水
0.1	1.21	1.21	1.07	
1.0	1.16	1.12	0.89	1.26
2.0	1.12	1.02	0.71	

3. 氧分压　气相中氧分压增加，溶液中溶氧浓度亦随之增加。在系统总压力小于 0.5MPa 的情况下，氧在溶液中的溶解度只与氧的分压成直线关系，可用 Henry's 公式（式 7-2）表示。

$$C^* = 1/H \cdot P_{O_2} \tag{7-2}$$

式中，C^* 为与气相 P_{O_2} 达到平衡时溶液中的氧浓度，mmol/L；P_{O_2} 为氧分压，MPa；H 为 Henry's 常数，（MPa·L/mmol），与溶液性质、温度等有关。

如表 7-7 所示，25℃及一个大气压下，纯氧在纯水中的饱和度为 1.26mmol/L；由于氧气在空气中的分压为 21%，因此在相同条件下，空气中的氧在纯水中的饱和度降低为 0.26mmol/L；对于发酵液而言，由于各种营养成分、菌体细胞和各种代谢产物的存在，溶氧饱和度更小，约为 0.20mmol/L。

表 7-7　25℃及一个大气压下氧在不同溶液中的饱和浓度（mmol/L）

氧气	溶液	氧饱和浓度
纯氧	纯水	1.26
空气中的氧	纯水	0.26
空气中的氧	发酵液	0.20

第二节　氧在溶液中的传递

一、氧传递的过程与阻力

在需氧发酵过程中，气态氧必须先溶解于发酵液中，然后才可能传递至细胞表面，再经过简单的扩散作用进入细胞内，参与菌体内的生物化学反应。氧的这一系列传递过程需要克服供氧方面和需氧方面的各种阻力才能完成。供氧方面和需氧方面的各种阻力见图7-2。

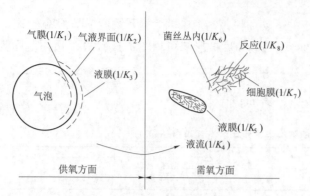

图 7-2　氧传递的过程及各项阻力

1. 供氧方面的阻力

（1）$1/K_1$　气体主流与气-液界面间的气膜阻力。

（2）$1/K_2$　气-液界面阻力。

（3）$1/K_3$　从气-液界面至液体主流间的液膜阻力。

（4）$1/K_4$　液体主流中的传递阻力。

2. 需氧方面的阻力

（1）$1/K_5$　细胞表面上的液膜阻力。

（2）$1/K_6$　菌丝丛（或菌丝团）内的传递阻力。

（3）$1/K_7$　细胞膜阻力。

（4）$1/K_8$　细胞呼吸酶与氧反应的阻力。

由于氧很难溶解于水，所以供氧方面的液膜阻力（$1/K_3$）是氧溶于水时的限制因素。需氧方面，经实验和计算证实，细胞壁上与液体主流中氧的浓度差很小，即 $1/K_5$ 很小；而菌丝丛（或菌丝团）的阻力（$1/K_6$）对菌丝体的摄氧能力有显著影响。细胞膜阻力（$1/K_7$）和氧反应阻力（$1/K_8$）主要与菌种的遗传特性有关。

氧在的传递过程中要克服的总阻力等于上述各项阻力之和，按式7-3计算。

$$R = 1/K_1 + 1/K_2 + \cdots\cdots + 1/K_8 \tag{7-3}$$

当总推动力为 ΔC 时，氧的传递速率按式7-4计算。

$$N = \Delta C/R = \Delta C_1/(1/K_1) = \Delta C_2/(1/K_2)\cdots\cdots = \Delta C_8/(1/K_8) \tag{7-4}$$

式中，N 为氧传递速率，$\mathrm{mmol/(L \cdot h)}$；$\Delta C_1, \Delta C_2, \cdots\cdots \Delta C_8$ 为分别为各传递阶段的氧浓度之差。

二、氧传递方程式

微生物发酵过程中，通入发酵罐内的氧不断溶解于培养液中，以供菌体细胞代谢之用。这种由气态氧转变成溶解态氧的过程与液体吸收气体的过程相同，所以可用描述气体溶解于液体的双膜理论中的传质公式式7-5计算。

$$N = K_L a \cdot (C^* - C_L) \tag{7-5}$$

式中，N 为氧的传递速率，$\mathrm{mmol/(L \cdot h)}$；$C^*$ 为溶液中溶氧饱和浓度，$\mathrm{mmol/L}$；C_L 为溶液中的溶氧浓度，$\mathrm{mmol/L}$；K_L 为以浓度差为推动力的氧传质系数，$\mathrm{m/h}$；a 为比表面积（单位体积溶液中所含有的气液接触面积，$\mathrm{m^2/m^3}$），因为很难测定，所以将其与 K_L 合并成 $K_L a$，称为液相体积氧传递系数，$\mathrm{h^{-1}}$。

当发酵液中的溶氧浓度不是菌体生长和产物合成的限制因素时，此状态下的需氧速率按式7-6计算。

$$N = Q_{O_2} \cdot X = r \tag{7-6}$$

式中，N 为需氧速率，$mmol/(L \cdot h)$；Q_{O_2} 为氧的比消耗速率（呼吸强度），$mmol/(g \cdot h)$；X 为培养液中的菌体浓度，g/L；r 为摄氧率，$mmol/(L \cdot h)$。

发酵过程中，当发酵液中的溶氧浓度不随时间而变化时，表明此时发酵系统的供氧量与耗氧量达到了平衡状态。此时按式 7-7 或式 7-8 计算。

$$K_L a \cdot (C^* - C_L) = Q_{O_2} \cdot X = r \tag{7-7}$$

$$K_L a = r / (C^* - C_L) \tag{7-8}$$

当供氧速率大于需氧速率时，即 $K_L a (C^* - C_L) > r$，则发酵液中的溶氧浓度 C_L 随发酵时间的延长而逐渐增加，直至发酵液中的 C_L 趋近于 C^*；若供氧速率小于需氧速率，即 $K_L a (C^* - C_L) < r$，则发酵液中的 C_L 随发酵时间的延长而逐渐下降，直至发酵液中的 C_L 趋于零；当微生物的摄氧率不变时，$K_L a$ 越大，发酵液中的 C_L 越高，所以可用 $K_L a$ 的变化来衡量发酵罐的通气效率。实验用的摇瓶其 $K_L a$ 值为 $10 \sim 100h^{-1}$，带搅拌装置的发酵罐，其 $K_L a$ 值为 $200 \sim 1000h^{-1}$。以上数据是在非生产状态下用亚硫酸钠法测定的，在实际生产中，液相体积氧传递系数 $K_L a$ 只有上述数值的 $1/5 \sim 1/3$。

第三节　影响供氧的因素

影响发酵过程中供氧的主要因素有氧传递推动力（$C^* - C_L$）和液相体积氧传递系数 $K_L a$，因此，通过改变这两个因素，就可以改变供氧能力。

一、影响氧传递推动力的因素

如果以通过提高氧传递推动力（$C^* - C_L$）的方式提高供氧能力，则必须设法提高溶氧饱和浓度 C^*，或降低发酵液溶氧浓度 C_L。

（一）降低发酵液溶氧浓度 C_L

降低发酵液的 C_L 可采取减少通气量或降低搅拌转速等方式来实现。但发酵液中的 C_L 一旦低于 $C_{临界}$ 就会影响微生物的正常呼吸，给生产造成不利的影响。目前在实际发酵生产中，为了增加发酵的产量，增加菌体浓度是普遍采用的方式。在菌浓高的情况下，由于摄氧率高，发酵液黏度大，实际的溶氧已经接近 $C_{临界}$，因此，一般情况下继续降低 C_L 是不可取的。

（二）提高溶氧饱和浓度 C^*

如本章第一节所述，影响氧饱和浓度的因素主要有温度、溶液的组成、氧分压等。因此，若想提高 C^*，可以从以下几个方面着手。

1. 降低培养温度　虽然降低发酵的培养温度，可以提高 C^*，但一般情况下，特定的发酵产物有其最适的菌体生长及产物合成温度，发酵生产过程中的温度已经确定，再降低温度的可能性很小。

2. 降低培养基中营养物质含量　减少发酵液中的溶质含量，降低发酵液的黏度，也可以提高发酵液中的溶氧饱和度。虽然发酵培养基的组成是依据生产菌种的生理特性和合成代谢产物的需要确定的，不能随意改动，但在发酵的中后期，由于发酵液黏度太大，显著影响了氧气的传递，此时若能降低发酵液的黏度可显著改善供氧的效率，显著提高代谢物的产量。在庆大霉素的发酵中，针对发酵中后期发酵液过于黏稠的现象，补入发酵液体积5%的无菌水，既改善了溶氧状况，明显提高了发酵单位，又增加了放罐体积，增加了发酵产量。有的庆大霉素生产厂家采用稀配方的发酵培养基，即不改变发酵培养基的成分和比例，仅将发酵培养基适当稀释，也同样提高了庆大霉素的产量。

3. 提高氧分压　通过提高发酵罐的罐压可以提高氧的分压，但提高罐压会减小气泡体积，影响氧的传递速率，影响菌体的呼吸强度，在提高溶氧的同时也增加了 CO_2 的溶解度，此外还增加了设备的耐压负担；通入纯氧能显著提高 C^*，但此种方法既不经济又不安全，同时易出现微生物的氧中毒现象；采用富集氧的方法，如将空气通过装有吸附氮气的介质以减少空气中的氮含量，或者利用梯度磁场对氧分子形成的拦截作用实现氧气富集，都可相对提高氧分压，是值得继续深入研究的方法。

综上，若以提高氧传递推动力（ $C^* - C_L$ ）的方式提高供氧能力，比较可行的措施有发酵中后期进行补水、采用培养基稀配方和富集氧的方式。

二、影响液相体积氧传递系数的因素

经过长期的探索和对生产实践进行总结，人们发现影响 $K_L a$ 的主要因素有搅拌功率、空气流速、发酵液的物理性质、泡沫状态、空气分布器形状和发酵罐的结构等。总结出了 $K_L a$ 与搅拌功率、空气流速、发酵液理化性质等因素之间的关系，可用式 7-9 表示。

$$K_L a = K \left[(P/V)^\alpha \cdot (V_S)^\beta \cdot (\eta_{app})^{-\omega} \right] \tag{7-9}$$

式中，P/V 为单位体积发酵液实际消耗的功率（通气情况下，kW/m^3）；V_S 为罐体垂直方向的空气直线速度，m/h；η_{app} 为发酵液表观黏度，$Pa \cdot S$；α、β、$-\omega$ 为指数，与搅拌器和空气分布器的形式等有关，一般通过实验测定；K 为经验常数。

（一）搅拌功率的影响

1. 搅拌的作用　①使发酵罐内的温度和营养物质浓度达到均一，使组成发酵液的三相系统充分混合；②把引入发酵液中的空气分散成小气泡，增加了气-液间的传质面积，提高 $K_L a$ 值；③增强发酵液的湍流程度，降低气泡周围的液膜厚度和流体扩散阻力，从而提高氧的传递速率；④减少菌丝结团，降低菌丝丛内扩散阻力和菌丝丛周围的液膜阻力；⑤可延长空气气泡在发酵罐中的停留时间，增加氧的溶解量。

2. 影响搅拌功率的因素　当流体处于湍流状态时，单位体积发酵液所消耗的搅拌功率才能作为衡量搅拌程度的可靠指标。实验测得式 7-9 中的指数 α 的值为 0.75~1.0。在搅拌情况下，当发酵液达到完全湍流（即雷诺准数 $Re > 10^5$ 时），此时的搅拌功率 P 按式 7-10 计算。

$$P = K \cdot d^5 \cdot n^3 \cdot \rho \tag{7-10}$$

式中，d 为搅拌器直径，m；n 为搅拌器转速，r/min；ρ 为发酵液密度，kg/m^3；P 为搅拌功率，kW；K 为经验常数，随搅拌器形式而改变，一般由实验测定。

式 7-10 是在不通气和具有全挡板条件下的搅拌功率计算式，当发酵液通入空气后，由于气泡的作用降低了发酵液的密度和表观黏度，所以通气情况下的搅拌功率仅为不通气时所消耗功率的 30%~60%。

发酵罐的搅拌转速与发酵罐的容积有关，一般体积越小的发酵罐其搅拌转速越高，体积越大的发酵罐其搅拌转速越低，见表 7-8。其原理是：发酵罐的放大是以单位体积发酵液所消耗的搅拌功率为基础进行放大的，无论发酵罐的大小，都要维持搅拌功率在 2~

$4kW/m^3$ 之间。根据搅拌功率的式 7-10 可知，大体积的发酵罐（搅拌叶直径 d 大）其搅拌转速 n 再高，搅拌功率就会远远超出 $2\sim4kW/m^3$，这样高的搅拌功率可能会超出发酵罐所能承受的机械强度。因此越大的发酵罐，其搅拌转速越低，越小的发酵罐其搅拌转速越高。此外，对搅拌功率的影响，搅拌器直径的作用大于搅拌转速的作用。

表 7-8　不同体积发酵罐所需的搅拌转速

发酵罐的容积	搅拌转速范围	发酵罐的容积	搅拌转速范围
(L)	(r/min)	(L)	(r/min)
3	200~2000	200	50~400
10	200~1200	500	50~300
30	150~1000	10 000	25~200
50	100~800	50 000	25~160

3. 搅拌功率对 K_La 的影响　由式 7-10 可知，搅拌器直径的增加及搅拌转速的增加，都会引起搅拌功率的增加，K_La 也随之增加。工业化生产中，由于发酵设备的几何尺寸基本固定，因此通常采取提高搅拌转速的方式来增加发酵液中的溶氧浓度。值得注意的是，如果搅拌速度过快，则剪切速度增大，会对菌丝体造成一定程度的损伤，影响菌丝体的正常代谢，同时也会造成能源的浪费。

（二）空气流速的影响

1. 空气流速对 K_La 的影响　从式 7-9 看出，K_La 随空气流速的增加而增加，指数 β 为 $0.4\sim0.72$，随搅拌器的形式而异。当空气流速增加时，随着发酵液中的空气增多、密度下降，使搅拌功率下降。当空气流速增加到某一值时，由于空气流量过大，通入的空气不经过搅拌叶的分散，而沿着搅拌轴形成空气通道，空气直接逸出发酵液，此时搅拌功率不再下降，此时的空气流速称为"气泛点"（flooding point），此时 K_La 也不再增加。

带搅拌器的发酵罐，气泛点主要与搅拌叶的形式、搅拌器的直径和转速、空气线速度等有关。无圆盘的搅拌器或桨叶搅拌器容易产生气泛现象，平桨搅拌器在空气流速为 $21m/h$ 时就会发生气泛现象。用带一档圆盘的搅拌器时，气泛点可提高到 $90m/h$；用带二档圆盘的搅拌器时，其气泛点可提高到 $150m/h$。

对一定设备而言，空气流速与空气流量之间成正比，空气流量的改变必然引起空气流速的变化。已知空气流速的变化会引起液相体积氧传递系数 K_La 的改变，当空气流速达气泛点时，K_La 不再增加，见图 7-3。所以，在发酵过程中应控制空气流速（或流量），使搅拌轴附近的液面没有大的气泡逸出。

在发酵生产上表示通气量的单位有两种，绝对空气流量和相对空气流量。绝对空气流量是指

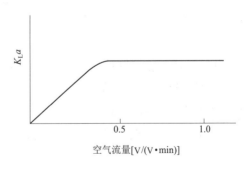

图 7-3　空气流量对 K_La 的影响

单位时间内通入发酵罐中无菌空气的体积，用每分钟通入空气的立升数（L/min）或每小时通入无菌空气的立方米数（m^3/h）来表示。相对空气流量是指每分钟、单位体积发酵液中通入无菌空气的体积数，用 V/（V·min）表示。大多数的需氧菌发酵其通气量一般为 $0.8\sim1.5V/$（V·min）。

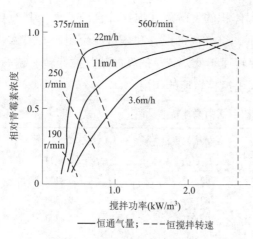

图 7-4　搅拌功率与空气流速对
青霉素产率的影响

2. 搅拌功率与空气流速对 $K_L a$ 作用的比较　虽然搅拌功率和空气流速都影响 $K_L a$，但实验测出搅拌功率对发酵产量的影响远大于空气流速。从图 7-4 青霉素发酵中测得的结果可以看出，空气流速高（22m/h）而搅拌转速低（190r/min）时，青霉素的产率显著下降，而在搅拌转速较高（560r/min）时，即使空气流速降低（降至 3.6m/h），青霉素产率也无显著变化。又如在鸟苷的生产中，通过调整搅拌转速控制溶氧水平，整个发酵过程中溶氧水平较平稳，波动范围小，随着搅拌转速的改变溶氧水平变化较迅速，对溶氧控制的效果优于空气流量。

高的搅拌转速，不仅使通入罐内的空气得以充分地分散，增加气-液接触面积，而且还可以延长空气在罐内的停留时间。空气流速过大，不利于空气在罐内的分散与停留，同时导致发酵液浓缩，影响氧的传递。但空气流速如果过低，因代谢产生的废气不能及时排出等原因，也会影响氧的传递。

因此，要提高发酵罐的供氧能力，采用提高搅拌功率，适当降低空气流速，是一种有效的方法。

（三）发酵液理化性质的影响

由式 7-9 可以看出，$K_L a$ 与发酵液的表观黏度 η_{app} 呈负相关，说明随着发酵液的黏度的增加，$K_L a$ 有所下降。发酵液是由营养物质、生长的菌体细胞和代谢产物组成的。由于微生物的生长和多种代谢作用使发酵液的组成不断地发生变化，营养物质的消耗、菌体浓度、菌丝形态和某些代谢产物的合成都能引起发酵液黏度的变化。

发酵过程中菌体的浓度和形态对黏度有较大的影响，因而影响氧的传递。细菌和酵母菌发酵时，发酵液黏度低，对氧传递的影响较小。霉菌和放线菌发酵时，随着菌浓的增加发酵液的黏度也增加，对氧的传递有较大影响，见图 7-5。

研究表明，在培养液中加入分散的有机相（organic phase）可以减少氧的传递阻力，增加 $K_L a$。这种有机相被称为氧载体（oxygen vectors），主要包括烃类、氟碳化合物和植物油等。氧载体与水有较高的亲和力，在气液界面形成薄的液层，在氧从气相传递到液相的过程中起到媒介作用；可以增加液体的湍流程度，从而减小液膜阻力；具有类似表面活性剂的作用，可以降低表面张

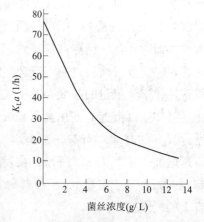

图 7-5　青霉素发酵液菌丝浓度与
$K_L a$ 的关系

力，增加比表面积 a，从而增加 $K_L a$。在 *Xanthomonas campestris* 发酵生产黄胶原的过程中，加入 10% 的棕榈油可使 $K_L a$ 提高 1.5~3 倍，$K_L a$ 最高能达到 84.44h^{-1}。

目前，磁性纳米粒子（magnetite nanoparticles）已广泛地应用于生物学及医学的各个领域。在培养液中添加磁性纳米粒子，也是增加 $K_L a$ 的一种方法。磁性纳米粒子具有不易挥

发、合成条件温和、成本低等特点，通常由磁性核心（Fe_3O_4）和两层涂层组成，磁性核心可保证发酵结束后通过磁场进行回收，内涂层油酸用以确保较高的氧气存储能力，外涂层由表面活性剂组成，保证粒子在培养液中的稳定性。研究人员发现，在红霉素发酵过程中，在培养基中添加 0.02（V/V）的磁性纳米粒子可以将 K_La 提高 89%，此外随着溶氧条件的改善，红霉素的产量也提高 125%。

（四）泡沫的影响

在发酵过程中，由于通气和搅拌的作用常引起发酵液出现泡沫。在黏稠的发酵液中形成的流态泡沫比较难以消除，影响气体的交换和传递。如果搅拌叶轮处于泡沫的包围之中，也会影响气体与液体的充分混合，降低氧的传递速率。

（五）空气分布器形式和发酵罐结构的影响

在需氧发酵中，除了搅拌可以将空气分散成小气泡外，还可用鼓泡器来分散空气，提高通气效率。试验表明，当空气流量增加到一定值时，有无鼓泡器对空气的混合效果无明显的影响。此时，空气流量较大，造成发酵液的翻动和湍流，对空气起到了很好的分散作用。鼓泡器只是在空气流速较低的时候对空气起到一定的分散作用。此外，发酵罐的结构，特别是发酵罐的高与直径的比值，对氧的吸收和传递有较大的影响。

第四节　溶氧浓度、摄氧率与 K_La 的测定

为了随时了解发酵过程中的供氧、需氧情况和判断设备的供氧效果，需要经常测定发酵液中的溶氧浓度、摄氧率和液相体积氧传递系数 K_La，以便有效地控制发酵过程，为实现发酵过程的自动化控制创造条件。

一、溶氧浓度的测定

（一）溶氧电极

早期使用的溶氧电极为复膜溶氧电极（图 7-6a），主要由两个电极、电解质和一张能透气的塑料薄膜构成。氧气通过透气性的膜渗入电极，在阴极发生还原反应，由于氧化还原反应产生一定的电流，该电流与被还原的氧成正比，再用变送器把电流值转化为溶氧值。目前使用的复膜溶氧电极有极谱型和原电池型两种。

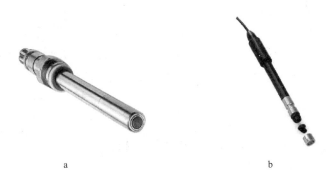

a　　　　　　　　　　　　　　　　b

a. 复膜溶氧电极；b. 光学溶氧电极

图 7-6　复膜溶氧电极和光学溶氧电极

由于复膜溶氧电极经长期高温灭菌和发酵使用后漂移较大，容易造成测量误差，且电

极成本较高、维护复杂。为了克服这些缺点，近年来出现了新一代的基于荧光方法的光学溶氧电极（图7-6b），通过测定荧光强度的大小或荧光寿命的长短来测定溶氧含量。光学溶氧电极具有电极响应迅速、漂移自动补偿稳定性高、无须频繁标定、维护简单、可远程联网监测等优点，具有广阔的应用前景。

（二）溶氧电极的标定

测定溶氧浓度之前首先需要对溶氧电极进行标定。复膜溶氧电极在使用的过程中电解液的减少、膜的堵塞等情况的出现，容易造成测量准确度的下降，因此每次测量溶氧浓度之前都需要进行标定。光学溶氧电极噪音波动小，信号比较平稳，标定后可连续使用多批次。

1. 饱和电流值的测定　纯水在一定温度和大气压下，其溶氧饱和浓度为一定数值，因此可以用纯水的溶氧浓度对电极进行标定。例如：将溶氧电极插入与一个大气压空气平衡的25℃纯水中，此时的溶氧浓度应该是 $C^* = 0.26\text{mmol/L}$，测得此时的电流值 I 为 $I_{饱}$，如果指示的不是该数值，则需要进行校正。

2. 残余电流值的测定　将饱和亚硫酸钠溶液中的溶氧浓度看作零，将电极插入该饱和溶液中，测得此时的电流值 I 为 $I_{残}$，其代表的是当溶氧浓度等于零时的残余电流。

3. 溶氧浓度的计算　根据以上的测定结果，可求得此溶氧电极的单位电流值所代表的溶氧浓度，按式7-11计算。

$$单位电流值所代表的溶氧浓度 = \frac{C^* - 0}{I_{饱} - I_{残}} = \frac{C^*}{I_{饱} - I_{残}} \tag{7-11}$$

式中，C^* 为饱和溶氧浓度，mmol/L；$I_{饱}$ 为在饱和溶氧浓度时的电流值，mV；$I_{残}$ 为残余电流，即溶氧浓度为零时的电流值，mV。

（三）绝对溶氧浓度的测定

在发酵过程中，溶氧电极始终置于发酵液中，可以随时观测到溶氧浓度的变化。当测得电流值为 $I_{测}$ 时，发酵液中的溶氧浓度可按式7-12计算

$$溶氧浓度\ C_L = I_{测} \times \frac{C^*}{I_{饱} - I_{残}} \tag{7-12}$$

按照上述方法测得的是溶氧浓度的绝对值，其单位是 mmol/L。

（四）相对溶氧浓度的测定

在实际发酵生产中，常常采用相对溶氧浓度来表示。将标定后的电极插入发酵罐中，向发酵罐内装入发酵培养基后进行高温灭菌，当温度降至培养温度且未接种时，观测此时的电流值，并将此电流值所代表的相对溶氧浓度定为100%。接种后溶氧浓度逐渐降低，发酵过程中溶氧电极所指示的溶氧浓度即为相对溶氧浓度，以百分数表示。

二、摄氧率的测定

摄氧率的测定可根据被测对象的不同分为停气测定法和不停气测定法。

（一）停气测定法

停气测定法一般用于实验罐中摄氧率的测定。其优点是只用一个溶氧电极既可测定溶氧浓度，又可测定摄氧率。缺点是在发酵过程中需要停止通气，影响正常的发酵过程。停气测定摄氧率的过程如下。

1. 在发酵某一时间，测定发酵液中溶氧浓度，记录此时的电流值 I_1。

2. 关闭通气阀门，记下时间 t_1，仍保持搅拌；从罐的顶部通入氮气，将罐内的空气排出发酵罐。此时由于菌体的耗氧，培养液中的溶氧浓度不断下降，仪表所指示的电流值也不断降低。

3. 当溶氧电极的电流值下降至最低点时，记下此时的时间 t_2 和此时的电流值 I_2。

4. 求得 $\Delta t = t_2 - t_1$，$\Delta I = I_2 - I_1$。按式 7-13 计算。

$$摄氧率 = \frac{C^*}{I_饱 - I_残} \times \left(-\frac{\Delta I}{\Delta t} \right) \tag{7-13}$$

式中，Δt 为停止供气后溶氧浓度下降至最低点所用的时间，h；ΔI 为在 Δt 时间内电流的变化值，mV。

计算后得到的是单位时间内溶氧浓度的变化值，即每小时单位体积发酵液所消耗氧的量，与摄氧率的定义是一致的，单位为 mmol/（L·h）。

（二）不停气测定法

停气测定法适于测定实验发酵罐的摄氧率，而对于工业规模的发酵生产，因为不能停气进行测定，而需要采用不停气测定法。不停气测定法需要顺磁氧分析仪测定发酵罐尾气中的氧气含量，同时需要测定通入发酵罐的空气流量。其测定原理如式 7-14 和 7-15 所示。

摄氧率=（单位时间内通入发酵罐中氧气的量-单位时间由发酵罐排出氧气的量）÷
发酵液的体积 $\tag{7-14}$

设：单位时间内通入发酵罐中氧气的量为 A，由发酵罐排出的氧气量为 B，

则：A = 空气流量（L/min）×60÷22.4×1000×0.21

　　B = 空气流量（L/min）×60÷22.4×1000×排气中氧含量（V/V,%）

因此：摄氧率 = [空气流量（L/min）×60÷22.4×1000×（0.21-排气中氧含量）]÷
发酵液的体积 $\tag{7-15}$

三、$K_L a$ 的测定

$K_L a$ 的测定方法有很多，如动态测定法、直接测定法、亚硫酸盐氧化法、生物酶氧化法等，每种方法测得的 $K_L a$ 不尽相同。

（一）动态测定法

动态测定法较简便，是测量 $K_L a$ 较常用的方法。由于测定时需要暂时停止供气，因此该方法只适用于生产中的试验性测定。

与停气法测定摄氧率相同，在发酵过程中，当溶氧达到一定值时，停止通气，保持搅拌，用氮气排出罐顶部残留的空气。随着微生物对氧的消耗，发酵液中的溶氧浓度急剧下降，一定时间后溶氧浓度的下降速度减慢，待溶氧浓度达到一个较低点时再恢复通气。以溶氧浓度为纵坐标，以测定时间为横坐标绘制曲线，即可得到图 7-7 的 abcd 曲线。ab 段为一直线，表明停气后由于微生物的呼吸作用使发酵液中溶氧浓度迅速下降，其斜率的负值即为摄氧率（r）。当溶氧浓度降至一定值时（如 b 点），由于溶氧浓度过低，对菌体的呼吸产生了一定的抑制作用，因此认为 b 点所示的溶氧浓度即为微生物的呼吸临界氧浓度（$C_{临界}$）。cd 段的溶氧浓度的变化反映了供氧与需氧之差，即微生物的呼吸受到短时间抑制后的供氧与需氧之差。在停气之后，发酵液中溶氧浓度的变化速率 $\dfrac{dC_L}{dt}$ 可用式 7-16 和式 7-17 表示。

$$\frac{\mathrm{d}C_L}{\mathrm{d}t} = K_L a(C^* - C_L) - Q_{O_2} \cdot X \qquad (7-16)$$

$$C_L = \frac{1}{K_L a}\left(\frac{\mathrm{d}C_L}{\mathrm{d}t} + Q_{O_2} \cdot X\right) + C^* \qquad (7-17)$$

以 C_L 为纵坐标，以 $\left(\dfrac{\mathrm{d}C_L}{\mathrm{d}t} + Q_{O_2} \cdot X\right)$ 为横坐标，可绘制出图 7-8 曲线图。图中直线 ab 的斜率为 $-\dfrac{1}{K_L a}$，求得斜率值后可计算 $K_L a$ 值。当 $\dfrac{\mathrm{d}C_L}{\mathrm{d}t} = 0$ 时，则 $C^* = C_L + \dfrac{Q_{O_2} \cdot X}{K_L a}$。也可延长 ab 直线与纵轴相交，其截距即为发酵液中溶氧的饱和浓度 C^*。

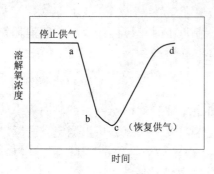

图 7-7　溶解氧浓度随通气变化的情况

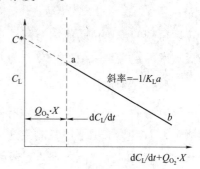

图 7-8　$K_L a$ 的求取

（二）直接测定法

在发酵过程中，若发酵液的溶氧浓度不发生变化，说明此时发酵系统的供氧能力与微生物的需氧量处于动态平衡，此时 $K_L a \cdot (C^* - C_L) = Q_{O_2} \cdot X = r$（式 7-7），则 $K_L a = r/(C^* - C_L)$（式 7-8）。工业生产中，可通过不停气法测定出摄氧率，再结合溶氧电极测得的溶氧浓度计算出 $K_L a$。在测定过程中需注意发酵温度、罐内压力、通气量、排气量等的变化对测定结果的影响。

例题： 一装料为 7L 的实验罐，通气量为 1L/（L·min），操作压力为 0.3kg/cm²，在某发酵时间内，发酵液的相对溶氧浓度为 25%，空气进罐时的氧含量为 21%，排气中的氧含量为 19.8%，求此时的摄氧率及 $K_L a$。

解： 本题中空气流量为相对空气流量 1L/（L·min），由于发酵液的体积为 7L，故实际空气流量为 7L/min。

将数据代入式 7-15 中，得到：

摄氧率 $= [7 \times 60 \div 22.4 \times 1000 \times (0.21 - 0.198)] \div 7 = 32.2 [\text{mmol}/(\text{L} \cdot \text{h})]$

由于发酵在发酵罐中空气的实际压力为 1.3kg/cm²，因此，需要将 1 个大气压下的 C^*（在 1 个大气压、常温下发酵液中的 C^* 定为 0.2mmol/L）折算成 1.3kg/cm² 大气压下的 C^*，故此时的 $C^* = 0.2 \times (1+0.3) = 0.26$（mmol/L）。

此外，发酵液中的溶氧浓度为相对溶氧浓度（实际溶氧浓度与饱和溶氧浓度之比），因此，实际溶氧浓度 $C_L = 25\% C^* = 0.2 \times (1+0.3) \times 0.25 = 0.065$（mmol/L）。

将以上数据带入式 7-8，得到

$$K_L a = \frac{r}{C^* - C_L} = \frac{32.2}{0.2 \times (1+0.3) - 0.2 \times (1+0.3) \times 0.25} = 165 \text{h}^{-1}$$

重点小结

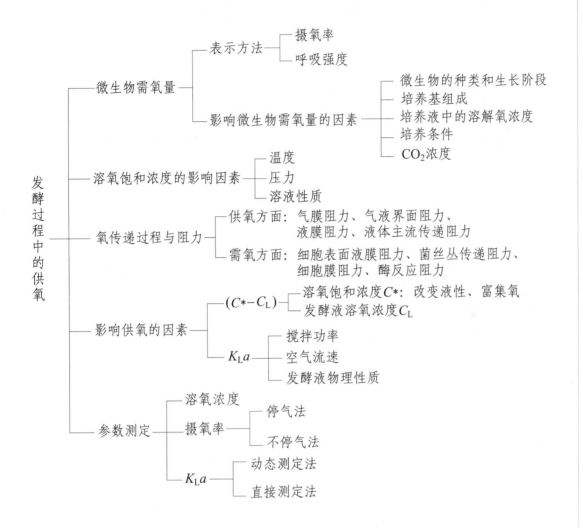

```
                              ┌─ 表示方法 ─┬─ 摄氧率
                              │           └─ 呼吸强度
                              │                              ┌─ 微生物的种类和生长阶段
                 微生物需氧量 ─┤                              ├─ 培养基组成
                              │                              ├─ 培养液中的溶解氧浓度
                              └─ 影响微生物需氧量的因素 ──────┤  培养条件
                                                             └─ CO₂浓度

                                            ┌─ 温度
                 溶氧饱和浓度的影响因素 ──────┤  压力
                                            └─ 溶液性质

发酵                               ┌─ 供氧方面：气膜阻力、气液界面阻力、
过程                               │           液膜阻力、液体主流传递阻力
中的 ─────     氧传递过程与阻力 ──┤
供氧                               └─ 需氧方面：细胞表面液膜阻力、菌丝丛传递阻力、
                                             细胞膜阻力、酶反应阻力

                              ┌─ (C*−C_L) ─┬─ 溶氧饱和浓度C*：改变液性、富集氧
                              │            └─ 发酵液溶氧浓度C_L
                 影响供氧的因素 ┤            ┌─ 搅拌功率
                              └─ K_La ─────┤  空气流速
                                           └─ 发酵液物理性质

                              ┌─ 溶氧浓度       ┌─ 停气法
                              │  摄氧率 ────────┤
                 参数测定 ─────┤                └─ 不停气法
                              │                ┌─ 动态测定法
                              └─ K_La ─────────┤
                                               └─ 直接测定法
```

思考题

1. 掌握下列基本概念：摄氧率、呼吸强度、呼吸临界氧浓度。

2. 影响微生物需氧量的因素有哪些？并解释其原因。

3. 发酵液气泡中的氧传递到微生物细胞内，并完成氧化过程都要克服哪些传递阻力？

4. 影响液相体积氧传递系数的因素有哪些？这些因素与K_La有什么关系？

5. 发酵过程中搅拌的作用有哪些？

6. 在实际生产中，如何测定发酵罐上的摄氧率和体积氧传递系数K_La？

扫码"练一练"

（陈　光）

第八章 发酵过程中的控制

> **学习目标**
>
> 1. **掌握** 发酵过程中的代谢变化，菌体浓度、营养基质、温度、pH、溶氧等因素对发酵过程的影响及其控制。
> 2. **熟悉** 微生物的发酵类型，泡沫、二氧化碳等因素对发酵过程的影响及其控制，发酵终点的判断。
> 3. **了解** 发酵过程控制的其他参数。

发酵过程是非常复杂的生物化学反应过程，是生物细胞按照其遗传信息，在所处的营养条件和培养条件下，进行复杂而细微的各种动态生化反应的集合。对微生物发酵而言，为了使菌体能够充分表达其生产能力，就要充分了解菌体的生长发育及代谢产物合成等生化过程，并掌握各种生物、理化和环境因素对这些过程的影响。因此，研究菌体的培养规律，营养条件及溶氧、温度、pH 等培养条件对发酵过程的影响，以及如何调整培养条件以达到最佳发酵效果等问题，就成为发酵工程的重要任务。

第一节　概　述

一、发酵过程的复杂性

1. 涉及多种学科及其相关技术　发酵过程不同于一般的化学反应过程，既涉及微生物细胞的生长、发育、繁殖等生命过程，又涉及生物代谢的合成途径、酶催化反应。同时还涉及传氧、传热等化工过程，营养物质含量、代谢产物含量检测的分析化学知识，以及控制仪表与自动化领域。因此，发酵是对生物学、生物化学和工程等学科理论和技术的综合利用。

2. 各种因素相互影响、相互制约　总体来说，发酵产量的高低取决于菌种的遗传特性，但遗传基因的表达也受发酵条件的影响，发酵液中各种生物、化学、物理的因素对遗传基因的表达都产生一定的影响。

在发酵过程中，微生物细胞内同时进行着多种不同的生化反应，营养因素及环境因素微小的变化，都会改变微生物的代谢途径，使菌体生长及代谢产物的生物合成受到影响。此外，各种因素间也相互影响、相互制约，见图 8-1。

例如，通气量过大时，可以使发酵液变得黏稠，因此使氧气的传递受到影响，溶氧浓度降低，进而影响菌体的生长和代谢产物的生物合成。当某一个因素改变时，其他因素也都随之变化，因此发酵过程的控制需要从复杂的代谢参数关系中，抓住主要矛盾进行调控，才能产生预期的效果。

3. 生物合成调控机制不完全清楚　到目前为止，虽然很多发酵产物的生物合成机制已

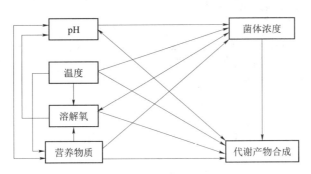

图 8-1　各因素间相互影响、相互制约

基本研究清楚，但生物合成过程中存在的各种调控机制还有待进一步研究，特别是对于抗生素等次级代谢产物来说，其调控机制非常复杂，如何调节发酵过程中的各种参数，使微生物的代谢活动向有利于积累代谢产物的方向发展，仍是需要继续探索的问题。

二、发酵过程控制的意义

虽然发酵的过程非常复杂，但要想取得理想的发酵产量，必须对发酵过程进行控制，发酵生产的实践已经证明了这一点。以红霉素的发酵为例，对于一次性投料的简单发酵过程，其放罐时发酵单位只能达到 4000μg/ml 左右；但如果对发酵过程中的营养物质浓度进行控制，根据需要调整其浓度，则放罐时发酵单位可以达到 8000μg/ml，甚至更高。在格尔德霉素发酵过程中，通过对溶氧、培养基配比、补料等工艺的改进，不仅提高了发酵产量，而且使发酵周期缩短了 48 小时，降低了生产成本。

由此可以看出，对发酵过程进行控制对于提高代谢产物的产量是非常必要的。

三、发酵过程控制的模式

由于发酵过程是微观的生物化学反应过程，发酵过程的变化难以用肉眼观察到。因此发酵过程的控制，远比一般的物理过程或一般的化学过程控制要复杂得多。

在对发酵过程采取有效的控制之前，首先需要了解发酵过程，比如需要了解菌体的数量、生长速度，菌体对碳源、氮源物质的吸收利用情况以及菌体合成代谢产物的情况。由于发酵过程的变化是难以用肉眼观察到，所以对这些情况的了解必须借助于分析检测的方法，通过对发酵液样品的测定，了解各种代谢参数的变化，从而了解发酵过程。检测的参数越多，在一定时间内取样测定的次数越多，对发酵过程的认识也就越全面、越深入。

当人们对发酵过程有了深刻的了解，才有可能对发酵过程进行有效的调节。如通过对发酵过程中还原糖浓度的分析，发现还原糖浓度成为发酵产物合成的限制因素时，就可以及时进行补糖，通过补糖促进代谢产物的生物合成。从这个例子可以看出，发酵过程的控制从某种意义上说，也是一种反馈控制，即根据发酵的结果决定调控的内容和强度。

发酵过程的控制模式可用图 8-2 表示。如图所示，当具备了发酵生产所需的基本条件（如菌种、发酵培养基、发酵设备）后，首先在一定发酵条件进行发酵，发酵的直接产物是发酵液。对发酵液样品及其他发酵参数进行取样测定，可以得到与发酵相关的各种信息，然后经过对这些信息进行分析、归纳和判断，给出相应的调控指令调整发酵条件（如补糖、增大通气量等），并由相应的执行机构（如工作人员或自动装置）执行调控指令。

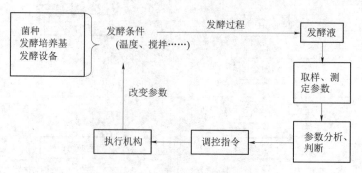

图 8-2　发酵过程控制的模式

四、发酵过程的主要控制参数

对发酵过程进行控制的先决条件是要了解发酵过程进行的情况，可通过取样测定发酵过程的相关信息，再对这些信息进行综合分析，进而对发酵过程做出相应调整，使发酵过程有利于目的产物的积累和产品质量的提高。

通过取样分析获得的有关发酵的信息也称为参数，与微生物发酵有关的参数，可分为物理参数、化学参数和生物参数三类。

1. 物理参数

（1）温度（℃）　整个发酵过程或不同阶段发酵液所维持的温度。温度的高低与发酵过程中酶反应速率、氧在培养液中的溶解度和传递速率、菌体生长速率和产物合成速率等有密切关系。

（2）压力（MPa）　发酵过程中发酵罐内维持的压力。

发酵过程中维持罐内一定的压力，主要有两方面的作用：①防止外界空气中杂菌的侵入，以保证纯种的培养。这是因为在搅拌轴与罐体之间不可避免地存在着缝隙，罐内只有维持一定的压力，才能保证外界的带菌空气不能进入罐内。②增加氧气的饱和溶解度 C^*，有利于氧气的传递。

但需要注意的是，CO_2 的溶解度也会随着罐压的增加而增加，所以罐压不宜过高，目前工业生产上通常将罐压控制在 0.02~0.05MPa。

（3）搅拌功率（kW/m^3）　搅拌器搅拌时所消耗的功率，常指每立方米发酵液所消耗的功率，通常为 2~4kW/m^3。它的大小与液相体积氧传递系数 K_La 有关。

（4）搅拌转速（r/min）　搅拌器在发酵过程中的转动速度，通常以每分钟的转数来表示。搅拌转速的高低影响氧的传递速率及发酵液的均匀性，此外还影响发酵液中泡沫的程度。

（5）空气流量　单位时间内向发酵罐中通入空气的量，是需氧发酵中重要的控制参数之一。空气流量的大小影响液相体积氧传递系数 K_La，也影响微生物产生的代谢废气的排出，此外还与发酵液中泡沫的生成有关。

（6）表观黏度（Pa·S）　反映发酵液物理性质的一个重要参数。表观黏度（η_{app}）的大小与发酵液中菌体的浓度、菌体的形态和培养基的成分有关。菌浓越大其表观黏度也越大；丝状菌的黏度大于球菌和杆菌，并且丝状真菌的黏度大于放线菌。培养基中含有较多的高分子物质（如淀粉）时，也显著增加了发酵液的表观黏度。表观黏度影响液相体积氧传递系数 K_La，影响氧的传递速率。

关于搅拌功率、搅拌转速、表观黏度这些参数，请参见第七章。

2. 化学参数

（1）pH　发酵液的 pH 是发酵过程中各种产酸和产碱的生化反应的综合结果，是发酵工艺控制的重要参数之一。pH 的高低与菌体生长和产物合成有着重要的关系，不仅可以反映菌体的代谢状况，还可以判断发酵过程的正常与否。pH 的测定分为在线测定（由 pH 电极测定）和离线测定（由 pH 计测定）。

（2）基质浓度　发酵液中糖、氮、磷等重要营养物质的浓度。它们的变化对产生菌的生长和代谢产物的合成有着重要的影响，控制其浓度也是提高代谢产物产量的重要手段。因此，在发酵过程中，需要定时地测定发酵液中的糖（还原糖和总糖）、氮（氨基氮或氨氮）、磷等营养基质的浓度。

（3）产物浓度　发酵产物的产量是重要的代谢参数之一。根据代谢产物产量的变化可以判定生物合成代谢是否正常，同时也是确定放罐时间的依据。

（4）溶氧浓度　溶氧是需氧菌发酵所必需的物质，测定溶氧浓度的变化，可了解产生菌对氧利用的规律，发现发酵的异常情况，也可作为发酵中间控制的参数及设备供氧能力的指标。

（5）废气中氧含量　与产生菌的摄氧率和 K_La 有关。测定废气中氧的含量可以计算出产生菌的摄氧率，确定发酵罐的供氧能力。

（6）废气中 CO_2 含量　废气中的 CO_2 是产生菌在呼吸过程中释放出的，测定废气中 CO_2 和氧的含量可以计算出产生菌的呼吸熵，从而了解产生菌的代谢规律。

3. 生物参数

（1）菌体浓度　控制微生物发酵过程的重要参数之一，特别是对抗生素等次级代谢产物的发酵控制。菌体量的大小和变化速度对合成产物的生化反应有着重要的影响，因此测定菌体浓度具有重要意义。菌体浓度与培养液的表观黏度有关，间接影响发酵液的溶氧浓度。在生产上，常常根据菌体浓度来确定适合的补料量和供氧量，以保证生产达到预期的水平。

（2）菌丝形态　丝状菌在发酵过程中，随着菌体的生长繁殖和代谢，菌体由幼龄期进入成熟期，然后进入衰老期，在各个生理阶段其菌丝形态都会发生相应的变化。因此，从菌丝形态的变化可以反映出菌体所处的生理阶段，同时，也反映出菌体内的代谢变化。

在发酵生产上，一般以菌丝形态作为衡量种子质量、区分发酵阶段、制定发酵控制方案和决定发酵周期的依据之一。

第二节　微生物的发酵类型

微生物发酵有不同的类别，可按照不同的分类方法进行分类。如按照投料方式、菌体对氧的需求或发酵动力学进行分类，也可以依据代谢产物的生物合成特点及产品类别进行分类。

一、按投料的方式分类

按照投料方式不同，发酵可分为分批发酵（batch fermentation）、连续发酵（continues fermentation）和补料分批发酵（fed-batch fermentation）。

1. 分批发酵　一次性投入料液，发酵过程中除了无菌空气的通入与废气的排出外，与外界没有物料交换，一直到发酵结束放罐。

虽然分批发酵的产量较低，但工艺操作最为简单，发酵过程易于控制。此外，分批发酵是不稳定的过程，随着菌体的生长及产物的合成，发酵过程中各种物理、化学和生物学参数都随时间而变化，这种状况在某种意义上是有好处的，可以通过这些参数的变化规律，寻找它们与菌体生长或产物合成之间的相关性，为确定优化的发酵工艺条件提供依据。

2. 连续发酵　在特定的发酵设备中进行的，一边连续不断地输入新鲜无菌料液，一边连续不断地放出发酵液。依据发酵设备的不同，连续发酵又分为罐式连续发酵和管道式连续发酵。

与分批发酵相比，连续发酵操作条件较恒定，生产相对稳定；减少了因罐体清洗、培养基投料、灭菌等步骤造成的设备停工，提高了设备的利用率；可减小发酵下游设备的规模。然而，连续发酵由于操作周期较长，容易造成染菌和菌种退化的问题，从而降低发酵的产量；丝状菌黏附于反应器壁或在搅拌轴附近生长，也会对发酵产量造成影响。

3. 补料分批发酵　介于分批发酵与连续发酵之间的一种发酵操作方式，是指在培养过程中，间歇或连续地向发酵罐中补加一种或多种成分的新鲜料液的培养方式，又称为半连续培养或半连续发酵。

与分批发酵相比，补料分批发酵可避免一次投料过多造成菌体过量生长、发酵液过于黏稠、氧的传递能力下降等不良后果；可避免高浓度营养物质对代谢产生的不利影响，解除底物抑制、产物反馈抑制和分解产物阻遏；还可为发酵过程的自动控制和最优化控制提供必需的方法。与连续发酵相比，产生菌不会因连续多代繁殖产生老化和菌种变异的问题，适用范围也比连续发酵广泛。

由于补料分批发酵具有以上这些优点，现已被广泛地用于微生物发酵生产和研究中，如已应用于抗生素类、酶类、激素药物类、维生素和氨基酸等产品的工业发酵生产中。

二、按与氧的关系分类

依据发酵与氧的关系不同，可以分为需氧发酵和厌氧发酵。

1. 需氧发酵　在需氧发酵过程中要不断地向发酵液中通入无菌空气，以满足微生物对氧的需求。需氧发酵是由需氧菌在有分子氧存在的条件下进行的发酵过程。氧在微生物的需氧呼吸中作为最终的电子受体。这类发酵包括绝大多数的抗生素、氨基酸以及其他代谢产物的发酵。这些需氧微生物具备较完善的呼吸酶系统，它们的呼吸作用主要是通过脱氢酶和氧化酶进行的，见图8-3。

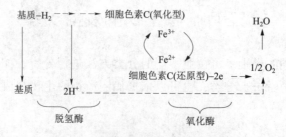

图8-3　需氧发酵中营养基质的氧化

营养基质在脱氢酶的作用下，被逐步脱氢形成氧化型基质。在氧化酶的作用下，脱去的电子通过呼吸链的传递，最终以分子氧作为电子受体，并结合氢质子形成水，完成有氧氧化的过程。1mol 葡萄糖经过有氧氧化可以产生 6mol 的二氧化碳、6mol 的水和 2875kJ 的能量。

2. 厌氧发酵　由厌氧菌或兼性厌氧菌在无分子氧的条件下进行的发酵过程，发酵过程应在隔绝空气的条件下进行。厌氧发酵的产品包括乙醇、丙酮、丁醇、乳酸、丁酸等。

在厌氧发酵过程中，只有脱氢酶的作用，而无氧化酶参与。由营养基质脱出的氢经辅酶（递氢体）传递给氧以外的物质，使其被还原，见图 8-4。

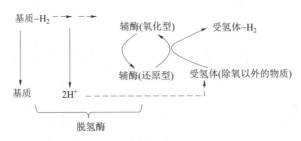

图 8-4　厌氧发酵中营养基质的氧化

以酵母菌的乙醇发酵为例，葡萄糖经过脱氢先形成乙醛、CO_2 和 H^+，然后乙醛再接受氢被还原为乙醇。在这种厌氧呼吸中，受氢体是葡萄糖本身分解所产生的乙醛。这种厌氧呼吸实际上是分子内的氧化还原过程。厌氧呼吸只有脱氢酶系的作用，而无氧化酶系的参与。

三、按发酵动力学参数的关系分类

在发酵动力学的研究中，主要的参数有菌体生长速率、碳源消耗速率及产物合成速率。根据这三者之间的关系不同，可以把微生物发酵过程分为 3 种类型，见图 8-5。

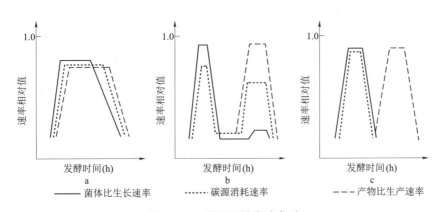

图 8-5　三种不同的发酵类型

1. 生长偶联型　发酵产物是直接来源于产能的初级代谢。菌体生长、碳源分解代谢和产物形成几乎是平行进行的。因而菌体生长期和产物合成期是重叠的，如单细胞蛋白和葡萄糖酸的发酵，见图 8-5a。

2. 部分生长偶联型　发酵产物也是来自能量代谢所用的基质，但发酵过程呈现两个阶段：第一阶段为菌体生长阶段，菌体生长速率与基质消耗速率成正比，但无产物的合成；第二阶段为产物合成阶段，产物合成速率和基质消耗速率成正比，且基本同步；有少量菌体生长或不生长。枸橼发酵是这种类型的典型代表，见图 8-5b。

3. 非生长偶联型　非生长偶连型发酵也表现为两个阶段：在第一阶段，菌体生长占主导地位，菌体生长速率和基质消耗速率基本同步且成正比，没有或只有少量产物合成；第二阶段以产物合成为主，只有少量菌体生长或不生长甚至呈负生长，基质消耗很少。菌体主要利用中间代谢产物来合成产物，而不是直接分解碳源来合成代谢产物。这种类型包括了许多抗生素、氨基酸、色素等的生物合成，见图8-5c。

此外，微生物发酵的类别还可以依据代谢产物生物合成与菌体生长的关系分为初级代谢产物发酵和次级代谢产物发酵；依据产品的类别还可以分为抗生素发酵、氨基酸发酵、维生素发酵、有机酸发酵等。

第三节 发酵过程中的代谢变化

对于微生物菌体来说，无论进行初级代谢还是次级代谢，代谢过程都有其自身规律。随着菌体的生长和产物的形成，发酵液中的各项参数（菌体浓度、菌丝形态、基质浓度、溶氧浓度、pH等）不断变化，只有了解菌体发酵的代谢变化规律，掌握各参数与菌体生长和产物合成间的相关性，才能更好地对发酵过程进行控制。

一、初级代谢产物发酵的代谢变化

初级代谢指的是生物细胞在生命活动过程中进行的与菌体的生长、繁殖相关的一类代谢活动，其产物即为初级代谢产物，包括氨基酸、核酸、核苷酸、脂肪酸等。初级代谢产物发酵的代谢变化主要表现为菌体的生长、营养物质的消耗和产物的合成基本是同步进行的，即随着菌体的不断生长，营养物质不断被消耗，代谢产物不断合成。

菌体进入发酵罐后经过生长、繁殖，并达到一定的菌浓。其生长过程表现出延迟期、对数生长期、稳定期和衰亡期等生长史的特征。但在发酵过程中，即使同一菌种，由于菌体的生理状态和培养条件的不同，各期的时间长短也不尽相同。如延迟期的长短就随培养条件的不同而有所不同，并与接入菌种的生理状态有关。对数期的菌种移植到与原培养基组成完全相同的新培养基中，就不会出现延迟期，仍以对数期的方式继续繁殖下去；用静止期以后的菌体接种，即使接种的菌体全部能够生长，也要出现延迟期。因此，工业发酵中往往要接入处于对数生长期的菌体，以尽量缩短延迟期。

营养物质的消耗与菌体生长密切相关。延迟期消耗速率缓慢；对数生长期消耗迅速，基质浓度急剧下降；稳定期后消耗较少直至发酵结束。菌体的摄氧率随菌浓的增加而不断增加，对数生长末期达到极大值，发酵液的溶氧浓度也随之发生变化。

与次级代谢产物的合成相比，初级代谢产物的合成过程中，没有明显的产物形成期，基本随着菌体的生长同步进行。图8-6表示初级代谢产物谷氨酸发酵过程的代谢变化。

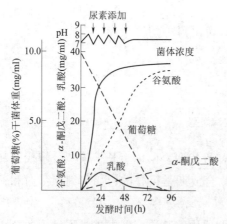

图8-6 谷氨酸发酵的代谢变化

二、次级代谢产物发酵的代谢变化

次级代谢指的是在生物细胞内进行的与菌体生长、繁殖无关的一类代谢活动，其产物即为次级代谢产物，包括大多数的抗生素、生物碱和微生物毒素等物质。按照代谢变化，可将次级代谢产物发酵过程分为 3 个阶段：菌体生长阶段、产物合成阶段和菌体自溶阶段。

1. 菌体生长阶段　生产菌种接种至发酵培养基后，在合适的培养条件下，经过一定时间的适应，就开始生长和繁殖，经过对数生长期，达到稳定期。其代谢变化主要是营养物质的分解代谢和菌体生长的合成代谢。主要表现为：碳源、氮源和磷酸盐等营养物质不断被消耗利用，浓度明显减少；新菌体不断被合成，菌浓明显增加；随着菌浓不断增加，摄氧率也不断增大，溶氧浓度不断下降，当菌浓达到临界值时，溶氧浓度降至最小；产物基本不合成或合成的量很少。由于基质的代谢变化，pH 也发生一定改变，有时先下降而后上升，这是糖代谢先产生酮酸等有机酸而后被利用的结果；有时先上升而后下降，这是由于菌体先利用培养基中氨基酸的碳骨架作为碳源而释放出氨，使 pH 上升，而后氨又被利用使 pH 下降的结果。

当营养物质消耗到一定程度，或菌体达到一定浓度，或供氧受到限制而使溶氧浓度降到一定水平时，某种营养成分就成为菌体生长的限制性因素，使菌体生长速率减慢。同时，在大量合成菌体期间，积累了相当数量的某些代谢中间体。此时与菌体生长有关的酶活力开始下降，与次级代谢有关的酶开始出现，因而导致菌体的生理状况发生改变，发酵就从菌体生长阶段转入产物合成阶段。这个阶段一般又称为菌体生长期或发酵前期。

2. 产物合成阶段　代谢变化主要是营养物质的分解代谢和产物的合成代谢。主要表现为：碳源、氮源等营养物质不断被消耗，但此时的消耗速率远小于菌体生长时期；菌体的数量基本不变，但菌体重量仍有所增加；菌体的呼吸强度一般无显著变化，发酵液的溶氧浓度维持在较低水平；次级代谢产物不断被合成，产量逐渐增多。

营养物质及外界环境的变化很容易影响这个阶段的代谢。碳源、氮源和磷酸盐等的浓度必须控制在一定的范围内，如果这些营养物质过多则菌体就要进行生长繁殖，抑制产物的合成，使产量降低；如果过少，菌体就易衰老，产物合成能力下降，产量减少。发酵液的 pH、培养温度和溶氧浓度等参数的变化，对该阶段的代谢变化都有明显的影响，也必须严格控制。这个阶段一般称为产物分泌期或发酵中期。

此外，还可以 DNA 的含量作为标准来划分菌体生长阶段和产物合成阶段，它们的阶段界限是很明显的，见图 8-7，菌体的生长达到恒定后（DNA 含量达到定值）就进入产物合成阶段，开始形成产物。如果以菌体干重作为划分阶段的标准，它们之间就有交叉，这是由于菌体在产物合成阶段中虽然没有进行繁殖，但多元醇、脂类等细胞内含物仍在积累，使菌体干重增加，因此，就形成了这样的现象。

3. 菌体自溶阶段　菌体衰老、细胞开始自溶，氨氮含量增加，pH 上升，产物合成能力衰退，生产速率下降。发酵到此期必须结束，否则产物不仅受到破坏，还会因菌体自溶而给发酵液过滤和产物提取带来困难。这个阶段一般称为菌体自溶期或发酵后期。

次级代谢产物发酵各个阶段的变化规律可总结如表 8-1。

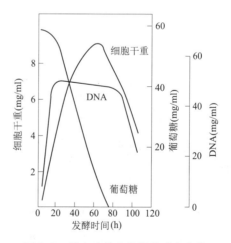

图 8-7　杀念珠菌素分批发酵中菌体干重和 DNA 含量的变化

表 8-1 次级代谢产物发酵各个阶段的参数变化

参数	菌体生长阶段	产物合成段	菌体自溶阶段
菌丝形态	发芽→分枝状→网状 菌丝粗、染色深	网状、菌丝变细、 染色变浅	菌丝断裂、模糊、 染色很浅
比生长速率	高	低	负数
碳源浓度变化	快速降低	缓慢降低	基本不变
氮源浓度变化	快速降低	缓慢降低	回升
产生生物热	多	少	不产生
代谢产物产量	少量	大量（70%～80%）	停止产生

三、代谢曲线

将发酵过程中各参数随时间的变化过程绘制成图即为发酵过程的代谢曲线，代谢曲线可清楚地说明发酵过程中的代谢变化，并反映出碳源、氮源的利用和 pH、菌体浓度和产物浓度等参数之间的相互关系。克拉维酸的发酵代谢曲线见图 8-8。分析研究代谢曲线，还有利于掌握发酵代谢变化的规律和发现工艺控制中存在的问题，有助于改进工艺，提高产物的产量。

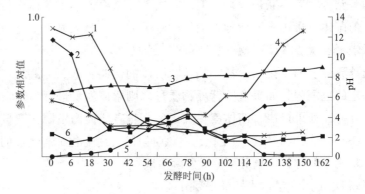

1. 还原糖含量；2. 溶磷含量；3. pH；4. 氨基氮含量；5. 效价；6. 菌体浓度

图 8-8 克拉维酸的发酵代谢曲线

第四节 菌体浓度的影响及其控制

发酵过程就其本质来说是由微生物细胞参与的生物化学反应过程，因此微生物细胞的数量、状态、代谢情况就对产物的生物合成有着重要的影响。

菌体浓度（简称菌浓，cell concentration）是指单位体积培养液中菌体的含量。无论在科学研究上，还是在工业发酵控制上，它都是一个重要的参数。菌浓的大小，在一定条件下，不仅反映菌体细胞的多少，而且反映菌体细胞生理特性不完全相同的各个分化阶段。在发酵动力学研究中，需要利用菌浓参数来算出菌体的比生长速率和产物的比生产速率等有关动力学参数，以研究它们之间的相互关系，探明其动力学规律。此外，菌浓还可作为调整发酵过程的依据，如判断移种时间、确定补料时间及补料量、判断放罐时间等，所以菌浓是一个重要的基本参数。

一、菌体浓度的测定方法

常用的菌浓测定方法有以下 3 种。

1. 菌体干重（g/100ml）　取 100ml 发酵液，离心后弃去上清液，然后用蒸馏水洗菌体 2~3 次，每次洗后离心。然后将菌体置干燥箱中烘干至恒重，称量干菌体的重量，以 g/100ml 表示。

2. 菌体湿重（g/100ml）　测定时除了不需要烘干至恒重外，其余测定过程与测定菌体干重的过程相同。

3. 菌体湿体积（%）　也称菌体沉降体积（packed cell volume，PCV）或相对菌体浓度，是工业生产及科研中较常用的测定菌浓的方法，该法的特点是操作简便，可快速得到结果，但测量有一定误差。其测定方法为：准确取发酵液 10ml 于 10ml 刻度离心管中，4000r/min 离心 20 分钟后，将上清液倒入另一 10ml 离心管中，测量上清液的体积。

$$菌体的湿体积 = [（10ml - 上清液体积 ml）÷ 10ml] × 100\%$$

此外，比浊法、荧光法等也可用于发酵过程中菌体浓度的测定。

二、影响菌体浓度的因素

1. 微生物的种类和遗传特性　不同种类的微生物的生长速率是不一样的，其大小取决于细胞结构的复杂性和生长机制，细胞结构越复杂，分裂所需的时间就越长。细菌、酵母和霉菌的倍增时间分别为 45 分钟、90 分钟、3 小时左右，这说明各类微生物增殖速度的差异。此外，丝状菌相对于球状菌来说，具有较高的菌体浓度和表观黏度。

2. 营养物质种类与浓度　营养物质包括各种碳源和氮源等成分。按照 Monod 方程式，菌体的生长速率取决于基质的浓度（各种碳源的基质饱和系数 K_S 在 $1 \sim 10mg/L$ 之间），当基质浓度 $S > 10K_S$ 时，比生长速率就接近最大值。所以营养物质均存在一个上限浓度，在此限度以内，菌体比生长速率随浓度增加而增加。但超过此上限，浓度继续增加，反而会引起生长速率下降，这种效应通常称为基质抑制作用。这可能是由于高浓度营养基质形成高渗透压，引起细胞脱水而抑制生长。这种作用还包括某些化合物（如甲醇、苯酚等）对一些关键酶的抑制，或使细胞结构成分发生变化。在实际生产中，常用丰富的培养基和有效的溶氧供给，促使菌体迅速繁殖，菌浓增大，以提高发酵产物的产量。所以，在微生物发酵的研究和控制中，营养条件（包括溶氧）的控制至关重要。

3. 菌体生长的环境条件　温度、pH、渗透压和水的活度等环境因素也影响菌体的生长速度。如不同的微生物对水的活度的要求不同，细菌的生长要求较高的水的活度，而霉菌的生长要求水的活度相对较低。此外，不适宜的水的活度可完全抑制微生物的生长。

三、菌体浓度对发酵的影响

菌浓的高低，对发酵产物的产率有着重要的影响。在一定条件下，发酵产物的产率与菌体浓度成正比，即菌浓越大，产物的产量也越大。发酵产物的产率可用式 8-1 表示。

$$R_p = Q_p \cdot X \tag{8-1}$$

式中，R_p 为生产速率，即单位时间、单位体积发酵液合成产物的量，$g/(L \cdot h)$；Q_p 为比生产速率，即单位时间、单位重量的菌体合成产物的量，$g/(g \cdot h)$；X 为菌体浓度（干重），即单位体积发酵液中含有菌体的折干重量，g/L。

然而，菌浓过高时，也会引起发酵产物产量的减少。一方面，当菌浓过高时，营养物质消耗过快，培养液中的营养成分明显降低，再加上有毒物质的积累，就可能改变菌体的代谢途径，如在氨基酸发酵过程中，菌浓过高意味着代谢途径更多地倾向于菌体生长过程，即营养物质的大量消耗主要用于合成菌体物质，而不是合成产物氨基酸，因此降低了产量。另一方面，当菌浓过高时会显著降低发酵液中的溶氧浓度，因为随着菌浓的增加，培养液的摄氧率（oxygen uptake rate，OUR）按比例增加（$OUR = Q_{O_2} \cdot X$），表观黏度也随之增加，造成 $K_L a$ 下降，使氧的传递速率（oxygen transfer rate，OTR）成对数地减少（式 7-5 及 7-9），当 OUR>OTR 时，溶氧就减少，并成为限制性因素。早期酵母菌发酵时，曾出现过代谢途径改变、酵母菌生长停滞、产生乙醇的现象。在抗生素发酵中，当溶氧成为限制因素时，也会使产量降低。

因此，在工业生产中，必须确定和维持适宜的菌体浓度（最适菌浓），以保证获得较高的产量。

四、最适菌体浓度的确定与控制

1. 最适菌浓的确定　如图 8-9，当发酵液中的菌体浓度较低时，菌体的需氧要求小于设备的供氧能力（OUR<OTR），此时发酵液的溶氧水平较高，菌体的呼吸不受影响，能够维持一定的比生产速率 Q_p，随着菌浓的增加，二者之积生产速率 R_p 也不断增加。

菌浓继续增加，OUR 不断增加，OTR 不断减小，溶氧浓度不断减小，但仍维持

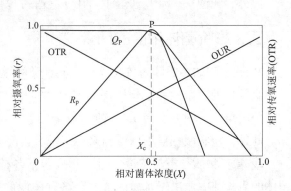

图 8-9　菌浓与 OUR、OTR、Q_p、R_p 的关系

在较高水平。当 OUR=OTR 时，需氧与供氧间达到了平衡状态，此时，发酵液中的溶氧浓度维持在一定数值不变。

当菌浓再继续增加时，菌体的需氧量超过了设备的供氧能力（OUR>OTR），溶氧浓度继续减小，一旦低于了呼吸临界氧浓度，溶氧就成为菌体生长及产物合成的限制性因素，菌体的呼吸受到抑制，菌体合成代谢产物的能力显著降低，表现为菌体的比生产速率显著下降，此时虽然菌浓还在逐渐增加，但由于比生产速率 Q_p 下降更为显著，使得两者的乘积生产速率 R_p 下降。

综上，为了获得最高的生产速率，应该采用摄氧速率与氧传递速率相平衡时的菌体浓度。因此，最适菌体浓度可定义为：当发酵体系中摄氧速率等于氧传递速率（OUR=OTR），且溶氧维持在高于呼吸临界氧浓度的水平时，此时的菌体浓度为菌体的呼吸不受抑制条件下的最大菌体浓度，即为最适菌体浓度（或临界菌体浓度）。

2. 菌体浓度的控制　发酵过程不但要有合适的菌体浓度，还要设法控制菌浓始终保持在合适的范围内。首先要调节培养基的营养基质浓度来控制菌浓，因为在一定的培养条件下，菌浓主要受营养基质浓度的影响，因此，基础培养基应配比适当，以避免产生过高（或过低）的菌体浓度。其次，通过中间补料控制菌浓，如当菌体生长缓慢、菌浓太低时，可补加一部分氮源或磷酸盐以促进菌体生长，提高菌浓；但如果补加过多，则会使菌体过分生长而超过临界菌浓，因此，当菌浓接近最适菌浓时，则要停止补料。此外，一旦菌体

浓度过大，要进行及时调整，可以向发酵罐中补入无菌水以降低发酵液的黏度，改善氧的传递效果；或者适当降低发酵培养温度，控制菌体的生长速率，达到控制菌浓的目的。

第五节　营养基质的影响及其控制

营养基质是产生菌代谢的物质基础，其种类及含量与发酵代谢有着密切的关系，既涉及菌体的生长繁殖，又涉及代谢产物的形成，此外，它们还参与了许多代谢调控过程。因此，选择适当的营养基质和控制适当的浓度，是提高发酵产物产量的重要途径。

一、几种主要营养基质的浓度测定

在发酵过程中，需要及时了解各营养基质的变化，以便快速准确地对发酵过程进行调整，因此，需定时测定发酵液中的糖、氮、磷等营养基质的浓度。

1. 糖浓度的测定　发酵液中的糖包括总糖和还原糖。总糖指的是所有形式存在的糖的总和，包括多糖、寡糖、双糖和单糖（葡萄糖）。还原糖指的是具有还原能力的糖，也是指分子结构中具有游离醛基的糖，一般指的是葡萄糖；但也包括麦芽糖（麦芽糖分子中有一个游离醛基，具有还原性）。糖的浓度一般用每 100ml 发酵液中含糖的克数表示，即 g/100ml。

（1）总糖的测定　总糖不能直接测定，需要将发酵液中以各种形式存在的糖在酸性条件下加热水解，全部水解成葡萄糖后再按还原糖测定的方法进行测定。

（2）还原糖的测定　方法有多种，在发酵生产上应用最多的是斐林试剂法。斐林试剂法测定糖含量的原理：单糖分子中的醛基在碱性溶液中可还原二价铜离子为一价铜离子，过量的二价铜离子在酸性溶液中与碘化钾作用析出碘，用标准硫代硫酸钠溶液滴定析出的碘，即可计算出单糖（还原糖）的量。但二价铜离子在碱性溶液中生成氢氧化铜沉淀影响测定。

$$CuSO_4+2NaOH \longrightarrow Cu(OH)_2\downarrow +Na_2SO_4$$

加入酒石酸钾钠，可与氢氧化铜络合使其保持溶解状态。

$$
\begin{array}{l}
COONa \\
H-C-OH \\
\qquad\qquad +Cu(OH)_2 \longrightarrow \\
H-C-OH \\
COOK
\end{array}
\begin{array}{l}
COONa \\
H-C-O \\
\qquad\qquad Cu +2H_2O \\
H-C-O \\
COOK
\end{array}
$$

此络合物不稳定，当 Cu^{2+} 浓度降低时，则逐渐分解，供给反应所需的 Cu^{2+}，这种络合物溶液称为斐林混合液。为便于保存，以硫酸铜溶液为斐林溶液 A，酒石酸钾钠溶液为斐林溶液 B，使用前混合。斐林溶液与糖的反应如下。

$$
2
\begin{array}{l}
COONa \\
H-C-O \\
\qquad\qquad Cu +RCHO+2H_2O \longrightarrow \\
H-C-O \\
COOK
\end{array}
2
\begin{array}{l}
COONa \\
H-C-OH \\
\qquad\qquad +Cu_2O+RCOOH \\
H-C-OH \\
COOK
\end{array}
$$

剩余的硫酸铜在酸性溶液中与碘化钾作用生成碘。

$$2CuSO_4+4KI \longrightarrow Cu_2I_2+2K_2SO_4+I_2$$

然后用硫代硫酸钠滴定生成的碘。

$$I_2+2Na_2S_2O_3 \longrightarrow 2NaI+Na_2S_4O_6$$

2. 氮浓度的测定　发酵液中的氮浓度包括总氮、氨基氮和铵离子浓度。氮的含量一般以每 100ml 发酵液中含有氮元素的毫克数（mg/100ml）表示。

（1）总氮　发酵液中含有的氮元素总量之和，包括了发酵液中所有以各种形式存在的氮元素的总量。总氮不能直接测定，也需要在强酸的作用下水解，将以蛋白质、氨基酸及其他含氮化合物形式存在的氮元素释放出来，然后以凯氏定氮法测定。

（2）氨基氮　以氨基酸形式存在的氮元素，一般采用甲醛滴定法（formol titration）测定。其原理：氨基酸为两性化合物，不能直接用酸碱滴定，但与甲醛反应后使氨基封闭而羧基呈游离状态，生成二羟甲基氨基酸而显示出酸性，可用碱直接进行滴定，根据消耗氢氧化钠标准溶液的量，计算出含氮量。

$$\text{R—CH—COOH} + 2\text{HCHO} \longrightarrow \text{R—CH—COO}^- + \text{H}^+$$
$$\underset{\text{NH}_2}{|} \qquad\qquad\qquad \underset{\text{N(CH}_2\text{—OH)}_2}{|}$$

（3）铵离子浓度　发酵液中许多铵盐（如硫酸铵、氯化铵）能释放出铵离子，这些铵离子在碱性条件下加热可转变成气态氨（NH_3）。NH_3 呈碱性，收集气态氨，然后用酸滴定，即可测定氮元素的含量，这就是硼酸吸附法测定氮含量的原理。

3. 磷酸盐含量的测定　用钼酸铵比色法，其原理：酸性条件下，正磷酸盐与钼酸铵、酒石酸锑钾反应，生成磷钼杂多酸，然后与还原剂抗坏血酸作用，被还原成蓝色络合物，可在波长 700nm 处用分光光度计进行测定。发酵液中的磷酸盐含量一般用 µg/ml 表示。

二、碳源的影响及控制

不同的微生物对于碳源的需求不同，选择适宜的碳源种类有利于提高发酵产量。如乳糖、蔗糖、麦芽糖、糊精、饴糖、豆油、水解淀粉等分别是青霉素、头孢菌素 C、红霉素、核黄素等发酵的最适碳源。

以糖类作为碳源时，葡萄糖是较常用的一种碳源，因其可被菌体迅速地吸收利用，有利于菌体的生长。然而当葡萄糖浓度过高时，容易产生"葡萄糖效应"，对很多代谢产物（特别是抗生素等次级代谢产物）的生物合成产生阻遏作用，很多速效碳源也存在类似的现象。迟效碳源（淀粉等）由于被菌体利用速度缓慢，有利于延长代谢产物的合成，特别是有利于次级代谢产物的生物合成。因此，工业上通常采用速效和迟效的混合碳源，在菌体生长时期，利用速效碳源促进菌体的迅速生长繁殖；进入产物合成阶段，速效碳源浓度较低而减少了阻遏作用，迟效碳源发挥其被缓慢分解利用的优势，有利于代谢产物的合成，提高发酵产量。

油脂在工业发酵生产中也是常用的碳源，不仅可作为碳源，也可作为消泡剂添加到发酵体系中。不同油脂的组成成分不同，其中脂肪酸的饱和程度和含量等均不相同，因此对发酵产物的合成也有不同的影响，有时对菌体的生长周期和菌丝形态也有一定的影响。在红霉素、头孢菌素 C、四环素、泰乐菌素、多杀菌素等抗生素的发酵生产中，油脂作为碳源均起到了较好的效果。

此外，碳源的浓度对发酵也有明显的影响。若碳源的用量过大，由于营养过于丰富所引起的菌体异常繁殖，对菌体的代谢及氧的传递都会产生不良的影响，则产物的合成会受到明显的抑制。反之，仅仅供给维持量的碳源，菌体生长和产物合成就都停止。如在产黄青霉 Wis54-1255 发酵中，给以维持量的葡萄糖 0.022g/（g·h），菌体的比生长速率和青霉素的比生产速率都降为零，所以必须供给适当量的葡萄糖方能维持青霉素的合成速率。因此，控制适当量的碳源浓度，对工业发酵也很重要。

控制碳源的浓度，可采用经验性方法和动力学法。前者是在发酵过程中采用中间补料的方法来控制，这要根据不同代谢类型来确定补糖时间、补糖量和补糖方式。动力学方法是根据菌体的比生长速率、糖的比消耗速率及产物的比生产速率等动力学参数来控制。

三、氮源的影响及控制

氮源的种类和浓度不仅影响发酵产物的产量，有时也影响发酵的代谢方向。例如，谷氨酸发酵，当 NH_4^+ 供应不足时，谷氨酸合成减少，α-酮戊二酸积累；过量的 NH_4^+ 反而促使谷氨酸转变成谷氨酰胺。控制适当的 NH_4^+ 浓度，才能使谷氨酸产量达到最大。又如在研究螺旋霉素的生物合成中，发现无机铵盐不利于螺旋霉素的合成，而有机氮源（如鱼粉）则有利于其合成。

速效氮源（如铵盐、玉米浆等）与速效碳源相同，容易被菌体利用，促进菌体生长，但高浓度时对某些代谢产物的合成，特别是对某些抗生素的生物合成产生抑制或阻遏作用，可明显降低其产量。如利用抗生链霉菌进行竹桃霉素发酵时，采用促进菌体生长的铵盐，能刺激菌丝生长，但抗生素产量明显下降。铵盐还对头孢菌素 C、红霉素、柱晶白霉素、螺旋霉素、泰洛星等的生物合成产生同样作用。据报道，在抗生素发酵培养基中加入天然沸石、磷酸镁、磷酸钙等物质在一定程度上可解除铵离子对代谢产物合成的抑制或阻遏作用，提高抗生素产量。迟效氮源（如黄豆饼粉、花生饼粉等）对延长次级代谢产物的分泌期，提高产物的产量是有好处的。但一次投入过多，也容易促进菌体的过度生长和养分过早耗尽，导致菌体过早衰老而自溶，从而缩短产物的分泌期。因此，工业上通常也采取速效和迟效的混合氮源，如链霉素发酵采用的氮源为硫酸铵和黄豆饼粉。

为了调节菌体生长和防止菌体衰老自溶，除了基础培养基中的氮源外，还要在发酵过程中补加氮源来控制其浓度。生产上采用的方法如下。

1. 补加有机氮源　根据产生菌的代谢情况，可在发酵过程中添加某些具有调节生长代谢作用的有机氮源，如酵母粉、玉米浆、尿素等。如土霉素发酵中，补加酵母粉可提高发酵单位；青霉素发酵中，后期出现糖利用缓慢、菌浓降低、pH 下降的现象，补加尿素就可改善这种状况并可提高发酵单位；氨基酸发酵中，也可补加作为氮源和 pH 调节剂的尿素。

2. 补加无机氮源　补加氨水或硫酸铵是工业上常用的方法。氨水既可作为无机氮源，又可调节 pH。在抗生素发酵工业中，通氨是提高发酵产量的有效措施，如与其他条件相配合，有的抗生素的发酵单位可提高 50% 左右。当 pH 偏高而又需补氮时，可补加生理酸性物质硫酸铵，以达到提高氮含量和调节 pH 的双重目的。还可补充其他无机氮源，但需根据发酵控制的要求来选择。

四、磷酸盐的影响及控制

磷酸盐是微生物菌体生长繁殖所必需的成分，也是合成代谢产物所必需的。磷酸盐浓度调节代谢产物合成的机制比较复杂，对于初级代谢产物合成的调节，往往是通过促进菌体生长而间接产生的，对于次级代谢产物生物合成的调节来说，有多种可能的机制。

菌体生长及产物的合成（特别是次级代谢产物）对磷浓度的要求不同，如利用金霉素链霉菌 949（*S. aureofaciens* 949）进行四环素发酵，菌体生长最适的磷浓度为 65~70μg/ml，而四环素合成的最适浓度为 25~30μg/ml。一般来说，适合微生物生长的磷酸盐浓度为 0.3~300mmol/L，但适合次级代谢产物合成所需的浓度平均仅为 1.0mmol/L，提高到 10mmol/L 就明显地抑制其合成。相比之下，菌体生长所允许的浓度比次级代谢产物合成所允许的浓度要大得多，两者平均相差几十倍至几百倍。因此，磷酸盐浓度的控制对次级代谢产物的发酵来说是非常重要的。

磷酸盐浓度的控制主要是通过在基础培养基中采用适当的磷酸盐。对于初级代谢产物发酵来说，其对磷酸盐浓度的要求不如次级代谢产物发酵那样严格。对抗生素发酵来说，常常采用生长亚适量的磷酸盐浓度（对菌体生长不是最适合但是又不影响生长的浓度），该浓度取决于菌种特性、培养条件、培养基组成和来源等因素，即使同一种抗生素发酵，不同地区不同工厂所用的磷酸盐浓度也不一致，甚至相差很大。因此，磷酸盐的浓度控制必须结合当地的具体条件和使用的原材料进行实验确定。

培养基中有机氮源的种类不同，其含磷量是有差异的。此外，含磷量还可因配制方法和灭菌条件不同而引起变化，如一些金属离子（Ca^{2+}、Mg^{2+} 等）可与磷酸盐产生沉淀，从而降低了培养液中的磷含量。

在发酵过程中，有时发现代谢缓慢的情况，可采用补加磷酸盐的办法加以纠正，例如在四环素发酵中，间歇添加微量磷酸二氢钾，有利于提高四环素的产量。

五、其他营养基质的影响及控制

除上述主要基质外，培养基中的其他组分也对发酵过程产生一定的影响。

在发酵过程中，添加前体可提高目的产物的产量。如在青霉素 G 发酵中添加苯乙酸，在红霉素生产中添加丙醇，在纳他霉素生产过程中添加丙酸钠等，均可显著提高相应产物的产量。但过量的前体也会对菌体生长产生抑制作用，因此，生产中通常采取连续流加或少量多次补加的方式，或将其制成缓慢利用的形式（如苯乙酸月桂醇酯）控制其浓度。

在培养基中添加某些酶活调节剂，也可以促进代谢产物的合成。如在阿卡波糖的发酵过程中，根据其生物合成途径，在发酵的不同阶段添加不同浓度的代谢调节物质，分别添加了碘乙酸（3-磷酸甘油醛脱氢酶抑制剂）、氟化钠（烯醇化酶抑制剂）、枸橼酸钠和莽草酸（丙酮酸激酶抑制剂），都提高了阿卡波糖的产量。又如，在埃博霉素生物合成过程中，添加 S-腺苷甲硫氨酸合成酶的抑制剂吲哚乙酸时，显著降低了埃博霉素的产量，而加入促进剂对甲苯磺酸钠时，埃博霉素的产量有所提高。

金属离子对微生物的生长和产物合成也会产生影响。如 Ca^{2+} 可影响万古霉素合成过程中某些酶的活性，从而提高万古霉素的产量；Cu^{2+} 在以醋酸盐为碳源的培养基中，能促进谷氨酸产量的提高；Mn^{2+} 对芽孢杆菌合成杆菌肽等代谢产物具有特殊的作用，使用适当的浓度能促进杆菌肽的合成；在红霉素发酵过程中，适量添加 Mo^{7+}、Zn^{2+}、Mg^{2+} 等金属离子，使红霉素的产量有所提高。

总之，发酵过程中，控制基质的品种及其用量是非常重要的，是发酵能否成功的关键。必须根据产生菌的特性和各个产品生物合成的要求，进行深入细致的研究，方能取得良好的结果。

第六节　温度的影响及其控制

在发酵过程中，需要维持适当的温度，才能使菌体生长和代谢产物的生物合成顺利地进行。发酵所用的菌种绝大多数是中温菌，如霉菌、放线菌和一般细菌，它们的最适生长温度一般在20~40℃，需根据菌体的生长要求，产物的合成需求及发酵条件的变化对发酵温度进行控制，以达到良好的发酵效果。

一、温度对发酵的影响

1. **影响酶的活性**　微生物的生长繁殖及合成代谢产物都是在酶催化下进行的生物化学反应，酶活性的发挥和维持都需要合适的温度。因此，温度的变化会影响酶的活性，从而影响菌体的生长与代谢产物的合成。

温度对化学反应速率的影响常用温度系数 Q_{10}（每增加10℃，化学反应速率增加的倍数）来表示。在不同温度范围内，Q_{10} 的数值是不同的，一般是2~3，而酶反应速度与温度变化的关系虽然符合此规律，也存在其特殊性。在菌体所能生长的最低温度与最适温度间，随着温度的升高，酶反应速率增加，菌体生长速率增加；超过菌体生长的最适温度，温度再升高，酶的催化活力就下降，菌体生长受到抑制，生长速率减慢；当温度达到菌体生长的最高温度时，菌体生长停止甚至死亡。

温度对菌体生长的酶反应和代谢产物合成的酶反应的影响是不同的。有人考察了不同温度（13~35℃）对青霉菌的生长速率、呼吸强度和青霉素合成速率的影响，结果表明，温度对这三种代谢的影响是不同的。按照阿伦尼乌斯方程式计算，青霉菌生长的活化能 $E=34kJ/mol$，呼吸活化能 $E=71kJ/mol$，青霉素合成的活化能 $E=112kJ/mol$。从这些数据得知：青霉素合成速率对温度的变化最为敏感（活化能越高，对温度的变化越敏感），微小的温度变化，就会引起青霉素生产速率明显的改变。偏离最适温度就会引起产物产量明显的降低，这说明次级代谢产物发酵中温度控制的重要性。

2. **影响发酵液的物理性质**　温度对发酵液的物理性质也产生一定影响，如发酵液的黏度、基质和氧在发酵液中的溶解度和传递速率、某些营养基质的分解和吸收速率等，都受温度变化的影响，进而影响发酵的动力学特性和产物的生物合成。

3. **影响代谢产物合成的方向**　温度变化不仅影响酶反应的速率，还影响代谢产物合成的方向。如在含氯离子的培养基中利用金色链霉菌 NRRL B-1287 进行四环素发酵时，随着发酵温度的提高，有利于四环素的合成。30℃以下时合成的金霉素多，达到35℃时就几乎只合成四环素，而金霉素的生物合成停止，较高的温度影响了合成金霉素的氯化反应。

温度的变化还对多组分次级代谢产物的组分产生影响，如黄曲霉产生的黄曲霉毒素为多组分，在20℃、25℃和30℃发酵所产生的黄曲霉毒素 G 与黄曲霉毒素 B 的比例分别为3∶1、1∶2和1∶1。又如赭曲霉在10~20℃发酵时，有利于合成青霉酸，在28℃时则有利于合成赭曲霉素 A。

4. **影响代谢调控机制**　如氨基酸作为终产物对其生物合成过程中的第一个酶有反馈调节作用，这种反馈调节作用在20℃低温时就比菌体正常生长温度37℃时控制的更为严格。

发酵温度对酵母细胞的生长及糖醇转化都有着较大影响，此外对细胞膜磷脂的合成也有一定的调节作用。如在酿酒酵母进行乙醇发酵的过程中，35℃进行发酵时，磷脂酰肌醇的含量较高，但细胞数量及乙醇产量均较低；15℃进行发酵时，磷脂酰乙醇胺含量较高，其含量高于磷脂酰胆碱。

二、影响发酵温度变化的因素

在发酵过程中，由于整个发酵系统中不断有热能产生出来，同时又有热能的散失，因而引起发酵温度的变化。产热的因素有生物热（$Q_{生物}$）和搅拌热（$Q_{搅拌}$）；散热的因素有蒸发热（$Q_{蒸发}$）、辐射热（$Q_{辐射}$）和显热（$Q_{显}$），各种产生的热量减去各种散失的热量所得的净热量就是发酵热（$Q_{发酵}$），其单位为 kJ/（$m^3 \cdot h$），即 $Q_{发酵}=Q_{生物}+Q_{搅拌}-Q_{蒸发}-Q_{显}-Q_{辐射}$。发酵热是发酵温度变化的主要因素，现将各种产热和散热的因素分述于下。

1. 生物热（$Q_{生物}$） 微生物在生长繁殖过程中产生的热能。营养基质被菌体分解代谢产生大量的能量，部分用于合成高能化合物 ATP，供给合成代谢所需要的能量，多余的则以热能的形式释放出来，形成了生物热。生物热因菌种及发酵条件的不同而不同，影响生物热的主要因素如下。

（1）菌种的特性　不同微生物利用营养物质的速度不同，产生的热量也不同。

（2）菌体的生长阶段　生物热的大小还与菌体的生长阶段有关。当菌体处在孢子发芽阶段和延迟期，产生的生物热是有限的；进入对数生长期后，菌体生长速度加快，经代谢后释放出大量的热量；对数期过后，随菌体逐步衰老，微生物体内新陈代谢减弱，产生的生物热明显减少。因此，在对数生长期释放出来的热量最大。例如，四环素发酵在 20～50 小时的发酵热为最大，最高值达 29 330kJ/（$m^3 \cdot h$），其他时间的最低值约为 8380kJ/（$m^3 \cdot h$），平均为 16 760kJ/（$m^3 \cdot h$）。

（3）营养物质的种类和浓度　生物热的大小还随培养基成分及浓度的不同而不同。培养基成分越丰富，营养被利用得越快，产生的生物热就越大。

（4）菌体的呼吸强度　生物热的产生本质上是碳水化合物在菌体内氧化的结果，因此，生物热的大小与菌体的呼吸强度有明显的对应关系。呼吸强度越大，菌体内进行的有氧氧化越完全，氧化所产生的生物热也越大。在四环素发酵中，这两者的变化是一致的。生物热的高峰也是碳源利用速度的高峰。有人已证明，在一定条件下，发酵热与菌体呼吸强度 Q_{O_2} 成正比。另外，还发现抗生素高产量批号的生物热高于低产量批号的生物热，这说明抗生素生物合成的产量与菌体的新陈代谢强度也有着密切的关系。

2. 搅拌热（$Q_{搅拌}$） 搅拌器转动引起发酵液之间、发酵液与设备之间的摩擦所产生的热量。搅拌热可根据公式 $Q_{搅拌}=(P/V)\times 3600$ 近似算出来，P/V 为通气条件下单位体积发酵液所消耗的功率（kW/m^3），3600 为热功当量 ［kJ/（$kW \cdot h$）］。

3. 蒸发热（$Q_{蒸发}$）和显热（$Q_{显}$） 空气进入发酵罐与发酵液广泛接触后，引起水分蒸发所吸收的热能。显热指的是由排气所带走的热量。由于进入发酵罐的空气温度和湿度是随外界的气候和控制条件的变化而变化，所以蒸发热和显热也是变化的。

4. 辐射热（$Q_{辐射}$） 由于发酵罐外壁和大气间的温度差异而使发酵液中的部分热量通过罐体向大气辐射的热量。辐射热的大小取决于罐表面温度与外界温度的差值，差值越大，散热越多。

由于 $Q_{生物}$、$Q_{蒸发}$、$Q_{显}$（特别是 $Q_{生物}$）在发酵过程中是随时间变化的，因此发酵热在整个发酵过程中也随时间变化，引起发酵温度波动。为了使发酵能在一定的温度下进行，要设法进行控制。

三、最适发酵温度的选择与控制

（一）最适温度的选择

最适发酵温度指的是既适合菌体的生长，又适合代谢产物合成的温度。但菌体生长的最适温度与产物合成的最适温度往往是不一致的。如初级代谢产物乳酸的发酵，乳酸链球菌的最适生长温度为34℃，而产酸最多的温度为30℃。次级代谢产物的发酵更是如此，如在2%乳糖、2%玉米浆和无机盐的培养基中对青霉素产生菌产黄青霉进行发酵，测得菌体的最适生长温度为30℃，而青霉素合成的最适温度仅为24.7℃。因此需要选择一个最适的发酵温度。

1. 根据不同的发酵阶段，选择不同的最适温度　从理论上讲整个发酵过程中不应只选一个培养温度，在生长阶段，应选择最适合菌体生长的温度，在产物合成阶段，应选择最适合产物合成的温度，这样的变温发酵所得产物的产量是比较理想的。一般来说，在发酵前期采用稍高的温度，有利于缩短菌体的延迟期，促进菌体的快速生长而达到一定的菌浓，且营养物质的浓度迅速降低可使菌体尽早进入产物合成阶段；产物合成阶段，可适当降低培养温度，有利于减缓菌体的衰老，延长产物分泌期，而提高产物的产量，还可以改善因菌浓过大而造成的溶氧不足的现象。如对产黄青霉进行变温发酵，其温度变化过程：起初5小时维持在30℃，之后降到25℃培养35小时，再降到20℃培养85小时，最后又提高到25℃培养40小时，再放罐。在这样条件下所得青霉素产量比在25℃恒温培养提高14.7%。红霉素、四环素、克拉维酸、梅岭霉素、谷胱甘肽等经变温控制发酵，都在一定程度上提高了产量，这些都说明变温发酵产生的良好效果。

此外，对于一些基因工程菌来说，菌体生长的最适温度与外源蛋白表达所需的温度往往也是不同的，因此，工程菌发酵通常也需根据发酵阶段控制不同的温度。

2. 根据发酵条件的变化，适当调整发酵的温度　最适发酵温度还要随菌种、培养基成分、培养条件和菌体生长阶段的变化而改变，具体如下。

（1）在通气条件较差的情况下，可适当降低发酵温度。由于氧的溶解度是随温度下降而升高，此时降低发酵温度对发酵是有利的，较低的温度可以提高氧的溶解度、降低菌体生长速率、减少氧的消耗量，从而弥补通气条件差所带来的不足。

（2）在培养基营养成分较稀薄时，可适当降低发酵温度。培养基的成分和浓度对培养温度的确定也有影响，在使用较稀薄的培养基时，如果在较高的温度下发酵，营养物质代谢快，过早耗尽，最终导致菌体自溶，使代谢产物的产量下降。适当降低发酵温度，可以延长发酵周期，增加产量。

（3）染菌时，可以降低培养温度。此时降低发酵温度有利于控制杂菌的生长，放线菌的培养温度一般在24~32℃之间，而细菌的最适生长温度为37℃。染菌后适当降低培养温度，对正常菌的影响较小，而对细菌的影响较大，因而有利于控制杂菌的生长。

（二）发酵温度的控制

在工业化的发酵过程中，发酵罐以产生热量为主，因此发酵过程中一般不需要加热。对发酵过程中产生的大量发酵热，需要采用有效的冷却方式来降低发酵温度。通过自动控制或人工控制，将冷却水通入发酵罐的夹层或蛇型管中，通过热交换来降温，保持发酵温度的相对恒定。如果当地气温较高，特别是在我国南方的夏季，冷却水的温度较高，常使冷却效果降低，达不到预定的温度，此时可采用冷冻盐水进行循环式降温。因此较大的发酵厂需要建立冷冻站，提高冷却能力，以保证在正常温度下进行发酵。

目前，国内发酵温度控制的方法，已经基本上淘汰了人工控制的方式，取而代之的是自动化仪表的控制方式，在许多发酵车间也实现了发酵温度的计算机控制。

第七节 pH 的影响及其控制

微生物菌体的生长、发育及代谢产物的合成，不仅需要合适的温度，同时还需要在合适的 pH 条件下进行。不同的微生物，其生长适宜的 pH 不同，细菌所能生长的 pH 范围较小，酵母和霉菌生长的 pH 范围相对较大。大多数微生物可在 pH 3~6 生长，最适 pH 的变化范围为 0.5~1.0。微生物所能生长的 pH 下限以酵母菌为最低，在 2.5 左右，上限一般在 8.5 左右，超过此上限，微生物将无法忍受而自溶。但菌体内的 pH 一般认为是在中性附近。

此外，即使是同一种微生物，在菌体生长阶段和代谢产物生产阶段，对 pH 的要求往往也不同，有时需要对 pH 分阶段进行控制，才能取得良好的发酵效果。

一、pH 对发酵的影响

1. **影响酶的活性** 微生物细胞内的代谢过程都是在各种酶的催化下完成的，在合适的 pH 条件下，酶的活性中心处于正确的解离状态，酶活性高，使菌体代谢顺利进行。参与菌体生长的酶与参与产物合成的酶的种类不同，因此对 pH 的要求也不同。

微生物代谢过程中分泌的胞外酶都直接受到来自外部环境 pH 的影响，而胞内酶也间接受到 pH 的影响。一般认为，胞内 H^+ 或 OH^- 能够影响胞内酶解离度和电荷状况，改变其结构和功能，引起酶活性的改变。但培养基中的 H^+ 或 OH^- 并不能够直接作用在胞内酶蛋白上，而是首先作用在胞外的弱酸（或弱碱）上，使之成为易于透过细胞膜的分子状态的弱酸（或弱碱），它们进入细胞后，再行解离，产生 H^+ 或 OH^-，改变胞内原先存在的中性状态，进而影响酶的结构和活性。所以培养基中 H^+ 或 OH^- 是通过间接作用来产生影响的。

2. **影响基质或中间产物的解离状态** 基质或中间产物的解离状态受细胞内外 pH 的影响，不同解离状态的基质或中间产物透过细胞膜的速度不同，因而代谢的速度不同。基质以非解离的分子状态存在时，更易于被菌体吸收利用，因此，酸性 pH 条件有利于弱酸性基质的利用，而碱性 pH 条件有利于弱碱性基质的利用。

3. **影响细胞的形态和结构** 某些微生物细胞壁及细胞膜成分也会因 pH 的变化而改变，如产黄青霉的细胞壁的厚度就随 pH 的增加而减小，其菌丝直径在 pH 6.0 时为 2~3μm，pH 7.4 时为 2~18μm，并呈膨胀酵母状，pH 下降后，菌丝形态又恢复正常。pH 还影响菌体细胞膜的电荷状况，引起膜透性发生改变，从而影响菌体对营养物质的吸收和代谢产物的形成等。

4. **影响发酵产物的稳定性** 有许多发酵代谢产物的化学性质不稳定，特别是对溶液的酸碱性很敏感。如在 β-内酰胺类抗生素噻纳霉素（thienamycin）的发酵中，考察 pH 对产物生物合成的影响时发现，pH 在 6.7~7.5 之间时，抗生素的产量变化不大；高于或低于这个范围，产量就明显下降。当 pH>7.5 时，噻纳霉素的稳定性下降，半衰期缩短，发酵单位也下降。青霉素在偏酸性的 pH 条件下稳定，当 pH>7.5 时 β-内酰胺环开裂，青霉素就失去抗菌作用，因此青霉素在发酵过程中一定要控制 pH 不能高于 7.5，否则发酵得到的青霉素将全部失活。

5. 影响代谢方向　同温度一样，pH 还对微生物的代谢方向产生一定影响，影响代谢产物的质量及组分的比例。如黑曲霉进行枸橼酸发酵时，枸橼酸生产的最适 pH 为 2.5 左右，当 pH>3.0 时，其副产物草酸的量明显增加。又如，在谷氨酸发酵过程中，不同的 pH 使谷氨酸与 N-乙酰谷氨酰胺的比例有所改变。

由于 pH 对菌体生长和产物的合成能产生上述明显的影响，所以在工业发酵中，维持最适 pH 已成为发酵控制的重要目标之一。

二、影响 pH 变化的因素

发酵过程中 pH 的变化是一系列内因及外因综合作用的结果。在发酵过程中，影响发酵液 pH 变化的主要因素有如下几种。

1. 菌种遗传特性　在产生菌的代谢过程中，菌体本身具有一定的调整 pH 的能力，建成最适 pH 的环境。以产利福霉素 SV 的地中海诺卡菌进行发酵研究，采用 pH 6.0、6.8、7.5 三个不同的起始 pH，结果发现 pH 在 6.8、7.5 时，最终发酵 pH 都达到 7.5 左右，菌丝生长和发酵单位都达到正常水平。但起始 pH 为 6.0 时，发酵中期 pH 只达到 4.5，菌浓仅为 20%，发酵单位为零。这说明菌体具有一定的自我调节 pH 的能力，但这种调节能力是有一定限度的。

2. 培养基的成分　培养基中营养物质的分解代谢，也是引起 pH 变化的重要原因。发酵所用的碳源种类不同，pH 变化也不一样。如在灰黄霉素发酵中，pH 的变化就与所用碳源种类有密切关系。如以乳糖为碳源，乳糖被缓慢利用，丙酮酸堆积很少，发酵 pH 维持在 6.0~7.0 之间；而以葡萄糖为碳源，丙酮酸迅速积累，使 pH 下降到 3.6，发酵单位很低。

碳源浓度对 pH 也有一定影响，随着碳源物质浓度的增加，发酵液的 pH 有逐渐下降的趋势。如在庆大霉素的摇瓶发酵中，观察到随着发酵培养基中淀粉用量的增加，发酵终点的 pH 也逐渐下降，见表 8-2。

表 8-2　庆大霉素发酵培养基中碳源浓度对终点 pH 的影响

淀粉用量	终点 pH	淀粉用量	终点 pH
3.0%	8.6	4.5%	7.6
3.5%	8.2	5.0%	7.3
4.0%	7.8	5.5%	7.0

尿素是工业生产中较常用的氮源，在发酵过程中可被分解为 NH_3，使培养液的 pH 升高，当 NH_3 被利用后，pH 又有所下降。氨基酸作为氮源时，其氨基氮被利用后，pH 有所下降。此外，当生理酸性或生理碱性物质被菌体利用后，也会造成 pH 的相应改变。

3. 产物的形成　产物本身的酸碱性也影响 pH，如枸橼酸等有机酸的生产使 pH 降低，而赖氨酸、红霉素、螺旋霉素等碱性产物则使 pH 升高。

菌体自溶阶段，由于氨基氮的释放也会造成 pH 升高，此时一定要注意控制放罐时间，避免对 pH 敏感的产物遭到破坏。此外，发酵过程中染菌也会造成 pH 的异常变化。

4. 发酵工艺条件　也对发酵的 pH 产生显著的影响。如当通气量低，搅拌效果不好时，由于氧化不完全，有机酸的积累，会使发酵的 pH 降低。反之，若通气量过高，大量有机酸被氧化或被挥发，则使发酵的 pH 升高。在补料过程中，碳源的补入会造成 pH 下降；补入无机氮源对 pH 的影响不同,如补入氨水则 pH 升高,补入硫酸铵则 pH 降低。

综上所述,发酵液的 pH 变化是菌体产酸或产碱等生化代谢反应的综合结果,我们从代谢曲线的 pH 变化就可以推测发酵罐中各种生化反应的进行状况及 pH 变化异常的可能原因,提出改进意见。在发酵过程中,要选择好发酵培养基的成分及其配比,并控制好发酵工艺条件,才能保证 pH 不会产生明显的波动,维持在最佳的范围内,得到预期的发酵结果。

三、pH 的确定与控制

(一)发酵过程中 pH 的确定

1. 根据不同的发酵阶段,控制不同的 pH 选择并控制好发酵过程中的 pH 对维持菌体的正常生长和取得预期的发酵产量是非常重要的。微生物发酵的合适 pH 范围一般是在 5~8 之间,如谷氨酸发酵的最适 pH 为 7.5~8.0。但发酵的 pH 又随菌种和产品不同而不同。由于发酵过程是许多酶参与的复杂反应体系,各种酶的最适 pH 也不相同。因此,同一菌种,其生长最适 pH 可能与产物合成的最适 pH 是不一样的。如初级代谢产物丙酮、丁醇发酵所采用的梭状芽孢杆菌,在 pH 中性时,菌种生长良好,但产物产量很低。实际发酵的最适 pH 为 5~6 时,代谢产物的产量才达到正常。次级代谢产物抗生素的发酵更是如此,链霉素产生菌生长的最适 pH 为 6.2~7.0,而合成链霉素的最适 pH 为 6.8~7.3。因此,应该按发酵过程的不同阶段分别控制不同的 pH 范围,使产物的产量达到最大。

2. 根据发酵实验的结果确定最适的 pH 最适的 pH 是根据实验结果来确定的。将发酵培养基调节成不同的 pH 进行发酵,在发酵过程中,定时测定和调节 pH,以维持起始的 pH,或者用缓冲液配制培养基以维持一定的 pH,并观察菌体的生长情况,以菌体生长达到最大量的 pH 为菌体生长的最适 pH。以同样的方法,可测得产物合成的最适 pH。

(二)发酵过程中 pH 的控制

在各种类型的发酵过程中,菌体生长的最适 pH 与产物合成的最适 pH 间的相互关系有 4 种情况,见图 8-10。如图 a 所示,菌体的比生长速率 μ 和产物比生产速率 Q_p 的最适 pH 都在一个相似的且较宽的范围内,此种发酵过程最易于控制;如图 b 所示,μ 的最适 pH 范围很宽,而 Q_p 的最适 pH 范围较窄,此种情况应以产物合成最适 pH 为主,严格进行控制;如图 c 所示,μ 和 Q_p 对 pH 的变化都很敏感,它们的最适 pH 又是相同的,此种情况可采取对生长和生产均有利的 pH 严格控制;如图 d 所示,μ 和 Q_p 有各自的最适 pH,这种情况最为复杂,此时应分别严格控制各自的最适,才能优化发酵过程。

在确定了发酵各个阶段所需的最适 pH 之后,需要采用各种方法来控制,使发酵过程在预定的 pH 范围内进行。

发酵生产上控制 pH 的方法如下。

1. 调整发酵培养基的组成 首先要调整发酵培养基的基础配方,使各种成分的配比适当,使发酵过程中的 pH 维持在合适的范围内。培养基中的碳氮比影响发酵的 pH,当此比例高时,发酵的 pH 就低。生理酸性物质与生理碱性物质的比例也影响发酵的 pH,如 $(NH_4)_2SO_4$、$NaNO_3$ 的含量均对发酵的 pH 有较大的影响。培养基中速效碳源与迟效碳源的比例也影响 pH,当速效碳源(如葡萄糖)含量多时 pH 就低。

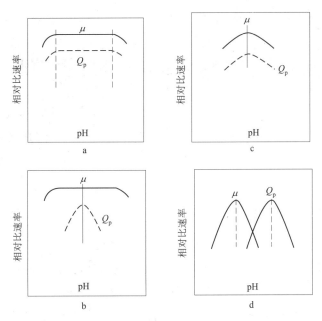

图 8-10　pH 与比生长率和比生产速率之间的关系

2. 在培养基中加入 pH 缓冲物质　某些培养基成分具有缓冲 pH 的作用，如碳酸钙。碳酸钙可与发酵液中的氢离子结合，变成碳酸，碳酸在碱性的 pH 条件下，可分解为二氧化碳和水。二氧化碳可逸出发酵液，随废气排出，从而起到缓冲酸性物质的作用。此外，培养基中的磷酸二氢钾和磷酸氢二钾也是一对缓冲物质，对发酵 pH 的稳定起着重要的作用，但使用时需注意浓度，避免对菌体生长或产物合成造成影响。

3. 补料控制　在发酵过程中通过补料补加碳源或氮源，在补充营养物质的同时，也调节了发酵的 pH。如当发酵的 pH 和氨基氮含量都低时，补加氨水，可达到调节 pH 和补充氮源的目的。反之，如果 pH 较高，氮含量又低时，就应补加（NH_4)$_2SO_4$。此外，pH 较高时，也可通过补入葡萄糖进行纠正。

采用补料的方法可以同时实现补充营养、延长发酵周期、调节 pH 和改变培养液的性质（如黏度）等几个目的。最成功的例子是青霉素发酵的补料工艺，通过控制葡萄糖的补加速率来控制 pH，其青霉素产量比用恒定的加糖速率或加酸、碱控制 pH 的产量高 25%。其实验结果见图 8-11。图中实线是用酸、碱来控

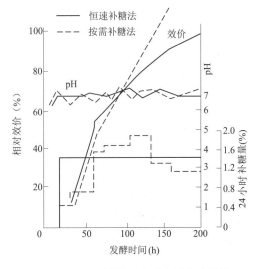

图 8-11　不同补糖方式对青霉素产量的影响（总补糖量均为 9%）

制 pH 的，虚线是以控制加糖速率来控制 pH 的，两者的加糖量是相等的。这说明以 pH 作为补糖的依据，采用控制补糖率来控制 pH，正好满足菌体合成代谢的要求，有利于青霉素产量的提高。

4. 改变发酵条件　在发酵培养基中油脂用量较大的情况下，还可采用提高空气流量来加速脂肪酸的氧化，以纠正由于油脂分解产生大量脂肪酸引起的 pH 降低。

5. 直接补加酸、碱　用上述方法调节 pH 的能力是有限的，如果达不到要求，就可在

发酵过程中直接补加酸、碱来调节 pH，如 H_2SO_4、HCl、NaOH 等。

第八节　溶氧浓度的影响及其控制

工业发酵所用的微生物多数为需氧菌，少数为厌氧菌或兼性厌氧菌。对于需氧菌的发酵过程，氧是唯一需要连续供给的因素，需要不断地进行通气和搅拌以保证发酵液中维持一定的溶氧浓度。溶氧浓度直接关系到菌体的生长和代谢产物的合成，是发酵过程中的限制性因素，因此是非常重要的控制参数之一。

一、溶氧浓度对发酵的影响

1. **影响菌体生长**　不同的菌体对溶氧水平的要求不同，需氧菌和厌氧菌对溶氧要求有明显差异。即便需氧微生物，有时过高的溶氧浓度也会造成对其生长的抑制作用。此外，溶氧浓度对菌体的生长速率也产生一定的影响，如赖氨酸发酵过程中，在不同的溶氧水平下，虽然最终都达到相同的菌体浓度，但菌体的生长速率不同，过高或过低的溶氧浓度均不能达到最大的比生长速率。

2. **影响产物合成**　对于代谢产物的合成，溶氧浓度的影响更为突出。如薛氏丙酸菌发酵生产维生素 B_{12} 时，维生素 B_{12} 的组成部分咕啉醇酰胺（cobinamide，又称 B 因子）生物合成前期的两种主要酶受到氧的阻遏，限制氧的供给，才能积累大量的 B 因子。B 因子又在供氧的条件下才转变成维生素 B_{12}。因此，在发酵的不同时期需选择适宜的溶氧浓度，采用厌氧和供氧相结合的方法，有利于维生素 B_{12} 的合成。

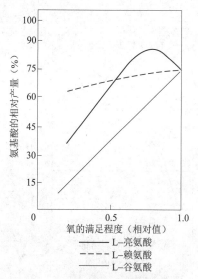

对于初级代谢产物氨基酸的发酵来说，不同种类的氨基酸对氧的需求不同，可分为 3 种情况，见图 8-12。第一类含谷氨酸、精氨酸和脯氨酸，它们在供氧充足的条件下，产量才最大，如果供氧不足氨基酸合成就会受到强烈的抑制；第二类包括异亮氨酸、赖氨酸和苏氨酸，供氧充足可得到最高产量，但供氧受限时对产量的影响并不明显；第三类有亮氨酸、缬氨酸和苯丙氨酸，仅在供氧适当受限的情况下，才能获得最大量的氨基酸产量，如果供氧充足产物合成反而受到抑制。

氨基酸生物合成需氧程度的不同是由它们的生物合成途径不同所引起的，不同的代谢途径产生不同数量的 NAD(P)H，其再被氧化所需要的溶氧量也不同。

图 8-12　氨基酸的相对产量与氧满足程度之间的相关性

第一类氨基酸是经过乙醛酸循环和磷酸烯醇式丙酮酸羧化系统两个途径形成的，产生的 NADH 量最多，因此 NADH 氧化再生的需氧量也最多，供氧越多越有利于该类氨基酸的生物合成；第二类氨基酸的合成途径是产生 NADH 的乙醛酸循环或消耗 NADH 的磷酸烯醇式丙酮酸羧化系统，产生的 NADH 量不多，因而与供氧量关系不明显；第三类如苯丙氨酸的合成，并不经 TCA 循环，NADH 产量很少，过量供氧时反而起到抑制作用。

对于抗生素等次级代谢产物发酵来说，氧的供给就更为重要。金霉素发酵过程中，由于其 C-6 位上的氧直接来源于溶解氧，因此对溶氧的需求较高。在菌体生长期短时间通气停止，就可能影响菌体在生产期的糖代谢，使 HMP 途径转向 EMP 途径，使金霉素合成的产量减少。利用产黄青霉进行青霉素发酵，其临界溶氧浓度在 5%～10% 之间，低于此值就会对青霉素合成带来不可逆的损失，时间愈长，损失愈大。庆大霉素发酵过程中，由于其对能量需求较高，因此较高的溶氧水平有利于碳源消耗，加强能量代谢，促进庆大霉素的合成及分泌。黑暗链霉菌次级代谢产物的生产对溶氧较敏感，过高或过低的溶氧浓度都会造成抗生素产量的降低。

综上所述，即便对于需氧菌的发酵，也不意味着溶氧浓度越高越好，适当的溶氧水平有利于菌体的生长和产物的合成，需根据菌体的特性、产物的合成途径维持适宜的溶氧浓度，保证发酵的顺利进行及产量的提高。

二、发酵过程中的溶氧浓度变化

1. 溶氧浓度变化的一般规律　发酵过程中，在一定的发酵条件下，每种产物发酵的溶氧浓度变化都有自身的规律，见图 8-13 和图 8-14。在谷氨酸和红霉素发酵的前期，菌体细胞大量繁殖，需氧量不断增加。此时的需氧量超过供氧量，使溶氧浓度迅速下降，出现一个低峰；与此同时，摄氧率出现一个高峰，菌浓与黏度一般也出现一高峰。溶氧低峰出现的时间与低峰溶氧浓度一般因菌种特性、工艺条件和设备供氧能力不同而异。在谷氨酸发酵中，溶氧低峰出现在 10～20 小时；而对红霉素发酵，溶氧低峰出现在 20～70 小时，表8-3 列出了几种抗生素发酵过程中出现溶氧低峰的时间。

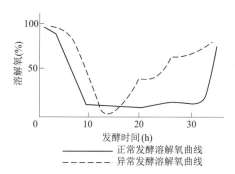

图 8-13　谷氨酸发酵的溶氧曲线

────　正常发酵溶解氧曲线
── ── 　异常发酵溶解氧曲线

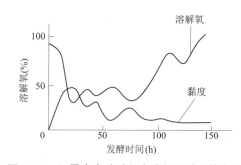

图 8-14　红霉素发酵过程中溶氧和黏度的变化

表 8-3　几种抗生素发酵过程中出现溶氧低峰的时间

抗生素	时间（h）	抗生素	时间（h）
红霉素	20～50	头孢菌素 C	30～50
两性霉素 B	30～50	制霉菌素	25～70
土霉素	10～30	利福霉素	50～70
链霉素	30～70	烟曲霉素	20～30
卷曲霉素	20～30		

过了菌体生长阶段，进入产物合成期，随着菌体呼吸作用减弱，需氧量有所减少，这个阶段溶氧水平相对比较稳定，但仍受补料（碳源、前体、消泡油）等因素的影响。如补入糖后，摄氧率就会增加，引起溶氧浓度下降，经过一段时间后又逐步回升并接近原来的溶氧浓度；如继续补糖，又会继续下降，甚至降至临界溶氧浓度以下，成为生产的限制因素。这个阶段溶氧变化的大小和持续时间的长短，随补料时菌龄、补入物质的种类和剂量

不同而不同。

在发酵后期，由于菌体衰老，呼吸强度减弱，随着需氧量的减小，溶氧浓度也会逐步上升，一旦菌体自溶，溶氧浓度会明显上升。

2. 引起溶氧浓度异常的原因　在发酵过程中，有时出现溶氧浓度明显降低或明显升高的异常变化。其原因很多，但本质上都是由耗氧或供氧方面出现了变化引起氧的供需不平衡所致。

溶氧异常较常见的是溶氧下降，其产生的原因可能有：①污染需氧杂菌，大量的溶氧被杂菌消耗掉，使溶氧在较短时间内下降到零附近，如果杂菌本身耗氧能力不强，溶氧变化可能不明显；②菌体代谢异常导致需氧量增加，溶氧下降；③某些设备或工艺控制发生故障，如消泡油因自动加油器失灵或人为加量过多，也会引起溶氧迅速下降。其他影响供氧的工艺操作，如空气管路堵塞、搅拌故障、闷罐（关闭排气阀）等，都会使溶氧发生异常变化。

在供氧条件没有发生变化的情况下，引起溶氧异常升高的原因主要是由于耗氧量的显著减少。如菌体代谢出现异常，耗氧能力下降，使溶氧上升。特别是污染烈性噬菌体，影响最为明显，菌体细胞尚未裂解前，呼吸已受到抑制，溶氧明显上升，菌体破裂后完全失去呼吸能力，溶氧就直线上升。

由上可知，从发酵液中的溶氧浓度的变化可以了解微生物生长代谢是否正常，工艺控制是否合理，设备供氧能力是否充足等问题，为查找发酵不正常的原因和控制发酵生产提供依据。

三、溶氧浓度的控制

如第七章所述，发酵液的溶氧浓度是由菌体的需氧量和设备的供氧能力两方面决定的。也就是说，在发酵过程中当供氧量大于需氧量时，溶氧浓度就上升；反之就下降。因此要控制好发酵液中的溶氧浓度，需从供氧和需氧这两个方面着手。

在提高供氧能力方面，主要是设法提高氧传递的推动力和液相体积氧传递系数 $K_L a$。在第七章中已讨论过，结合生产实际，通过提高 $K_L a$ 增加溶氧浓度是比较切实可行的，如提高搅拌转速、增加空气流量或降低发酵液的黏度等。但设备的供氧能力是有限的，在提高供氧的同时，也需要菌体的需氧量与之相协调，这就需要有适当的工艺条件来控制需氧量。需氧量主要受菌体浓度、营养基质的种类与浓度以及培养条件等因素的影响。

显然，对供氧与需氧都有明显影响的因素是菌浓，因为随着菌浓的增加，摄氧率不断增加，但由于发酵液黏度的增加造成了氧的传递速率呈对数减少。也就是说，菌浓的增加既增加了需氧量又降低了供氧能力，因此可通过对菌浓的控制，使摄氧率小于或等于供氧速率，从而使溶氧浓度始终控制在临界溶氧浓度之上，使其不会成为菌体生长和合成产物的限制因素。

菌浓的控制参考本章第四节，可以通过调节培养基中营养基质浓度或补料等方式来实现。如青霉素发酵，就是通过控制补加葡萄糖的速率来控制菌体浓度，从而控制溶氧浓度。在自动化的青霉素发酵控制中，已利用敏感的溶氧电极来控制青霉素发酵，利用溶氧浓度的变化来自动控制补糖速率，并间接控制供氧速率和 pH，实现菌体生长、溶氧和 pH 三位一体的控制体系。

此外，在工业生产上还可采用适当调节发酵温度、液化培养基、中间补水、添加表面活性剂等工艺措施，来改善溶氧状况。

第九节 CO_2 的影响及其控制

CO_2 是微生物生长繁殖过程中的代谢产物，在发酵过程中，微生物细胞通过呼吸作用在吸收氧气的同时也不断地排出 CO_2；同时，它也是合成某些代谢产物的基质。发酵过程中，通过对尾气中 CO_2 浓度的监测，可以有效地了解菌体生长情况，判断发酵过程是否正常，为发酵控制提供一定的理论依据。因此，CO_2 也是发酵过程中需要控制的因素之一。

一、CO_2 对发酵的影响

1. 影响菌体生长 在一定浓度范围内，CO_2 对菌体生长基本上不会造成影响，对于某些微生物来说，维持一定的 CO_2 浓度还有利于其生长，但过高的 CO_2 浓度也会明显降低菌体的生长速率。如环状芽孢杆菌（*B. circulus*）等的发芽孢子在开始生长（并非孢子发芽）时就需要 CO_2，人们将此现象称为 CO_2 效应。CO_2 还是大肠埃希菌和链孢霉变株的生长因子，有时需含30%的 CO_2 气体，菌体才能生长。低浓度的 CO_2 有利于刺激酵母菌的生长，高浓度的 CO_2 则抑制酵母的生长，甚至使菌体生长完全停止。

CO_2 对菌体形态也有一定影响。用扫描电子显微镜观察 CO_2 对产黄青霉生长形态的影响，发现菌丝形态随 CO_2 含量不同而改变，当 CO_2 含量在0%～8%时，菌丝主要呈丝状，上升到15%～22%时则呈膨胀、粗短的菌丝，CO_2 分压再提高到 $0.08 \times 10^5 Pa$ 时，则出现球状或酵母状细胞，使青霉素合成受阻。

2. 影响产物合成 CO_2 能够促进某些代谢产物的合成，如牛链球菌（*Streptococcus bovis*）发酵生产多糖，最重要的条件就是空气中要含有5%的 CO_2。精氨酸发酵，也需要有一定的 CO_2，才能得到最大产量。

然而对于其他一些代谢产物的发酵来说，则表现出 CO_2 的抑制作用，如肌苷、异亮氨酸和组氨酸等的发酵。维生素 B_{12} 的发酵中，适量的 CO_2 有利于提高其产量，而过高的 CO_2 对菌体生长、底物利用及维生素 B_{12} 的合成均产生抑制作用。

CO_2 对于产物合成的抑制作用在抗生素的生产中表现更为突出。如在青霉素生产过程中，排气中 CO_2 含量大于4%时，即使溶氧在临界氧浓度以上，青霉素合成和菌体呼吸强度都受到抑制，在空气中的 CO_2 分压达 $0.081 \times 10^5 Pa$ 时，青霉素的比生产速率下降50%。CO_2 也抑制西索米星（sisomicin）的合成，进气中通入1% CO_2 使产生菌对营养基质的代谢速率明显降低，菌丝增长速度降低，西索米星产量比不通 CO_2 时下降33%。CO_2 对红霉素合成也产生明显的抑制作用，从发酵15小时起，按进气量的11%开始导入 CO_2，红霉素产量减少60%，而对菌体生长并无影响。四环素发酵过程中也有一个最佳的 CO_2 分压，在此分压下产量才能达最高。

3. 影响发酵液性质 CO_2 对发酵液的 pH 产生影响，过多 CO_2 的积累导致发酵液 pH 的明显降低。此外，CO_2 可能与其他物质发生化学反应，或与生长必需的金属离子形成碳酸盐沉淀，也间接影响菌体的生长和发酵产物的合成。

4. 影响细胞的作用机制 CO_2 及 HCO_3^- 都影响细胞膜的结构。它们分别作用于细胞膜的不同位点，CO_2 主要作用在细胞膜的脂质核心部位，HCO_3^- 影响细胞膜的膜蛋白。当细胞膜脂质相中的 CO_2 浓度达到临界值时，膜的流动性及表面电荷密度就发生改变，使许多基质的膜运输受到阻碍，影响细胞膜的运输效率，导致细胞处于"麻醉"状态，细胞生长受到抑制，形态发生改变。

除上述机制外，还有其他机制也影响微生物的代谢，如 CO_2 抑制红霉素的生物合成，可能是对甲基丙二酸前体合成产生反馈抑制作用，使红霉素发酵单位降低。又如 CO_2 通过反馈抑制丙酮酸脱羧反应，或者通过改变酶促反应方向而改变代谢途径，抑制酵母菌的生长。

二、影响 CO_2 浓度的因素及控制

CO_2 在发酵液中的浓度受到许多因素的影响，如菌体的呼吸强度、设备规模、发酵液流变学特性、通气搅拌程度和外界压力大小等因素。菌体通过呼吸作用不断排出 CO_2，从而改变发酵液中 CO_2 的浓度，呼吸强度的大小与释放出的 CO_2 相关。设备规模大小也对 CO_2 浓度有影响，由于 CO_2 的溶解度随压力增加而增大，大发酵罐中的发酵液的静压可达 $1 \times 10^5 Pa$ 以上，又处在正压发酵，致使罐底部压强可达 $1.5 \times 10^5 Pa$，因此 CO_2 浓度增大，通气搅拌如不变，CO_2 就不易排出，在罐底形成碳酸，进而影响菌体的呼吸和产物的合成。罐压的增加也有利于 CO_2 溶解度的增加。在发酵过程中，如遇到泡沫上升而引起"逃液"时，采用增加罐压的方法来消泡，会增加 CO_2 的溶解度，对菌体生长是不利的。

对 CO_2 浓度的控制要根据它对发酵影响的情况而定，如果 CO_2 对产物合成有抑制作用，则应设法降低其浓度；若有促进作用，则应提高其浓度。通气和搅拌不但能调节发酵液中的溶氧，还能调节 CO_2 的溶解度，是控制 CO_2 浓度的有效方法。在发酵罐中不断通入空气，既可保持溶氧在临界点以上，又可随废气排出所产生的 CO_2，使之低于能产生抑制作用的浓度。降低通气量和搅拌速率，有利于增加 CO_2 在发酵液中的溶解度，反之就会减小 CO_2 浓度。曾在 $3m^3$ 发酵罐中进行四环素发酵试验，发酵 40 小时之前，通气量减小到 $75m^3/h$，搅拌为 $80r/min$，以此来提高 CO_2 的浓度；40 小时以后，通气和搅拌分别提高到 $110m^3/h$ 和 $140r/min$，以降低 CO_2 浓度，使四环素产量提高 25% ~ 30%。CO_2 形成的碳酸，还可用碱来中和，但不能用 $CaCO_3$。

三、CO_2 浓度的监测

目前，尾气在线分析在发酵过程中已得到了广泛的应用，通过对尾气中 O_2 和 CO_2 浓度的测定，可获得与呼吸作用相关的重要参数摄氧率（OUR）、CO_2 释放率（CER）和呼吸熵（respiratory quotient，RQ）。CO_2 释放率（carbon-dioxide escape rate）是指单位时间、单位体积发酵液菌体细胞所释放的 CO_2 的量。CER 与 OUR 的比值即呼吸熵 RQ，呼吸熵反映了菌体细胞对碳源的氧化程度。

通过对尾气中 CO_2 浓度的监测及相关参数的变化，可预计菌体的生长情况、发酵的进行程度，指导补料过程，还可判断发酵异常、染菌等情况，便于对发酵工艺进行优化。如 CER 与菌体生长及能量代谢有密切关系，可根据 CER 变化判断发酵阶段；在青霉素发酵中，补糖会增加排气中的 CO_2 浓度和降低发酵液的 pH，补糖、CO_2 浓度和 pH 三者之间具有相关性，以 CER 控制补糖量比以 pH 的变化控制补糖量更为准确；又如在正常的通气条件下，CER 迅速增加说明发酵液中可能污染了杂菌，迅速降低则说明可能污染了噬菌体。

第十节　补料的影响及其控制

目前，补料分批发酵在实际生产中得到了广泛的应用，取得了良好的发酵效果，不仅可以避免反馈调节作用，而且有利于延长发酵周期，提高发酵产物的产量。

一、补料的作用

1. 控制抑制性底物的浓度　在许多发酵过程中，微生物的生长受到基质浓度的影响。要想得到高密度的生物量，需要投入几倍的基质。按米氏方程，当营养基质浓度增加到一定量时，生长就显示出饱和型动力学特征，再增加底物浓度，就可能发生基质抑制作用使延滞期延长，比生长速率减小，菌浓下降等。所以高浓度营养物对大多数微生物生长是不利的。

在微生物发酵中，有的基质又是合成产物必需的前体物质，浓度过高，就会影响菌体代谢或产生毒性，使产物产量降低。如苯乙酸、丙醇（或丙酸）分别是青霉素、红霉素生物合成的前体物质，浓度过大，就会对菌体产生毒性，使抗生素产量减少。

为了在分批培养中，获得高浓度菌体或产物，必须防止在基础培养基中有过高浓度的基质或抑制性底物，采用补料的方式就可以控制适当的基质浓度，解除其抑制作用，又可以得到高浓度的产物。

2. 解除或减弱分解产物阻遏　在微生物合成初级或次级代谢产物过程中，速效的碳源或氮源往往对某些合成酶有抑制或阻遏作用。特别是葡萄糖，它能阻遏多种酶或产物的合成，这种阻遏作用可能不是葡萄糖的直接作用，而是由葡萄糖的分解代谢产物所引起的。通过补料来限制基质的浓度，可解除这些速效营养基质对酶或其产物合成的阻遏作用，提高产物产量。如缓慢流加葡萄糖，纤维素酶的产量几乎增加 200 倍；将葡萄糖浓度控制在 0.02% 的水平，赤霉素产量可达 905mg/L；采用滴加葡萄糖的技术，可明显提高青霉素的发酵单位；通过严格控制硫酸铵和葡萄糖的补料时间和补料量，实现了林可霉素稳定高产；间歇补入葡萄糖，可使纳他霉素的产量提高 30% 以上；普那霉素发酵过程中，在生长期和稳定期分批流加葡萄糖，可延长发酵周期，提高普那霉素产量。这些都是利用补料发酵技术解决分解产物阻遏的实际应用。在植物细胞培养中，也采用该技术来提高产物产量。

3. 发酵过程最佳化　分批发酵动力学的研究，阐明了各个参数之间的相互关系。利用补料分批技术，可以使微生物（菌种）保持在最大生产能力状态的时间延长。同时补料分批技术的不断改进，也为发酵过程的优化和反馈控制奠定了理论基础。随着计算机、传感器等技术的发展和应用，模糊控制和神经网络控制等理论的运用，使补料分批发酵在工业生产中的应用更为广泛。

二、补料的方式和控制

1. 补料的方式　就补料方式而言，有连续流加和不连续流加。每次流加又可分为快速流加、恒速流加、指数速率流加和变速流加。按补料后发酵液体积的变化来分，又有变体积补料和恒体积补料之分。按补加培养基的成分多少，又有单组分补料和多组分补料。

2. 补料的控制　通常在补料过程中需要补充的营养物质主要有碳源、氮源、磷酸盐、前体物质等，这些已在本章第五节有所介绍。由于发酵产物的生物合成途径各不相同，因此需要补充的营养物质也不尽相同。如葡萄糖经常用于补料过程，但在一些品种的发酵过程中，使用其他碳源效果更好。环孢素 A 发酵过程中，连续流加果糖得到的产物产量较高；通过补料维持发酵液中高浓度的麦芽糖，可以显著提高阿卡波糖的产量。因此，需根据菌体的代谢规律选择适宜的营养物质。

此外，补料量及补料的时间也是需要考虑的问题，过多或过少的补料量、过早或过晚进行补料，都会影响菌体生长或代谢产物的合成。因此，对补料过程进行控制也是发酵顺利进行的必要保障。

补料控制可分为有反馈控制和无反馈控制两类。

（1）反馈控制补料　反馈控制补料系统由传感器、控制器和驱动器 3 个单元所组成。根据控制指标的不同，又分为直接控制方法和间接控制方法。间接控制方法是以溶氧、pH、呼吸熵、排气中 CO_2 分压及代谢产物浓度等作为反馈控制的参数。直接控制方法是直接以限制性营养物（如碳源、氮源）的浓度作为反馈控制的参数。对间接控制方法来说，选择与过程直接相关的可检测参数作为控制指标，是研究的关键。这就需要详尽考察分批发酵的代谢曲线和动力学特性，获得各个参数之间有意义的相互关系，来确定控制参数。

对于通气发酵，利用排气中 CO_2 含量作为补料反馈控制参数是较为常用的间接控制方法。如控制青霉素发酵生产所用的葡萄糖流加质量平衡法，就是利用 CO_2 的反馈控制。它是通过精确测量 CO_2 的逸出速度和控制葡萄糖的流加速度，控制菌体的比生长速率和菌浓。

pH 也可作为流加补糖的控制参数，通过在线测定 pH 的变化，控制补糖的速率，取得较好的效果。近年来还出现了许多类型的生物传感器，可对底物和产物进行在线分析，它们也有可能用于发酵过程的补料控制。

反馈控制的分批补料发酵，如果依据个别指标进行控制，在许多情况下效果并不理想，如果依据多因素分析的结果进行控制，效果就比较理想。

（2）无反馈控制补料　这种方式无固定的反馈控制参数来使操作最优化的控制。过去是以经验为基础，后来才出现严格的数学模型。如青霉素发酵中，根据建立的数学模型得到了一个最优化的补料操作曲线。在头孢菌素 C 的发酵研究中，采用计算机模拟的办法，考虑到菌丝的分化、产物的诱导及分解产物对产物合成的抑制等多种因素，利用归一法原理，把复杂的多组分补料问题简化成各个单一组分的补料，从而确立了最优化的补料方式。

（3）放料式补料　为了改善发酵培养基的营养条件和去除部分发酵产物，补料分批发酵还可采用"放料式补料"（withdraw and fill）的方法，也就是发酵到一定时间，产生了代谢产物后，定时放出一部分发酵液送去提取，同时补充一部分新鲜营养液后继续发酵，并重复进行，这样就可以维持一定的菌体生长速度，延长发酵周期。随着发酵液的不断放出，其总体积可能大于反应器的容积，从而提高了反应器的利用率，既可以提高产物产量，又可降低生产成本，是目前工业生产中较常用的方法。

第十一节　泡沫的影响及其控制

泡沫是气体被分散在少量液体中的胶体体系，气液之间被一层液膜隔开，彼此不相连通。在发酵过程中，对泡沫的控制是一项重要内容，如果不能有效地控制发酵过程中产生的泡沫，将对生产造成严重的危害。

一、泡沫的类型

在大多数微生物发酵的过程中，由于培养基中有蛋白类表面活性剂存在，在通气条件下，培养液中就出现了泡沫。泡沫分为两种类型：一种是存在于发酵液表面的泡沫，也称为机械性泡沫。该泡沫气相所占的比例特别大，与液体有较明显的界限。机械性泡沫一般产生于发酵前期，并且随着发酵时间的延长逐渐消退。另一种是存在于发酵液中的泡沫，又称流态泡沫（fluid foam）。该泡沫分散在发酵液中，比较稳定，与液体之间无明显的界限。发酵中期以流态泡沫为主，且泡沫的多少与菌浓和发酵液黏度相关。

二、泡沫对发酵的影响

起泡会给发酵带来许多不利的影响，如：①影响发酵罐的装料系数（发酵罐实际装料量与发酵罐容积之比），降低发酵产量；②泡沫过多时容易逃液，发酵液从排气管路或轴封处逸出，增加染菌机会；③影响气体的交换和氧的传递；④部分发酵液粘到罐壁上失去作用，影响放罐体积和产量；⑤泡沫严重时，被迫停止搅拌或通气，容易造成菌体缺氧，导致代谢异常；⑥消泡剂的加入有时会影响分离提取工艺，且造成生产成本的增加。

三、影响泡沫形成的因素

1. 通气和搅拌 影响很大，泡沫的大小与通气和搅拌的剧烈程度有关，而且搅拌的作用大于通气的作用，见图8-15。发酵前期，由于培养基中营养物质丰富、消耗较少，容易起泡，可先采用较小的通气量和较低的搅拌转速，再逐步加大，以避免产生过多的泡沫。

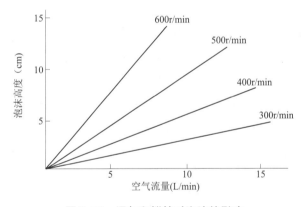

图 8-15 通气和搅拌对泡沫的影响

2. 培养基的成分 培养基的成分，特别是培养基中有机氮源的种类和浓度对泡沫的影响较大。因为有机氮源中蛋白质的含量较高，蛋白质的存在对泡沫的形成起着重要的作用。同样的原材料，其起泡的能力随品种、产地、储藏和加工方法的不同而异，并与其用量有关。如：玉米浆、花生饼粉和黄豆饼粉这3种有机氮源相比较，玉米浆的起泡能力最强，花生饼粉次之。而且，当玉米浆用量为3.5%时起泡能力最强，花生饼粉和黄豆饼粉用量为5%时起泡能力最强。

糖类物质的起泡能力较差，但是在丰富培养基中，浓度较高的糖类物质增加了培养基的黏度，从而有利于泡沫的稳定。

此外，培养基的灭菌时间也影响泡沫的生成。一般来说，培养基的灭菌时间越长，灭菌质量越差，在发酵过程中越容易产生泡沫。

3. 发酵液物理性质 发酵液的表面张力和表观黏度也是影响泡沫形成的因素。较低的表面张力和较高的表观黏度有利于泡沫的形成与稳定。而发酵液的表面张力和表观黏度受着培养基成分的影响，同时还与菌体分泌的代谢产物种类、发酵时间等有关。在发酵过程中，发酵液的物理性质在不断地变化，因此泡沫的消长也随之变化。在发酵初期，由于发酵培养基中含有较高浓度的蛋白质，这些蛋白质是形成泡沫的重要因素。随着菌体的生长，菌体分泌的蛋白酶逐渐将蛋白质降解，泡沫逐渐消退。在发酵的中后期，由于菌体浓度的增加，发酵液的表观黏度也随之增加，菌体分泌的胞外蛋白也增多，此时容易形成流态泡沫。发酵后期随着菌体的衰退，泡沫逐渐消退，需控制适当的放罐时间以防止菌体裂解产生新的泡沫。

此外，生产菌种的特性、发酵罐的结构、罐压的高低、污染杂菌或噬菌体等因素也会影响发酵液中泡沫的形成。

4. 泡沫的产生 可从两方面着手：①设法减少泡沫的生成；②采取措施消除已经产生的泡沫。

（1）减少泡沫的产生 可通过调整培养基成分及对发酵条件进行控制，避免发酵过程中产生过多的泡沫。可采用的方法有：①基础培养基中减少易起泡成分的用量，将易起泡的培养基成分通过补料的方式逐渐加入；②更换原材料的品种、产地或加工方法；③在发酵培养基中加入一定量的消泡剂；④减少通气，降低搅拌转速。

（2）消除生成的泡沫 可以采用机械消泡或消泡剂消泡这两类方法来消除已生成的泡沫。

1）机械消泡 这是一种物理消泡的方法，利用机械强烈振动或压力变化而使泡沫破裂。可在罐内消泡，也可将泡沫引出罐外进行消除。常见的机械消泡器的结构形式有栅式、旋转圆盘式、涡轮式和旋风分离式等。近年来，出现了一些新型高效的阻沫分离器，大多是将泡沫收集装置、菌体回收装置、尾气再回收装置等相结合，既能有效提高装料系数、防止逃液，也具有回收发酵液、回收无菌空气等作用，从而实现发酵过程的节能减排。

机械消泡法的优点是节省原料，降低生产成本，减少染菌机会。但消泡效果往往不理想，泡沫过大时不能及时将其消除，一般在生产中作为辅助的消泡方法。

2）消泡剂消泡 这是利用外界加入的消泡剂，使泡沫破裂的方法。消泡剂可以降低泡沫液膜的机械强度或者降低液膜的表面黏度，或者兼有两者的作用，达到消除泡沫的目的。

消泡剂都是表面活性剂，具有较低的表面张力。如聚氧乙烯氧丙烯甘油（GPE）的表面张力仅为 33×10^{-3} N/m，而青霉素发酵液的表面张力为 $60 \times 10^{-3} \sim 68 \times 10^{-3}$ N/m。理想的消泡剂，应具备下列条件：①在气液界面上具有足够大的铺展系数，即要求消泡剂有一定的亲水性；②在低浓度时仍具有较好的消泡活性；③具有持久的消泡或抑泡性能，以防止形成新的泡沫；④对发酵过程中氧的传递以及对提取过程中产物的分离提取不产生影响；⑤对微生物、人类和动物无毒性；⑥在使用、运输中不引起任何危害；⑦成本低，并能耐高温灭菌。

虽然消泡剂可以有效地消除生成的泡沫，但过量加入也会对发酵过程产生影响，还存在增加生产成本的问题。因此，也有一些研究着手于菌种的特性，通过采用菌种选育的方法，筛选不产生流态泡沫的菌种，消除起泡的内在因素。

四、常用的消泡剂

常用的消泡剂，主要有天然油脂类、聚醚类、高碳醇或酯类以及硅酮类。其中以天然油酯类和聚醚类在微生物药物发酵中最为常用。

1. 天然油脂类 不仅用作消泡剂还可作为发酵的碳源，在抗生素的生产中的应用较为广泛。常用的有豆油、玉米油、棉籽油、菜籽油和猪油等。不同种类的油，其消泡能力和对产物合成的影响也不相同。例如：土霉素发酵，豆油、玉米油较好，而亚麻油则会产生不良的作用。油的质量还会影响消泡效果，碘价或酸价高的油脂，消泡能力差并产生不良的影响。所以，要控制油的质量，并要通过发酵进行检验。油的新鲜程度也有影响，油越新鲜，所含的天然抗氧剂越多，形成过氧化物的机会少，酸价也低，消泡能力强，副作用也小。植物油与铁离子接触能与氧形成过氧化物，对四环素、卡那霉素等的生物合成不利，故要注意油的贮存与保管。

2. 聚醚类 品种很多，均为无色或黄色黏性液体，不易挥发，热稳定性高，具有相似的表面化学性质。聚醚类消泡剂起消泡作用的基团主要是分子中疏水性的聚氧丙烯链，亲水性的聚氧乙烯链和末端羟基链则使其具有良好的铺展系数，以促进消泡效力的发挥。

由氧化丙烯与甘油聚合而成的聚氧丙烯甘油，简称 GP 型；由氧化丙烯、环氧乙烷及甘油聚合而成的聚氧乙烯氧丙烯甘油，简称 GPE 型，又称泡敌。二者是比较常见的聚醚类消泡剂，它们的分子结构式见图 8-16。

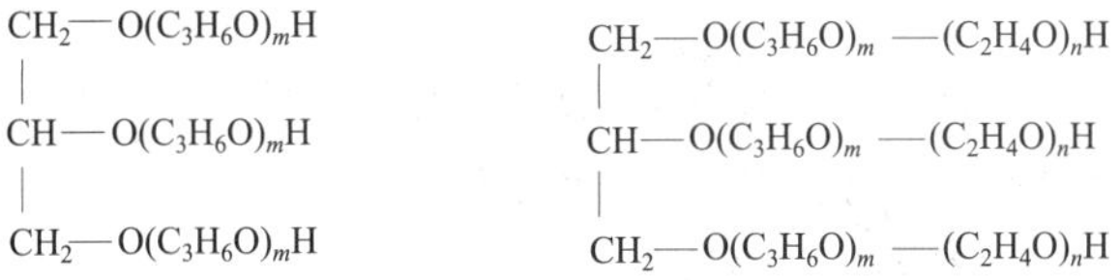

$$CH_2-O(C_3H_6O)_mH \qquad CH_2-O(C_3H_6O)_m-(C_2H_4O)_nH$$
$$|\qquad\qquad\qquad\qquad |$$
$$CH-O(C_3H_6O)_mH \qquad CH-O(C_3H_6O)_m-(C_2H_4O)_nH$$
$$|\qquad\qquad\qquad\qquad |$$
$$CH_2-O(C_3H_6O)_mH \qquad CH_2-O(C_3H_6O)_m-(C_2H_4O)_nH$$

聚氧丙烯甘油（GP）　　　　　　聚氧乙烯氧丙烯甘油（GPE）

图 8-16　聚醚类消泡剂的化学结构

GP 的亲水性差，在发泡介质中的溶解度小，所以用于稀薄发酵液中要比用于黏稠发酵液中的效果好。其抑泡性能比消泡性能好，适宜用在基础培养基中，抑制泡沫的产生。如用于链霉素的基础培养基中，抑泡效果明显，可全部代替食用油，也未发现不良影响，消泡效力一般相当于豆油的 60~80 倍。

GPE 的亲水性好，在发泡介质中易铺展，消泡能力强，作用又快，而溶解度相应也大，所以消泡活性维持时间短，因此，用于黏稠发酵液的效果比用于稀薄的好。GPE 用于四环类抗生素发酵中，消泡效果很好，用量为 0.03%~0.035%，消泡能力一般相当于豆油的 10~20 倍。

3. 高碳醇或酯类 需借助适当的乳化剂配制成水乳液，用于发酵过程中的消泡。此类消泡剂有十八碳醇、聚乙二醇等。聚乙二醇适用于霉菌发酵液的消泡。

在青霉素发酵中还可使用苯乙酸月桂醇酯、苯乙醇油酸酯等，它们是具有前体性质兼具有消泡作用的物质，可在发酵过程中逐步被分解释放出前体用于产物合成，释放出的醇则可作为消泡剂使用。

4. 硅酮类 较适用于微碱性的细菌发酵，常用的是聚二甲基硅氧烷，见图 8-17。聚二甲基硅氧烷是无色液体，不溶于水，有不寻常的低挥发性和低的表面张力。纯的聚二甲基硅氧烷由于不易溶于水，因而不容易分散在发酵液中，消泡效果较差，因此

$$CH_3-Si-O-\left[Si-O\right]_n-Si-CH_3$$

图 8-17　聚二甲基硅氧烷的化学结构

常加分散剂（微晶二氧化硅），或用乳化剂乳化后使用，以便提高消泡性能。此外，还可通过在其末端引入羟基制成羟基聚二甲基硅氧烷，改进其在水中的分散性，提高消泡活性。

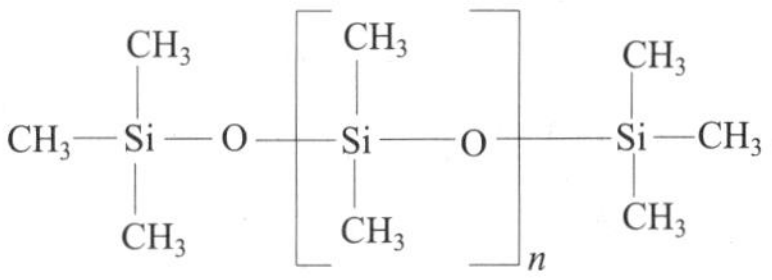

为了克服一些消泡剂分散性能差、作用时间短等弱点，常常采取一些措施来提高消泡剂的消泡性能：①加载体增效：用"惰性载体"（如矿物油、植物油等）将消泡剂溶解分

散，达到增效的目的。如将 GP 与豆油 1：1.5（*V/V*）混合，可提高 GP 的消泡性能。②消泡剂并用增效：取各个消泡剂的优点进行互补，达到增效。如 GP 和 GPE 按 1：1 混合用于土霉素发酵，结果比单用 GP 的效力提高 2 倍。③乳化增效：用乳化剂（或分散剂）将消泡剂制成乳剂，以提高分散能力，增强消泡效力。一般只适用于亲水性差的消泡剂。如用吐温 80 制成的乳剂，用于庆大霉素发酵，效力提高了 1~2 倍。又如以二甲基硅氧烷为原料，将聚醚、乳化剂、增稠剂等物质混合制备得到的有机硅复合乳液消泡剂，其消泡效果也较好。

第十二节　发酵终点的控制

控制合适的放罐时间，对提高发酵的产量和产品的质量也有着较大的作用。在考虑提高发酵产量的同时，还要考虑生产的成本，必须把二者结合起来，既要高产量，又要低成本。

发酵过程中产物的生物合成是特定发酵阶段的微生物代谢活动，无论是初级代谢产物发酵还是次级代谢产物发酵，到了末期，菌体的分泌能力都要下降，使产物的生产能力下降或停止。有的产生菌在发酵末期，营养耗尽，菌体衰老自溶，释放出的分解酶还可能破坏已经形成的产物。为此，要控制合适的放罐时间。确定合适的放罐时间需要考虑如下几个因素。

1. **有利于提高经济效益**　放罐时间的确定要考虑经济因素，也就是以较低的成本获得最大生产能力的时间为最适发酵时间。在生产速率较小的情况下，单位体积发酵液每小时产物的增长量很小，如果继续延长发酵时间，虽然总的产量还在增加，但动力消耗、管理费用支出、设备磨损等费用也在增加，所以要权衡总的经济效益，如果各项消耗的费用大于产物增加所带来的效益时，就要立刻结束发酵过程。

2. **有利于提高产品的质量**　发酵时间长短对提取工艺和产品质量有很大的影响。如果发酵时间太短，势必有过多的尚未代谢的营养物质（如可溶性蛋白、脂肪、无机盐等）残留在发酵液中，这些物质对发酵后的提取过程，如溶剂萃取或离子交换过程产生不利的影响。可溶性蛋白的存在容易导致萃取过程中产生乳化现象；无机盐等杂质的存在会干扰离子交换过程，同时会降低树脂对产物的交换容量。如果发酵时间太长，菌体会自溶，放出菌体蛋白或体内的酶，改变发酵液的性质，增加过滤工序的难度，不仅使过滤时间延长，甚至使一些不稳定的产物遭到破坏。所有这些影响都可能使产物的质量下降，产物中杂质含量增加。所以，要考虑放罐时间对产物提取工序的影响。

3. **特殊因素的影响**　在正常发酵的情况下可根据长期生产经验和生产计划按时放罐。但在异常情况下，如染菌、代谢异常（糖耗缓慢等），就应根据不同情况进行适当处理。此时为了得到更多的产物，应该及时采取措施（如改变培养温度或补充营养等），并适当提前或拖后放罐时间。

确定放罐时间要参考的指标有：产物的生产速率、发酵液的过滤速度、氨基氮的含量、菌丝形态、pH、发酵液的外观和黏度等。发酵终点的掌握，要综合这些参数来确定。

重 点 小 结

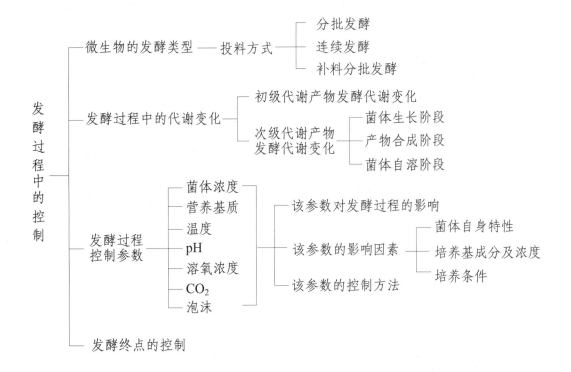

扫码"练一练"

思考题

1. 掌握下列基本概念：发酵热、生物热、机械性泡沫、流态泡沫、比生长速率μ、比生产速率Q_p、CO_2释放率（CER）、呼吸熵（RQ）。

2. 次级代谢产物发酵过程可分为哪几个阶段，每个阶段有什么特点？

3. 什么是最适菌体浓度？从氧的供需关系上说明如何确定发酵的最适菌体浓度？

4. 发酵过程中补入碳源或氮源会对 pH 产生怎样的影响？怎样利用补料控制 pH？

5. 温度对发酵有何影响？怎样选择最适的发酵温度？

6. pH 对发酵有何影响？引起 pH 变化的因素有哪些？可采用哪些方法控制发酵的 pH？

7. 在发酵过程中，溶氧控制的原则是什么？控制的方式是什么？

8. CO_2对发酵有哪些影响？如何对发酵过程中 CO_2 浓度进行控制？

9. 泡沫的类型有哪些？影响泡沫形成的因素有哪些？常用的消泡剂有哪几类？

10. 如何判断放罐时间？

（陈 光）

扫码"学一学"

第九章　发酵动力学

第一节　概　论

微生物发酵体系是一个气相、液相和固相并存的复杂多相体系。微生物发酵过程是一个复杂的生物化学反应过程，既包括微生物细胞内的生化反应，又包括胞内与胞外的物质交换，还包括胞外物质的传递与反应等，该过程具有多相、多组分与非线性等特点。发酵动力学是研究发酵过程微生物菌体生长速率、培养基（基质）消耗速率和产物合成速率随时间变化规律，以及它们之间相互关联与作用。发酵动力学研究目的是用数学模型简洁地描述发酵过程，为微生物发酵过程在线控制、发酵工艺放大提供参考依据。

一、发酵动力学研究的内容

发酵过程的本质是微生物细胞利用基质中的化学能，进行非常复杂的由酶催化的化学反应，故发酵动力学是以化学热力学（研究反应的方向）和化学动力学（研究反应的速度）为基础，对发酵过程各种物质的变化进行描述的。一般说来，发酵动力学是研究发酵过程中质量与能量平衡，菌体生长、基质消耗、产物生成的动态平衡及其内在规律，以及环境因素对发酵过程的影响规律。发酵动力学的研究内容主要包括：①细胞生长和死亡动力学；②基质消耗动力学；③氧消耗动力学；④CO_2 生成动力学；⑤产物合成和降解动力学；⑥代谢热生成动力学。以上各方面不是孤立的，而是既相互依赖又相互制约，构成错综复杂、丰富多彩的发酵动力学体系。

二、发酵动力学的研究方法

发酵过程是由多酶系统催化的极其复杂的生化反应，人们对它的认识还很不完全，这就决定了发酵动力学研究的复杂性和不完全性。为了使这一研究具有一定的可行性和实用性，我们对发酵过程进行了以下简化处理：①反应器的搅拌系统能保证理论的混合，使任何区域的温度、pH、物质浓度等变量的差异得以避免；②温度、pH 等环境条件能够控制以保持稳定，从而使动力学参数保持相应的稳定；③细胞固有的化学组成，不随发酵时间和某些发酵条件的变化而发生明显的改变；④各种描述发酵动态的变量对发酵条件变化的响应无明显滞后。科学研究与生产实践经验证明，这些假定与实际过程的偏差造成的影响并不十分严重，从而使发酵动力学的研究具有一定的科学性和可信性。在以上假定的基础上，我们主要采用以下两种方法进行发酵动力学的研究。

1. 宏观处理法　发酵动力学的研究方法，有深入细胞内部，研究其基因结构、表型、调控机制及其对代谢途径中各步反应影响的微观方法；也有不考虑微观反应机制，把细胞看成一种均匀分布的物质，只考虑各个宏观变量之间关系的宏观方法。前者得出的动力学模型称为结构模型，后者得出的是非结构模型。另外，不考虑细胞之间的差别，把细胞和培养液视为均一化模型称为均一化模型。由于目前对发酵过程（特别是次级代谢物的发酵过程）的微观反应机制还知之甚少，而在宏观过程方面已积累了相当多的知识和经验。因此，建立细胞均一的非结构动力学模型是常见的研究方法，本文只讨论这个类型的动力学模型。

2. 质量平衡法　根据质量守恒定律，任何错综复杂的过程，都可以对某一物质在过程发生前后的质量变化进行恒算。如在发酵过程中，对参与代谢反应的每一种物质，都可以列出如下质量平衡式：物质在系统中积累的速度＝物质进入系统的速度＋物质在系统中生成的速度－物质排出系统的速度－物质在系统中消耗的速度。

其中"进入"或"排出"，包括人为加入或排出和通过相界面传递进入或排出。如果该物质在系统中的含量能够在线测量或估算，通过建立上述方程式，就可以确定该物质在系统中变化的动力学。

总之，研究发酵动力的具体方法步骤如下，首先要获得能反映发酵过程变化的各种理化参数，这些参数包括：①物理、工程参数：温度、罐压、空气流量、搅拌转速等；②生物化学参数：pH、溶氧浓度、效价或产物浓度、糖含量、氨基酸态氮含量、菌体浓度等。然后将各种参数变化现象与发酵代谢规律联系起来，找出它们之间相互关系和变化规律。例如研究菌体生长与基质消耗的关系，基质消耗与产物合成等的规律。建立各种数学模型以描述各参数之间随时间变化的关系。最后通过计算机在线控制，反复验证各种模型的可行性与适用范围。

三、发酵动力学与过程优化控制

微生物发酵生产水平不仅取决于菌种本身性能，而且要通过调控合适的环境条件才能使它的生产能力充分表达出来。研究微生物发酵过程优化控制技术和微生物发酵动力学对发酵生产具有重要意义。

研究发酵过程优化控制，首先要深入研究菌种对环境条件的要求：包括培养基、培养温度、pH、溶氧等。再次要了解菌种在合成产物过程中的代谢调控机制及相关的代谢途径。分析发酵过程中实现高产所具备的菌种生长状态（生长速率、形态、浓度等），菌种对营养物质（培养基）和氧的需求率，以及各种发酵条件对这种生长状态和需求率的影响。在此基础上，通过检测发酵过程中主要理化指标和工艺参数随时间的变化规律，研究发酵动力学，建立能真实反映和描述生化反应过程的数学模型，调节发酵过程中各参数，使菌种处于产物合成的优化环境之中，从而实现发酵过程的优化控制。

第二节 质量与能量平衡

一、得率系数和维持因素

在微生物发酵过程中发生的物质转化可用得率系数进行定量描述。如，生成的细胞生物量与基质消耗之比称为细胞生物量（菌体量）对于基质消耗的得率系数，定义为式 9-1。

$$Y_{x/s} = \frac{\Delta X}{\Delta S} \tag{9-1}$$

式中，ΔX 为菌体细胞生物量的增加值，g；ΔS 为基质消耗值，g。

基质可以是总碳源或者某种碳源，也可以是总氮源或者某种氮源等。细胞生物量（菌体量）对于基质消耗的得率系数的倒数是指单位质量菌体细胞所需要的基质消耗量。

同理，产物对于基质消耗的得率系数，定义为式 9-2。

$$Y_{p/s} = \frac{\Delta P}{\Delta S} \tag{9-2}$$

式中，ΔP 为产物含量的增加值，g。

产物对于基质消耗的得率系数的倒数是指单位产量的基质消耗量。

上述各得率系数在一定工艺条件下是不变的。随着发酵工艺条件的改变，这些参数也会发生变化。

比生长速率是反映菌体细胞生长特性的重要参数。

微生物细胞的比生长速率定义为式 9-3。

$$\mu = \frac{1}{c_x} \cdot \frac{dc_x}{dt} \tag{9-3}$$

基质的比消耗速率定义为式 9-4。

$$Q_s = \frac{1}{c_x} \cdot \frac{dc_s}{dt} \tag{9-4}$$

产物的比形成速率定义为式 9-5。

$$Q_p = \frac{1}{c_x} \cdot \frac{dc_p}{dt} \tag{9-5}$$

式 9-3、9-4、9-5 中，c_x 为微生物细胞浓度，g/L；c_s 为基质浓度，g/L；c_p 为产物浓度，g/L；t 为发酵时间，h。

维持系数是微生物发酵的一个重要的特征值，对于特定的菌种、特定的培养基和发酵条件，是一个常数，因而也称为维持常数。维持系数越低，菌体的能量代谢效率越高。

维持系数定义为式 9-6：单位质量干菌体在单位时间内，维持微生物正常生理活动所消耗的基质量。

$$m = -\frac{1}{c_x} \cdot \frac{dc_s}{dt} \tag{9-6}$$

式中，m 为以基质消耗为基准的维持系数，g/(g·h)；c_x 为微生物细胞浓度，g/L；c_s 为用于维持的基质消耗量，g/L；t 为发酵时间，h。

二、有机化合物中的化学能

化学能是指化合物的能量，根据能量守恒定律，化学能的变化与反应中热能的变化大小相等、符号相反，参加反应的化合物中各原子重新排列而生成新的化合物时，将导致化学能的变化，产生放热或吸热效应。化学能不能直接用来做功，只有在发生化学变化的时候才释放出来，变成热能或者其他形式的能量。像石油和煤的燃烧，以及糖类、蛋白质在生物体内发生生物化学变化时候所放出的能量，都属于化学能。

在微生物发酵过程中，作为营养基质的各种复杂有机化合物，通过生物氧化作用分解成 NH_3、CO_2、H_2O 等简单分子，释放出化学能；同时，细胞利用氮源和碳源及其代谢中间产物，合成蛋白质、核酸、酶、脂类、多糖和抗生素等复杂化合物，并吸收化学能。因此，了解各种有机化合物中包含的化学能，对于进行发酵过程中质量与能量平衡的计算是必不可少的。

三、发酵过程的化学计量式

菌体的生长一般是在供氧条件下，将营养基质转化成菌体成分、CO_2 和 H_2O 的过程。因此，如果菌体的化学组成和基质到菌体的最大转化率已知时，就可以列出微生物菌体生长的化学计量式。发酵过程是一个物质相互转化的过程，通过微生物的代谢作用，将培养基中的化合物转化为菌体细胞、产物等。发酵过程的反应物中包含蛋白质、多糖等分子式不确定的大分子，生成物中也存在菌体这样复杂成分，并呈现中间产物、产物、副产物等并存的情况；加上维持代谢、菌体生长和产物合成的不均衡变化，人们很难在微观水平上完面描述发酵工程的各个反应步骤，要列出所有这些反应的总化学计量式，是一件比较困难的事。

因此，我们将菌体复杂成分以主要元素组成式进行简化，并对同类基质和同类产物组成按基本组成成分和基本产物实施当量归一处理，可做如下的处理：①对复杂分子组成的原料用简化的化学式表示，如菌体化学组成表示为 $CH_{1.64}O_{0.52}N_{0.16}$；②忽略反应中的一些次要的元素和成分，如 P、S、Ca 等；然后，根据对最终基质和氧的消耗、菌体生长、代谢产物和 CO_2 的生成等物质转化的测量，从宏观上确定发酵过程的化学计量关系。分别列出描述维持代谢、菌体生长和产物合成的化学计量式。

发酵过程的总转化式以式 9-7 或者式 9-8 表示。

$$碳源+氮源+氧气\rightarrow细胞+产物+水+二氧化碳 \tag{9-7}$$

$$(-\Delta C)+(-\Delta N)+(-\Delta O_2)\rightarrow\Delta X+\Delta P+\Delta H_2O+\Delta CO_2 \tag{9-8}$$

用化学计量式可以式 9-9 表示。

$$CH_mO_t+aNH_3\rightarrow Y_xCH_pO_vN_q+Y_pCH_rO_sN_t+dH_2O+eCO_2 \tag{9-9}$$

式中，a、d、e 为化学计量系数；Y_x 为无因次菌体得率，它与 $Y_{x/s}$ 的关系以式 9-10 表示。

$$Y_x=\frac{a_2}{a_1}Y_{x/s} \tag{9-10}$$

同理，无因次产物得率可以式 9-11 表示。

$$Y_p=\frac{a_3}{a_1}Y_{p/s} \tag{9-11}$$

式 9-10、9-11 中，a_1 为碳源的含碳量；a_2 为菌体细胞含碳量；a_3 为产物的含碳量。

对其中的碳元素进行物料恒算可以式 9-12 表示。

$$a_1(-\Delta S)=a_2\Delta X+a_3\Delta P+a_4\Delta CO_2 \tag{9-12}$$

如青霉菌以葡萄糖为基质进行好氧培养，其菌体化学组成为 $CH_{1.64}O_{0.52}N_{0.16}$，葡萄糖转化为菌体的转化率为 0.48g 干菌体/g 葡萄糖，则可对下式进行配平。步骤如下。

1. 写出反应化学简式（式9-13）。

$$C_6H_{12}O_6+NH_3+O_2 \rightarrow CH_{1.64}O_{0.52}N_{0.16}+CO_2+H_2O \tag{9-13}$$

2. 根据转化率计算分配系数。$C_6H_{12}O_6$ 的摩尔质量为 180；菌体 $CH_{1.64}O_{0.52}N_{0.16}$ 摩尔质量为 $12+1.64+16×0.52+14×0.16=24.2$。已知葡萄糖至菌体的转化率为 0.48g 干菌体/g 葡萄糖，则以 1mol 葡萄糖为基准，生成菌体的量为 $180×0.48=86.4g$，那么，菌体的摩尔数为：$86.4÷24.2=3.57$。

3. 通过质量平衡，配平其他成分的系数，最后得到计量方程式（式9-14）。

$$C_6H_{12}O_6+0.57NH_3+2.33O_2 \rightarrow 3.57CH_{1.64}O_{0.52}N_{0.16}+2.43CO_2+3.93H_2O \tag{9-14}$$

四、质量平衡

在生物反应过程中，质量平衡是指反应物与生成物之间的物质平衡，根据质量守恒定律可建立物质间和元素间的平衡关系。

（一）微生物生长代谢过程中的碳平衡

1. 碳平衡　以糖类为碳源的微生物生长代谢过程中，碳源主要用于：①满足菌体生长的消耗，用 $[\Delta c_s]_x$ 表示；②维持菌体生存的消耗（如微生物的运动、物质的传递，其中包括营养物质的摄取和代谢产物的排泄），用 $[\Delta c_s]_m$ 表示；③代谢产物累积的消耗，用 $[\Delta c_s]_p$ 表示。它们之间的关系可以式9-15或式9-16表示。

$$\Delta c_s = [\Delta c_s]_x+[\Delta c_s]_m+[\Delta c_s]_p+\cdots \tag{9-15}$$

$$-\frac{dc_s}{dt} = \left[-\frac{dc_s}{dt}\right]_x+\left[-\frac{dc_s}{dt}\right]_m+\left[-\frac{dc_s}{dt}\right]_p+\cdots \tag{9-16}$$

设 $Y_{x/s}$ 表示用于菌体生长的碳源对菌体的得率常数，则得到式9-17。

$$\left[-\frac{dc_s}{dt}\right]_x = \frac{1}{Y_{x/s}} \cdot \frac{dc_x}{dt} \tag{9-17}$$

设 m 表示微生物的碳源维持常数，则得到式9-18。

$$\left[-\frac{dc_s}{dt}\right]_m = mc_x \tag{9-18}$$

设 $Y_{p/s}$ 表示碳源对代谢产物的得率常数，则得到式9-19。

$$\left[-\frac{dc_s}{dt}\right]_p = \frac{1}{Y_{p/s}} \cdot \frac{dc_p}{dt} \tag{9-19}$$

所以最终可得到式9-20。

$$-\frac{dc_s}{dt} = \frac{1}{Y_{x/s}} \cdot \frac{dc_x}{dt}+mc_x+\frac{1}{Y_{p/s}} \cdot \frac{dc_p}{dt} \tag{9-20}$$

2. 碳平衡的意义

（1）碳源是微生物生长和代谢过程必不可少和最重要的物质，无论哪一种发酵，碳源的利用情况和碳源对产物的转化率都是一项极为重要的经济指标。通过碳平衡可以了解碳源在微生物生长和代谢过程中的动向，通过实验和理论计算得到碳源对产物的最大得率，对生产水平不断提高提供可靠数据。

（2）对于一般发酵过程，可以用菌体的生产速率、产物的积累速率和基质的消耗速率三个模型进行描述。基质消耗的数学模型就是以碳平衡得到的方程式为依据的。

（3）对于生产细胞物质为目的的微生物培养过程，由于代谢产物可以忽略不计，而二氧化碳的生成速率可以通过发酵废气分析得到，再根据基质（碳源）的消耗速率，通过碳平衡，就可计算出微生物细胞的生成速率。但这一项目前还没有有效的变送器，可直接自培养液内进行测量得到。

（二）微生物生长代谢过程中的氮平衡

基质中可同化的氮在发酵过程中的转化可用式9-21或者式9-22表示。

$$基质中的碳源 \rightarrow 菌体中的氮 + 产物中的氮 + \cdots\cdots \quad (9-21)$$

$$\sum_{i=1}^{n} \beta_{iS}(N) \frac{-\mathrm{d}C_{is}}{\mathrm{d}t} = \beta_{CX}(N) \frac{\mathrm{d}c_x}{\mathrm{d}t} + \sum_{j=1}^{m} \beta_{jp}(N) \frac{\mathrm{d}c_{jp}}{\mathrm{d}t} + \cdots\cdots \quad (9-22)$$

式中，$\beta_{iS}(N)$为第 i 项基质含氮量，g/mol；$\beta_X(N)$为干菌体含氮量（g/g）；$\beta_{jp}(N)$为第 j 项产物含氮量（g/g）。

（三）微生物生长代谢过程中的氧平衡

有机物分解成二氧化碳和水。根据单一碳源培养基内微生物生长代谢的基质和产物完全氧化的需氧量，可建立式9-23。

$$A[-\Delta c_s] = B[\Delta c_x] + \Delta n_{O_2} + C\Delta c_p \quad (9-23)$$

式中，A 为基质（S）完全氧化的需氧量，如葡萄糖 $A = 61$mol 氧/mol 葡萄糖；B 为菌体（X）完全氧化需氧量，一般可取 $B = 0.042$mol 氧/g 菌体；C 为代谢产物完全氧化需氧量，如 $C = 2$mol 氧/mol 醋酸、3mol 氧/mol 乙醇、3mol 氧/mol 乳酸。式9-23中，Δn_{O_2} 是指微生物生长代谢的消耗氧量。它由两部分组成，一部分用于微生物维持生命活动的耗氧，若以 c_x 为菌体的浓度，m_O 为氧的维持常数，它在 Δt 时间内维持耗氧量应为 $m_O c_x \Delta t$；另一部分为生长菌体的消耗，若用 Y_{GO} 表示用于菌体生长的氧对菌体的得率常数，则生长菌体 Δc_x 相应的耗氧量为 $\dfrac{\Delta c_x}{Y_{GO}}$，并可得到式9-24。

$$\Delta n_{O_2} = m_O c_x \Delta t + \frac{\Delta c_x}{Y_{GO}} \quad (9-24)$$

将9-24代入式9-23得到式9-25。

$$A[-\Delta c_s] = B[\Delta c_x] + m_O c_x \Delta t + \frac{\Delta c_x}{Y_{GO}} + C\Delta c_p \quad (9-25)$$

在耗氧发酵过程中，氧的消耗可分为菌体生长的消耗，维持菌体的消耗和产物合成的氧消耗三个部分，可以式9-26至式9-28表示。最终可得到式9-29。

$$-\frac{\mathrm{d}n_{O_2}}{\mathrm{d}t} = \left[-\frac{\mathrm{d}n_{O_2}}{\mathrm{d}t}\right]_x + \left[-\frac{\mathrm{d}n_{O_2}}{\mathrm{d}t}\right]_m + \left[-\frac{\mathrm{d}n_{O_2}}{\mathrm{d}t}\right]_p \quad (9-26)$$

$$-\frac{\mathrm{d}n_{O_2}}{\mathrm{d}t} = \frac{1}{Y_{GO}}\frac{\mathrm{d}c_x}{\mathrm{d}t} + m_O c_x + \frac{1}{Y_{PO}}\cdot\frac{\mathrm{d}c_p}{\mathrm{d}t} \quad (9-27)$$

$$-\frac{1}{c_x}\frac{\mathrm{d}n_{O_2}}{\mathrm{d}t} = \frac{1}{Y_{GO}}\cdot\frac{1}{c_x}\cdot\frac{\mathrm{d}c_x}{\mathrm{d}t} + m_O + \frac{1}{Y_{PO}}\cdot\frac{1}{c_x}\cdot\frac{\mathrm{d}c_p}{\mathrm{d}t} \quad (9-28)$$

$$Q_{O_2} = \frac{1}{Y_{XO}}\mu + m_0 + \frac{1}{Y_{PO}}Q_p \quad (9-29)$$

式中，Q_{O_2} 为氧的比消耗速率，$Q_{O_2} = \dfrac{1}{c_x}\cdot\dfrac{\Delta n(O_2)}{\Delta t}$，[mol 氧/（g 菌体·h）]；$Y_{XO}$ 为用于菌体生长的氧对菌体的得率系数，g/mol；Y_{PO} 为用于菌体生长的氧对产物的得率系数，g/mol。

当无产物生长时，式9-29可变为式9-30。

$$Q_{O_2} = \frac{1}{Y_{XO}}\mu + m_O \quad (9-30)$$

式9-30为一直线方程。在实验中求得微生物的生长速率 μ 所对应的比耗氧速率 Q_{O_2} 后作图，可得一直线，见图9-1，直线在纵坐标上的截距为微生物生长代谢过程中氧的维持常数 m_O。其斜率即氧对微生物生长的得率常数 Y_{GO} 的倒数。

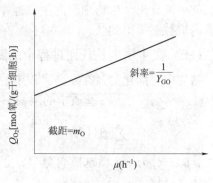

图 9-1 μ 对 Q_{O_2} 作图

五、能量平衡

热力学第一定律称为能量守恒定律，即一个体系及其周围环境的总能量是一个常数，虽然能量的形式可以转变，但不会消失。在发酵过程中，能量代谢伴随着物质代谢而发生；分解代谢会伴随着能量的释放，发生放能反应，合成代谢伴随着能量的消耗，发生吸能反应。

1. 化学能平衡 根据微生物生长代谢的基质消耗和所生成的产物完全氧化的能量平衡和需氧平衡，应用化合物的标准燃烧热数据可进行发酵过程的化学能平衡。可以式9-31表示。

$$\sum_{i=1} \Delta H_{si}^{\ominus} \left(-\frac{dc_s}{dt} \right) = \Delta H_x^{\ominus} \left(\frac{dc_x}{dt} \right) + \sum_{j=1} \Delta H_{pj}^{\ominus} \left(\frac{dc_p}{dt} \right) + \frac{dH_c}{dt} \qquad (9-31)$$

式9-31是发酵过程的化学能动态平衡式，它是对发酵过程的能量代谢进行的定量表达：总化学能消耗率=菌体化学能转移率+产物化学能转移率+分解代谢能（发酵热）释放率。

2. 发酵过程中能量转移 微生物是利用培养基中碳源氧化过程释放的能量（通过ATP循环）作为其生长所需的能源。物质氧化总伴随着电子的转移，在氧化过程中，每1分子氧可以接受4个电子。有机化合物氧化时每转移一个有效电子，平均释放出111kJ的热能，1mol葡萄糖完全氧化时，有效电子转移数为24（av，e^-/mol），因此，葡萄糖完全氧化释放的能量应为：$\Delta H_s^* = (-111) \times 24 = -2664$ kJ/mol 葡萄糖。当我们用量热器测定葡萄糖燃烧过程得到的是 $\Delta H_s = -2813$ kJ/mol 葡萄糖，两者相差很小，约5%。因此可以用有效电子转移数来计算有机化合物完全氧化所释放的能量。任何有机物只要写出其完全氧化的反应式，根据反应式中所消耗氧的物质量，就可以计算出反应所释放的能量。

为了区别有机物氧化实际焓变和通过有效电子转移数的计算值，分别用 ΔH 和 ΔH^* 表示，后者称为有机物氧化以有效电子转移为基准的"焓变"。由于发酵过程是在25~37℃范围内进行的，以葡萄糖作为碳源，在发酵过程中，碳源完全氧化相应的标准自由能变化的按式9-32和式9-33计算。

$$C_6H_{12}O_6 + 6O_2 \longrightarrow 6CO_2 + 6H_2O \qquad (9-32)$$

$$\Delta S = \sum S^0 \text{产物} - \sum S^0 \text{反应物} = (6S_{CO_2}^0 + 6S_{H_2O}^0) - (S_{C_6H_{12}O_6}^0 + 6S_{O_2}^0)$$

$$= (6 \times 0.214 + 6 \times 0.020) - (0.212 + 6 \times 0.205) = 0.262 \, (\text{kJ/mol}) \qquad (9-33)$$

标准自由能的变化按式9-34和式9-35计算。

$$\Delta G_{C_6H_{12}O_6}^0 = \Delta H_s - T\Delta S \approx \Delta H_s \approx \Delta H_s^* = -2664 \, (\text{kJ/mol})（葡萄糖） \qquad (9-34)$$

$$T\Delta S = (298 \sim 310) \times 0.262 = (78.1 \sim 78.2) \text{kJ/mol} \ll \Delta H_s \qquad (9-35)$$

因此，发酵过程中基质和产物氧化的标准自由能变化可近似等于各自的焓变。葡萄糖在细胞内氧化磷酸化过程中每1mol可形成38mol的ATP，此过程的标准自由能效率按式9-36计算。

$$\frac{38 \times \Delta G_{\text{ATP}}^0}{\Delta G_{C_6H_{12}O_6}^0} = \frac{38 \times (-29.3)}{-2664} = 42\% \tag{9-36}$$

六、质量平衡与能量平衡的统一

物质代谢是能量代谢的基础，能量代谢是物质代谢的表现形式。质量平衡与能量平衡之间存在对立统一、互相依存、不可分割的关系。

生物反应过程中，主要有合成代谢和分解代谢两大类。培养基中的碳源、氮源、微量元素、生长因子等物质经合成代谢生成细胞物质和代谢产物。碳源、氮源等经过分解代谢生成 CO_2、H_2O 等，释放出化学能，用于维持代谢、菌体生长和产物合成等能量需求。这两类代谢在生物反应过程中相辅相成、相互渗透，通过物质转化过程中的质量平衡和能量平衡进行相互依存、相互联系。

第三节　微生物生长与产物合成动力学

一、微生物生长动力学

在微生物生长过程中，微生物将部分营养物质转化为微生物细胞的组成物质，表现为微生物细胞体积的增大；当生长到一定阶段时候，微生物细胞会分裂、增殖，表现出细胞数量的增多。因此微生物生长一般包含以下两种含义：①细胞体积的增大，胞内各化学成分的含量也同步增加；②微生物群体细胞数量的增加。凡是提到"微生物细胞生长"都理解为细胞干重的增加。

1. **Monod 方程**　表示限制性底物浓度与比生长速率之间关系著名的公式 Monod 方程可以式 9-37 表示。

$$\mu = \frac{\mu_{\max} c_s}{K_s + c_s} \tag{9-37}$$

式中，$\mu_{\max}$ 为最大比生长速率；K_s 为饱和常数，g/L 或 mol/L；c_s 为生长限制基质浓度，g/L 或 mol/L。

K_s 是 μ 达到 $\mu_{\max}$ 值一半时生长限制基质的浓度。应当指出的是，Monod 方程式只适用于单一基质限制及不存在抑制物质的情况。即除了一种生长限制基质外，其他必需营养都是过量的，但这种过量又不会引起对生长的抑制，在生长过程中也没有抑制性产物生成。

2. **其他生长动力学方程**

（1）基质抑制生长动力学　某种基质对生长是必需的，但过量加入又对生长产生抑制作用，基质抑制动力学可以式 9-38 表示。

$$\mu = \frac{\mu_{\max} c_s}{K_s + c_s + \dfrac{c_s^2}{k_i}} \tag{9-38}$$

式中，k_i 为基质抑制常数，g/L 或 mol/L；c_x 为菌体浓度，g/L；c_s 为限制性底物浓度，g/L。

（2）产物抑制生长动力学　可以式 9-39 表示。

$$\mu = \frac{\mu_{\max} c_s}{K_s + c_s} (1 - k c_p) \tag{9-39}$$

式中，k 为产物抑制常数，$(g/L)^{-1}$；c_p 为产物浓度，$(g/L)^{-1}$。

（3）Contois 方程式　对于菌体浓度较高，发酵液黏度较大，特别是丝状菌生长，菌体生长空间成为限制因素。可以式 9-40 表示。

$$\mu = \frac{\mu_{max} c_s}{k c_x + c_s} \tag{9-40}$$

式中，k 为菌体抑制常数，无纲量。

二、产物合成动力学

菌体代谢产物种类繁多，有能量代谢产物、细胞异常代谢产物、次级代谢产物，这些代谢产物合成途径千差万别，调节机制各异。因此，至今还没能找到统一的模型来描述代谢产物生成动力学。

把代谢产物合成速度看作菌体生长速率和菌体量的函数。可按式 9-41 至式 9-43 计算。

$$\frac{dc_p}{dt} = \alpha \frac{dc_x}{dt} + \beta c_x \tag{9-41}$$

$$\frac{dc_p}{dt} = \alpha \mu c_x + \beta c_x \tag{9-42}$$

$$Q_p = \alpha \mu + \beta \tag{9-43}$$

将产物形成类型分为以下三类：①$\alpha > 0$，$\beta = 0$，属于生长相关模型；②$\alpha > 0$，$\beta > 0$，属于部分生长相关模型；③$\alpha = 0$，$\beta > 0$，属于非生长相关模型。

α 项与生长相关，β 项与生长无关；（非生长相关模型）式中，α、β 为常数。

1. 生长关联型　产物形成与菌体生长呈正相关。可以式 9-44 或者式 9-45 表示。

$$\frac{dc_p}{dt} = Y_{p/s} \frac{dc_x}{dt} = Y_{p/s} \mu c_x \tag{9-44}$$

$$Q_p = Y_{p/s} \mu \tag{9-45}$$

式中，Q_p 为产物比形成速率，$g/(L \cdot h)$；$Y_{p/x}$ 为以菌体生长为基准的产物得率 (g/g)；μ 为菌体比生长速率，h^{-1}。

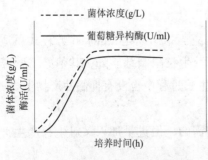

图 9-2　葡萄糖异构酶和菌体浓度随培养时间的变化

对于生长关联型，产物形成速率与菌体比生长速率呈正比关系（因 $Y_{p/x}$ 为常数）。一般来说，这种产物通常是微生物分解基质途径的直接产物，如酒精。但也有微生物合成的某些酶类，如由根霉产生的脂肪酶和由树状黄杆菌产生的葡萄糖异构酶（胞内酶），其产物浓度与菌体生长随时间的变化呈平衡关系（图 9-2）。

2. 非生长关联型　产物的形成速率与菌体生长速率无关，只与菌体积累量有关。可以式 9-46 表示。

$$\frac{dc_p}{dt} = \beta c_x \tag{9-46}$$

式中，β 为比例常数；$\dfrac{dc_p}{dt}$ 为产物合成速度，$g/(L \cdot h)$；c_x 为菌体浓度，g/L。由式 9-46 可见，产物的形成速率与菌体生长速率无关，而与菌体量的多少有关，次级代谢产物中抗生素的合成即属此类。

抗生素的发酵过程一般分为三个阶段：菌体生长期、抗生素合成期、菌体自溶期。抗生素的合成在菌体生长进入稳定期，其合成速度最高。

例9-1　杀念珠菌素分批发酵中，基质代谢以葡萄糖消耗表示，菌体生长以细胞中DNA含量代表，同时看抗生素合成的代谢变化。

由图9-3可以看出，在抗生素合成前的菌体生长期，DNA的含量不断增加，菌体处于生长盛期。当抗生素开始合成后DNA不再增加，菌体生长处于稳定期，而这段时间，抗生素产量增长最快。当葡萄糖几乎耗尽时产量明显下降，细胞中DNA减少，菌丝自溶增加。

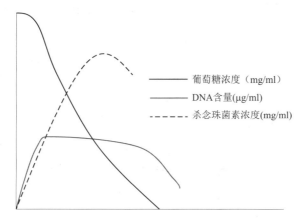

图9-3　杀念珠菌素发酵中葡萄糖、DNA、杀念珠菌素产量的变化关系

由上述两种类型可看出，若生产的产品与菌体生长呈正相关，则宜采用有利于细胞生长的培养条件，延长与产物合成有关的对数生长期。若产品是次级代谢产物，则应缩短菌体的对数生长期，并迅速获得足够量的菌体细胞后延长生产期，以提高产量。

第四节　发酵过程动力学模拟与优化

一、分批发酵

分批发酵又称为分批培养，是指在一个密闭系统内投入有限数量的营养物质后，接入少量的微生物菌种，发酵培养一段时间后，一次性地排出发酵料液，结束发酵的培养方式。即在特定的条件下只完成一个生长周期的发酵培养方法。在整个发酵过程中，除了氧气的通入（好氧发酵）、尾气的排放、为调节发酵液pH而加入的酸碱溶液以外，与外界没有其他物料交换的一种发酵方式。培养基是一次性加入，产品也是一次性收获，分批发酵是目前广泛采用的一种发酵方式。在微生物的培养过程中，微生物所处的环境时时变化，是典型的非稳态过程。基质逐渐被消耗，代谢产物不断积累，微生物经历接种、适应、生长繁殖、衰亡的过程，受培养环境及自身特性的影响，菌体浓度及活性随之不断变化。

根据菌体浓度随发酵时间的变化情况，可将分批发酵中微生物的生长过程分为延滞期、对数期、减速期、稳定期和衰亡期5个阶段，见图9-4。

1. 延滞期　延滞期又称为适应期、调整期、停滞期，指接种后的一段时间内，菌体浓度增加很少或几乎未见菌体浓度的增加。在此阶段，细胞对新培养基中的利用较为缓慢，需分泌相应的诱导酶来利用其成分，合成胞内物质，单个菌体细胞的质量有所增加，但数

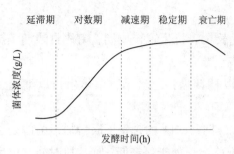

图 9-4　分批发酵过程中微生物
细胞生长曲线

量却几乎不增加，比生长速率接近为零。工业生产要求尽可能缩短延滞期，可通过使用适当的种龄和接种量达到，进而缩短微生物细胞的非生产时间，提高生产率。

2. 对数或指数生长期　又称为指数生长期，是指在延迟期后，细胞的生长繁殖速率快速提高，在对数生长期间，微生物的比生长速率最大。在此阶段中，培养基中营养充分，菌体生长不受基质浓度限制，菌体生理活性高，繁殖速率快，细胞数量及质量呈指数倍增长，胞内的各组分均以相同的速率增加，将菌体浓度的自然对数与时间作图可得一直线，其斜率 μ 为比生长速率。可以式 9-47 表示。

$$\frac{\mathrm{d}c_x}{\mathrm{d}t}=\mu c_x \tag{9-47}$$

积分后，整理可到式 9-48。

$$\ln c_{xt} = \ln c_{x_0} + \mu t \tag{9-48}$$

式中，c_{x_0} 为原始菌体浓度，g/L；c_{xt} 为经间隔时间 t 后的菌体浓度，g/L；μ 为比生长速率，h^{-1}。由式 9-48 看出，比生长速率 μ 与细胞浓度 c_{xt} 的对数值成正比。在此阶段中，培养条件良好，比生长速率可达最大值 μ_{max}。不同微生物，其 μ_{max} 也不同，可用 μ_{max} 来反映特定培养条件下的微生物生长特性，这对指导工艺优化有一定的意义。

根据式 9-48，当细胞浓度增加一倍时，所对应的培养时间称为倍增时间 t_d，可以式 9-49 表示。

$$t_d = \frac{\ln 2}{\mu_{max}} = \frac{0.693}{\mu_{max}} \tag{9-49}$$

式中，μ_{max} 为最大比生长速率，h^{-1}。

不同的微生物具有不同的倍增时间。表 9-1 列举了某些微生物及培养细胞的世代时间。

表 9-1　某些微生物及培养细胞的世代时间

微生物或细胞	温度（℃）	世代时间（min）	微生物或细胞	温度（℃）	世代时间（min）
大肠埃希菌	40	21	啤酒酵母菌	30	120~240
枯草杆菌	40	26	片形螺旋藻	35	120
嗜热脂肪芽孢杆菌	60	8.4	球形红极毛杆菌	30	132
恶臭假单胞菌	30	45	绿色木霉菌	30	300
生氮假单胞菌	30	10	海拉细胞	37	1800~3000
黑曲霉菌	30	120			

在指数生长期，μ 或 t_d 是代表微生物在该时期生长特性的两个重要参数，它们均可反映菌体生长的快慢。一般而言，μ 大或 t_d 小，都表明菌体生长迅速。

3. 减速期　对数生长期后，由于某些必需养分的耗竭和代谢产物的积累，生长速率逐渐减速。从对数生长期到生长稳定期有一过渡，称为减速期，减速期比生长速率逐渐降低。减速期的长短取决于菌体与限制性基质的亲和力，对基质的亲和力愈高（具有低 K_s 值），则减速期将愈短。发酵后期菌体量过大，发酵液黏度增加而影响通气和搅拌效果，也可能是比生长速率降低的原因之一。

4. 稳定期　又称为平衡期、静止期。随着营养成分的继续消耗，当比生长速率降低到零时，便进入生长稳定期（静止期），稳定期虽菌体的生长终止，但菌体代谢仍然十分活跃，有许多次级代谢物在此期合成，因此也被称为生产期或分化期。此时可以式 9−50 表示。

$$\frac{dc_x}{dt} = (\mu - k_d) c_x = 0 \tag{9-50}$$

式中，k_d 为细胞死亡速率常数。

5. 衰亡期　随着营养物质的不断耗尽，细胞死亡速率增大，细胞浓度迅速下降的阶段。微生物群体实际上并不是一个均一的体系，而是一个多种菌龄菌体的混合物。在某一时刻，群体内有些菌体在生长、壮大，另一些则已经死亡。随着营养物的进一步枯竭以及有害物质的大量积累，菌体死亡数增多，生长、壮大的菌数减少，于是，整个微生物群体开始进入衰亡期。通常，生物群体的死亡，也遵守一级动力学关系，可以式 9−51 表示。

$$\frac{dc_x}{dt} = -k_d c_x \tag{9-51}$$

式中，k_d 为微生物的比死亡速率。

二、连续发酵

连续发酵或连续培养也称连续流动培养，即培养基料液连续输入发酵罐，同时连续排出含有产品的发酵液。分批发酵时，细胞浓度、限制性基质浓度和产物浓度随培养时间不断变化，由于营养物质的耗尽或有害代谢物的积累，出现了分阶段的生长现象。连续发酵是在分批发酵的基础上，以一定的速率连续地流加新鲜培养基并流出等量的发酵液，由于不断有新培养基补充细胞的消耗，有害代谢物则不断被稀释排出，微生物发酵就可以长期进行下去了。

连续发酵具有机械化、自动化程度高，利于对发酵过程进行优化，发酵罐的清洗、灭菌等非生产时间占用少，设备利用率及生产效率得到有效提高等特点。但在发酵过程中，易染菌污染，菌种易变异。连续发酵目前主要用于发酵动力学参数的测定、发酵条件的优化等研究中，在工业生产的应用还不普遍，目前只在乙醇、单细胞蛋白、丙酮、丁醇、葡萄糖酸、醋酸等产品的生产及污水处理等方面有应用。

连续输入的培养基是一种限制性基质，保持在较低的恒定值，其他条件如溶解氧、无机物等浓度都很充足，细胞内复杂的连锁反应取决于限制性基质的吸收速度，菌体生长取决于限制性基质的浓度，菌体浓度保持一定的稳定状态。由于营养物质的供应与消耗相平衡，建立一个稳定的环境状态，即连续发酵达到稳定状态时，培养液内的限制性基质的浓度、菌体浓度和产物浓度及其他理化指标都为恒定值。

单级连续发酵是连续发酵中最简单的方式，包括恒浊法与恒化法两类。恒浊法是以培养器中微生物细胞的密度为监控对象，用光电控制系统来控制流入培养器的新鲜培养液的流速，同时使培养器中的含有细胞与代谢产物的培养液也以基本恒定的流速流出，从而使培养器中的微生物在保持细胞密度基本恒定的条件下进行培养的一种连续发酵方式。用于恒浊发酵的培养装置称为恒浊器（turbidostat）。用恒浊法连续发酵，可控制微生物在最高生长速率与最高细胞密度的水平上生长繁殖，达到高效率培养的目的。与菌体相平衡的微生物代谢产物的生产也可采用恒浊法连续发酵生产。

恒化法是监控对象不同于恒浊法的另一种连续发酵方式，是通过控制培养基中营养物，主要是生长限制因子的浓度，来调控微生物生长繁殖与代谢速度的连续培养方式。用于恒化发酵的装置称为恒化器（chemostat 或 bactogen）。恒化连续发酵往往控制微生物在低于最高生长速率的条件下生长繁殖。恒化连续发酵在研究微生物利用某种底物进行代谢的规律方面被广泛采用。因此，它是微生物营养、生长、繁殖、代谢和基因表达与调控等基础与应用基础研究的重要技术手段。

连续发酵使用的反应器可以是搅拌罐反应器，也可以是管式反应器。假定在生物反应器中能充分混合，新鲜培养基的加入速率与培养液的流出速率相等并保持恒定，则生物反应器中培养液各组分分布均匀，体积保持恒定，则在反应过程中，菌体、限制性底物、产物的物料平衡遵循：变化量＝流入量＋生成量－流出量。

1. 细胞的物料平衡　细胞和限制性基质浓度、培养基流速之间的关系依据物料平衡关系建立如下关系。

发酵罐中细胞浓度的变化量＝流入的细胞量－流出的细胞量＋生长的细胞量－死亡的细胞量。可以式 9-52 表示。

$$\frac{dc_x}{dt} = \frac{Fc_{x_0}}{V}c_{x_0} - \frac{F}{V}c_x + \mu c_x - k c_x \tag{9-52}$$

式中，c_{x_0} 为流入发酵罐的细胞浓度，g/L；c_x 为流出发酵罐的细胞浓度，g/L；F 为流入发酵罐的培养基流速，h^{-1}；V 为发酵罐内液体的体积，L；μ 为比生长速率，h^{-1}；k 为比死亡速率，h^{-1}；t 为时间，h。

当流入基质的流速恒定，流出的细胞不循环回流时，则 $c_{x0}=0$，通过限制性基质浓度的控制，使细胞的比生长速率远高于比死亡速率，$\mu \gg k$，死亡细胞几乎可忽略不计。当连续发酵达到稳态时，发酵罐内细胞浓度的变化为零，$\frac{dc_x}{dt}=0$，则式 9-52 变为式 9-53 和式 9-54。

$$-\frac{F}{V}c_x + \mu c_x = 0 \tag{9-53}$$

$$\frac{F}{V} = \mu \tag{9-54}$$

将单位时间内连续流入发酵罐的新鲜培养基体积或流入发酵罐的培养基流速与发酵罐内液体总体积的比值定义为稀释率 D，即 $\frac{F}{V}=D$，单位 h^{-1}。故得到式 9-55。

$$D = \mu \tag{9-55}$$

在恒定状态时，比生长速率等于稀释率，这表明在一定范围内，可通过调节流入发酵罐的培养基速率来控制细胞的比生长速率，从而控制细胞的生长活性。对于用限制性基质培养，当稀释率开始增加时，在发酵罐内底物残留浓度增加很少，大部分底物被细胞所消耗，直到 $D \approx \mu_{max}$，底物残留浓度才显著增加。如果继续增大稀释率，菌体将从系统中被洗出，菌体浓度随稀释率的增大迅速降低，底物残留浓度也随之迅速增加。现将导致底物开始从发酵罐中洗出时的稀释率定义为临界稀释率 D_c，即在恒化器中能达到的最大稀释率。

2. 限制性基质的物料平衡　发酵罐中限制性基质浓度的变化量＝流入的限制性基质的量－流出的限制性基质的量－用于细胞生长的限制性基质的量－维持细胞生命所需的限制性基质的量－形成产物消耗的限制性基质的量，可以式 9-56 表示。

$$\frac{dc_s}{dt} = \frac{F}{V}c_{s_0} - \frac{F}{V}c_s - \frac{\mu}{Y_{x/s}}c_x - mc_x - \frac{q_p}{Y_{p/s}}c_x \tag{9-56}$$

式中，c_{s_0} 为流入发酵罐的基质浓度，g/L；c_s 为流出发酵罐的基质浓度，g/L；$Y_{x/s}$ 为细胞生长相对于基质的得率系数（g/g）；q_p 为产物比生成速率，h^{-1}；$Y_{p/s}$ 为产物得率系数（g/g）。

一般情况下，基质用于维持细胞生命的量及用于产物形成的量均远小于基质用于细胞生长的量，$mc_x \ll \frac{\mu c_x}{Y_{x/s}}$，$\frac{q_p c_x}{Y_{p/s}} \ll \frac{\mu c_x}{Y_{x/s}}$，故可忽略不计。在达到稳定状态时，$\frac{dc_s}{dt} = 0$，式 9-56 变为式 9-57。

$$D(c_{s_0} - c_s) = \frac{\mu}{Y_{x/s}}c_x \tag{9-57}$$

又因 $D = \mu$，式 9-57 变为式 9-58。

$$c_x = Y_{x/s}(c_{s_0} - c_s) \tag{9-58}$$

Monod 方程应用于连续培养时，大多数情况下，D_c 相当于分批培养的 μ_{max}，则可以式 9-59 和式 9-60 表示。

$$D = \frac{\mu_{max}c_s}{K_s + c_s} = \frac{D_c c_s}{K_s + c_s} \tag{9-59}$$

$$c_x = Y_{x/s}\left(c_{s_0} - \frac{DK_s}{\mu_{max} - D}\right) \tag{9-60}$$

当 D 小时，底物被细胞充分利用，$c_s \to 0$，细胞浓度 $c_x = Y_{x/s}c_{s_0}$。随着 D 的增加，达到 D_c 时，$c_x \to 0$，$c_s \to c_{s_0}$，即为洗出点，则可以式 9-61 表示。最终得到式 9-62。

$$c_{s0} = \frac{DK_s}{\mu_{max} - D} \tag{9-61}$$

$$D_c = D = \frac{\mu_{max}c_{s_0}}{K_s + c_{s_0}} \tag{9-62}$$

因此，洗出点的 $D_c = D = \mu_{max}$。

三、补料分批发酵

补料分批发酵是指在分批培养过程中，间歇或连续地补加新鲜培养基的培养方法，是介于分批发酵及连续发酵之间的一种过渡性操作，又称为半连续发酵（培养）。补料分批发酵现已成功地用于甘油、有机酸、抗生素、维生素、氨基酸、核苷酸、酶及生长激素等产品的生产。

补料分批发酵技术兼有分批发酵和连续发酵之优点，并克服了两者之缺点。同传统的分批发酵相比，补料分批发酵具有如下优点：①可以避免在分批发酵过程中因一次性投料过多造成细胞大量生长而产生不利影响，如耗氧发酵中造成耗氧过多，供需氧不平衡，溶氧下降，过多的菌体生成量，影响底物对产物的转化率，并引起发酵液流变学的特性改变等，使传质及物料输送、后处理困难；②可以解除产物反馈抑制和分解代谢物抑制作用；③可作为控制细胞量的手段，以提高发芽孢子的比例；④可为自动控制和最优控制提供实验基础。与连续发酵相比，补料分批发酵的菌种老化、变异、污染的概率相对较低，最终产物浓度较高，使用范围也比连续发酵更为广泛。

但是，补料分批发酵也有不足：①增加的反馈控制的附属设备使设备投资增加；②在没有反馈控制的系统中料液的添加程序是预先固定的，当菌体生长与时间变化的关系与预想的不一致或出现异常时，则不能进行有效的控制调节；而且，对发酵过程中的补料种类及补料时间的控制，需先进行相应的发酵动力学研究，在此基础上结合经验来确定最佳补料控制，这样才能进行有效的控制；③存在一定量的清洗、灭菌等非生产时间，影响整个发酵过程的效率。

目前，补料分批发酵的类型很多，各个研究者所用的术语不尽相同，因此分类比较混乱，很难统一起来。就补料方式而言，有连续流加、不连续流加和多周期流加。每次流加又可分为快速流加、恒速流加、指数流加和变速流加。从反应器中发酵体积分，又有变体积和恒体积之分。从反应器数目分类又有单级和多级之分。从补加的培养基成分来区分，又可分成单一组分补料和多组分补料。按控制方式分类分为反馈控制和无反馈控制。

补料分批发酵是在分批发酵过程中加入新鲜的料液，以克服养分的不足，只有料液的输入，没有输出，因此，发酵液的体积在增加。若分批培养中的细胞生长受一种基质浓度的限制，则在任一时间的菌浓可以式9-63表示。

$$c_{xt} = c_{x_0} + Y_{x/s}(c_{s_0} - c_{st}) \tag{9-63}$$

若 $c_{st} = 0$，则其最终菌体浓度为 c_{xmax}；若 $c_{x_0} \ll c_{xmax}$，则其最终菌体浓度可以式9-64表示。

$$c_{xmax} \cong Y_{x/s}c_{s_0} \tag{9-64}$$

如果当 $c_{xt} = c_{xmax}$ 时开始补料，其稀释速率 $D < \mu_{max}$，实际上当基质一进入培养液中很快便被耗竭，故得式9-65。

$$Fc_{s0} \cong \frac{\mu c_{xt}}{Y_{x/s}} \tag{9-65}$$

式中，F 为补料流速；c_{xt} 为总的菌量。式9-65说明输入的基质等于细胞消耗的基质。故 $\frac{dc_s}{dt} = 0$，虽培养液中的总菌量 c_{xt} 随时间的延长而增加，但细胞浓度 c_x 并未提高，即 $\frac{dc_x}{dt} = 0$，因此 $\mu = D$。这种情况称为准稳态。

随时间的延长，稀释速率将随体积的增加而减少，D 可以式9-66表示。

$$D = \frac{F}{V_0 + F_t} \tag{9-66}$$

式中，V_0 为初始体积。

因此，按 Monod 方程，残留的基质应随 D 的减小而减小，导致细胞浓度的增加。在实际操作中，S_0 远大于 K_s，残留基质的浓度非常小，可当作零。故只要 $D < \mu_{max}$ 和 $K_s \gg S_0$ 便可达到准稳态。恒化器的稳态和补料分批发酵的准稳态的主要区别在于恒化器的 μ 是不变的，而补料分批发酵的 μ 是降低的。补料分批发酵的优点在于它能在这样一种系统中维持很低的基质浓度，从而避免快速利用碳源的阻遏效应和能够按设备的通气能力去维持适当的发酵条件，并且能减缓代谢有害物的不利影响。

目前，运用补料分批发酵技术进行生产和研究的范围十分广泛，主要有以下几个方面。①用于菌体高密度培养的研究。通过流加高浓度的营养物质，培养液中细胞浓度可以达到非常高的程度，如用分批发酵方式培养酵母菌，其菌体的生成量可以达到 5~10g/L，而补料分批发酵培养可以使其菌体得率增大10倍。酵母细胞生产的培养基中，若麦芽汁太浓会导致生长过量，从而供氧不足，厌氧的结果会生成乙醇，减少菌体的生产。因此，采用降低麦芽汁初始浓度，让微生物生长在不太丰富的培养基中，在发酵中再补加营养的方法，提高了酵母的产量，阻止了乙醇的产生。②补料分批发酵方式也适合于与菌体生长偶联的胞内产物的生产过程。如初级代谢产物及与生长偶联的次级代谢的生产。对于需要控制底物或前体浓度的发酵过程，采用营养缺陷型菌株进行产物的生产通过补料分批发酵方式也可较好地达到目的。在抗生素生产中，分批补加葡萄糖使菌体稳定期延长，推迟菌体自溶期，从而增加抗生素的产量；在树状黄杆菌发酵中采用微机控制补料分批发酵的方法，定时补加营养物可使细胞浓度和葡萄糖异构酶活力达到最高值的时间推迟 30 小时，所得细胞浓度和产酶活力比分批培养分别提高 48.5% 和 47.1%。

四、发酵动力学参数的估算

开展发酵动力学实验的目的有：①确定反应速率与反应物浓度间的函数关系，实质上是确立速率方程的基本形式；②确定动力学参数，例如菌体生长动力学中 μ_{max} 和 k_s 的数值；③确定动力学参数与反应条件，与温度、pH 等因素的关系。显然，动力学方程是否合适，动力学参数的值是否正确，取决于实验设备和实验方法能否提供正确的动力学信息，取决于实验数据的处理方法是否准确。

通常，将底物浓度与时间的关系，或细胞浓度与时间的关系，或代谢产物浓度与时间的关系表示成两种形式：①浓度随时间的变化速率与浓度的关系；②浓度与时间的关系。前者可以直接用于微分动力学方程，因此该法又称微分法。后者实质上表示的是动力学方程的积分形式，因此该法又称积分法。

1. 积分法求动力学参数　如果动力学实验中所测得的数据是浓度与时间的关系时，可用下述方法求取动力学参数。将所假设的动力学方程进行积分求得积分式，再将其线性化，然后把实验数据代入作图，若得一直线，便认为所假设的动力学方程是正确的，并据此求取动力学参数。对幂函数型动力学，其积分式可以式 9-67 表示。

$$\frac{1}{c_s^{n-1}} - \frac{1}{c_{s0}^{n-1}} = (n-1)k_r t \tag{9-67}$$

式中，n 为反应级数；k_r 为反应速率常数；t 为时间；c_{s0} 为底物初始浓度；c_s 为任一时间 t 时的底物浓度。式 9-67 不适合于 $n=0$ 的反应。线性化作图可表示为图 9-5，并由图可确定动力学参数。

对于微生物发酵过程菌体生长与底物消耗的关系，需要联立求解该微分方程组（式 9-68）才能得到变量 c_x 或 c_s 的解，其解将是很复杂的。

例如：

$$-\frac{dc_s}{dt} = q_{s,max} \frac{c_s}{K_s + c_s} c_x \tag{9-68}$$

引入得率系数 $Y_{x/s}$ 以消去一个变量，得式 9-69。

$$c_x - c_{x_0} = Y_{x/s}(c_{s0} - c_s) \tag{9-69}$$

对式 9-68 进行积分，得到一个复杂的积分公式 9-70。

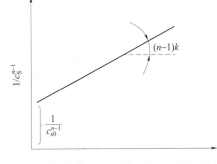

图 9-5　积分法确定幂函数动力学参数

$$\frac{1}{t}\ln\frac{c_{x,max}-Y_{x/s}c_s}{c_{x_0}}=\frac{q_{s,max}Y_{x/s}c_{x,max}}{c_{x,max}+Y_{x/s}K_s}-\frac{Y_{x/s}K_s}{c_{x,max}+Y_{x/s}K_s}\times\frac{1}{t}\ln\frac{c_{s_0}}{c_s} \qquad (9-70)$$

式中，$q_{s,max}$ 为底物 S 的最大比消耗速率，h^{-1}；$c_{x,max}$ 为最大细胞质量浓度，g/L；c_{x_0} 为初始时细胞质量浓度，g/L；c_s 为任一时间 t 时底物质量浓度，g/L；c_{s_0} 为初始底物质量浓度，g/L。

根据式 9-70 作图求其参数显然是很困难的，可以利用式 9-71 进行图解试差法求取动力学参数。

$$\frac{1}{t}\ln\frac{c_{s_0}}{c_s}=C\left[\frac{\ln(1+AD)}{t}\right]-B \qquad (9-71)$$

式中，A 为 $Y_{x/s}c_{x_0}$；B 为 $\frac{\mu_{max}}{Y_{x/s}K_s}(c_{x_0}+Y_{x/s}c_{s_0})$；$C$ 为 $1+\frac{c_{x_0}+Y_{x/s}c_{s_0}}{Y_{x/s}K_s}$；$D$ 为 $c_{s_0}-c_s$。

假设某一 A 值，以 $\frac{1}{t}\ln\frac{c_s}{C_{s_0}}$ 对 $\left[\frac{1}{t}\ln(1+AD)\right]$ 作图，进行迭代直至为一直线，据此直线估算其动力学参数，此法表示在图 9-6 中。

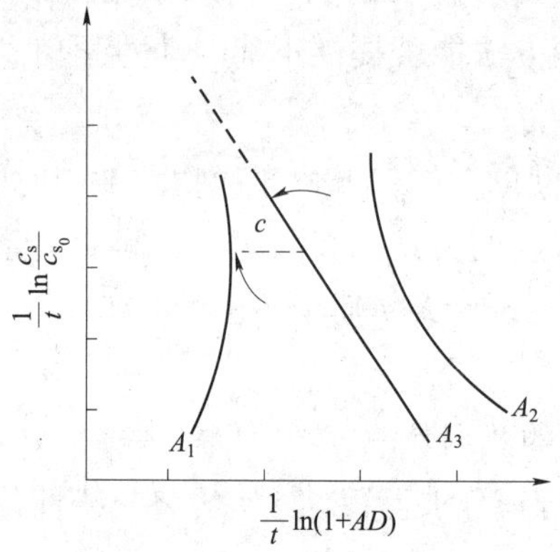

当底物浓度较低时，即 $c_{s_0}\ll K_s$，可以利用一级反应动力学来表示底物的消耗速率。可以式 9-72 表示。

$$-\frac{dc_s}{dt}=\frac{1}{Y_{x/s}}\times\frac{\mu_{max}c_s}{K_s}c_x \qquad (9-72)$$

当 $c_x=c_{x_0}=$ 常数时，可积分得式 9-73。

$$\ln\frac{c_{s_0}}{c_s}=\left(\frac{\mu_{max}}{Y_{x/s}K_s}\right)C_{x_0}t \qquad (9-73)$$

根据式 9-73，用半对数坐标作图，可求出括号中的参数。

当 $c_{s_0}\gg K_s$ 时，$\mu=\mu_{max}$，$c_x=c_{x_0}e^{\mu_{max}t}$。因此，可得式 9-74。

$$-\frac{dc_s}{dt}=\frac{\mu_{max}}{Y_{x/s}}c_x=\frac{\mu_{max}}{Y_{x/s}}c_{x_0}e^{\mu_{max}t} \qquad (9-74)$$

（左侧图表区域）

A_1、A_2 为不同试差结果；A_3 为最终试差结果

图 9-6　利用试差法求取 Monod 动力学的参数

积分得到式 9-75。

$$\frac{c_s-c_{s_0}}{c_{x_0}}=\frac{1}{Y_{x/s}}(e^{\mu_{max}t}-1) \qquad (9-75)$$

可由式 9-75 作图为一直线，其斜率为 $1/Y_{x/s}$。

因此，应用积分法进行动力学参数估算，只有对最简单的动力学形式才是可行的。当对较复杂的动力学，用积分法是相当困难，甚至不可能。

2. 微分法求动力学参数　微分法是根据不同实验条件下测得的反应速率，直接由速率方程估计参数值。对于幂函数型动力学，例如 $r_s=k_rc_s^n$，两边取对数，则有 $\ln r_s=\ln k_r+n\ln c_s$，根据实验数据，以 $\ln r_s$ 对 $\ln c_s$ 对应作图，可确定参数 k_r 和 n 值。需要指出的是，如果是在微分反应器进行的动力学实验，则可根据实验数据直接求出其反应速率值；如果是在积分反应器进行的动力学实验，此时得到的则是浓度随时间变化曲线，如果要求出在某一时间时的反应速率，则可用图解法、数值法和解析法求出其相应的反应速率值，再用上述方法确定其动力学参数。图 9-7 是典型的用微分法处理实验数据的示意图。其中函数 $f(c)$

代表模型中假设的函数关系。

对于微生物发酵，菌体细胞的生长比速率 μ 可在一定的时间范围内，直接用图解微分法来求取。可以式 9-76 表示。

$$\mu = \frac{1}{c_x} \cdot \frac{\Delta c_x}{\Delta t} \tag{9-76}$$

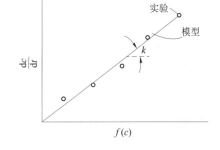

图 9-7　微分法求取动力学参数

式中，c_x 为测定的时间区间 Δt 内细胞浓度的平均值。根据式 9-76，可求出其不同时间下细胞的生长比速率值。

根据 μ-c_s 的关系式（Monod 方程）可得式 9-77。

$$\frac{1}{\mu} = \frac{K_s}{\mu_{max}} \times \frac{1}{c_s} + \frac{1}{\mu_{max}} \tag{9-77}$$

以 $1/\mu$ 对 $1/c_s$ 作图，可确定动力学参数。

从实验数据的获取到动力学参数的求取，整个过程可表示在图 9-8 之中。

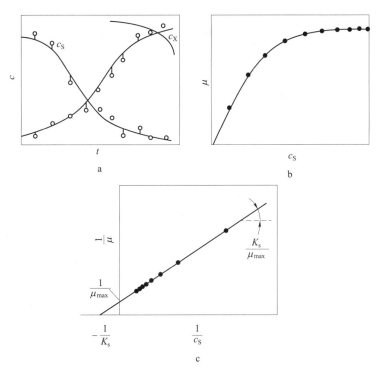

a. 实验数据（c_s-t、c_x-t）；b. 按 Monod 方程（μ-c_s）；c. 作图法求取参数（L-B 法）

图 9-8　利用实验数据利用作图法求取动力学参数

又可将 Monod 方程，按 E-H 作图法改写为式 9-78。

$$\frac{\mu}{c_s} = \frac{\mu_{max}}{K_s} - \frac{1}{K_s}\mu \tag{9-78}$$

式 9-78 作图可表示在图 9-9 中。为了减少误差，将式 9-78 改写为式 9-79。

$$\frac{c_s}{\mu} = \frac{K_s}{\mu_{max}} + \frac{c_s}{\mu_{max}} \tag{9-79}$$

式 9-79 作图可表示在图 9-10 中，此法又常称为 Langmuir 作图法。

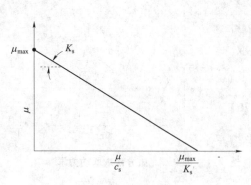

图 9-9　利用微分作图法求取 Monod
动力学参数

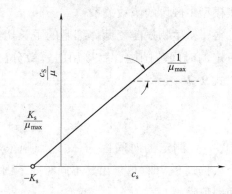

图 9-10　利用 Langmuir 作图法求取 Monod
动力学参数

目前在求取动力学参数的方法上应用微分法较多，辅之以线性化作图更为方便，而积分法往往由于积分的困难而难以采用。

随着计算技术的发展，用回归法求取动力学参数日益受到人们的重视，其详细内容这里不做介绍，可参考有关数理统计的专著。

例 9-2　Monod 在其发表的论文中首次提出了以他的名字命名的著名的 Monod 方程。作为该方程的实验基础，他提供了在一间歇操作的机械搅拌反应器中进行的四组反应实验结果。反应器中进行的是在乳糖溶液中培养细菌的生长。下面摘录了其中一组实验数据，试用 Monod 方程拟合上述实验数据，并求其动力学参数（实验数据见表 9-2）。

表 9-2　实验数据

序号	Δt	$\bar{c}_x$	c_x	Δc_x	$\bar{c}_x$	$\dfrac{1}{\bar{c}_s}\times 10^3$	$\bar{r}_x$	$\dfrac{\bar{c}_x}{\bar{r}_x}$	$\dfrac{\bar{c}_x}{\bar{r}_x}$
1	0.54	137	15.5~23.0	7.5	19.3	7.3	13.89	1.39	0.72
2	0.36	114	23.0~30.0	7.0	26.5	8.8	19.44	1.36	0.74
3	0.33	90	30.0~38.8	8.8	34.4	11.1	26.67	1.29	0.78
4	0.35	43	38.8~48.5	9.7	43.6	23.3	27.71	1.58	0.63
5	0.37	29	48.5~58.3	9.8	53.4	34.5	26.49	2.02	0.50
6	0.38	9	58.3~61.3	3.0	59.8	111.1	7.89	7.58	0.13
7	0.37	2	61.3~62.5	1.2	61.9	500.0	3.24	19.12	0.05

解：根据微生物生长动力学（式 9-47），生长速率可表示为式 9-80。

$$r_x = \frac{\mathrm{d}c_x}{\mathrm{d}t} = \mu c_x \tag{9-80}$$

因此，$\mu = \dfrac{r_x}{c_x} = \mu_{\max}\dfrac{c_s}{K_s + c_s}$，整理可得式 9-81。

$$\frac{c_x}{r_x} = \frac{K_s}{\mu_{\max}}\times\frac{1}{c_s} + \frac{1}{\mu_{\max}} \tag{9-81}$$

在实验时间间隔很短的时候，式 9-81 可表示为式 9-82 和式 9-83。

$$\bar{r}_x = \frac{\Delta c_x}{\Delta t} \tag{9-82}$$

$$\frac{\bar{c}_x}{\bar{r}_x} = \frac{K_s}{\mu_{\max}}\times\frac{1}{\bar{c}_s} + \frac{1}{\mu_{\max}} \tag{9-83}$$

以 $\bar{c}_x/r_x - 1/c_s$ 作图，得到图 9-11，图中为一直线，表明细菌在乳糖中的生长符合 Monod 方程，并由该图确定其动力学参数。

根据图 9-11，$1/K_s = -0.033$，$K_s = 30.3$，$1/\mu_{max} = 1.35$，$\mu_{max} = 0.74$。

因此，微生物生长动力学方程可以式 9-84 表示。

$$r_x = \frac{0.74 c_s c_x}{30.3 + c_s} \qquad (9-84)$$

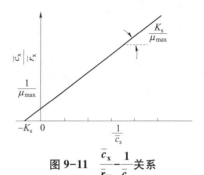

图 9-11　$\dfrac{\bar{c}_x}{r_x} - \dfrac{1}{\bar{c}_s}$ 关系

例 9-3　某一发酵过程是在一连续的机械搅拌反应器中进行。培养基连续稳定地加入，反应产物连续稳定流出。假设其发酵反应可表示为 S+X→X+P。若已知 $c_{x_0} = 0$，$c_{p_0} = 0$，反应器有效体积为 1L。现改变加入反应器内底物的流量和浓度，同时测定反应器出口未反应底物和细菌的浓度，得到的数据列在表 9-3。

表 9-3　反应器出口未反应底物和细菌的数据

序号	V(L/h)	c_{s0}(mol/L)	c_s(mol/L)	c_x(mol/L)	τ_m （h）	$\dfrac{1}{c_s}$(L/mol)
1	2	200	22	17.8	0.5	0.045
2	4	100	50	5.0	0.25	0.020
3	6	100	85	1.5	0.17	0.012
4	10	250	200	5.0	0.10	0.005

试根据上述数据，确定其速率方程式。

解： 在稳态操作下，根据物料平衡，因反应器内细胞在单位时间内的生长量为 $V_R r_x$，单位时间内从反应器出来的细胞量为 $V c_x$，稳态下两者应相等。故得式 9-85。

$$V c_x = V_R r_X \qquad (9-85)$$

移项整理，得式 9-86。

$$\frac{V}{V_R} = \frac{r_x}{c_x} = \mu \qquad (9-86)$$

若定义 $\dfrac{V}{V_R} = D$，D 称为稀释率，单位为 [时间]$^{-1}$。因此可得式 9-87。

$$D = \mu = \mu_{max} \frac{c_s}{K_s + c_s} \qquad (9-87)$$

上式取倒数，得式 9-88。

$$\frac{1}{D} = \frac{K_s}{\mu_{max}} \times \frac{1}{c_s} + \frac{1}{\mu_{max}} \qquad (9-88)$$

又因为 $\dfrac{V_R}{V} = \tau_m$，τ_m 为物料在反应器内平均停留时间。因此可得式 9-89 和式 9-90。

$$\tau_m = \frac{1}{D} \qquad (9-89)$$

$$\tau_m = \frac{K_s}{\mu_{max}} \times \frac{1}{c_s} + \frac{1}{\mu_{max}} \qquad (9-90)$$

移项整理后，得式 9-91。

$$\frac{1}{c_s} = \frac{\mu_{max}}{k_s} \tau_m - \frac{1}{K_s} \qquad (9-91)$$

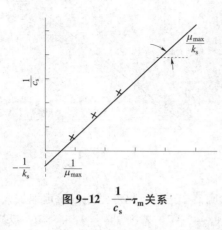

图 9-12 $\frac{1}{c_s}-\tau_m$ 关系

以 $\frac{1}{c_s}-\tau_m$ 对应作图，为一直线，由此可确定其动力学参数 μ_{max} 和 K_s 值，见图 9-12。

根据图 9-12，当 $\frac{1}{c_s}=0$，$\frac{1}{\mu_{max}}=\tau_m$；当 $\tau_m=0$，$\frac{1}{K_s}=-\frac{1}{c_s}$。求出式 9-92。

$$\mu_{max}=20\ h^{-1},\quad K_s=200\ mol/L \qquad (9-92)$$

因此微生物细胞生长动力学方程为式 9-93。

$$r_x=\frac{20c_s c_x}{200+c_s} \qquad (9-93)$$

重点小结

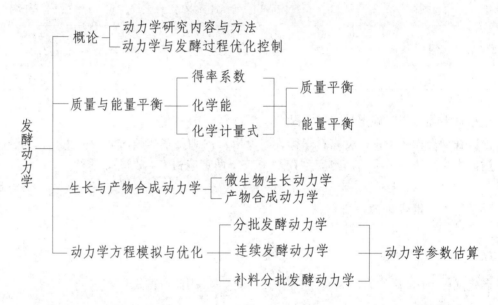

思考题

1. 得率系数、生长速率、比生长速率的概念。

2. 发酵过程的化学计量式，各质量平衡方程式。

3. 如何理解微生物发酵过程中质量平衡与能量平衡的统一？

4. 微生物生长动力学 Monod 方程，各参数的意义，如何进行动力学方程中的参数估算？

5. 青霉素等抗生素发酵过程中菌体生长与产物合成之间的关系。

6. 请推导连续发酵达到平衡时，稀释率与比生长速率的关系。

7. 比较分析分批发酵、连续发酵、补料分批发酵的特点。

8. 如何利用发酵动力学方程指导发酵过程的调控？

（胡忠策 金利群）

第十章　发酵过程检测与自控

扫码"学一学"

> **学习目标**
>
> 1. **掌握** 发酵过程参数检测的目的，发酵过程主要参数检测、分析方法及原理。
> 2. **熟悉** 生物传感器特点及工作原理。
> 3. **了解** 计算机在发酵过程参数检测与控制中的应用。

发酵是极其复杂的生化反应过程，为实现目的产物的高效表达，必须为微生物的生长和产物合成提供适宜的生长和代谢环境。因此，对发酵过程的检测与控制是优化发酵生产工艺最终实现高密度发酵的重要措施。要实现对发酵过程的检测与控制，首先必须了解微生物发酵过程、生理生化的特征数据及其相关检测与控制方法。发酵过程是相对密闭、无菌培养的过程，因此需要利用在线检测（传感器）或取样进行离线检测（仪器设备），实时掌握发酵过程并从宏观和微观调节发酵的进程。

随着计算机技术的迅猛发展及新型检测技术（传感器）在发酵过程中的应用，实现了过程数据的检测、分析及控制，掌握了发酵过程变化的规律，从而为发酵过程的控制提供了理论依据、为工艺优化提供了相关指导，最终为实现发酵生产的优化奠定了良好的基础。同时，由于发酵过程的反应异常复杂，以及在线检测过程关键变量传感器的缺乏，使得自控技术在发酵过程应用目前仍受到很大的局限。更好地实现全方位发酵过程的检测与自控，是发酵工业实现突破性发展的关键，这需要各学科的专家共同做出不懈努力。

第一节　发酵过程检测

一、概述

发酵参数和条件的检测是非常重要的，检测所提供的信息有助于更好地理解发酵过程，从而对工艺过程进行改进。发酵过程检测是为了获得给定发酵过程及其菌株的生理生化特征数据，以便对过程实施有效的控制。检测的具体目的包括：①了解过程变量的变化是否与预期的目标值相符；②决定种子罐移种、诱导时机的判定及发酵罐放罐时间；③对不可测变量进行间接估计；④对过程变量按给定值进行手动控制或自动控制；⑤通过过程模型实施计算机控制；⑥收集认识和发展过程（包括建立数学模型）所必需的数据。

发酵过程中所需检测的主要参数包括三大类即物理参数、化学参数和生物学参数。表10-1列举了一些重要的参数分类、测定方法及发酵中检测的意义。

表 10-1　发酵过程测定主要参数一览表

参数分类	参数名称	单位	测定方法	参数意义及主要作用
物理参数	温度	℃，K	传感器	维持菌体生长、代谢产物合成
	罐压	Pa，MPa	隔膜式压力表	维持罐内正压，增加溶氧浓度
	空气流量	m^3/h	流量计、传感器	供氧，提高体积溶氧传递系数
	搅拌转速	r/min	传感器	物料混合，提高传质和传热效率
	发酵液黏度	Pa·s	黏度计、传感器	反映培养基特性、菌体生长情况及对体积溶氧传递系数有影响
	发酵液密度	kg/m^3	传感器	反映发酵液性质
	装液量	m^3，L	传感器	反映发酵液数量、生产效率
	浊度	（透光率）%	取样，光密度	反映菌生长情况
	泡沫高度	cm	传感器	反映菌代谢情况
	加料速率	kg/h	传感器	反映物料利用情况
化学参数	pH		传感器	反映菌生长、代谢及产物形成
	溶解氧	（饱和）%	传感器	反映氧的供给与消耗情况
	尾气 CO_2 浓度	%	传感器、红外吸收	反映菌的呼吸情况
	尾气 O_2 含量	%	传感器、热磁氧分析	反映耗氧情况
	溶解 CO_2 浓度	（饱和）%	传感器	间接反映菌代谢情况，了解 CO_2 对发酵的影响
	氧化还原电位	mV	传感器	反映菌代谢情况
	总糖和残糖浓度	kg/m^3	取样，生化分析仪	反映发酵进程情况
	前体或中间体浓度	mg/ml	取样	反映产物生成情况
	氨基酸浓度	mg/ml	取样	反映氨基酸含量变化情况
	矿物盐浓度 $(Fe^{2+}$、Mg^{2+}、Ca^{2+}、K^+、Na^+、NH_4^+、PO_4^{3-}、$SO_4^{2-})$	%	取样	反映离子含量对发酵的影响
生物参数	菌体浓度	g/L	取样	反映菌的生长情况
	菌体中 DNA、RNA 含量	mg/g	取样	反映菌的生长情况
	菌体中 ATP、ADP、AMP 量	mg/g	荧光法	反映菌的能量代谢情况
	菌体中 NADH 量	mg/g	荧光法	反映菌生长和产物情况
	效价或产物浓度	g/ml	取样（传感器）	反映产物合成情况
	细胞形态		取样，显微镜观察	反映菌的生长情况

　　发酵过程所需检测的参数如上表 10-1 所示，分为在线检测和取样离线检测两大类。在线检测是指利用仪器的电极（传感器）直接与反应器内的发酵液接触，能够实时检测参数的变化情况，如温度、pH、溶解氧等；离线检测是在一定时间点从取样口取样，在反应器外利用相关仪器设备对样品进行处理和检测。检测参数又可分为直接参数和间接参数。直接参数又称直接状态参数，是指能直接反映发酵过程中微生物生理代谢状况的参数，包括物理参数，如温度、罐压、空气流量、转数、补料速率、泡沫高度、黏度、浊度等；化学参数，包括 pH、溶解氧和尾气组成等。在发酵生产过程中，如温度、罐压、转数、空气流量、pH、流加速率等可预先设定和实时调节。间接参数是指采用直接参数计算求得的参数，

如比生长速率（μ）、摄氧速率（OUR）、体积溶氧传递系数（$K_L\alpha$）、CO_2释放速率（CER）、呼吸熵（RQ）等。间接参数能够反映微生物的代谢情况，提供从生长生产过渡或主要基质间的代谢过渡指标，更完整地反映出发酵过程的整体状态，可提供反映菌株生长变化和细胞代谢生理变化的许多重要信息，作为研究和控制发酵过程的基础。

二、发酵过程常用传感器

传感器通常是指能够将非电量转换为电量的器件，作用是感受被测量的变化，并将来自被测对象的各种信号转换成电信号，从而形成控制回路（图10-1）。发酵过程的主要参数及检测传感器见表10-2。由于微生物培养是纯培养过程，无菌要求高，因此用于发酵的传感器应具有以下特点：①插入罐内的传感器必须能经受高压蒸汽反复灭菌，密封性要好；②传感器结构不能存在灭菌不透的死角，选用不宜污染材料防止被培养基或微生物污染、附着；③传感器对测量参数要敏感、可靠，准确性高及响应时间短，稳定性好，具有可维修性；④传感器性能要稳定、分辨能力强，受发酵条件的影响小。

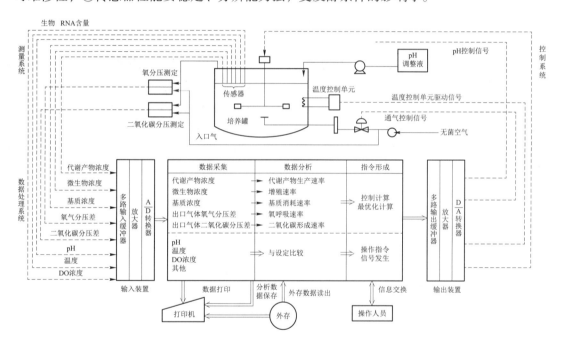

图 10-1 发酵过程参数检测与自动化控制示意图

表 10-2 常用发酵过程检测参数传感器及相应原理

参数	传感器	测定原理	输出信号
温度	热电偶	热电效应测量温度变化	连续、模拟量
	热敏电阻	电阻随温度变化而变化	连续、模拟量
	铂电阻	电阻随温度变化而变化	连续、模拟量
罐内压力	隔膜式压力表	隔膜直接感受压力变化	连续、模拟量
气体流量	热质量流量计	气流带走的热量与质量流量成正比	连续、模拟量
	转子流量计	节流原理测量流体流量	连续、模拟量
搅拌转速	频率计数器	光反射计数	连续、二进码
	转速表	感应电流与转速成正比	连续、模拟量
pH	复合玻璃电极	电极对H^+呈特异反应	连续、模拟量

续表

参数	传感器	测定原理	输出信号
溶解氧	复膜氧探头	氧通过膜扩散进入探头，在金属电极上进行电子转移反应产生电流	连续、模拟量
氧化还原电位	复合铂电极	电极间的氧化还原电位随溶液中氧化物与还原物之比的对数而变化	连续、模拟量
排气中的 O_2	红外分析仪	O_2 吸收红外光	连续、模拟量
排气中的 O_2	顺磁氧分析仪	氧的特异顺磁特性影响磁场强度	连续、模拟量
溶解 O_2 浓度	O_2 电极	O_2 通过膜扩散进入探头引起电解液 pH 发生变化	连续、模拟量
泡沫	电导或电容探头	探头与液面及电磁阀形成回路	间歇、开关量
发酵液体积	压差传感器	静压差与液层深度成正比	连续、模拟量
	荷重传感器	传感器电阻正比于荷重	连续、模拟量
液体流量	荷重传感器	传感器电阻正比于荷重	连续、模拟量

1. pH 传感器 目前发酵罐在线使用的 pH 传感器可耐受加热高温灭菌，图 10-2 为一种可灭菌的 pH 电极示意图。pH 传感器多为组合式 pH 探头，由一个玻璃电极和参比电极组成，通过一个位于小的多孔塞上的液体接合点与培养基连接，多孔塞一般位于传感器的侧面。发酵过程中，一般 pH 电极需要在线灭菌，因此需将电极安装在专用金属外壳内进行保护。

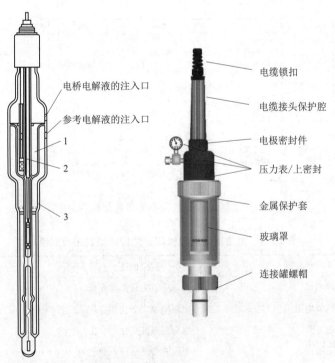

电桥电解液的注入口
参考电解液的注入口
1
2
3

电缆锁扣
电缆接头保护腔
电极密封件
压力表/上密封
金属保护套
玻璃罩
连接罐螺帽

1. 参考电解液；2. 参考元件；3. 电桥电解液
图 10-2 可灭菌的 pH 电极

pH 探头是一种产生电压信号的电化学元件，其内阻相当高（$10^9\Omega$ 以上），因此产生的电位用一种高输入阻抗的直流放大器来测量，这种放大器可以获取微量电流，pH 计及控制器都含有合适的放大器。探头的高阻抗对传感器和 pH 计之间的连接器和电导线有着严格的要求。

　　发酵过程的 pH 变化，对菌体的生长繁殖和产物积累的影响极大，许多发酵过程在较小范围 pH 内进行最为有效。pH 在发酵过程中都会发生变化，这与所用菌株、微生物的代谢特性、培养基组成、培养条件变化等条件相关。例如，在重组蛋白碱性成纤维细胞生长因子发酵过程中，采用分阶段 pH 控制，即在菌体生长阶段控制 pH 6.8~7.0，在诱导表达阶段控制 pH 7.1~7.2 能取得较好的生产效率。

　　2. 溶解氧传感器　目前发酵罐在线使用的溶解氧传感器（DO）可耐受加热高温灭菌，电极原理及实物图见图 10-3。目前发酵中常用的 DO 电极为按照 clark 原理设计的复合膜电极，复合膜是由聚四氟乙烯膜和聚硅氧烷膜复合而成，它既有高的氧分子渗透性，又有贮氧作用，可用来测量气体中的氧或溶解氧。其中包括一个阴极（铂电极）和一个阳极（银电极），两电极之间通过电解质相连接。当给溶解氧电极加极化电压时，氧通过膜扩散，使阳极释放电子而阴极接受电子产生电流，变送器将此电流转化为溶氧值。即当在阳极与阴极之间加一极化电压（0.6~0.8V），在有氧存在的情况下，在电极上将产生选择性的氧化还原反应。

阴极反应　　　　　　　　　　$O_2+2H_2O+4e^- \longrightarrow 4OH^-$

阳极反应　　　　　　　　　　$4Ag+4Cl^- \longrightarrow 4AgCl+4e^-$

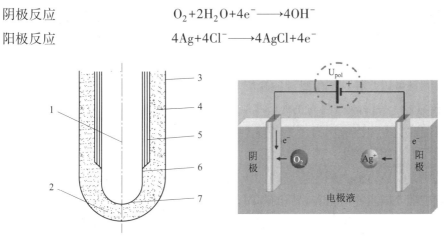

1. 阴极；2. 气体渗透膜；3. 外壳；4. 电解质；5. 阳极；6. 绝缘体；7. 电解质薄膜

图 10-3　溶解氧电极示意图及原理图

　　发酵液的溶解氧浓度（DO）是一个非常重要的发酵参数，对需氧环境的微生物发酵，溶解氧不足会造成菌体生长和代谢异常，导致产物产量降低。溶解氧在发酵过程中随菌体生长和产物合成会发生变化，可通过通气量、搅拌转速、培养基组成、补料方式与速率、温度、泡沫、罐压等因素进行调节。例如，目前一般在重组蛋白的发酵过程中，通过上述诸因素的调节，控制溶解氧≥25%，即能取得较高的生产效率。

　　3. 温度传感器　目前发酵罐在线使用的温度传感器可耐受加热高温灭菌，常用来测量温度元件主要有热电偶和热电阻式测温元件。热电偶由两种不同成分的导体两端接合成回路，当两个接合点的温度不同时，在回路中就会产生电动势，这种现象称为热电效应，而这种电动势称为热电势，热电偶是利用这种原理进行温度测量的。与热电偶不同热电阻的测温原理是基于导体或半导体的电阻值随温度变化而变化这一特性来测量温度及与温度有关的参数。热电阻大都由纯金属材料制成，目前应用最多的是铂和铜。热电阻通常需要把电阻信号通过引线传递到计算机控制装置或者其他二次仪表上。

　　温度是发酵过程中影响微生物细胞生长、产物生成的最重要因素之一。发酵过程中随着微生物对营养物质的利用、机械搅拌作用，会产生一定热量。同时由于发酵罐的散热、罐内气体的排放等会带走部分热量，从而导致发酵过程中温度的变化。在发酵培养过程中温度的调节主要是通过冷却水进入发酵罐夹套降温，或电加热循环水进入夹套进行保温或升温。需要注意的是，微生物都有最适宜的生长温度和产物生成温度，而这两个温度往往不一致。

4. 氧化还原电位 微生物的许多代谢都涉及电子的转移，因此反映溶液中电子得失的氧化还原电位可以作为表征生化反应的重要指标。发酵液的氧化还原电位（Eh）值是溶解氧浓度、pH和培养基中物质的氧化还原电位的综合反映，还可影响胞内的酶的活性、$NADH/NDA^+$的比例，进而影响菌体的代谢。这一测量给出发酵液中氧化剂（电子供体）与还原剂（电子受体）之间平衡的信息，用一种由Pt电极和Ag/AgCl参比电极组成的复合电极。Eh随发酵液中氧化成分与还原成分之比的对数而变化，与pH呈线性关系，并受温度与溶氧压的影响。Eh可按式10-1计算。

$$Eh = E_0 + E_r \tag{10-1}$$

式中，Eh为表示相对于氢标准电极的氧化还原电位，mV；E_0为表示由指示电极和参比电极测得的氧化还原电位，mV；E_r为表示参比电极相对于氢标准电极的氧化还原电位，mV，与温度有关。

当发酵液中溶氧压很低（如厌氧或氧限制发酵），以至超出溶氧探头的测量下限时，氧化还原电位的测量可以弥补这一信息源的缺失。

5. 压力传感器 发酵罐灭菌或正常培养均需要测量罐内压力，可灭菌的压力传感器包括压阻式、电容式、电阻应变压力传感器等，最常用的是隔膜式压力表。其工作原理是隔膜在被测介质压力作用下产生变形，密封液被压，形成一个相当于P的压力，传导至压力仪表，显示被测介质压力值。

发酵过程中随着微生物对营养物质的利用，会引起发酵液中氧和二氧化碳分压的改变，通气量及排气量的调节均会引起发酵罐压的改变。原则上发酵全过程应保持一定程度的正压，以避免外界环境对罐内发酵液的污染，但罐压也不能调节太高，避免所培养细胞无法耐受。

6. 泡沫传感器 培养基灭菌及发酵过程中往往会产生泡沫，过多的泡沫会给发酵带来许多负面的影响，如造成逃液，使发酵罐的装料系数降低，同时增加了染菌的机会；过多的泡沫也会影响氧的溶解，从而影响菌体生长和代谢等。因此，发酵过程需用泡沫传感器来监测泡沫的高度，当泡沫高度上升传感器电极的端点时，一般控制器首先发出一个报警开关信号，确认泡沫的持续存在后，控制器发出一个控制开关信号，指挥打开电磁阀，投放消泡剂进行泡沫的消除。

需氧发酵过程中泡沫的形成有一定规律，不仅与生产菌株本身特性相关，还与发酵过程中培养基组成与配比、通气量和搅拌转速的控制等因素密切相关。发酵过程中应避免过多泡沫的产生，除机械消泡外主要是采用化学消泡的方式，如添加天然油脂、聚醚类、硅酮类等，需要注意的是加入过量的消泡剂可能会影响菌体的代谢和生长，还会给提取工艺带来困难。

三、发酵过程其他重要检测技术

1. 细胞浓度测量 对发酵过程工艺控制具有重要的意义，由此可直观判断生物反应器中菌体生长情况，优化菌体培养与产物合成时机，以及一些描述菌体生长或生产能力的间接参数，如比生长速率、比基质消耗速率、代谢工程研究中的细胞代谢流衡算等，都需要对菌体活细胞浓度进行测量。主要测定方法有电容法、激光浊度计在线活细胞浓度测量，以及干细胞重量法、光密度测量法等离线分析方法。

（1）电容法在线活细胞浓度测量　主要是根据生物量的浓度和被测悬浮细胞溶液的电容之间的线性关系来进行的。两对电极位于传感器的顶部，一对用于在培养基中产生交变电场，在电场范围内，活细胞会在培养基中发生极化现象，发生极化的细胞可以认为是极小的电容，死细胞或者其他粒子没有完整的细胞膜，所以不能形成电容信号。另一对电极用于检测培养基中的电容信号，培养基中的电容信号和细胞的浓度是精确关联的。

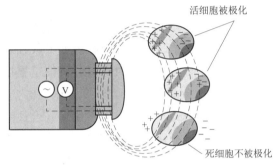

图 10-4　电容法测定活细胞示意图

活细胞浓度越高，被极化的带细胞膜的细胞就越多，所形成的电容就越大（图 10-4）。与传统的光学仪器不同，测量系统只对活细胞响应，对微载体细胞代谢物以及其他悬浮介质不敏感。

（2）激光浊度计在线活细胞浓度测量　激光浊度计（图 10-5）在线测量系统由浊度传感器、激光浊度计、计算机接口及计算机系统组成。计算机系统根据浊度计传递来的信息和称重传感器传递的发酵液重量（W），将浊度信号转变成干重浓度信号 X。在计算机中乘以发酵液的体积 V 可得到生物质 XV 的计算值。通过实时测量和计算，可得到生物质的体积增长速率 $\mathrm{d}(XV)/\mathrm{d}t$ 和重量变化速率 $\mathrm{d}(W)/\mathrm{d}t$，并通过 $\ln XV$ 运算估算出比生长速率。

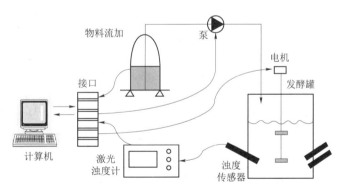

图 10-5　激光浊度计应用原理图

（3）分光光度法离线细胞浓度测量　分光光度法是通过测定发酵中的菌体在特定波长处或一定波长范围内对光的吸收度，进行定量分析的方法。大肠埃希菌一般选用波长为 600nm，较大的微生物可选择红外波长测定发酵液的吸光度值（OD 值），根据 OD 值与细胞浓度呈线性相关进行测算。取样后通过稀释发酵液使其 OD 值在 $0.3 \sim 0.7$ 范围内为宜，一般经验值的换算法一个 OD 值单位大约相当于 $1.5\mathrm{g}$ 细胞干重/L。

（4）干细胞重量法离线细胞浓度测量　取一定体积的发酵液，过滤并洗涤去除可溶物质，将滤饼干燥至恒重而得。此法可作为其他测定方法的参比方法。

2. 尾气分析系统　发酵过程尾气在线监测和分析对于发酵产品的质量控制及产量提高

具有重要意义。对尾气中的 CO_2、O_2 数据结合发酵过程中的发酵液体积（重量）、空气流量、罐压等的参数检测，计算出摄氧速率（OUR）、CO_2 释放速率（CER）、体积溶氧传递系数（$K_L\alpha$）、比生长速率（μ）的变化情况，再结合其他在线和离线数据，借此深入了解发酵规律、优化工艺及控制过程、提高产率，是发酵工程新的重要分析手段。

对以上间接参数估计必须有高精度低漂移的气体氧和二氧化碳测定，且符合下列要求：①气体成分最低含量灵敏度应在 0.01%（V/V），量程和零点漂移稳定为 ≤±1% FS/7d；②具有不同的量程切换，氧分析仪应以空气含量为基线，例如跨度为 3%，则量程为 19%~21%；③标准气及线性校正功能，达到仪器斜率及线性要求，即线性误差 ≤±1% FS。发酵液尾气的预处理，克服逃液与不同温度的饱和水蒸气含量对实际测量的影响；④与整机计算机控制系统的信号联接方式、数据处理与人机界面等的计算机软件编制等。

目前较常用的 CO_2/O_2 检测仪器推荐配置为红外线二氧化碳分析仪与磁压力式氧分析仪。其中红外线二氧化碳分析仪是根据二氧化碳在其红外光谱的特征吸收峰处吸收红外光的能量并转化成热量，引起压力变化，再转化成电信号输出。磁压力式氧分析仪是根据氧气具有顺磁性，在仪器测量室内的磁场作用下，将气体分子所受磁力转变为压力的变化，再转变为电信号后输出，其中氧分析仪如 CY-10 型磁压力式，采用空气参比气（合适浓度的三元标准气 CO_2-O_2-N_2）的比较测量技术，大大提高了测量精度和稳定度。

尾气分析仪从各发酵罐取气体样时，连接发酵罐与尾气分析仪的气体取样系统设计安装很重要，发酵过程中的逃液从排气中溢出，或灭菌操作时不慎将蒸汽引入尾气分析仪，都会造成测量的不准确甚至仪器损坏。

近年来，气体分析质谱仪在发酵过程应用受到关注，其具有测量精度高、漂移小、可以同时测量多种气体成分、响应快，且可以多路连续测量等优点（图 10-6）。一台典型的质谱仪是由四个部分组成：①进样系统，用于从操作压力下的系统进行采样，进入质谱仪的高真空部分；②离子源，用于将样品的各种成分进行离子化；③质量分析器，目的是将离子源产生的离子按照质荷比（m/z）进行分离；④检测器，其功能是接收通过质量分析器分离的离子，进行离子计数并放大输出。

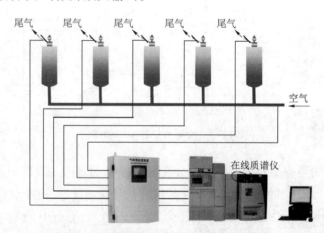

图 10-6 在线质谱仪工业发酵中的应用

质谱仪根据质量分析器的不同，可分为四级杆质谱仪、离子阱质谱仪、飞行时间质谱仪等类型，用于尾气分析质谱仪的质量分析器主要为四级杆质谱仪，它具有扫描速度快、仪器体积小等特点，在发酵过程研究中得到越来越多的应用。

3. 发酵液成分分析 对发酵液成分包括糖、氮、微量元素、代谢产物等的测量分析对于认识和控制发酵过程也是十分重要的。高效液相色谱（HPLC）具有分辨率高、灵敏度好、测量范围广、快速及系统特异性等优点，目前已成为实验室分析的主导方法。近年来，与自动取样系统连接的流动注射分析（FIA）系统，将生物传感器、各种光谱或实验室化学测定技术联系起来，开发了在线气相色谱（GC）、在线液相色谱（HPLC）（图 10-7），甚至色质联用（LC-MS）等技术。

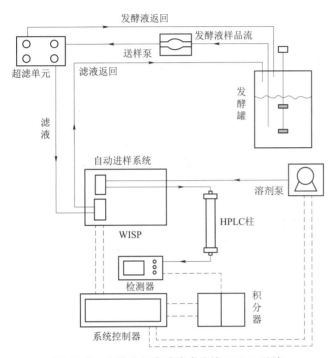

图 10-7　在线分析发酵液成分的 HPLC 系统

四、发酵过程检测的可靠性

用于监测发酵过程的传感器和分析仪一旦发生故障，将造成信息的消失或产生错误的信息。如果这种传感器和分析仪组成控制回路的一部分，将会给发酵过程造成重大损失。

1. 各种传感器和仪器可靠性　一般地说，物理传感器（如温度、压力）是相当可靠的，而化学传感器（如 pH、DO）多次使用后有可能发生漂移，作为控制回路的一部分，使用时必须注意其稳定性。生物传感器受到的影响因素较多，一般不用于自动控制中。

2. 分析数据的确认　为了保证分析结果的可靠，必须对传感器和分析仪所获得的数据进行确认。确认方法有以下几种。

（1）校准　传感器和分析仪在使用一段时间后应当进行校准。对于 pH、DO 和溶 CO_2 探头，每批发酵应至少校准一次。高压灭菌可能造成检测信号的漂移，有条件的话灭菌后也应校准。

（2）复核　某些传感器经多次高压灭菌或使用一段时间后其测量有可能发生漂移，可采用某些离线设备对其数据进行复核，如 pH 可通过离线的 pH 计进行检测。

（3）数据解析　发酵过程许多变量是相关的，如 pH 与溶解 CO_2 相关，通气、搅拌、压力及残糖与 DO 相关等。因此，可利用相关变量的检测数据进行解析，确认某些传感器的可靠性。

（4）噪声分析　所有传感器和分析仪都不可避免地会出现一些噪声，对这种噪声的分析有助于我们确认测量数据的可靠性。在一般情况下，某种特征性噪声突然或缓慢消失，有可能是出现故障的信号。

第二节　发酵过程变量的间接估计

能够在线准确测量的过程变量几乎都是环境变量，如温度、pH、DO、氧化还原电位、溶解二氧化碳、排气中的 O_2 和 CO_2 等。而一些反映产生菌体生理状态的变量却难于在线准确测量，主要通过其他一些参数的测定间接估算得到，如比生长速率（μ）、摄氧速率（OUR）、体积溶氧传递系数（$K_L\alpha$）、CO_2 释放速率（CER）、呼吸熵（RQ）等。通过对生理变量的间接估算实施过程控制，比单纯控制环境变量在提高发酵产率方面常常能起到更加重要的作用。

一、与基质消耗有关变量的估计

1. 基质消耗速率　在单位体积培养基单位时间内消耗基质的质量。基质包括培养基中碳源、氮源等。在发酵过程中，基质的消耗主要用于三个方面，即细胞生长和繁殖、维持细胞生命活动以及合成产物。

以发酵中常采用的补料分批发酵为例，由基质平衡可得式 10-2。

$$R_s = \frac{F}{V}(S_r - S) - \frac{dS}{dt} \tag{10-2}$$

式中，R_s 为基质消耗速率，kg/（m³·h）；F 为补料体积流速，m³/h；V 为发酵液体积，m³；S_r 为补料储罐中基质浓度，kg/m³；S 为发酵液中基质浓度，kg/m³。

若发酵达到准稳定状态，即发酵液中的基质浓度 S 保持不变、$dS/dt = 0$，而配制的补料储罐中基质浓度 S_r 保持不变，可通过发酵中补料体积流速 F 和发酵液的体积 V 的在线测量，计算出基质消耗速率 R_s。

2. 基质消耗总量　可由基质消耗速率对时间积分进行估计，按式 10-3 计算。

$$-\Delta S = \int_0^t \left[\frac{F}{V}(S_r - S) - \frac{dS}{dt} \right] dt \tag{10-3}$$

式中，ΔS 为在 t 时间内基质总消耗量，kg。

当 $dS/dt = 0$ 时，基质消耗总量为补料体积流速和发酵时间的函数。

二、与呼吸有关变量的估计

1. 耗氧速率　微生物进行有氧呼吸作用所消耗氧气的速率，通常用来衡量有氧呼吸生物对能量的消耗速率。按式 10-4 计算。

$$OUR = \left[\frac{F_{进}}{V}\left(C_{O_2进} - \frac{C_{惰进}C_{O_2进}}{1-(C_{CO_2出}+C_{O_2出})} \right) \right] dt \tag{10-4}$$

式中，OUR 为耗氧速率，mol/L·h；$F_{进}$ 为进气流量，mol/L；V 为发酵液体积，L；$C_{惰进}$、$C_{CO_2出}$ 为分别为进气中惰性气体和排气中 CO_2 体积分数；$C_{O_2进}$、$C_{O_2出}$ 为分别为进气和排气中 O_2 体积分数。

一般可按进入的空气中 O_2 占 20.95%，C_{O_2} 占 0.03%，惰性气体（N_2）占 79.02%，只需要连续测得排气中氧和二氧化碳浓度，就可以计算菌体细胞不同时间的耗氧速率。

2. 二氧化碳释放率　表示单位体积的培养液（含微生物）在单位时间内所释放出来的二氧化碳量。它的大小可用来表示微生物呼吸量的强弱。按式 10-5 计算。

$$\mathrm{CER} = \frac{F_{进}}{V}\left[\frac{C_{惰进}C_{CO_2出}}{1-(C_{O_2出}+C_{CO_2出})}-C_{CO_2进}\right]\frac{273}{273+t_{进}}\times p_{进} \tag{10-5}$$

式中，CER 为二氧化碳释放率，$mol/(L \cdot h)$；$C_{CO_2出}$ 为排气中 CO_2 体积分数；$t_{进}$ 为进气温度，℃；$p_{进}$ 为进气绝对压强，Pa。

3. 呼吸熵　同一时间 CO_2 释放率与氧消耗率之比。作为营养底物使用的指标，可通过 RQ 值分析发酵过程的底物利用情况。按式 10-6 计算。

$$\mathrm{RQ} = \frac{\mathrm{CER}}{\mathrm{OUR}} \tag{10-6}$$

RQ 是碳能源代谢情况的指示值，在碳能源限制及供氧充分的情况下，碳能源趋向于完全氧化，RQ 应达到完全氧化的理论值，见表 10-3。如果碳能源过量及供氧不足，可能出现碳能源不完全氧化的情况，从而造成 RQ 异常。

表 10-3　一些碳-能源基质的理论呼吸熵

碳-能源	呼吸熵
葡萄糖	1.00
焦糖	1.00
甲烷	0.50
甲醇	0.67
乳酸	1.00
甘油	0.88
植物油	0.70

三、与传质有关变量的估计

1. 液相体积氧传递系数　这一变量代表氧由气相至液相传递的难易程度，它与发酵控制、放大和反应器设计密切相关。当发酵液中溶氧浓度保持稳定，即发酵过程中的氧传递量与氧消耗量达到平衡时，液相体积氧传递系数可式 10-7 确定。

$$\mathrm{OTR} = K_L\alpha(C^*-C_L) \tag{10-7}$$

式中，OTR 为氧气由气相向液相传递的速率，$mol/(m^3 \cdot h)$；$K_L\alpha$ 为液相体积氧传递系数，h^{-1}；C^* 为和气相氧分压平衡的溶氧浓度，mol/m^3；C_L 为液相溶氧浓度，mol/m^3。

$$\mathrm{OTR} = \mathrm{OUR} = K_L\alpha(C^*-C_L) \tag{10-8}$$

$$K_L\alpha = \frac{\mathrm{OUR}}{(C^*-C_L)_{对数平均}} \tag{10-9}$$

2. 溶解氧浓度　溶解氧传感器测量的不是溶解氧浓度，而是溶解氧分压，它以饱和值（与气相氧分压平衡的溶解氧浓度）的百分数表示。因此，要确知发酵液中的溶解氧浓度，必须首先估计饱和溶解氧浓度。表 10-4 列出了标准大气压下氧在纯水和一些溶液中的溶解度，换算成实际操作压力下的溶解度后，可作为估计发酵液中饱和溶解氧浓度的参考值。

表 10-4　标准大气压下氧在纯水和一些溶液中的溶解度

溶液	浓度（mol/m³）	温度（℃）	氧溶解度（mol/m³）
水	—	20	1.38
	—	25	1.26
	—	30	1.16
氯化钠	500	25	1.07
	1000	25	0.89
	2000	25	0.71
葡萄糖	0.7	20	1.21
	1.5	20	1.41
	3.0	20	1.09
焦糖	0.4	15	1.33
	0.8	15	1.08
	1.2	15	0.98

$$C^* = \frac{p}{101\ 325} C_L^* \tag{10-10}$$

式中，p 为实际操作压力，Pa；C_L^* 为在 101 325Pa 下的饱和溶解氧浓度，mol/m³。

于是得发酵液中溶解氧浓度，按式 10-11 计算。

$$C_L = C^* \cdot DOT \tag{10-11}$$

式中，DOT 为溶解氧传感器测量的溶氧分压，%。

四、与细胞生长有关变量的估计

1. **比生长速率，μ（h⁻¹）** 每小时单位质量的菌体所增加的菌体量。它是表征微生物生长速率的一个参数，也是发酵动力学中的一个重要参数。一般发酵过程中通过控制比生长速率，延长对数生长期，从而实现高密度培养。

菌体生长速率可以式 10-12 表示。

$$V_X = \frac{dX}{dt} \tag{10-12}$$

式中，X 为细胞浓度，g/L；t 为时间，h。

比生长速率可以式 10-13 表示。

$$\mu = \frac{1}{X} V_X = \frac{1}{X} \frac{dX}{dt} \tag{10-13}$$

一般情况下，μ 值并非常数，它受菌种特性、温度、pH、溶氧、培养基组成及浓度等因素的影响。但是，在分批发酵的对数生长期，μ 一般为常数。μ 值越大，表明生长越快速。

2. **基质比消耗速率，q_s（h⁻¹）** 每小时单位质量的菌体所消耗营养物质的量。它表示细胞的营养物质利用的速率或效率。

基质消耗速率可以式 10-14 表示。

$$V_s = -\frac{dS}{dt} \tag{10-14}$$

基质比消耗速率可以式 10-15 表示。

$$q_s = \frac{1}{X} V_s = \frac{1}{X} \frac{-dS}{dt} \qquad (10\text{-}15)$$

3. 产物比生成速率，q_p（h^{-1}）　产物生成速率与细胞浓度的比值。由于细胞内产物合成途径非常复杂，不同微生物产物合成途径和代谢调节机制也各具特点，目前尚无统一模型可用来描述产物形成动力学。

产物生成速率可以式 10-16 表示。

$$V_p = \frac{dp}{dt} \qquad (10\text{-}16)$$

产物比生成速率可以式 10-17 表示。

$$q_p = \frac{1}{X} \quad V_p = \frac{1}{X} \frac{dp}{dt} \qquad (10\text{-}17)$$

第三节　计算机在发酵过程中的应用

一、原理

进入 21 世纪以来，随着生物技术以及相关学科的迅猛发展，生物过程数据出现海量化，例如各种过程参数、代谢物谱、蛋白质谱、转录谱等过程信息的涌现，而另一方面，各种信息相对独立，缺乏集中与相关分析，知识提取困难等处理手段，信息处理和管理的能力相对不足。为此，通过计算机系统，国内学者提出把过程传感技术、组学信息与数据库建立融合在一起，形成新的生物过程系统工程研究概念，有可能进一步推动工业生物技术的整体发展。有必要建立基于生物过程信息处理的计算机网络系统，对于这种基于生物过程信息处理的计算机网络系统，可以将实时过程数据、离线检测数据、转录谱数据、蛋白质谱数据、基因组尺度网络模型等多尺度参数进行融合和集中处理，挖掘出对过程优化和放大有用的信息和领域知识，从而提升工业发酵过程控制水平。

二、系统网络架构

1. 集散控制网络　20 世纪 70 年代中期，由于设备大型化、工艺流程连续性要求高，要控制的工艺参数增多，于是推出了计算机集散控制系统（distributed control system, DCS），其基本思想是分散控制、集中操作、分级管理、配置灵活、组态方便。1995 年，ISO 对 DCS 的定义为满足大型工业生产和日益复杂的过程控制要求，按照控制分散、管理集中的原则构思，微处理器、通信技术、人机接口技术、I/O 接口技术相结合用于数据采集、过程控制和生产管理的综合控制系统。DCS 是一个分布式计算机系统，集各种新技术于一体的新型控制系统，可以实现实时多任务过程控制。

DCS 的系统组成包括过程控制装置（控制站）、操作管理装置（操作站）、工程师站、过程控制网络、管理计算机等，见图 10-8。

在 DCS 中，现场控制站、操作员站和工程师站等各种节点均要通过通信网络进行数据通信，因此如何实时、可靠地实现信息交流是 DCS 中的一个十分重要的问题。DCS 的通信网络必须能够满足实时性、可靠性和扩展性的要求。由于数据通信在 DCS 中的重要性，各生产厂家各自提出了自己的通信标准，其内容涉及网络结构、通信介质、通信协议、不同用户行业的行规等方面，造成不同 DCS 之间连接的困难。

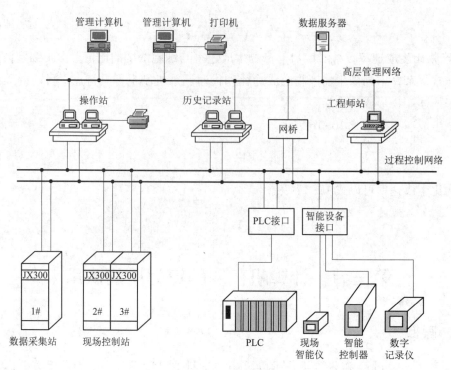

图 10-8 DCS 的组成

2. 现场总线网络（fieldbus control system，FCS） 由 PLC（programmable controller）或 DCS 发展起来，应用在生产现场、在微机化测量控制设备之间实现双向串行多节点数字通信的系统，具有很好的开放性、互操作性和互换性。现场总线具有如下的特点。

（1）系统的开放性 现场总线开发者致力于建立统一的工厂底层网络的开放系统。用户可按自己的需要，把来自不同供应商的产品组成大小随意的系统。通过现场总线构筑自动化领域的开放互联系统。

（2）互可操作性与互用性 可以实现互联设备间、系统间的信息传送与沟通，不同生产厂家的性能类似的设备可实现相互替换。

（3）现场设备的智能化与功能自治性 控制功能下放到现场仪表，控制室内仪表装置主要完成数据处理、监督控制、优化控制、协调控制和管理自动化等功能，实现信息处理的现场化。

（4）系统结构的高度分散性 现场总线构成一种新的全分散性控制系统的体系结构。从根本上改变了现有 DCS 集中与分散相结合的集散控制系统体系，简化了系统结构，提高了可靠性。

现场总线导致了传统控制系统结构的变革，形成了新型的网络集成式全分布控制系统现场总线控制系统（图 10-9）。FCS 由于信息处理现场化，与 DCS 相比可以省去相当数量的隔离器、端子柜、I/O 终端等，同时也节省了设计、安装和维护费用。因此采用现场总线技术构造低成本现场总线控制系统，促进现场仪表的智能化、控制功能分散化、控制系统开放化，符合工业控制系统技术发展趋势。

3. 工业以太网（Ethernet） 作为一种成功的网络技术，在办公自动化和工业界获得了广泛的应用，因为 Ethernet 具有成本低、稳定和可靠等诸多优点，已经成为最受欢迎的通信网络之一。在工业控制领域中，随着控制系统规模的不断增大，被控对象、测控装置等物理设备地域分散性也越来越明显，集中控制系统已经不能满足要求。而工业以太网作为

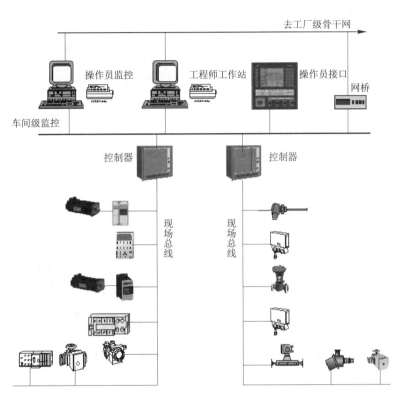

图 10-9 现场总线控制系统组成

一种高效的局域网络，可起到数据传输、生产设备控制等功能，基于以太网的控制系统成为智能工厂的核心，利用以太网的标准接口与自行设计的现场智能单元作为嵌入式网络服务器，能够完成对现场设备的工作参数、状态参数的采集与处理，最终实现对现场设备的监视与控制。以太网控制系统主要特点如下。

（1）基于 TCP/IP 的以太网是一种标准的开放式通信网络，不同厂商的设备很容易互联。这种特性非常适合于解决控制系统中不同厂商设备的兼容和互操作等问题。

（2）低成本、易于组网是以太网的优势。以太网网卡价格低廉，以太网与计算机、服务器等接口十分方便。

（3）以太网具有相当高的数据传输速率，可以提供足够的带宽。而且以太网资源共享能力强，利用以太网作现场总线，很容易将 I/O 数据连接到信息系统中，数据很容易以实时方式与信息系统上的资源、应用软件和数据库共享。

（4）以太网易与 Internet 连接。任何地方都可以通过 Internet 对企业生产进行监视控制，通过远程监控，实现企业管控一体化。

基于工业以太网的控制系统结构见图 10-10，由现场各种仪器仪表、嵌入式控制器、PLC、工控机、工作站、数据库服务器、网关设备、交换式以太网等组成，可分为过程监控层和工业现场设备层。控制层是系统的主干网络，用于连接工程师站、操作站、数据库服务器等，而在工业现场设备层，带以太网接口的 PLC 直接挂接到交换式集线器上，嵌入式控制器可以通过自带的以太网接口接入控制网络中，现场的监控工作站实现工业监控组态、设备组态监控和网络管理。远程的监控工作站则可以通过软件进行远程实时数据调用、参数修改等功能，以达到远程监控的功能。企业信息网通过与 ERP 系统连接，提供生产实时数据，最大限度地增加企业管理和生产调度的能力。

工业以太网系统的特点是，系统的通信建立在 Ethernet+TCP/IP 协议基础上，通过网关

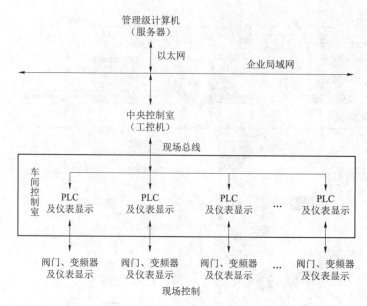

图 10-10 工业以太网控制系统

把各种现场总线集成。当上位机向现场设备发送查询或者控制指令时，它首先通过 Ethemet 和 TCP/IP 协议将相应的信息发送给网关，然后由网关根据现场总线发送给响应的现场或智能仪表。当现场的智能仪表有信息发送给上位机时，需要网关作为代理，将信息发送给相应的上位机。考虑到现场环境恶劣，操作人员和工程师无法或者无须到现场时，就可以通过 Internet 进行远程访问和控制。

三、基于工业以太网的发酵过程信息处理系统

工业发酵过程不同于其他工业，其本质差异在于发酵过程包括有各种生命体，如微生物、植物和动物等细胞群体的生理代谢活动，发酵过程的产品是这些生理代谢活动的结果。因此，发酵过程是包含细胞生命活动的高度复杂系统，对发酵过程的检测和控制包含了两部分的内容，一方面是对细胞培养环境的检测和控制，另一方面是对细胞的遗传物质组成及其胞内代谢的检测和控制。细胞的遗传物质组成决定了细胞的生理代谢活动的特性，但这种特性必须在一定的环境条件的配合下才能体现出来。不同的环境条件下，细胞会表现出不同的代谢活动，外界环境信号如何作用于细胞生理代谢及发酵机制，因此，理解细胞培养过程，外界环境与细胞生理代谢的作用机制是实现发酵过程优化与控制的关键问题。

为了能从全局和全过程的角度出发，系统、全面地考察发酵过程中细胞基因特性和培养环境的相互作用规律，在实验室和多个工业车间建立了基于工业以太网技术的设备网，把应用到发酵过程研究的各种仪器连接到设备网，将从种子罐、发酵罐等全流程的不同来源的数据综合起来并进行数据处理，尽可能多地获得发酵过程各层面的生物信息，从而形成新的状态变量，能更全面地掌握发酵过程的状态，并在此基础上，以多尺度参数相关方法，通过计算机软件实时数据处理，以获得的参数相关性特征为依据在海量数据中找到过程优化敏感参数，进而指导发酵工艺操作、设备设计或菌种筛选改造，最终实现过程优化，使菌种的遗传特性和环境条件能够相互优化、相互协调。

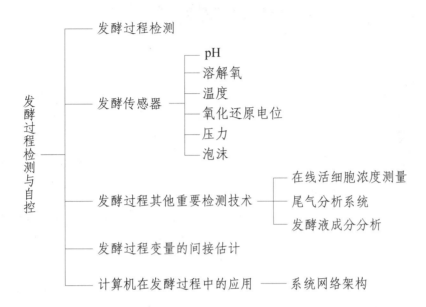

扫码"练一练"

思考题

1. 发酵过程检测的参数如何分类？
2. 发酵过程常见检测参数的原理？
3. 发酵过程的生理参数有哪些？
4. 发酵过程变量估计方法有哪些？
5. 计算机在发酵过程参数检测与控制方面有何应用前景？

（田海山）

第十一章　发酵过程的实验室研究、中试和放大

发酵过程优化与放大是一直困扰发酵技术的重大问题，这既关系到能否发挥菌种的最大生产能力，又会影响下游处理的难易程度，是整个发酵过程中承上启下的关键技术。而将实验室规模的发酵过程有效放大到生产规模是实现生物技术产品产业化的关键技术之一。

发酵过程的研究，一般可分为三种规模或三个阶段，见图 11-1：①实验室规模，也称之为小型试验阶段，包括摇瓶试验和小型发酵罐培养。该阶段主要进行稳定高表达菌株筛选及基本发酵工艺的研究。②中试生产规模，也称之为中型试验阶段，中试是实验室小试的初步放大，亦是小型生产的初步尝试，是从实验室过渡到工业生产必不可少的重要环节。该阶段主要验证及确定发酵工艺条件，以及发酵罐尺寸变化对生产工艺的影响，并进行必要的修正，并为规模化生产提供数据。③工厂生产规模，也称之为工业化放大阶段，是通过产业化试验，评价和优化放大效果及评估实际经济效益。研究发酵过程的放大是药品从研发转化到生产的必由之路，也是降低产业化实施风险的有效措施，其目的是验证放大生产后原工艺的可行性，保证研发和生产时工艺的一致性。

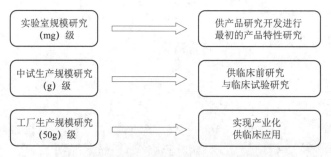

图 11-1　基因重组药物发酵过程的三阶段研究

第一节　实验室研究

一、实验设备

发酵的实验室研究常采用摇瓶发酵和小型发酵罐发酵。微生物发酵多数为需氧发酵，实验室常配置的主要实验设备为恒温摇床和小型发酵罐。

摇床根据其振荡方式分为往复式和旋转式，也可以根据其固定容器的方式分为烧瓶夹

式和弹簧式，还可根据其操作面分为单层式和叠加式。目前发酵过程中常采用的恒温摇床（能对摇床的温度进行调节）由支持台、电动机、压缩机、控制系统等组成（图11-2）。台上可装有不同数量和不同大小的摇瓶，一般多用250ml、500ml、1000ml及2000ml的三角瓶，有时为增加实验数量使用50ml的摇瓶或更小的试管。瓶中内外空气的交换是靠摇瓶在摇床的振荡进行，瓶口多用纱布包裹的脱脂棉塞、多层纱布或带微孔滤芯的瓶塞或透气膜，以避免培养物被杂菌污染。应用时摇瓶连同培养基及塞膜一起经高压蒸汽灭菌。

摇瓶培养在工业生产中主要用作生产罐的种子培养和种子生产性能的验证，在试验研究中多用于菌种和培养基的筛选和优化，以及培养、表达过程参数的优化如温度、pH、装液量、诱导时机、诱导剂浓度及诱导时间等。但是，摇瓶用于发酵条件的研究有一定的局限性，其研究结果要放大到生产规模有一定困难。首先发酵液在瓶内的运动是以层流的形式，气体的交换不是很通畅，在菌体细胞生长旺盛时，容易缺氧。其次，瓶内进行过程补料不太方便，同时一些重要参数，如OUR、$K_L a$等难以在线监测，很难跟踪摇瓶观察发酵过程代谢变化。

图11-2　实验室常用摇床

实验室小型生物反应器的罐体主要是耐热玻璃或不锈钢材质（图11-3），玻璃发酵罐的大小为1~10L，不锈钢罐的容量为10~50L。这些小型发酵罐一般都装备有搅拌器、温度、空气流量、pH、溶解氧的监控和补料设备，有些高级发酵罐还安装有称罐体总重量的称重传感装置，可以随时监测培养液重量变化和补料情况。

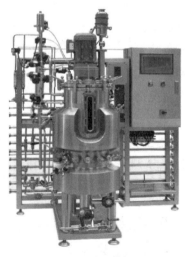

图11-3　实验室小型发酵罐

一般玻璃发酵罐采用离线灭菌的方式，即玻璃罐连同培养基可以放入高压蒸汽灭菌器内灭菌后使用，不锈钢发酵罐则可采用在位高压蒸汽灭菌。需氧发酵需通入 $0.22\mu m$ 介质过滤的无菌空气到罐底的空气分布器进行鼓泡，搅拌器根据罐的大小可分两档或三档，其形式多样可卸装替换，多为直叶涡轮式。罐体内壁都设置有几块竖直的挡板，玻璃罐通过罐底的盘管进行冷却，不锈钢罐多用夹套通冷却水或电加热循环水控制温度。实验室发酵罐多配备计算机控制系统进行数据的采集、记录，对一些参数进行运算、分析、判断和控制。

二、实验目的

微生物发酵的实验室研究有三个目的。

1. 获得稳定高表达菌株及保藏 稳定高表达工程菌株的构建是获得良好发酵水平的首要条件，因此首先必须要对筛选出的单菌落在各种保存条件下的稳定性进行长时间的考查。菌株遗传稳定性的考察包括传代稳定性、结构稳定性以及表达稳定性的检测，一般要检测连续传代 30 代以上。为防止菌种的退化和变异，需将菌种采用合适的方法进行保存，一般在药物研发及生产过程中需建立三级种子库（原始种子库、主代种子库以及工作种子库）管理制度，以保障菌种的优良性状。

2. 确定培养基最适组成 不同微生物对培养基物质的需求不尽相同，同一微生物在种子培养、生长阶段及产物形成阶段对营养物质的需求也有所区别。在实际研究中，应根据生产菌的特性、生产的目的来考虑培养基的组成，最终必须满足菌体细胞生长繁殖和合成代谢产物的要求。满足微生物生长的营养物质主要包括碳源、氮源、无机盐、微量元素、生长因子等物质，在筛选培养基中使用的原材料种类及浓度配比时，常采用方法包括单因子实验法、正交实验设计和均匀实验设计等。

3. 研究菌株在培养基上培养和繁殖条件 确定实验室规模的培养和产物表达的工艺技术。优良菌种要有配合菌种生长的最佳条件，使菌种的潜能发挥出来，实现发酵的高密度培养，获得最大的生产效率。摇瓶规模试验主要考察目的菌株生长和代谢的一般条件，如培养基的组成、最适温度、最适 pH 等。摇瓶研究的优点是工作量大、操作简单、成本低，可以一次试验几十种甚至几百种条件，对于菌种及培养基筛选、菌种培养条件的优化有较高的效率。对于涉及细胞生理代谢和工程参数层次研究，一般采用小型发酵罐进行试验。在摇瓶试验的基础上，考察溶氧、搅拌等摇瓶上无法考察的参数，流加补料策略的采用以及在反应器中微生物对各种营养成分的利用速率、生长速率、产物合成速率及其他一些发酵过程参数的变化，找出过程控制的最佳条件和方式。由于罐发酵中全程参数是连续的，所以得到的代谢情况比较可信。

第二节 微生物摇瓶和罐培养的差异与发酵规模改变的影响

一、微生物摇瓶和罐培养的差异

从摇瓶的实验条件转移到罐培养时，所得到的产物产量及表达量往往不一致，这种差异的根本原因是实验规模以及控制、调节方式的变化所引起的。摇瓶和罐培养的差异有下列几个方面。

1. 体积氧传递系数（K_La）和溶解氧的差异 发酵罐培养是通过鼓泡通气，而摇瓶培养时瓶塞阻碍对氧的传递、表面通气状况与周围环境有关，因此表示氧溶入培养液速度大小的溶解氧系数（K_d）在摇瓶发酵和罐发酵中的差异很大。由于 K_d 值不同，使各自发酵培养液的溶解氧浓度也不同，因而对菌体生长和代谢就会产生重要的影响。特别是对溶解氧要求较高而又敏感的菌株，在发酵罐中的生产能力远高于摇瓶发酵。

2. CO_2 浓度的差异 发酵液中的 CO_2 可随无菌空气进入，也是微生物生长代谢的产物，溶解在发酵液中的 CO_2 对微生物发酵有抑制作用，也有可能是某些产物合成（如抗生素、氨基酸）所必需的一种基质。大多数微生物适应低 CO_2 浓度（0.02%~0.04% 体积分数），当排出的 CO_2 浓度高于 4% 时，碳水化合物的代谢及呼吸速度下降，影响菌体生长、形态及产物合成。CO_2 在水中的溶解度随外界压力的增大而增加，发酵罐处于正压状态，而摇瓶基本上处于常压状态，所以罐中培养液中的 CO_2 浓度明显大于摇瓶。

3. 菌丝受机械损伤的差异 摇瓶培养时，菌体只受到液体的冲击或沿着瓶壁滑动的影响，机械损伤很轻。而罐发酵时，菌体特别是丝状菌，却受到搅拌叶的剪切力、搅拌时间的影响，其受损程度远远大于摇瓶发酵。菌体内核酸类物质的漏出率与搅拌转速、搅拌持续时间、搅拌叶的叶尖线速度、培养液单位体积吸收的功率以及体积氧传递系数（K_La）等成正比关系。摇瓶发酵也有低分子核酸类物质漏出，其漏出率与摇瓶转速、挡板和 K_La 有明显的关系，但远远低于罐发酵的漏出量。

4. 灭菌方式的差异 摇瓶是外流蒸汽静态加热灭菌，而发酵罐是在位蒸汽动态加热灭菌，部分的是直接和蒸汽混合，会因此影响发酵培养基的质量、体积、pH 等指标。

5. 检测和控制方式的差异 发酵罐可以设定相关控制参数，实时检测和控制如 pH、温度、转数、溶解氧等关键操作参数，并可实施流加补料等策略实现高密度培养，而摇瓶不方便进行相关控制和检测。

综上所述的原因，可造成摇瓶发酵和罐发酵结果之间存在着差异。为尽可能地减少摇瓶培养试验与罐发酵试验的差异，使得摇瓶试验所获得的数据适用于罐发酵，可采取以下方法：①减少摇瓶中培养基的装量、增加摇瓶机的转速，提高摇瓶的 K_La 值和溶氧水平，或可安装直接向摇瓶中通入无菌空气或氧气等装置；②可在摇瓶中加入玻璃珠，模拟发酵罐的机械搅拌来研究因搅拌引起的差异；③提升摇瓶及摇瓶机的相关功能，安装传感装置在线检测和控制相关操作参数，并配备流加补料装置。

二、发酵罐规模改变的影响

发酵罐的规模变化，对发酵过程的参数的影响是多方面的，往往是多个参数综合影响的结果。发酵罐规模改变的主要因素有菌体繁殖代数、种子的形成、培养基的灭菌、通气和搅拌、热传递等。

1. 菌体繁殖代数的差异 发酵达到最后菌体浓度所需的繁殖代数与发酵液体积的对数呈线性关系，可以式 11-1 表示。

$$N_g = 1.44(LnV + LnX - LnX_0) \tag{11-1}$$

式中，N_g 为菌体繁殖代数；V 为发酵罐体积，m^3；X 为菌体浓度，kg/m^3；X_0 为总菌体量，kg。

体积愈大，菌体需要进行的繁殖代数也愈多，在菌体增代繁殖过程中又可能出现变异株，繁殖代数愈多，出现变株的概率也愈多，发酵液中的变异株的比例随发酵规模增大而增加，这就可能引起发酵结果的差异。

2. **培养基灭菌的差异**　培养基高温灭菌的基本过程分为预热期、维持期和冷却期。培养基体积愈大，预热期和冷却期也愈长，整个灭菌所耗时间也因规模增大而延长，致使灭菌后培养基的质量发生改变，特别是热不稳定的物质更易遭到破坏，最终也会引起发酵结果的差异。

3. **通气和搅拌的差异**　发酵规模的改变导致发酵参数仍按几何相似放大，其单位体积消耗的功率（影响 $K_L a$ 大小）、搅拌叶的顶端速度（最大剪切速率）和混合时间均不能在放大后仍保持恒定不变，进而也会产生影响。

4. **热传递的影响**　发酵过程中，随着微生物对培养基中营养物质的利用要释放生物热（$Q_{生物}$），机械搅拌作用会产生热量（$Q_{搅拌}$），同时由于发酵罐的散热（$Q_{辐射}$）、水分的蒸发（$Q_{蒸发}$）会带走部分的热量，而这些热量又随着发酵罐线形尺寸、面积、体积的增加而变化，因此罐规模几何尺寸的放大，也会出现热传递的差异。

5. **种子形成的差异**　发酵罐接种的种子液必须要有一定的体积和浓度。规模越大，所需种子液体积也愈大。因此，发酵规模的放大，必定要涉及种子培养的级数和菌种繁殖的代数，规模愈大、种子培养级数也愈多，因而有可能引起种子质量的差异。

综上所述，发酵放大过程，不仅是单纯发酵液体积的增大，菌种本身的质量和其他发酵工艺条件也会引起改变。如果不设法消除上述的差异，放大前后的结果就会发生明显的差异。因此，无论在进行发酵设备规模的放大或者在新菌种（或新工艺）的放大转移中，都必须考虑上述的内在差异，寻找引起差异的主要原因，设法缩小其差异，才能获得良好的结果。

第三节　发酵规模的放大

一、放大的过程

为了使实验室成果向工业规模过渡，生物反应过程一般都经过中试规模的工艺优化研究，但是一旦放大到生产罐，采用完全相同的操作条件，有时结果有很大差异。为了克服这些困难，特别是对一些规模较大的生物过程，人们不得不采取逐级放大的办法，但也不能根本解决问题。一般来说微生物在不同体积的反应器中的生长速率是不同的，原因可能是罐的深度造成氧的溶解度、空气停留时间和分布不同，剪切力不同，灭菌时营养成分破坏程度不同所致。这一系列问题出现都是由于规模放大后生物反应器流场特性发生变化所引起的，这些流场包括温度流场、基质浓度流场、气体分布与溶解氧浓度流场、液体速度流场、剪切流场等，当某个流场特性对细胞敏感时，由此将引起细胞生理生化特性的变化，放大后的生产效率或产品质量有可能发生严重偏离，因此在放大研究时必须探明这些影响因素。

一般发酵的放大方法包括：①经验放大法，该法是依靠对已有装置的操作经验所建立起来的以认识为主而进行的放大方法。经验放大法包括几何相似法和非几何相似法，其中几何相似法主要基于氧传递系数（$K_L a$）相等、单位体积功率（P/V）相等、剪切速率（nd）相等或混合时间相等的准则对发酵罐放大设计按照几何尺寸等比例放大。若同时采用两种以上的参数，则无法保持几何相似，只能采用非几何相似放大法，该法通常应用于不耐剪切的发酵过程的放大（如丝状真菌发酵）；②因次分析法，根据准数相等的原则进行放大的方法，如 Nu（通气搅拌功率相关）、Re（流态相关）准数等；③时间常数法，该法指某一变量与其变化率之比，通过相互比较哪个时间常数大，将可能是放大过程中的主要限制因素，并据此进行发酵过程的放大。常用的时间常数有反应时间常数（t_r）、扩散时间常数（t_D）、混合时间常数（t_m）、停留时间常数（τ）、传质时间常数（t_{mt}）、传热时间常数（t_h）等；④数学模型放大法，对有关细胞生长、底物消耗及产物生成等过程变量用计算机进行全面优化模拟研究、设计和放大。发酵工艺放大的主要步骤见图 11-4。

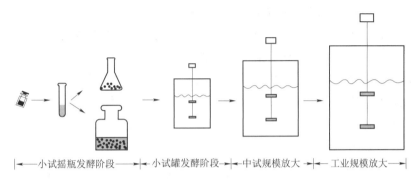

|←——小试摇瓶发酵阶段——→|←—小试罐发酵阶段—→|←—中试规模放大—→|←—工业规模放大—→|

图 11-4　发酵工艺放大主要步骤

近年来开始采用计算流体力学（computational fluid dynamics，CFD）对搅拌反应器内的流场进行定量分析，CFD 是在理论流体力学基础上应用现代电子计算机的高速计算性能，通过求解描述流体流动的质量守恒方程、能量守恒方程及动量守恒方程来得到流场详细信息的一门科学。CFD 可以定量分析反应器操作条件改变下的流场分布信息，获得影响放大的关键限制因子，建立反应器与细胞生理代谢响应之间的桥梁。利用计算流体力学及非结构化动力学模型耦合模拟方法计算反应器内氧消耗、菌体生长和底物分布方面的研究国外已有报道。

当前，生物反应器流场特性与细胞生理特性的相互作用规律是发酵过程放大面临的技术难点。生物反应器放大过程研究往往缺乏反应器流场特性对细胞生理代谢的研究，如在工业生物反应过程中，反应器内影响菌体生理状态的各种因素，包括反应器的混合特性、剪切特性、底物传递特性等，而这些因素都与反应器内的流场结构直接相关，可以说生物反应器内的流场决定了菌体的生理状态，从而决定了生物过程的成败。反过来说，随着菌体生理状态的改变，包括菌体浓度增加、胞外分泌的大分子物质等都会对流体流变特性产生影响，从而影响反应器内的流场。由此可知，生物反应器内的流场结构和菌体的生理特性是相互影响和相互制约的。

CDF 技术的出现为研究生物反应器内流场信息提供了强有力的工具。通过对反应器的流体力学做理论分析而得出的模型，克服了利用经验关联或基础模型以及因次分析放大方法固有的缺点，具有与反应器规模及几何尺寸无关的优点。应用 CDF 研究搅拌反应器里的流场并结合实验研究，能明显降低试验次数，能提供较为全面的反应器性能信息，可在短时间内利用较少的资源完成反应器的设计、优化及放大，同时方便对反应器结构及其传递过程性能的评估，也为新型反应器的设计提供了重要依据。

二、放大的理论基础

1. 发酵过程多参数相关原理 生物反应器中同时存在基因、细胞和反应器的不同尺度网络，它们之间存在着以时间为坐标的多输入多输出的互动关系，表现在同一尺度下会有多种过程的耦合，不同尺度下也会有不同过程发生，见图11-5。多尺度的研究方法要求从一个尺度观察另一尺度的现象，即所谓跨尺度观察与控制，这样可以为复杂的生物反应器规模放大过程提供线索。参数耦合相关是指各种直接参数、间接参数以及实验室手工参数随着发酵过程的进行而变化，并且参数间发生某种耦合相关，这种参数相关是生物反应器中物料、能量或信息传递、转换以及平衡或不平衡的结果，其微观因素也许只是发生在基因、细胞或反应器工程水平的某一尺度上，但最终会在宏观过程中有所反映，并为发酵放大过程敏感参数的获得提供线索。

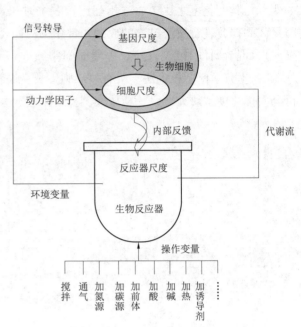

图11-5 生物反应器中多尺度网络关系图

发酵过程的参数相关可分为理化相关和生物相关两大类。

（1）发酵过程的理化相关 由于纯粹的物质理化性质变化所引起的参数相关。物理过程可包括物质或能量传递、混合、搅拌转速、通气流量、罐压力等，化学过程则有酸碱的加入及由此形成的物理化学现象等。理化相关对不同细胞对象具有同一性，不会因为细胞生理活性的变化呈现不同的理化相关特性。

（2）发酵过程的生物相关 通过生物细胞的生命活动所引起的参数之间的耦合相关，主要体现在两种方式：①通过生物细胞生长代谢后引起的培养液物性的变化，进而引起的参数相关；②通过生物细胞代谢途径的不同所引起的活性变化，直接对控制对象产生影响。

其中代谢特性及其参数相关指的是当菌体细胞由于代谢活性变化而直接引起的某测定参数的变化，称为代谢特性参数相关，这是发酵过程控制中最重要的相关。这些代谢活性变化有可能是代谢强度的变化，也有可能是代谢途径的变化，由此而引起的基质消耗或代谢产物形成的不同，图11-6为红霉素产品发酵过程的多参数相关分析图。通常引起代谢活性变化的原因有可能是环境条件的线性或动力学因素，也可能是细胞内某调节因子引起的代谢流迁移，甚至是基因尺度的信息流的变化。

2. 搅拌生物反应器内的流场特性及计算流体力学模拟 搅拌生物反应器由于结构简单，易于操作等优点被广泛应用于不同工业发酵过程，其内部流场的结构随着搅拌桨结构形式、操作条件的不同存在很大的差异。通常对于发酵过程常规使用的搅拌桨，根据搅拌桨排出流的流型特点可以分为径流桨和轴流桨两种，见图11-7。

以上两种类型的搅拌桨形成的流型各具特点，径流桨明显形成径向排出流，径向速度大于轴向速度；而轴流桨形成轴向排出流，轴向速度大于径向速度。功率消耗方面，对于

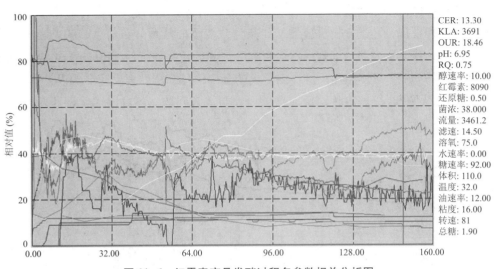

CER: 13.30
KLA: 3691
OUR: 18.46
pH: 6.95
RQ: 0.75
醇速率: 10.00
红霉素: 8090
还原糖: 0.50
菌浓: 38.000
流量: 3461.2
滤速: 14.50
溶氧: 75.0
水速率: 0.00
糖速率: 92.00
体积: 110.0
温度: 32.0
油速率: 12.00
粘度: 16.00
转速: 81
总糖: 1.90

图 11-6　红霉素产品发酵过程多参数相关分析图

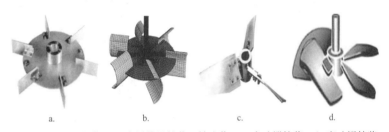

径流浆：a. 平叶涡轮浆；b. 半圆管涡轮浆；轴流浆：c. 窄叶搅拌浆；d. 宽叶搅拌浆

图 11-7　发酵罐中常用的搅拌浆形式

相同直径相同转速下的径流浆和轴流浆，前者消耗的功率明显大于后者。

对于实际工业发酵过程，搅拌生物反应器内的流场主要是以气液两相流场为研究对象。在气液两相情况下，搅拌生物反应器内流场结构不仅与搅拌浆形式有关，还与操作条件、气体分布器结构以及发酵液物理性质等密切相关。对气液两相流场的研究主要集中在气含率、气液氧传递系数及功率消耗等几个方面。

近年来开始采用计算流体力学（CFD）对搅拌反应器内的流场进行定量分析，见图 11-8 和图 11-9。CFD 是在理论流体力学基础上应用现代电子计算机的高速计算性能，

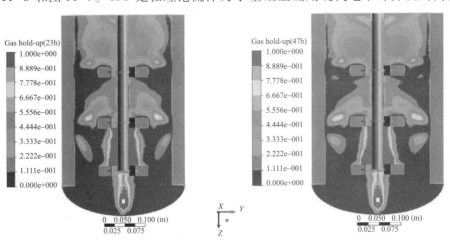

图 11-8　50L 发酵罐不同时间气含率分布云图比较

通过求解描述流体流动的动量、热量和质量传递过程得出微观衡算模型，对流体力学问题进行数值分析和模拟，定量分析反应器操作条件改变下的流场分布信息，获得影响放大的关键限制因子，建立反应器与细胞生理代谢响应之间的桥梁。同时 CFD 方法可以充分考虑不同设备尺寸的影响，可以给出反应器内流场的全部信息，从而为反应器的设计提供数据。通过数值模拟，不但可以解决传统反应器的设计与放大问题，还可以优化设计新型高效的搅拌桨。

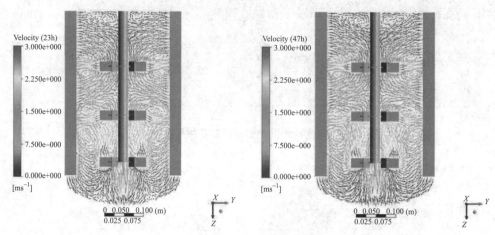

图 11-9   50 L 发酵罐不同时间速度矢量场分布图比较

3. 基于反应器流场特性与细胞生理特性相结合的放大方法   目前国内发酵过程工业放大主要是根据经验放大，例如单位体积功率相等、单位体积通气比相同或选用相同的搅拌桨形式等，实际情况很难把握。随后又引进了化学工程的冷态试验方法，对罐内的流型进行了充分研究，最后根据这些混合传递特点，进行大型生物反应器设计。但实际情况有时偏差也很大，发酵过程放大困难的原因就在放大时不可能同时做到几何相似、流体运动学相似和流体动力学相似。为此，有学者提出了基于细胞生理特性和反应器流场特性相结合的放大方法：首先在以代谢流分析与控制为核心的发酵实验装置上进行研究，由此得到用于过程放大的状态参数或生理参数的变化趋势；只要在放大的设备上反应器流场特性能满足生理代谢所需的状态，即反映代谢流等生理参数变化趋势一致，就可以较好地克服上述放大过程中的问题，最终实现发酵过程的成功放大。

在工业规模红霉素发酵过程实施中，随着我国抗生素发酵企业参与国际市场竞争加剧，以及国际原料药生产向发展中国家转移，规模化生产过程设备趋向设备大型化、高效和自动化。某工厂为降低生产成本，尝试采用大吨位 $372m^3$ 发酵罐进行生产，因而急需合理的高效节能的工程装备和设计，以及规模化的生产过程放大新理论方法。先期工作已经成功地将 50L 发酵优化工艺应用 $132m^3$ 发酵罐中，在放大过程中发现 OUR 的控制是过程放大的一个重要因素。因而对于 $372m^3$ 罐首先考虑供氧能力，同时补料工艺要求罐内搅拌能够达到较好的轴向混合，尽量减少补料浓度梯度对菌体代谢的影响。为此，为了解大规模发酵罐中反应器的流场特性，即发酵液的混合、传递等特性，在试验罐上、中、下三个部位，安装了三个溶氧、pH、温度电极，实现单参数多点采集，并采用单参数多点采集技术与多参数相关分析相结合的方法，研究了大型发酵罐的反应器特性，见图 11-10。

通过发酵试验验证表明，一定条件下在大型的发酵罐中还是存在混合不均匀、气体分散差等现象，如图 11-11 所示，在低转速条件下（75r/min），处于富氧区的底层溶氧反而

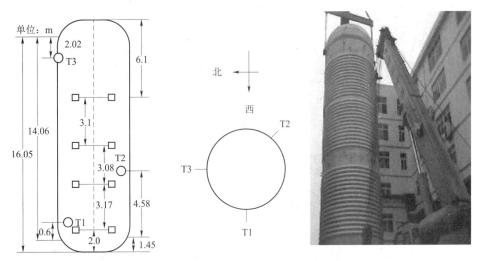

图 11-10 372m³ 发酵罐示意图及流场特性的溶氧电极测定装置

比上层溶氧低，提升至 75r/min 以上时，溶氧分布状况稍有改善，表明在初始氧浓度相同条件下，随着发酵进行，发酵罐下层、中层和上层表现出不同的氧浓度分布，可以由发酵液中氧浓度式 11-2 表达。

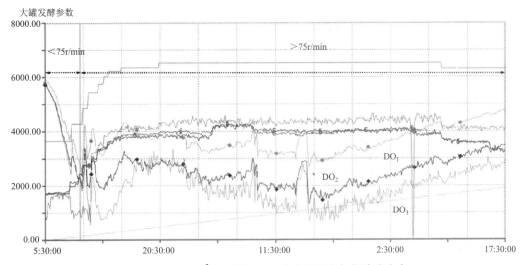

图 11-11 372m³ 发酵罐 DO 多点在线采集与氧浓度分布

$$\frac{\mathrm{d}C}{\mathrm{d}t}=K_{\mathrm{L}}a(C^{*}-C)-\mathrm{OUR} \qquad (11-2)$$

表明在反应器区域中菌体代谢 OUR 一致的条件下，引起反应器中不同区域氧浓度分布差异的主要在于供氧速率（OTR）的不同，即反应器中流场结构存在差异，造成气体混合分散的不均匀性。因此采用单参数多点采集技术，同时利用计算流体力学对发酵罐内流场特性进行模拟与多参数相关分析理论相结合的方法研究大型发酵罐放大规律。

在工艺放大的调控方面，发现 OUR 控制是过程放大的一个重要因素，为此采用了生理特征参数 OUR 等轨迹趋势调整一致的工艺调控方法，见图 11-12。由于 372m³ 发酵罐较原来的 120m³ 发酵罐拥有更好的供氧能力，在大罐上菌体细胞生长前提是 OUR 与 CER 均达到更大，最终的发酵单位有显著提高。

由于 372m³ 发酵罐罐体体积太大，采用普通的 PC 机无法进行网格划分和流场的模拟，

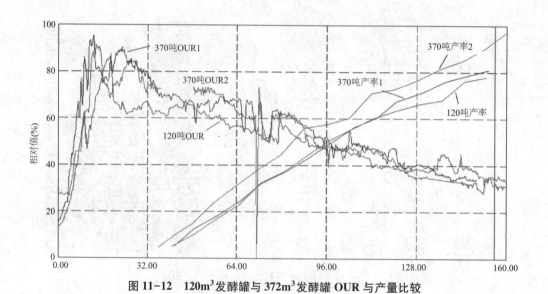

图 11-12　120m³发酵罐与 372m³发酵罐 OUR 与产量比较

而流场分析过程网格精度是 CFD 数值模拟的关键因素，关系到计算需求的高低和模拟结果的准确性。因此采用大型并行系统，应用 8 个节点共 32 个 CPU 对 372m³发酵罐内的流场进行了模拟，对罐体网格划分采用 ANSYS ICEM 软件进行，划分的网格见图 11-13。

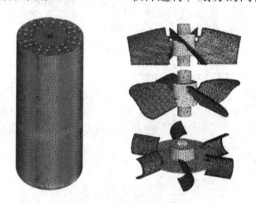

图 11-13　CFD 网格划分

总体网格均采用四面体形式，模型网格数量为 320 万，计算约 72 小时得到稳态流场，并模拟了 106r/min 高转速下的发酵罐内的流场情况。从气含率模拟结果（图 11-14）可以

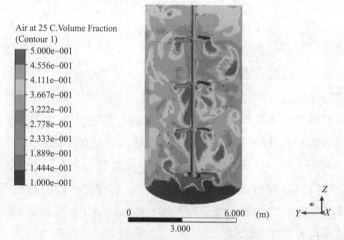

图 11-14　106r/min 条件下 372m³发酵罐气含率分布云图

看出，罐内上面三层轴流桨充分发挥了轴向混合作用，能够使气体在上层位置得到较好的混合，桨叶排出区的气含率明显大于整体值，另外近挡板处也有部分区域气含率较大。底层桨由于排出流受到挡板的影响遭到破坏，使得其底部的循环也遭到破坏，因而从该桨叶端排出的气体没能被很好地分散到罐底区域，造成罐底气含率明显低于整体值，与速度矢量图中的迟滞区分布相一致。

通过流场模拟结果综合分析表明在转速为 106r/min，通气比（每分钟通气量与罐体实际料液体积的比值）为 0.5vvm 操作条件下，整个罐内的气含率分布在底层桨以上均比较充分，而罐底则相对匮乏，有迟滞区存在。在低转速和高耗氧阶段，则有可能更加容易造成罐内气体分布不均匀的问题，对细胞生理代谢产生影响，与 372m³ 发酵罐菌体生理代谢特性分析结果一致。应用流场特性研究，结合生理特性参数 OUR 放大过程工艺调整，实现了从 50L 到 120m³ 及 372m³ 发酵罐的发酵放大。

三、大肠埃希菌表达重组蛋白发酵过程放大实例

1. 菌株和培养基

（1）重组工程菌株　pET3c-rFGF1/BL21（DE3）pLysS。

（2）培养基

1）一代种子培养基　LB 培养基（胰蛋白胨、酵母粉、氯化钠）。

2）二代种子培养基　改良磷酸盐培养基（LB 培养基+磷酸氢二钾/磷酸二氢钾）。

3）罐内培养基　蛋白胨、酵母粉、氯化钠、氯化铵、磷酸氢二钾、磷酸二氢钾。

4）补料培养基　胰蛋白胨、酵母粉、葡萄糖、氯化钙、硫酸镁、维生素 B_1。

2. 主要仪器设备　
净化工作台、电热恒温培养箱、恒温振荡摇床、30L/200L 发酵罐、pH 计、分光光度计等。

3. 摇瓶发酵实验

（1）菌种稳定性试验

1）工程菌质粒遗传稳定性　从含抗性的固体 LB 平板上挑取单菌落接种于含抗性的 LB 试管斜面上，37℃培养 12 小时为一代，挑取少许菌苔继续划线传代培养至第 50 代为止。在此过程中，每隔 10 代取菌液适量稀释，涂布于不含抗性的 LB 平板上，待长出菌落后，随机挑取 100 个单菌落，转印到含抗性的 LB 固体平板上，37℃培养过夜并计数结果见表 11-1。

表 11-1　工程菌质粒遗传稳定性

传代次数	非抗性平板单菌落数	抗性平板单菌落数	质粒丢失率（％）	质粒稳定率（％）
0	100	100	0	100
10	100	100	0	100
20	100	100	0	100
30	100	99	1	99
40	100	98	2	98
50	100	95	5	95

2）工程菌质粒结构稳定性　将原代和第 10、20、30、40、50 代工程菌分别接种到含有抗性的 LB 液体培养基中，37℃培养至对数期，离心收集菌体抽提质粒，利用限制性酶进行酶切，酶切片段进行凝胶电泳分析，检查表达质粒结构是否发生变化（图 11-15）。

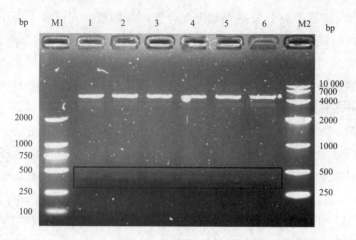

M1：DL2000 DNA Marker；1~6：0、10、20、30、40、50 代菌；M2：DL10000 DNA Marker

图 11-15　不同传代时期重组质粒的双酶切图谱

3）工程菌目的蛋白表达稳定性　将原代和第 10、20、30、40、50 代工程菌分别接种到含有抗性的 LB 液体培养基中，37℃振荡培养 3~4 小时至 A_{600} 值为 0.8~1.2，加 IPTG 诱导 4 小时，离心收集菌体，并用 SDS-PAGE 分析目的蛋白表达水平（图 11-16）。

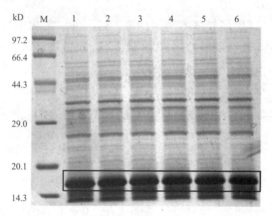

1：Marker；1~6：0、10、20、30、40、50 代菌表达

图 11-16　不同传代时期工程菌目的蛋白表达稳定性电泳图

综合上述稳定性试验，工程菌 pET3c-rFGF1/BL21（DE3）pLysS 具有良好的遗传稳定性，在抗性培养基中传代 50 次，质粒丢失率低于 5%，质粒结构没有发生变化，表达水平稳定。因而所构建的工程菌可以保证稳定生产。

（2）种子库的建立

1）原始种子批（PSL）　工程菌构建完成后，筛选高表达工程菌株作为第一代，用液体 LB 培养基（含抗性）培养至 A_{600} 值为 1.5 左右，用脱脂牛奶 1：1（V/V）作保护剂制成菌体混悬液。在无菌条件下，将混悬液加入安瓿瓶中，每管 1.0ml，冷冻干燥并熔封。菌种经检定合格后，确定其作为原始种子批，-70℃超低温冰箱保存。有效期为 10 年。

2）主代种子批（MSL）　从原始种子批中取一支菌种，在净化工作台中打开安瓿瓶，加入 1.0ml 液体 LB 培养基，轻摇使其溶解。稀释涂布于固体 LB 平板（含抗性），放入 37℃恒温培养箱中培养 12~16 小时。挑大小适宜、平滑的单菌落，接种于液体 LB 培养基中，37℃、200r/min，培养至 A_{600} 值为 1.5 左右，用脱脂牛奶 1：1（V/V）作保护剂，制成混悬液。在无菌条件下，将混悬液加入安瓿瓶中，每管 1.0ml，冷冻干燥并熔封。菌种经检定合格后，确定其作为主种子批，−70℃超低温冰箱保存。有效期为5~10年。

3）工作种子批（WSL）　从主种子批中取一支菌种，在净化工作台中打开安瓿瓶，加入1.0ml无菌液体LB培养基，轻摇使其溶解，稀释涂布于固体LB平板（含抗性），37℃恒温培养箱中培养12~16小时。挑大小适宜、平滑的单菌落，接种于液体LB培养基中，37℃、200r/min，培养至A_{600}值为1.5左右，加入灭菌甘油至终浓度为20%作为保护剂，每管1.0ml，密封保存。菌种经检定合格后，确定其作为工作种子批，−70℃以下保存。有效期为0.5~1年。

（3）发酵培养基组成优化

1）基础培养基优化　以LB培养基基本成分为基础，研究胰蛋白胨、酵母粉、氯化钠、葡萄糖浓度对工程菌生长和表达的影响。选用L_{16}（3^4）进行正交实验（表11-2）。

表11-2　基础培养基正交实验表

水平	因素			
	胰蛋白胨（g/L）	酵母粉（g/L）	氯化钠（g/L）	葡萄糖（g/L）
水平1	10	10	5	2
水平2	16	16	10	5
水平3	23	23	15	10

2）无机盐及微量元素优化　工程菌培养过程中需要多种微量元素，本实验主要考察Mg^{2+}、Ca^{2+}、NH_4^+及维生素B_1对工程菌生长和表达的影响。选用L_{16}（3^4）进行正交实验（表11-3）。

表11-3　微量元素正交实验表

水平	因素			
	硫酸镁（g/L）	氯化钙（g/L）	氯化铵（g/L）	维生素B_1（g/L）
水平1	5	0.01	2	0.01
水平2	10	0.02	4	0.02
水平3	15	0.05	8	0.05

（4）培养条件优化

1）温度的影响

①温度对工程菌生长的影响：取工作种子批甘油菌，以1∶100（V/V）接种到含有抗性的30ml LB培养基中（250ml三角瓶），37℃、150r/min振荡培养过夜；再以1∶100转种，选择不同温度（30℃、33℃、35℃、37℃），200r/min振荡培养10小时。每小时分别取样测定A_{600}值。结果显示，工程菌适宜于35~37℃进行培养，最佳在37℃振荡培养各个时期其菌密度均高于其他对照组（图11-17）。

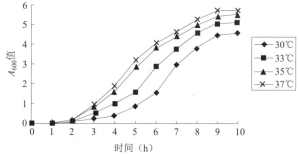

图11-17　不同培养温度对工程菌生长的影响

②温度对工程菌表达的影响：同上操作；再以1∶100转种，37℃、200r/min振荡培养至A_{600}值达到0.8~1.2，将菌液以每瓶25ml分装至250ml三角瓶中，选择不同温度（30℃、33℃、35℃、37℃），加入IPTG至终浓度为1mmol/L、200r/min诱导4小时。取诱导前、不同诱导温度4小时样品进行SDS-PAGE检测，分析目的蛋白的表达量及菌体密度。结果显示（图11-18），工程菌适合诱导温度范围为35~37℃，综合考虑产物的收率和表达量及能源消耗，最终确定最适诱导温度为35℃（注：该蛋白为可溶性表达，若实验的蛋白易形成包涵体，则还需考虑可溶性蛋白的表达量，温度设定也可以更低）。

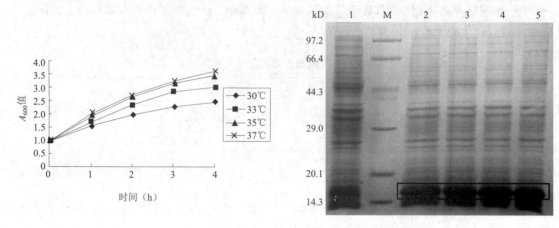

M：Marker；1：诱导前；2~5：30℃、33℃、35℃、37℃时诱导表达

图11-18　不同培养温度对工程菌表达的影响

2）pH的影响

①pH对工程菌生长的影响：同上操作；再以1∶100转种，选择在不同pH（初始pH分别为6.6、6.8、7.0、7.2、7.4）LB培养基中，37℃、200r/min振荡培养，共培养10小时。每小时分别取样测定A_{600}值。结果显示，工程菌适宜生长pH范围是6.8~7.2，最佳在7.0，振荡培养在各个时期其菌密度均高于其他对照组（图11-19）。

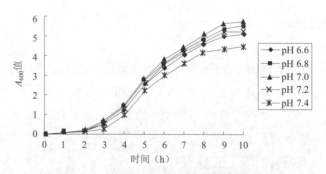

图11-19　不同培养pH对工程菌生长的影响

②pH对工程菌表达的影响：同上操作；再以1∶100转种，37℃、200r/min振荡培养至A_{600}值达到0.8~1.2，将菌液以每瓶25ml，分装至250ml三角瓶中，调节菌液pH（6.6、6.8、7.0、7.2、7.4），加入IPTG至终浓度为1mmol/L，在35℃下诱导4小时。取诱导前、诱导4小时的不同pH样品进行SDS-PAGE检测，分析目的蛋白的表达量及菌体密度。结果显示（图11-20），工程菌适合诱导pH范围为7.0~7.2。综合考虑产物的收率和表达量，最终确定最适诱导pH为7.2。

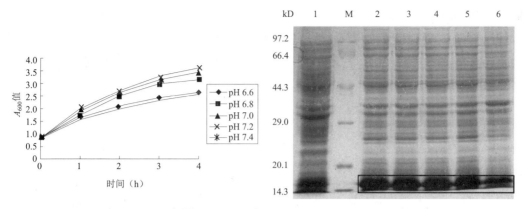

M：Marker；1：诱导前；2~6：pH 为 6.6、6.8、7.0、7.2、7.4 时诱导表达

图 11-20　不同培养 pH 对工程菌表达的影响

3）装液量的影响

①装液量对工程菌生长的影响：同上操作；再以 1：100 转种于 250ml 三角瓶中

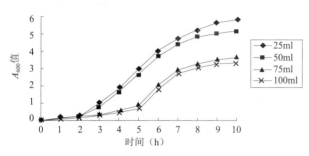

图 11-21　不同装液量对工程菌生长的影响

（250ml 三角瓶中分别装 25、50、75、100ml 培养基），37℃、200r/min 振荡培养，共培养 10 小时。每小时分别取样测定 A_{600} 值。结果显示，在装液量为 25ml 时最适宜菌体生长。用溶氧电极测得，250ml 三角瓶中装液量≤25ml 时，在培养条件下溶解氧大于 25%（图 11-21）。

②装液量对工程菌表达的影响：同上操作；再以 1：100 转种，37℃、200r/min 振荡培养至 A_{600} 值达到 0.8~1.2，用 100ml 量筒（已灭菌）分别取 25、50、75、100ml 菌液加入 250ml 三角瓶中（已灭菌），加入 IPTG 至终浓度为 1mmol/L，在 35℃、pH 7.2、200r/min 下诱导 4 小时。取诱导前、诱导 4 小时样品进行 SDS-PAGE 检测，分析目的蛋白的表达量及菌体密度。结果显示，工程菌适宜诱导表达溶解氧≥25%，在此条件下菌体的表达和菌密度均可达到较高水平（图 11-22）。

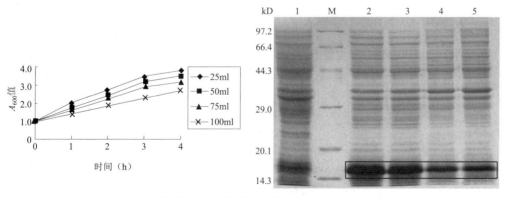

M：Marker；1：诱导前；2~5：装液量分别为 25、50、75、100ml 时诱导表达

图 11-22　不同装液量对工程菌表达的影响

4）诱导时机、诱导剂浓度及诱导时间的影响

①诱导时机对工程菌表达的影响：同上操作；再以 1：100 转种，37℃、200r/min 振荡

培养。在菌体生长的不同时期（A_{600}值为 0.2、0.4、0.8、1.2、1.8、2.5），加入 IPTG 至终浓度为 1mmol/L 诱导 4 小时。取诱导前、不同诱导时机 4 小时样品进行 SDS-PAGE 检测，分析目的蛋白的表达量及菌体密度。结果显示（图 11-23），工程菌在对数生长中期（A_{600}值为 0.8~1.2）添加诱导剂，目的蛋白表达量较高，也能获得较高的菌体密度，确定最佳诱导时机为工程菌的对数生长中期。

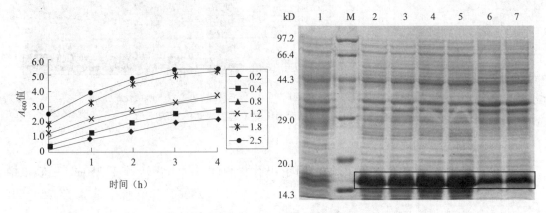

M：Marker；1：诱导前；2~7：分别在 A_{600}值为 0.2、0.4、0.8、1.2、1.8、2.5 时诱导表达

图 11-23　不同诱导时机对工程菌表达的影响

②诱导时间对工程菌表达的影响：同上操作；再以 1∶100 转种，37℃、200r/min 振荡培养至 A_{600}值达到 0.8~1.2，将菌液以每瓶 25ml，分装至 250ml 三角瓶中，添加 IPTG 至终浓度为 1.0mmol/L 开始诱导，每小时分别取样测定 A_{600}值，诱导 1~6 小时样品进行 SDS-PAGE 检测，分析目的蛋白的表达量及菌体密度。结果显示（图 11-24），工程菌在诱导 4 小时后，目的蛋白表达量达到最大值，其后菌体密度和蛋白表达量基本稳定，确定最佳诱导时间为 4 小时。

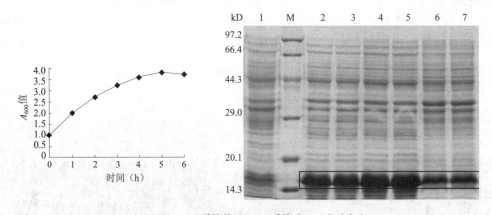

M：Marker；1：诱导前；2~7：诱导后 1~6 小时表达

图 11-24　不同诱导时间对工程菌表达的影响

③诱导剂浓度对工程菌表达的影响：同上操作；再以 1∶100 转种，37℃、200r/min 振荡培养至 A_{600}值达到 0.8~1.2，将菌液以 25ml 每瓶，分装至 250ml 三角瓶中，分别添加 1 mol/L IPTG 溶液至终浓度 0.01、0.05、0.1、0.3、0.5、0.8、1.0mmol/L 进行诱导，共诱导 4 小时。取诱导前、不同 IPTG 终浓度诱导 4 小时样品进行 SDS-PAGE 检测，分析目的蛋白的表达量及诱导后的菌体密度。结果显示（图 11-25），低浓度的 IPTG 不抑制菌体生长，但诱导蛋白表达量较低；高浓度 IPTG 抑制菌体生长，但诱导蛋白表达量高。其中，当

IPTG 终浓度达 0.5mmol/L 以上，外源蛋白的表达量基本没有变化，且能达到一定的菌体密度，最终确定诱导剂 IPTG 终浓度为 0.5 ~0.8mmol/L。

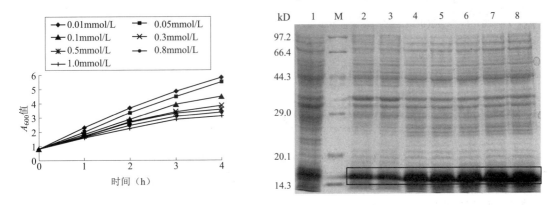

M：Marker；1：诱导前；2~8：IPTG 浓度为 0.01、0.05、0.1、0.3、0.5、0.8、1.0mmol/L 诱导 4 小时表达

图 11-25　不同诱导剂浓度对工程菌表达的影响

4. 发酵罐小试实验　根据摇瓶实验得到数据并结合罐发酵的实际，对培养基及控制参数进行适当调整，并在 30 L 发酵罐上进行了放大与验证，考察目前工艺的稳定性和适用性。通过连续小试三批发酵工艺研究，确定了发酵工艺参数和流加策略，建立了稳定的高密度发酵生产工艺。

罐内培养基灭菌并降温至 37℃，在火焰条件下，取二代种子液以 1∶10 的比例进行接种，并加入无机盐及生长因子，37℃发酵培养，通过流加碱控制 pH 为 7.0 左右，通过转数、通气量、罐压及流加碳源控制 $DO_2 \geq 25\%$；培养至 A_{600} 值达到 22~25（罐培养对数生长中期），流加 IPTG 至终浓度 0.5mmol/L，35℃进行诱导培养，通过流加碱或酸液控制 pH 为 7.2 左右，通过转数、通气量、罐压及流加碳源控制 $DO_2 \geq 25\%$，流加新鲜营养成分如氮源、无机盐类物质，诱导 4 小时，当菌体密度趋于稳定时设定为发酵终点。发酵全过程中每 1 小时取样测 A_{600} 值，并在诱导前进行镜检；诱导后每 1 小时留样进行 SDS-PAGE 检测（表 11-4）。

表 11-4　三批小试发酵罐数据

发酵批次	A_{600} 值	菌体湿重（g/罐）	表达量（%）	菌体密度（g/L）
F20180701	46.9	1232	32.3	79.5
F20180702	49.4	1310	32.6	84.0
F20180703	45.9	1181	33.0	77.7
平均值	47.4	1241	32.6	80.4

5. 200L 发酵罐放大实验　根据小试发酵罐实验得到数据，在 200 L 发酵罐上进行了放大与验证，考察目前工艺的稳定性和适用性（表 11-5、表 11-6、表 11-7）。通过连续三批发酵工艺研究，建立了稳定的高密度发酵生产工艺，为顺利转入大规模生产做准备。

表 11-5　三批 200L 发酵罐数据

发酵批次	A_{600} 值	菌体湿重（g/罐）	表达量（%）	菌体密度（g/L）
F20180901	48.3	7530	31.3	78.2
F20180902	50.2	7610	30.6	80.5
F20180903	46.5	7440	32.1	77.4
平均值	48.3	7526	31.3	78.7

表 11-6　200L 发酵罐发酵主要培养参数平均值

参数	诱导前					诱导后			
时间（h）	1	2	3	4	5	1	2	3	4
转速（r/min）	200	240	400	500	500	500	500	400	400
温度（℃）	37.0	37.0	37.0	37.0	37.0	35.0	35.0	35.0	35.0
溶解氧（%）	76.9	70.1	65.9	43.2	31.5	32.4	39.9	43.8	50.6
pH	6.81	6.83	6.87	6.83	6.85	7.15	7.15	7.13	7.15
罐压（MPa）	0.02	0.02	0.02	0.04	0.04	0.04	0.04	0.04	0.02
通气量（L/min）	15	15	25	30	6（O_2）	6（O_2）	6（O_2）	30	20
A_{600}值	0.512	1.311	5.01	12.03	22.5	32.8	39.9	44.0	46.5

表 11-7　发酵过程中参数控制与优化简要参数

生长阶段	诱导阶段
培养温度：37℃±0.5℃	诱导温度：35℃±0.5℃
pH：6.9~7.0	pH：7.1~7.2
DO_2：>25%	DO_2：>25%
罐压：0.02~0.04Mpa	罐压：0.04~0.02Mpa
转速：200~500r/min	转速：500~400r/min
通气量：15~30L/min（加纯氧）	通气量：15~30L/min（加纯氧）
起始添加物：葡萄糖、硫酸镁、氯化钙及维生素 B_1	诱导剂终浓度：流加方式加入诱导剂至终浓度
底物中葡萄糖含量：5g/L	0.5mmol/L
接种比例：1：10	补料速率：诱导 1 小时后流加氮源及无机盐
补料速率：一般培养 2 小时后，补加葡萄糖，视生长	pH 调节：氨水溶液、葡萄糖溶液或流加磷酸盐
情况，调节补加速率	溶液
pH 调节：25%氨水溶液	诱导时间：4~5 小时
培养时间：4~5 小时	A_{600}值：45~55
A_{600}值：22~25	

重点小结

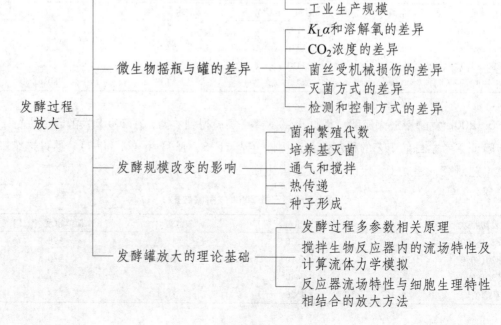

扫码"练一练"

思考题

1. 阐述发酵过程从实验室到规模放大的研究流程。
2. 引起摇瓶与发酵罐发酵差异的因素有哪些？
3. 发酵过程规模放大失败的主要原因有哪些？
4. 多参数相关分析原理是什么？
5. 如何理解发酵过程细胞生理特性与流场特性？

（田海山）

第十二章 现代生物技术在发酵工业中的应用

学习目标

1. **掌握** 基因工程菌、动植物细胞、固定化细胞的发酵方法。
2. **熟悉** 基因工程菌、动植物细胞、固定化细胞的培养特性和培养技术。
3. **了解** 现代生物技术在发酵工业发展的影响。

第一节 概 述

生物技术（biotechnology）是应用生物学的理论、方法及技术，按照人类的需要改造和加工生物，或者用生物及其制品作为加工原料，提供人类所需生物制品的综合性技术。生物技术不仅涉及多种基础学科和工程学科，而且还是新技术的具体开发和应用；不仅反映着当代生物科学中最新科研成果，而且不断赋予工程学科新的内容；不仅是一门综合性的技术，更是一个知识密集的新产业，其应用领域宽广，包括农业、食品、化工、医药、能源和社会服务等。

从发展过程来看，生物技术是建立在微生物发酵的基础上，融入新发展起来的基因工程、细胞工程、酶工程和生化工程等工程手段而形成的综合技术体系。以现代前沿技术来说，一般认为生物技术包括基因操作技术、细胞融合技术、细胞大量培养技术、生物反应器技术和细胞固定化技术等。同时，生物技术也可概括为基因工程、细胞工程、发酵工程、酶工程和生化工程等"五大工程"。

生物技术中，当前人们最感兴趣的是基因工程和细胞工程，它们是生物技术的主导领域，也是研究的热点，形成独特产业的发酵工程和酶工程等也是生物技术中的重要组成部分。这几方面的内容是相互关联、相互促进的。基因工程和细胞工程通常是发酵工程和酶工程的基础，所以现代发酵工程包括整个生物工艺过程。发酵工业除了传统的利用天然微生物发酵生产初级代谢产物和次级代谢产物以外，由于生物技术的出现使得发酵工业所涉及的范围不断扩大，生产技术也得到不断改进，因而控制水平和发酵生产能力得到很大的提高。

像基因工程所获得的工程菌一样，许多哺乳动物的基因克隆在大肠埃希菌等宿主中也能得到有效表达。例如，使用小鼠体内生产单克隆抗体，产品常含有毒性杂质和不易大量生产等缺点，目前也采用与微生物发酵一样的发酵罐来进行生产所需的产物。酶工程中的固定化细胞（或酶）也可以实现类似发酵罐的生物反应器来进行生产所需产物。这些事实都说明它们之间具有密切的关系，也说明发酵技术或类似发酵技术在生产产品中的地位。另外，计算机技术也广泛应用于发酵过程的控制。

第二节　工程菌的发酵

一、工程菌的来源和应用

基因工程是在体外对 DNA 分子进行重新组合，然后克隆到合适的宿主细胞中，进行增殖和表达的遗传操作，所获得的重组菌株即为工程菌，其基本过程见图 12-1（以大肠埃希菌为例）。

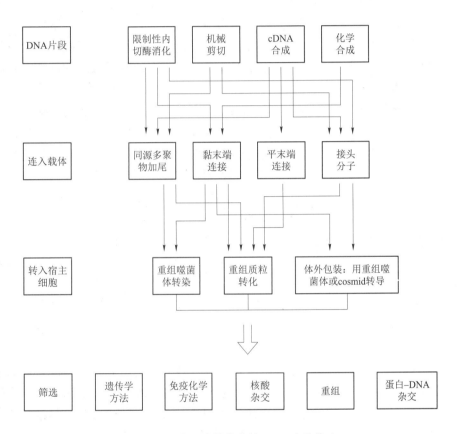

图 12-1　大肠埃希菌中的 DNA 克隆策略

基因工程的关键问题是目的基因在宿主细胞中能否表达，即 DNA 在宿主细胞中能否转录和翻译，表达形成的产物在胞内不被分解，并分泌到胞外。但基因表达过程的调节是多层次的，因此，影响基因表达的因素也是多方面的。

理想的工程菌应具备如下条件：发酵产品具有高转化率、高浓度和高产率，最好是分泌型菌株；菌株能利用常用的碳源，并能进行连续培养；菌株没有致病性，也不产生内毒素；菌株的代谢尽可能地简单，代谢产物便于下游处理；工程菌株的稳定性要高，重组的 DNA 不易丢失；发酵条件要求适中，发酵过程容易控制。

基因工程技术已趋于成熟，所获得的工程菌株已得到广泛应用，并已开发出不少产品，如胰岛素、干扰素、生长激素和乙肝疫苗等蛋白药物。另外，基因工程技术在大宗发酵产品中也获得广泛应用，例如氨基酸工程菌的构建、抗生素产生菌的基因改造等。

二、工程菌的培养

1. 基因重组细胞的种类 工程菌常用的表达系统有：原核细胞的大肠埃希菌和枯草芽孢杆菌，真核细胞的酵母菌和哺乳动物细胞等。所以，生产基因重组产物就有不同的菌体或细胞。大肠埃希菌具有培养要求低、生长迅速、遗传背景清楚和表达量高等优点，其表达系统是目前人类掌握最成熟、应用范围最广的原核表达系统。当前生产上使用的宿主多为大肠埃希菌。在大肠埃希菌中，多种哺乳动物和其他微生物的蛋白基因都能够得到很好的表达，产物也能达到大肠埃希菌菌体总蛋白的 50%（如人胰岛素）。这就为生产多种蛋白药物（如白细胞介素-2、人生长激素、干扰素等）提供了基础。但是大肠埃希菌不具备分泌能力，表达外源蛋白多以不可溶解的包涵体（inclusion body）形式存在于胞内，无法分泌到胞外，这给分离纯化带来了困难。另外，大肠埃希菌产内毒素，缺乏翻译后对真核蛋白修饰加工的功能，导致表达产生的蛋白无法进行糖基化、磷酸化、正确折叠和分泌等修饰，只适合表达不需要修饰的外源蛋白。因此，具分泌蛋白的酵母系统和枯草芽孢杆菌系统得到了越来越多的关注和研究。

2. 工程菌的培养 似于普通微生物的培养，但也有其特点。从培养过程来看，其主要因素有：营养物质（碳源、氮源、氨基酸、溶解氧等）浓度的控制和有毒有害代谢产物的排放。在生物学上还应考虑导入基因的稳定性、质粒拷贝数的控制、转录效率的提高与控制、翻译效率的提高以及菌体向外分泌产物等因素。因此，工程菌的开发研究仍需重视技术的培养，才能获得大量的产物。

（1）培养装置 在进行以工业化为目的的 DNA 重组试验，以及为生产异种基因产物而培养重组菌，应采用简便易行的培养系统。以大肠埃希菌为宿主的培养多使用一般的通气搅拌罐。基因重组动物细胞的培养，实际上与过去动物细胞培养一样，所用的培养装置和措施与微生物培养并不相同。

工程菌的基础实验仍使用常规的培养皿、试管、玻璃瓶等培养器。但是实验者应按照实验准则的要求，谨慎操作，应使用移液枪处理重组体，操作应在安全柜（或室）中进行，按照目前已有的规定细则，防止工程菌株的外泄和扩散。

中试试验或大量提纯产物时，必须进行重复性良好的稳定培养。要取得大量的培养液或培养数据时，要利用带各种传感器的生物反应器，以测定和控制 pH、溶解氧、底物浓度等参数。许多数据还可以通过联机获得，或自动记录下来，这种全自动控制系统能有效地减少操作者与基因工程菌的接触机会，并且尽可能地获得大量的发酵参数。

密闭型通气搅拌发酵罐采用高压蒸汽灭菌。工程菌的培养装置既要防止外界微生物侵入罐内污染杂菌，又必须不使重组体外漏。这是与沿用的通气搅拌式发酵罐的区别所在。

（2）培养基和高密度发酵 微生物产生的蛋白质类产物，一般是粗产物，因此，可以使用各种复杂的培养基。但工程菌的产物多属于人或畜体内蛋白，需要很高的纯度，否则不能在体内使用。所以发酵生产必须要有严格的要求。

工程菌发酵有两条基本要求：①使菌体生长良好，获得高密度菌体（高密度发酵），这样才能得到最多的产物；②发酵所用培养基的成分尽可能地简单，以便产物的分离纯化。

据报道，培养大肠埃希菌最高可得到干重菌体 125g/L，酿酒酵母可得到 145g/L 干菌体，枯草芽孢杆菌可得到 20~40g/L 干菌体。这些数据还不是工程菌的培养结果。我国对人 α-I 型干扰素工程菌（大肠埃希菌 K_{12} 系 BMH71-18 株），进行高密度培养，得到 100.25g/L 的菌体，这与非工程菌培养的菌量很接近。

大肠埃希菌、其他细菌和酵母菌在合成培养中都能良好地生长。工程菌发酵所使用的培养基也是合成培养基，包括葡萄糖、铵盐和无机盐等。其组成必须满足获得高浓度菌体的要求，发酵过程中还必须补加碳源和氮源等，同时，也要用氨水来调节发酵pH。其他的培养条件，如搅拌转速（与剪切力有关）、溶氧水平、培养温度、pH、种龄和接种量等条件，对菌体生长和产物合成都有不同程度的影响。

从安全性来考虑菌体营养源的问题，培养工程菌的外界条件至少要遵守物理密封（P1~P4）方法中的P1级规定。从生物安全性来考虑，常采用维生素或氨基酸营养缺陷型的工程菌。维生素缺陷型仅需极少量的维生素，过量也不会有影响。在培养氨基酸缺陷型菌株达到高浓度菌体之前，如果培养一开始就加入必需量的氨基酸，就会因为过量氨基酸而抑制菌体的生长。因此，可采用调节pH的同时补加氨基酸混合液和葡萄糖的方法，使整个培养期间葡萄糖和氨基酸的浓度几乎保持恒定，培养大肠埃希菌C600菌株时获得60g/L干菌体。菌体对葡萄糖及氨基酸的得率因培养条件的不同而不同。以葡萄糖、苏氨酸、亮氨酸、组氨酸、色氨酸为营养源时，平均每克所得菌体量（干重）分别为0.3g、2.5g、15g、40g、40g。以获得1g菌体所需的营养源价格进行比较，苏氨酸的费用最高，因此，要避免用苏氨酸缺陷型作为基因重组的宿主，最好使用维生素缺陷型菌株作为宿主。

（3）菌株和质粒的稳定性　在工业发酵过程中，菌株必须具有很好的稳定性。对工程菌发酵来说，细胞中的质粒稳定性和质粒内在的稳定性同样重要。质粒保存率高，相应地就会得到高浓度的产物。在进行摇瓶发酵试验时，因菌体浓度低，无须考虑质粒的稳定性，但在研究工业化发酵时，这是一个极为重要的问题。在含有抗生素抗性标记的相应培养基中进行培养，保持选择压力。

工程菌的稳定性一般与导入的外来DNA的质粒稳定性有关。目前多采用2个以上的抗生素抗性标记的质粒，带有这种质粒的菌株在药物的存在下能够生长，反之菌株则不能生长。利用这种选择性还可以对工程菌遗传稳定性进行检测。

有关影响质粒稳定性的遗传和环境因素，研究得比较多。据报道，大肠埃希菌RRI中的pBR322质粒可以维持约60代。以这样稳定的细胞，1个细胞可以分裂足够多的次数，产生细胞密度为10g/L的培养液达到11 500L。在24（或小于24）小时，就能产生出像胰岛素、生长激素、干扰素等蛋白质。因此，就不需要利用抗生素耐药性来保持其稳定性，而且其他的方法如调节温度，使得在相当短的时间内能得到很高水平的基因表达量。

三、安全问题

1. 重组DNA实验准则　1974年，提出了DNA重组实验具有潜在生物危险性的问题。后来制定了在实验室中构建工程菌及使用工程菌的实验室应遵循的准则，这些准则是采用物理密封（P1~P4）和生物学密封（B1和B2）两种方法。

（1）物理密封　将重组菌密封于设备内，以防传染给实验人员和向外界扩散。实验规模在20L以下时，物理密封由密封设施、实验室设计和实验注意事项所组成。密封程度分为P1、P2、P3和P4级，数字越大，密封水平越高。

（2）生物学密封　要求只有在特殊培养条件下才能生存的宿主，同时用不能转移至其他活细胞的载体，通过这样组合的宿主载体系统，可以防止重组菌向外扩散。按密封程度分为B1和B2级。

工业生产中重组菌培养的设备标准有LS-1和LS-2。LS-2相当严格，工业生产应在LS-1的设备标准下培养。LS-1标准要点如下：使用能防止重组体外漏和杂菌进入，并能够密闭灭菌；尾气排放要有除菌装置，如果有气溶胶产生必须要有收集气溶胶的设备；发酵后的下游工作必须在密闭设备或者安全柜中进行。所以，设计用于基因工程菌的培养装置时，不仅要考虑外部杂菌侵入，还要防止重组菌外漏。

2. 防止基因重组菌外漏的措施　在普通通气搅拌培养罐培养菌体时，可能发生外漏的部分和操作有：①排气；②机械密封；③取样；④培养后的灭菌；⑤接种；⑥放罐。这些部分和操作均应采取必要的措施，以防重组菌外漏。

有关负压洁净室级别分类技术标准和 P1～P4 级实验室适用工作特点见表 12-1、表 12-2。

表 12-1　负压洁净室级别分类技术标准

研究对象	级别					
	无感染可能	发病可能小	感染机会多症状轻	易感染症状重	感染机会多，有重症，无对症治疗	
美国疾病控制与预防中心（CDC） 病原微生物	1	2	3	4	5	6
美国国家癌症研究所（NCI） 癌病毒		低	中	高		
美国国立卫生研究院（NIH） 遗传基因	P1	P2	P3	P4		
日本国立预防卫生研究所（NIHS） 微生物病毒		2a	3a	4a		
		2b	3b	4b		
英国 病原微生物	B			A		
中国 病原微生物	3		2	1		
隔离类别	一次隔离			二次隔离		

表 12-2　P1～P4 级实验室的工作特点

级别	工作特点
P1　1. 通常用微生物实验室 　　2. 可用嘴操作吸管 　　3. 对外人进入不限制 　　4. 可在开放性实验台上进行实验	若干低等真核生物及原生动物、噬菌体
P2　1. 禁止外人进入实验区域 　　2. 可能发生气溶胶的实验在Ⅱ级生物学安全柜 　　3. 禁止用嘴操作吸管 　　4. 室内设高压消毒柜，对废弃物先灭菌再排放	无脊椎动物及植物、变温脊椎动物的生殖细胞和胚胎
P3　1. 由双重门、气闸和外部隔离开实验区域 　　2. 非本区人员禁止入内 　　3. 平时送外部空气进入室内，室内排气经 HEPA 滤后排放室外 　　4. 在Ⅱ级生物学安全柜内进行实验 　　5. 实验人员工作服为室内专用，先灭菌后，再拿到外面去洗涤	无脊椎动物、变温脊椎动物的病毒，植物病毒，灵长类以外的哺乳类及鸟类
P4　1. 采用独立建筑物由隔离区与外部隔断 　　2. 根据相应隔离等级，保持室内负压 　　3. 在密闭型Ⅲ级生物学安全柜内进行实验 　　4. 非本区人员禁止入内 　　5. 取出器材，废弃物先经双门高压消毒柜灭菌后再取出，排出废液也要先灭菌后再排放 　　6. 实验入口处设置国际生物学危险标志	灵长类的癌及致癌性研究

第三节　动植物细胞的组织培养

一、动物细胞的组织培养

动物细胞培养是指在体外培养动物细胞的技术，即在无菌条件下从机体中提取组织或细胞，或利用已经建立的动物细胞系，模拟机体内的正常生理状态下生存的基本条件，让细胞在培养容器中生存、生长和繁殖的方法。

早期的动物细胞培养，实际上是以组织片来进行培养的，后来改进为单细胞状态培养，并作为生产疫苗等物质的培养手段。近年来，随着基因工程和细胞工程技术的不断发展，动物细胞已成为规模化生产一系列有重要价值的生物制品的重要宿主。特别是杂交瘤技术的建立，使得人们能够通过细胞融合得到抗特定抗原的单克隆抗体。

用动物细胞生产产品，是近年来生物技术工业中一个十分重要的组成部分，其产品主要有以下五大类：①病毒疫苗（如脊髓灰质炎、狂犬病、乙型肝炎等的疫苗）；②干扰素；③激素；④免疫剂；⑤人体活性蛋白（如胰岛素、血纤维蛋白溶酶原等）。

1. 动物细胞的性质　动物组织经物理切碎、切片，或者经化学法或酶法处理所得的细胞，一般经约 50 代分裂繁殖，便退化死亡。在培养期内，染色体数目和二倍体细胞特性仍保持正常。通常，这类细胞被称为初代培养细胞。

细胞在反复分裂的过程中，有时出现繁殖能力突然增强、几乎无限制繁殖的细胞，其形态、病毒敏感性、抗原性、染色体构成等都发生了变化，完全失去原细胞的特性。我们把这一类通常所说的癌细胞称为确立细胞株或株化细胞。来源于小鼠的 L 细胞和来源于人子宫颈癌的 Hela 细胞就是有名的确立细胞株。

绝大部分初代培养细胞只能贴附在培养容器壁上进行繁殖，形成单层状细胞层，因此称为贴壁附着细胞或附着性细胞。用胰蛋白酶处理这个细胞层，又可分散成单细胞，如果继续培养又可形成单细胞层，我们把这种操作称为移植继代培养。但这类细胞与确立细胞株不一样，不能无限繁殖，人胚胎组织的细胞经过 50 次分裂便停止繁殖，为区别起见，把这类细胞称为细胞株。这类细胞在繁殖初期也有形态变化，经过几代反复分裂繁殖后，只有一种能继续繁殖的叫作成纤维细胞，其他形状的细胞就消失了。

通常，成纤维细胞在 50 代内染色体是正常的。成纤维细胞的繁殖过程：开始于初代培养细胞期，随着世代的增加进入对数繁殖期，经过 30~50 代的繁殖，生长速度就变缓慢，进入衰减期，这时细胞分裂繁殖就完全停止，继而死亡。在此繁殖过程中可能出现有少部分细胞发生变异的确立细胞株。

成纤维细胞在衰减期之前，大部分不具癌化性，仍留初代培养细胞的性质，因此非常安全可靠。如果从中采集繁殖 10~20 代的细胞作种细胞，冷冻保存在 -80℃，作为生产疫苗、尿激酶、干扰素等的组织培养的种细胞是可行的。

确立细胞株一般都显示非常稳定的繁殖特性，可以无限增殖，在大多数情况下，可用于大量悬浮培养。然而，它具有癌化性质，用来生产疫苗之类物质是带有一定的危险性。随着分离纯化技术的进步，确立细胞株用于生产有用物质成为可能。例如，早在 1982 年就用来自淋巴瘤的确立细胞株淋巴芽球细胞作种细胞进行悬浮培养，生产出用于临床的人干扰素。

2. 培养条件　动物细胞的培养条件和微生物培养相似，除要保证无杂菌外，还需要适当的营养、pH、温度、溶解氧、罐压、搅拌转速、渗透压等。

细胞培养最适温度为 37℃±0.5℃，偏离此温度，生长和代谢就受到影响，甚至死亡。实验证明，细胞对低温的耐受性比对高温强。

大多数生物体液的 pH 都接近中性，细胞生存的 pH 在 6.8~7.6，最适 pH 为 7.2~7.4，当 pH 低于 6.0 或高于 7.6 时，生长就受到影响，甚至死亡。但多数类型的细胞对偏酸性的耐受性较强，在偏碱性条件下则会很快死亡。作为代谢产物的 CO_2，除保证体内的代谢活动外，还有调节 pH 的作用。大多数培养基的 pH 利用 CO_2（$NaHCO_3$ 缓冲系液）和细胞代谢产物（特别是乳酸）的组合来调控，$NaHCO_3$ 调控系统就是血中的自然缓冲剂。在培养箱中，可根据需要持续地提供一定比例的 CO_2 气体。在培养罐中，可增加 $NaHCO_3$ 的用量，调节 CO_2 浓度来控制培养液的 pH，以保持比较稳定的 pH 范围。

溶解氧的控制，通常都是采用控制通气量、搅拌转速和空气中的氧浓度等因素来实现，但对脆弱的动物细胞和易产生泡沫的含血清培养基，只有在维持适宜的通气量和缓慢搅拌的基础上，通过改变空气中的氧浓度来进行。现在有一种控制溶氧的办法是将硅氧管浸到培养液中，通过硅氧膜从管内供氧。用这种办法可增加供氧浓度，也可增加气液接触面积。适当的渗透压可通过调节培养液中的盐和葡萄糖浓度来维持。

只有满足这些基本条件，细胞才能在体外正常存活和生长。在实际培养中，还应根据不同细胞体外培养的难易程度采取不同的具体措施。

3. 培养基　动物细胞培养基的组成是一个极为重要的问题。它必须要有足够的糖、脂肪、蛋白质和核酸等代谢所需的各种成分，包括十几种必需氨基酸及其他非必需氨基酸、维生素、糖和无机盐等。氨基酸只利用 L 型；碳源以葡萄糖为最常用，半乳糖也可以，但不能利用双糖；维生素、无机盐由血清提供或单独添加。由于培养基成分的来源不同，有下列几种培养基。

（1）合成培养基和血清培养基　经对确立细胞株的营养要求进行广泛的研究，出现了许多化学合成培养基，并在市场上出售。其中最有名的是伊格尔（Eagle）最低必需培养基（Eagle's minimum essential medium，MEM），它由 13 种必需氨基酸、8 种维生素、葡萄糖和无机盐组成。对于细胞繁殖来说，尚必须加入 5%~10% 的动物血清（如小牛血清）。但从经济成本或血清供给来看，使用这种培养基都是不现实的。由于所用血清来源批次不同和含有较多蛋白质，培养结果的重复性往往较差，细胞产物还混有异种蛋白，给分离精制带来了很大的困难。

（2）无血清培养基　近年来对无血清培养基进行了深入研究，已有商品出售。通常所说的无血清培养基有基本合成培养基、基本合成培养基加生长因子（功能因子）和基本合成培养基加组织抽提液三种。

无血清培养基应考虑的生长因子有上皮细胞生长因子、T-细胞生长因子、氢化可的松、胰岛素、硒、铁传递蛋白等 18 种。该培养基的成分和配比是可以人工控制的，因而具有极强的适应性，可使人工细胞、变异细胞在最适生长条件下生长繁殖，产生有用的物质，也可简化产物的分离和精制。这些都是添加生长因子无血清培养基的优点。

4. 动物细胞大量培养技术　培养的动物细胞可分为悬浮型和贴附型两大类。悬浮型细胞呈圆形，生长时呈悬浮状态，通常是某些癌细胞和血液细胞。大多数培养的细胞是贴附型，培养时贴附在支持物上。由于细胞类型不同，故有下列几种培养技术。

（1）悬浮培养　这种培养技术与培养微生物相似，基本上利用常用的发酵罐装置，控制条件（如氧化还原电位、细胞类密度等）有所不同，对发酵罐的剪切力也有一定要求。人们曾用一定规模的发酵罐培养淋巴芽球细胞来生产过 α-干扰素。在特殊的连续培养装置中，使用无血清培养基实现了该细胞的高密度发酵。因此，这种方法可进行大规模细胞培养来生产有用物质。

（2）贴壁附着培养　贴附型细胞的基本特性就是必须附着培养容器壁的介质上才能生长繁殖，因此这类细胞就要采用贴壁附着培养。为了增大附着面积，过去常用扁瓶简单装置来进行单层静置培养。由于生物技术的迫切需要，现已开发出各种形式的培养装置，如旋转瓶和多段式托盘培养装置，已用于 β-干扰素的生产。但利用这些装置仍是手工操作，生产量不大，所以又研制出微载体培养。

（3）微载体培养　所用的微载体是交联葡萄糖经二乙氨基乙基化后所得的离子交换树脂，其电荷密度规定在适于细胞培养的范围内。将这种载体悬浮在培养液中，细胞便附着在上面进行单层状增殖，密布在整个微载体的球面上。该法虽是贴附培养，但仍可用上述的发酵罐进行，所以单位培养面积所占的容积比上述装置要小得多。如葡聚糖的 Cytodex 1 微载体，在干燥状态下，它的大小为 $60\sim87\mu m$，在培养液中可膨胀成 $160\sim230\mu m$，每克微粒的表面积约为 $0.6m^2$，相当于 7 个标准旋瓶（285mm×110mm ϕ）的表面积。国外已在 100L 规模的发酵罐上大量生产 β-干扰素、口蹄疫疫苗等。近年来，还用近吨级的发酵罐实现了微载体培养动物细胞的新工艺。所以，该法具有许多优点，是大量培养动物细胞很有前途的方法。

（4）生物反应器培养　由于动物细胞比较脆弱、营养和培养条件要求比较严格等，所以它的培养具有独特的性质。使用生物反应器大量培养动物细胞，应掌握下列技术要点。

1）搅拌桨叶的形状和搅拌转速要有特殊设计　动物细胞膜薄而胞弱，受不了强烈机械搅拌。搅拌桨叶以 3 片叶轮为好，也可用塑料纤维制的风帆式桨叶。转速要慢，一般是 $8\sim20r/min$。悬浮培养可加挡板，微载体培养以不装为好。

2）培养系统必须保持长期无菌状态　因动物细胞生长缓慢，必须采取抗杂菌污染措施。培养初期可加少量抗生素（如青霉素、链霉素等），但细胞形成致密单层时应避免加入，因抗生素可使细胞从微载体表面脱落下来。

3）培养罐、配管的材质必须要对培养的细胞无毒害作用　通常都采用含钛的不锈钢。所用橡皮垫圈或橡胶衬垫必须事先经过热水浸泡，否则，橡胶中的增塑剂或添加物就会因蒸汽加热而溶出，对细胞产生毒害作用而影响细胞生长。

4）培养条件的控制　动物细胞培养可以采用分批、流加、半连续和连续等培养法。分批培养中，细胞生长因子要逐渐被消耗掉，并产生乳酸类的代谢产物。这类产物对细胞生长有抑制作用，因此，在培养过程中要多次更换培养基，保留微载体，弃去上清液，补充新鲜培养液。其他的环境条件，如温度、DO、pH、罐压、转速等也要控制。由于动物细胞大量培养在医药生产上有广阔的前途，所以为增加细胞密度最近已开发出一批新的培养技术。如灌流培养就是其中一种高密度培养技术，所能获得的细胞密度比常用方法高 $10\sim100$ 倍以上，由 10^6 个/毫升上升到 $10^7\sim10^8$ 个/毫升（而动物组织的细胞密度大约是 10^9个/毫升），因而生产能力得到明显提高。

二、植物细胞的组织培养

切取植物的叶、茎、根等组织的一部分，将其表面进行杀菌后，放入具有营养成分的培养基中进行培养，这种培养技术称为组织培养，或称之为愈伤组织培养。有时也把在液体培养基中进行振荡培养或搅拌培养称为"细胞培养"。现在植物组织培养不仅用来繁殖种苗，而且也用于生产生物药物等。植物的产物有 20 类 50 多种，如医药中的吗啡、麻黄等生物碱，人参皂苷等皂苷，蒽醌等醌类，维生素 E 等酚类以及色素、香料和食品等产物。

目前，已建立起大规模生产植物产物的技术基础。这种细胞培养方法具有以下优点：①可以在人为控制条件下进行物质生产，克服人工栽培的不足；②不受季节气候的影响，不需占用大量耕地；③可以排除病虫害的侵扰；④可以进行特定的生物转化，克服化学合成的缺点。因此，该技术得到了迅速发展，已成为当代生物技术的一个重要组成部分，也已发展成为一门新兴的科研产业体系。

1. 植物细胞的结构和生理特性　植物细胞直径在 20~150μm 之间，比细菌大 30~100 倍，比许多霉菌还大 3~10 倍。在培养过程中，植物细胞形态有明显的变化，形状和大小都不相同，其细胞在培养液中的体积将膨大 40%~50%，培养的黏度也随之显著上升。例如，烟草细胞对数生长期的黏度约为培养初期的 30 倍。

植物细胞在培养过程中，初期是比较大的游离细胞，随后便分裂成一个一个的较小细胞，但未能分开，有趋向形成细胞数目不等的细胞块或聚集物，其数目可达 200 个，直径达 2mm，但植物细胞有一定的黏性，很易"黏结"，聚集物的大小还随细胞种类而不同。利用细胞壁降解酶和物理方法，可获得游离细胞悬浮液，但又可能恢复成块状。

植物细胞的生理代谢活性比微生物小很多，其繁殖增代时间为 25~100 小时，而细菌仅为 20 分钟。相对微生物而言，植物细胞的呼吸率也低，约为 $1\mu mol\ O_2/(h \cdot 10^6$细胞$)$，所以植物细胞培养对需氧量和氧传递效率 K_La 值的要求较低。

2. 培养基和培养条件　深层液体培养植物细胞，所用培养基的组成是相当重要的，其成分多半是采用适合细胞生长的培养基，包括碳源（一般是蔗糖或葡萄糖）、氮源、无机盐、各种生长因子（如维生素）和植物生长调节剂。

植物细胞培养大多是在缓慢振荡或缓慢搅拌条件下进行的。例如，用摇瓶培养烟草细胞时，振荡频率都是 110r/min，偏心距为 3.5cm。在用小发酵罐培养时，通气量为 0.5V/(V·min)，搅拌速度为 50~100r/min。植物细胞的培养温度因植物细胞的特定条件和培养目的而定，一般控制在 25~35℃之间。

3. 培养设备和培养方法　用于植物细胞培养的装置，无论是小规模实验，还是大规模培养，基本上都和微生物培养装置一样。但由于植物细胞有上述的结构和培养特性，培养装置也有特殊要求，如培养液混合要求良好，但剪切力却不能大，适当的体积氧传递体系数（K_La 值）以及严格的无菌条件等。植物细胞悬液培养的方法虽然很多，概括起来主要包括以下三个方面。

（1）分批培养法　操作简单，应用广泛，实验室和工业生产规模均可应用。植物细胞分批培养过程一般采用二段培养，即相当于微生物的二级发酵，第一级为种子罐，用适合细胞生长培养基来繁殖细胞；第二级为发酵培养，用成分不同的培养基以生产有用物质。

（2）半连续培养法　在分批培养中，部分培养液和新鲜培养基进行交换的培养方法。该法与分批培养相比，植物细胞增殖量及有用物质的产率均较高。

（3）连续培养法　连续补料连续排出培养液，以保持细胞生长环境恒定的培养方法。

一般而言，连续培养法的植物细胞生产能力要比分批培养高。但是，由于植物细胞生长极为缓慢，培养时间长，要长时间维持培养系统的无菌状态，在技术要求上是相当苛刻的，所以现在有人将连续培养改进为双罐连续培养法，分别控制不同的营养成分，取得了比较好的结果。

4. 植物细胞大量培养的应用　植物细胞培养技术主要用于种苗的生产和次生代谢产物的生产。前者属于植物繁殖问题，后者属于工业化生产植物产物的问题。该技术的发展，使得植物细胞可以像微生物细胞一样，利用发酵罐来生产过去只能从植物中提取的一系列产品，其培养过程包括三个步骤：①细胞株建立，包括愈伤组织的培养，愈伤组织经单细胞分离出的优良无性繁殖系，经摇瓶培养所得的游离细胞，供作种子；②扩大培养，种子细胞经多次扩大繁殖后，供作发酵接种材料；③大罐培养，发酵生产所要的植物产品。

利用植物细胞培养技术所得的次级代谢产物的含量比原植物株要高得多。例如，人参的冠瘿细胞、愈伤组织和再分化的根在琼脂培养基和液体培养基中培养几周，所得的粗皂苷的含量分别为21%、19.3%和27.4%，而天然根中的含量仅为4.1%。1968年，人参细胞培养的工业化生产达到$18m^3$发酵罐的规模。紫草素和小檗碱的生产也已达到实用化水平，其中作为高级染料和治疗药物的紫草素含量达55%~65%，而天然紫草根的抽提液仅22%~52%，药源还困难。因此植物细胞培养技术已成为当代生物技术的一个重要组成部分，呈现出诱人的前景。

第四节　固定化细胞发酵

一、定义

固定化细胞就是被限制自由移动的细胞，即细胞受到物理化学等因素约束或限制在一定的空间界限内，但细胞仍保留催化活性并具备能被反复或连续使用的活力。是在酶固定化基础上发展起来的一项技术。

二、固定化细胞的优缺点

与游离细胞发酵相比，固定化细胞发酵具有以下优点：①固定化细胞可以将微生物发酵改为连续酶反应；②可以获得更高的细胞浓度；③细胞可以重复使用；④在高稀释率时，不会产生洗脱现象；⑤单位容积的产率高；⑥提高遗传稳定性；⑦细胞不会受到剪切效应的影响；⑧发酵液中菌体含量少，有利与产品的分离纯化。

与固定化酶相比，固定化细胞具有以下优点：①免去了破碎细胞提取酶的步骤；②酶在细胞内的稳定性较高，完整细胞固定化后酶活性损失少；③固定化细胞制备的成本比固定化酶低，无须辅酶再生。

虽然固定化细胞具有上述许多优点，但也有不足之处，具体表现在：①仅能利用胞内酶；细胞膜、细胞壁和载体都存在着扩散限制作用；②载体形成的孔隙大小影响高分子底物的通透性；③可能有副反应。

三、固定化细胞的分类

按固定的细胞类型不同，可以分为三类：①微生物；②动物；③植物。

按细胞的生理状态不同，分为两类：①死细胞，包括完整细胞、细胞碎片、细胞器，适用于一种酶催化的反应；②活细胞，包括增殖细胞、静止细胞、饥饿细胞，适用于多酶反应，特别是需要辅酶的反应。

四、固定化细胞的特性

固定化细胞由于其用途和制备方法不同，可以是颗粒状、块状、条状、薄膜状或不规则状等。但目前大多数制备成颗粒状珠体。

细胞经固定化后，其最适 pH 因固定化方法不同而有一些调整。如用聚丙烯酰胺包埋的大肠埃希菌中的天门冬氨酸酶和产氨短杆菌中的延胡索酸酶的最适 pH 向酸性范围偏移。但用同一方法包埋的大肠埃希菌中的青霉素酰胺酶的最适 pH 则没有变动。细胞固定化方法不同，也有可能导致最适温度产生不同的变化。一般而言，细胞经固定化后，其稳定性会有所提高。

五、固定化细胞的特征

1. **形态学特征** 固定化细胞多为球形颗粒，但也有制成立方块或膜状的。用吸附法时，则取决于吸附物质的形状。人们发现，在球形固定凝胶内，细胞的分布并不均匀，而是接近于球的外表面，有时细胞会在凝胶内的小空胞中繁殖，直到最后充满整个可利用的空间。

2. **生理学特征** 创造良好的细胞载体或基质，选择恰当的固定化方法和生物反应器，选用最佳的反应溶液和周围微环境，维持细胞适度的生长和繁殖等尤为重要。如果生长繁殖过度，容易使细胞泄漏出来，增加扩散障碍，破坏固定细胞的载体或基质。

3. **理化环境** 固定化细胞的微环境对固定化细胞活力的发挥有很大影响。如丙乙烯醇已经用于降低固定化细胞内水的活度和吸附程度，将影响微生物细胞的吸附。固定化细胞的呼吸、生长速度、扩散速率以及代谢作用等，将随着细胞浓度的增加而降低。但其抗拒不良外界环境条件的能力通常要比游离细胞高。

4. **生物膜的动力学** 研究结果表明，微生物细胞首先吸附到物体表面，继而分泌出黏性高分子物质，将细胞牢固地黏附在物体表面上。此后，继续由微生物细胞分泌一些化合物，逐渐形成微生物膜。

六、固定化生物反应器

生物反应器是利用生物催化剂进行化学反应的设备，是实现生物技术产品工业化最重要的技术之一。传统生物工业中使用的生物反应器称为"发酵罐"，依靠游离细胞催化生物反应。采用固定化细胞作为催化剂的反应器就是固定化细胞生物反应器。

1. **固定化细胞生物反应器的优点** 可实现连续化、大型化和高度自动化生产。固定化细胞生物反应器中由于集中了生物细胞与固定化颗粒，增大了细胞浓度，可提高反应速度，缩短生产周期。当将其用于连续化大生产时，可减少占地面积，节约成本；能实现产物的及时分离，解决了产物对底物的反馈抑制作用，从而提高产物的收得率；能在一定程度上避免游离细胞连续反应器中最为危险的杂菌污染。

2. **固定化细胞生物反应器的类型** 固定化细胞生物反应器的分类方法很多，但主要按催化物的分布形式，结合反应器的机械结构进行分类。张元兴根据生物催化物在反应器内的分布形式将生物反应器分为生物团块反应器和生物膜反应器。

生物团块是指细胞被包埋或固定为絮凝物或颗粒，以及自身形成的菌丝球，采用的反应器包括机械搅拌式反应器、鼓泡塔反应器、气升式反应器和环流反应器。生物膜是指微生物在支持物上形成的一层黏膜状物，采用的反应器有固定床（填充床）反应器、流化床反应器、生物转盘、渗滤器、膜反应器等。以下是几种常见的固定化细胞生物反应器。

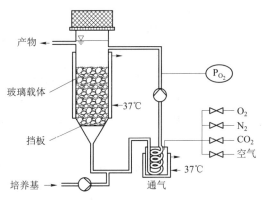

图 12-2　填充床反应器

（1）填充床反应器　在此反应器中，细胞固定于支持物表面或内部，支持物颗粒堆叠成床，培养基在床层间流动。填充床中单位体积细胞较多，由于混合效果不好，常使床内氧的传递、气体的排出、温度、pH 的控制较困难。如支持物颗粒破碎还易使填充床阻塞（图 12-2）。

（2）流化床反应器　典型的流化床是利用流体（液体或气体）的能量使支持物颗粒处于悬浮状态。该反应器混合效果较好，但流体的切变力和固体化颗粒的碰撞常使支持物颗粒破损，另外，流体的切变力学复杂使其放大困难（图 12-3）。

（3）膜反应器　膜固定化是采用具有一定孔径和选择透性的膜固定细胞。营养物质可以通过膜渗透到细胞中，细胞产生的次级代谢产物通过膜释放到培养液中。膜反应器主要有中空纤维反应器和螺旋卷绕反应器。中空纤维反应器中细胞保留在装有中空纤维的管中。螺旋卷绕反应器是将固定有细胞的膜卷绕成圆柱状。与凝胶固定化相比，膜反应器的操作压下降较低，流体动力学易于控制，易于放大，而且提供更均匀的环境条件，同时还可以进行产物的及时分离以解除产物的反馈抑制，但构建膜反应器的成本较高（图 12-4）。

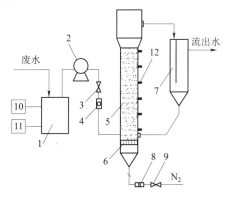

1. 贮罐；2. 泵；3. 截止阀；4. 液体转子流量计；5. 流化床；6. 分布器；7. 隔板分离器；8. 气体转子流量计；9. 针阀；10. 温度控制系统；11. pH 控制系统；12. 取样连接装置

图 12-3　流化床反应器

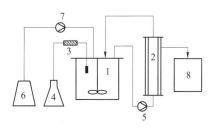

1. 生物反应罐；2. 膜式过滤分离器；3. pH 计和控制器；4. 氨水；5. 回收泵；6. 底物贮罐；7. 加料泵；8. 水解产物贮罐

图 12-4　生物膜反应器

七、固定化细胞的应用

目前，世界各国都把固定化细胞研究的成果很快地运用于工业生产过程中，其应用范围远远超出食品加工、轻化工业和制药工业，现已扩展到化学分析、环境保护、能源开发等领域。

近年来发展的固定化微生物菌体方法已取得了很大成功，最近报道有实验室规模研究的 α-淀粉酶、谷氨酸、亮氨酸、枸橼酸、酒精、辅酶 A 以及少数抗生素的合成。用固定化微生物菌体生产这些代谢产物有很大优点，它可以连续操作、减少微生物不产生产物的生长期、反应速度可以加快、产量有可能提高以及流变力学易于掌握等。

固定化微生物菌体技术的发展，已可清楚地看到在不久的将来，可以作为合成光学特异性及复杂有机化学及生化产品的工具之一。随着发酵及生物技术的发展，对固定化微生物菌体从微生物学、生物化学、生理学以及技术问题方面能进一步阐明，这就有可能得到一个最适合的固定化菌体反应器。另外，还必须对固定化微生物菌体的生理状态、自溶或生长现象、生长量、细胞代谢、维持生长需要的能量、辅酶的利用及重用、杂菌感染、避免不需要的副反应等，以及其他在酶反应过程中的重要指标，如菌体载荷及密度、菌体稳定性、氧传递、物质传递及扩散率，以及决定固化菌体反应产量的基质存留时间的分布等，均需要做进一步研究。

当前固定化微生物菌体的工业应用主要在单酶反应上，而且会有更多的发展及应用。用固定化微生物菌体反应器来代替常规的发酵生产的多酶反应产物，无论是从技术上还是从经济上都是完全可能的，我国应当根据国民经济发展需要选择适当项目进行研究，将会带来更多的经济效益。

重点小结

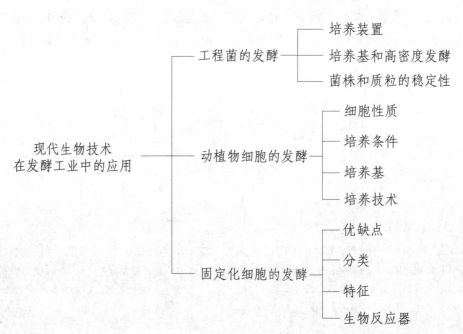

现代生物技术在发酵工业中的应用
- 工程菌的发酵
  - 培养装置
  - 培养基和高密度发酵
  - 菌株和质粒的稳定性
- 动植物细胞的发酵
  - 细胞性质
  - 培养条件
  - 培养基
  - 培养技术
- 固定化细胞的发酵
  - 优缺点
  - 分类
  - 特征
  - 生物反应器

? 思考题

1. 什么是基因工程菌？

2. 与天然微生物相比，利用基因工程菌发酵生产目的产物具有怎样的优点？

3. 理想的基因工程菌应具备怎样的条件？

4. 外源蛋白常用的表达系统有哪些？

5. 大肠埃希菌表达系统具有怎样的优缺点？

6. 什么是基因工程菌高密度发酵，其发酵工艺控制要点有哪些？

7. 如何保证和提高工程菌发酵过程中的质粒稳定性？

8. 比较微生物、动物和植物在细胞结构和生理上的主要区别。

9. 动植物细胞对细胞生物反应器有怎样的需求特征？

10. 与游离细胞发酵和固定化酶相比，固定化细胞具有怎样的优缺点？

11. 固定化细胞反应器类型主要有哪些？

（李昆太）

扫码"练一练"

扫码"学一学"

第十三章　发酵工业与环境保护

📖 **学习目标**

1. **掌握**　工业废水的概念、分类，发酵工业废水的特征，废水好氧、厌氧处理的原理。
2. **熟悉**　发酵工业废液好氧、厌氧处理工艺。
3. **了解**　制药工业废水、废渣的处理工艺流程，相关的环境法规。

发酵工业涵盖了枸橼酸、味精、酵母、酶制剂、饲料、酒精、丙酮、丁醇、抗生素、核苷酸、维生素等多种产品，发酵工业涉及食品、农业、化工、制药等多个行业。在原料预处理、洗涤、菌体分离、精制等生产过程中都要排出大量的污水、废液。这类废水与食品、屠宰、皮革、淀粉、制糖等工业排放的废水大都属于高浓度的有机废水。这种高浓度有机废水若直接排放，会造成受纳水体的缺氧污染，使江河渠道中的水质发臭变黑，破坏水体中的正常生态循环，使渔业生产、水产养殖、淡水资源等遭受破坏，使地下水源和饮用水源受到污染，影响人类的生存环境。发酵工业废液若能科学处理和利用，将是一种丰富的饲料和能源资源。发酵废液的处理主要是采用水处理和环境工程等领域的技术，有趣的是，发酵废液处理中常用的生物工艺、厌氧/好氧生物反应器的设计、运行又离不开微生物发酵的基本原理。

需要特别指出的是，生态环境不仅影响个体的健康，还会影响人类的生存和发展。发酵工业产生的固态、液态、气体排放物需要达标排放。关于土壤、水体、大气等环境保护方面的法规可以在中华人民共和国生态环境部的网站查阅。

第一节　概　述

工业废水（industrial wastewater）是指工业生产过程中产生的废水、污水和废液，可能含有工业生产原料、中间产物、产品以及生产过程中产生的污染物。工业废水的分类：①按工业企业的产品和加工对象分类，可分为冶金废水、造纸废水、焦化废水、金属酸洗废水、化学肥料废水、纺织印染废水、染料废水、制革废水、电站废水、制药废水等。②按所含主要污染物的化学性质分类，可分为含无机污染物为主的无机废水，如电镀废水和矿物加工过程的废水；含有机污染物为主的有机废水，如食品或石油加工过程的废水。③按废水中所含污染物的主要成分分类，可分为酸性废水、碱性废水、含氰废水、含铬废水、含镉废水、含汞废水、含酚废水、含醛废水、含油废水、含硫废水、含有机磷废水和放射性废水等。

发酵工业可能产生大量的废水，以制药工业中抗生素废水为例，目前我国抗生素企业达300多家，生产占世界产量20%~30%的70多个品种的抗生素，已成为世界上主要的抗生素原料、制剂生产国。抗生素生产过程会产生高浓度的废液，按每吨产品排出高浓度废液300m³计，抗生素生产企业年排放量达数千万立方米。由于抗生素尚未列入水质检测标准，同时受处理技术、处理成本和企业经济效益等因素的制约，目前抗生素废水治理率还很低，已经对相关环境和水体造成了不同程度的污染。以抗生素废水为代表的发酵工业废水由于排放量大，浓度高，对环境污染严重，引起了各方面的重视。近二十多年来，建成了许多大型的厌氧消化综合利用装置，在解决污染问题的同时，可以回收有用产品、作为饲料、回收生物能源等。

发酵工业大多采用粮食加工的原料，如淀粉、葡萄糖、花生饼粉、黄豆饼粉以及动植物蛋白、脂肪等作培养基；提取产品以后的发酵液中还含有剩余的培养基、菌体蛋白、脂肪、纤维素、各种生物代谢产物、降解物等。除少数有毒废水，大都可作为污灌、肥料等利用。但由于排放量大，交通运输困难，农时季节受限等原因，往往利用不完全。研究表明：从处理的发酵工业废水中可以提取蛋白饲料，制取沼气能源；厌氧消化的污泥还可以用作优良的有机氮肥、养鱼饲料等。经厌氧生物处理后的废液，其COD可去除90%以上，含有丰富的氮、磷、钾等成分，可用作污灌肥水，或再经好氧生物处理的方法（如曝气池、生物滴滤池、氧化塘等）处理达标，排入环境水体。

一般认为，厌氧消化法处理发酵工业废液比较经济，它具有省电、能处理高浓度废水、剩余污泥少、能生产沼气和沼肥等优点，符合环境的生态循环规律。经过厌氧消化处理后的废水，其有机物可除去80%~90%，废水体积不增加；再进行好氧处理，可使水中的化学需氧量（chemical oxygen demand，COD）、生物需氧量（biology oxygen demand，BOD）指标达到排放标准并恢复水中一定的溶氧水平。

发酵工业废液含有多种营养源，可以被自然界存在的各种好氧或厌氧的微生物种群分解利用，达到净化的作用。但不是每种发酵工业废液都能用生物厌氧消化方法治理。厌氧微生物容易受到各种抑制因子的影响而停止生长。如废液中含有过多的硫酸根就会在厌氧发酵过程中产生硫化氢，pH中性条件下硫化氢溶于水中，从而抑制厌氧消化过程的进行，这就需要采取生物或化学的脱硫方法来解决。还有些制药发酵工业废液含有抑菌物质（如广谱抗生素发酵废液），有的在工艺中加入表面活性剂、卤代烃、重金属等，均会使厌氧消化受到抑制，这就需要采取针对性的前处理工艺（化学絮凝、微生物脱硫等）来去除这些抑制因子，才能使厌氧生物处理得以进行，这些都离不开微生物发酵的基本原理。

我国是全球水资源最紧缺的国家之一，发酵工业等工业废水的生物处理对于维护生态安全和人类健康具有重要意义，仍需要不断开发更加经济高效的生物处理工艺。

第二节 发酵工业废液的生物处理

污水处理的方法有物理、化学和生物法。通过加入无机物质（如硫酸铝、硫酸铁等）、表面活性剂、高分子化合物（如藻朊酸钠、羧甲基纤维素钠）等去除废液中的悬浮物质、着色成分；或采取气浮法、氧化法、气体扩散法等处理污水，均属于物理、化学处理法。生物处理法在自然环境中早已存在，动植物尸体和排泄物就是依靠这种生物自然净化作用将其氧化成CH_4、CO_2、NO_3^-等循环自净的。废水生物处理方法（biological treatment of waste water）是利用微生物等的代谢作用去除废水中有机污染物的一种方法，亦称废水生物化学处理法。该方法具有成本低、处理量大、不加或少加化学药剂等优点，现已成为环境保护、污水处理过程中的主要工艺，生物处理方法一般适用于有机废水处理，特殊情况下也用于除去无机物。

一、生物处理的分类

生物处理方法分为好氧生物处理、厌氧消化处理和特殊处理三类。

（一）好氧生物处理

好氧生物处理是利用好氧微生物（包括兼性微生物）在有氧气存在的条件下进行生物代谢以降解有机物，使其稳定、无害化的处理方法。主要有以下两类。

1. 生物膜法（biofilm process） 又称固定膜法，是与活性污泥法并列的一类废水好氧生物处理技术，是土壤自净过程的人工化和强化，主要去除废水中溶解性和胶体状的有机污染物。根据反应器的构成形式可以分为：①生物滤池法，废水经连续喷淋通过滤材组成的滤层，和滤材表面的生物膜接触进行生化作用，此法广泛用于城市下水和工业废水处理；②生物转盘法，将生物固定在装有水平轴的垂直转盘上生长，通过轴的旋转，使圆盘间歇与下方的污水接触，用于城市下水和工业废水处理；③接触氧化法，将生长有生物膜的填充物质固定在装置内，通过底部曝气方法使间隙中的水向上流动，废水中的有机物被生物膜所降解；④好氧生物流化床，附有好氧微生物膜的颗粒载体（炉灰或砂子）在底部通入的废水流速达到某一定值时，可自由运动，形成流化床（fluidized bed），增加了污泥的沉降性能和接触面积，提高了废水的处理效率，增长的微生物膜在颗粒流化摩擦下不断脱落更新。

2. 活性污泥法 活性污泥（active sludge）是微生物群体及它们所依附的有机物质和无机物质的总称。微生物群体主要包括细菌、原生动物和藻类等。活性污泥法主要采用人工曝气手段，使得活性污泥（栖息着大量微生物群的絮状泥粒）均匀分散并悬浮于反应器中，和废水充分接触。处理方法有：阶段曝气法、完全混合式曝气法、延时曝气法、深井曝气法、氧化沟等。

（二）厌氧消化处理

厌氧消化处理技术是在厌氧条件下，兼性厌氧和厌氧微生物群体将有机物转化为甲烷和二氧化碳的过程，又称为厌氧消化。具体方法如下。

1. 上流式厌氧污泥床法（up-flow anaerobic sludge bed，UASB） 在反应器底部形成具有大量微生物群的颗粒污泥床，废水由床底部进入，在向上通过污泥床的过程中，有机物被降解，同时产生沼气，反应器上部有三相分离器，可使沼气从顶部引出，污泥颗粒沉降至底部污泥床。

2. 厌氧生物膜

（1）厌氧生物滤池（anaerobic filter，AF） 淹没式固定滤床，废水由底部流入，在上升通过滤床的过程中有机物被降解，产生的沼气由顶部排出，处理后的出水从装置上部排出，多余的生物膜自行脱落。

（2）厌氧流化床（anaerobic flow bed，AFB） 当通过附有厌氧菌颗粒载体或颗粒污泥床的废水达到一定流速时，使颗粒呈流化状态，利于有机物降解。

（三）特殊处理

特殊处理是指利用微生物将特殊成分从水中选择性去除或分解，如除氮、除酚、除铁、除锰、除汞、分解氰化物等。

1. **除酚**　使用微球菌（*Micrococcus*）、分枝杆菌（*Mycobacterium*）、不动杆菌（*Acinetobacter*）等能使苯酚、烷基酚氧化分解的菌株，由这些菌株组成的活性污泥可以使高浓度酚类物质氧化分解。

2. **除汞**　利用芽孢杆菌（*Bacillus*）、铜绿假单胞菌（*Pseudomonas aeruginosa*）等微生物可从水中吸附和还原汞，减轻汞的毒害作用。

3. **除铁、除锰**　利用铁细菌除去铁或锰。

4. **其他**　如硫细菌脱硫，硫细菌在生长过程中能利用可溶或溶解的硫化合物，从中获得能量，把低价硫化物氧化为硫，并将硫氧化为硫酸盐。

二、好氧生物处理的原理

好氧生物的处理是在有氧的情况下，借助好氧微生物的作用来进行的。在处理的过程中废水中的溶解性有机物质，通过细菌的细胞壁和细胞膜而为细胞所吸收；固体和胶体的有机物先附着在细菌体外，由细菌分泌的胞外酶将其分解为溶解性物质，再进入细胞，通过细胞自身的生命活动氧化、还原、合成等过程，把一部分有机物转化为生物体所必需的营养物，组成新的细胞物质，使细菌生长繁殖。其反应通式可以表达如下。

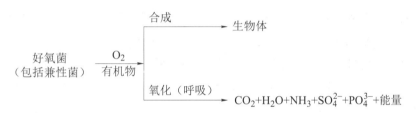

大多数有机物都能被相应的微生物氧化分解，有机物生物氧化所需要的氧量大致可按除去 1kg BOD_5 需氧 1kg 计。通过好氧氧化处理，废水中约 1/3 的有机物被无机化，约 2/3 的有机物被用于合成微生物的细胞质。当废水中有机物较多时，合成部分增大使微生物的总量增加较快；当废水中有机物不足时，部分微生物会因缺乏营养而死亡。微生物是以悬浮状态存在于水中的，它可以同废水中的其他一些物质通过物理絮凝作用在沉淀池中沉淀。因而，好氧生物处理法特别适用于处理呈溶解或胶体状态的有机物，因为这部分有机物不能直接利用沉淀法把它们除去，而利用生物法则可把它们的一部分转化为无机物，另一部分转化成微生物的细胞，从而与废水分离。利用好氧法处理废水，基本上不产生臭气，处理时间较短，一般可除去 BOD 的 70%～80%。

活性污泥法与生物膜法是好氧生物处理的重要组成部分，两种方法的机制与功能也不尽相同。

（一）活性污泥法

1. **活性污泥法的生物相组成**　活性污泥中的生物为多种微生物，如变形杆菌、球衣细菌、硫细菌等。原生动物有钟虫、盖纤虫、累枝虫、草履虫等。活性污泥呈絮状，其组成因污水性质不同而异。如工业废水在某些特殊情况下以霉菌（丝状菌）组成为主，含酚废水则以球菌、分枝杆菌等组成为主，形成菌胶团状的生物絮状物。活性污泥的生物相是在上述絮状物表面生长起来的。城市下水或类似的工厂废水还繁殖大量原生动物，这类动物的活动对净化起重要作用。

2. **活性污泥法的净化机制**　活性污泥对溶解或悬浮的有机物进行吸附、吸收，然后由活性污泥生物摄取吸附物，使污泥表面功能再生，从而能够重复使用。活性污泥有时会出现解体或结成大块，前者是由于活性污泥的负荷过大或曝气过量所造成的，后者主要是球衣菌（*Sphaerotilus*）等异常繁殖的结果。

活性污泥池的结构见图 13-1。每去除 1kg BOD 需通入空气 40～80m³，曝气池中活性污泥浓度为 3～4g/L。污水在普通曝气池中停留时间为 8～16 小时，COD 负荷为 0.5kg/(m³·d)，进水 COD 浓度约 500mg/L，COD 去除率约 80%。此外，还可以采用深井曝气、氧化沟等多种结构形式。

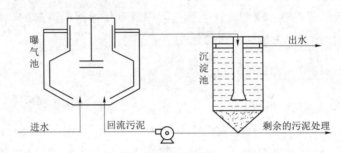

图 13-1　活性污泥池的结构示意图

（二）生物膜法

1. 生物膜法的生物相组成　生物膜法是利用附着生长于某些固体物表面的微生物（生物膜）进行有机污水处理的方法。生物膜是由高度密集的好氧菌、厌氧菌、兼性菌、真菌、原生动物以及藻类等组成的生态系统。早期认为细菌起主要作用，但研究后发现原生动物等生物也非常重要。生物膜法是以土壤自净现象为基础发展起来的，为了发挥其功能，必须使生物相生长良好。生物相因所处理废水的性质而异，主要可分为细菌，如硝化菌、氨氧化菌；真菌有多种，特别是容易在工业废水处理滤材上生长的菌种；原生动物类，如阿米巴、纤毛虫；其他动物：如蚯蚓、昆虫幼虫。

生物膜法基于多种生物构成的生态系统进行废水的净化，滤材则提供这些生物栖息的场所。与活性污泥法比较，它是由不同的生物群相继进行氧化作用的。例如，活性污泥法难以将无机氨类化合物氧化，而生物膜法能按以下反应将氨氧化：氨态 N→亚硝酸态 N→硝酸态 N。生物膜法与活性污泥法在生物种群上差别不大，但在种类、数量上生物膜法要比活性污泥法更丰富，表现为增殖缓慢的微生物、丝状菌在生物膜中频繁出现，高营养级微生物，如肾形虫、线虫、轮虫、寡毛虫等原生动物和后生动物等在生物膜中出现较多，生物膜表面受阳光照射部分，会出现较多的藻类，如小球藻属、绿球藻属、毛枝藻属等。

2. 生物膜法的净化机制　生物膜法净化的过程：生物膜首先吸附附着水层有机物，由好氧层的好氧菌将其分解，再进入厌氧层进行厌氧分解，流动水层则将老化的生物膜冲掉以生长新的生物膜，如此往复以达到污水净化。生物膜法的净化机制主要如下。

（1）滤膜生物对水中的有机物的吸附与吸收。这种作用为物理澄清作用，受温度等影响很小，所以在短时间内就可以进行。

（2）滤膜表面生物对水中悬浮物质的生物学清除及对滤膜吸附的再生。这种作用速度较慢，是纯粹的生物化学作用，如细胞合成、合成成分的异化等。

好氧生物滤塔的结构见图 13-2（填料高度低的称为生物滤池），类似喷淋冷却水塔。塔中段设波纹填料 10～15m 高，形成活性污泥生物膜，塔顶设旋转布水装置，塔底有自然吸风孔道。处理水经过填料表面，与生物膜接触并充氧，起到生物氧化处理作用。运行一段时间后过多的生物膜自行脱落随出水排出后沉淀除去。此工艺仅泵料及旋转布水器耗电，可自然通风充氧，管理操作方便。COD 负荷 $1kg/(m^3 \cdot d)$ 左右，去除率 60%，适用于低浓度有机废水处理。此外，还有生物转盘法等工艺。

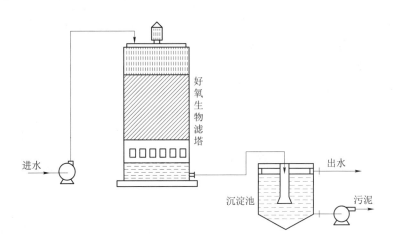

图 13-2　好氧生物滤塔的结构示意图

三、厌氧消化处理的原理

厌氧消化处理是利用厌氧菌将工厂废水、下水污泥中所含的有机物进行分解。甲烷发酵法是典型代表。甲烷发酵法（又称厌氧消化法、沼气发酵法）很早就用于城市下水污泥的处理。除矿物油、木质素等少数物质外，绝大多数有机物都能得到分解，而且它不像其他发酵工业要对培养基进行灭菌和纯种培养的接种操作，一般采用混合菌群培养，还容易实施大规模的连续发酵，从而广泛用于工厂废水的处理中。甲烷发酵法是处理高浓度有机废水的处理方法，它作为好氧处理的前阶段处理，比单独处理应用得更为广泛。和好氧处理比较，它的动力消耗少，能回收甲烷作为燃料利用，节省处理费用。

（一）甲烷发酵的机制

甲烷发酵是由厌氧细菌将碳水化合物、脂肪、蛋白质等复杂有机物最终分解成甲烷和 CO_2。"两阶段甲烷发酵"的反应机制如下。

$$\left.\begin{array}{l}\text{碳水化合物：单糖类}\\\text{蛋白质：肽、氨基酸}\\\text{脂肪：甘油、脂肪酸}\\\text{纤维素：单糖等}\end{array}\right\}\xrightarrow[\text{低级脂肪酸}]{\text{I}}\xrightarrow{\text{II}}\left\{\begin{array}{l}CH_4\\CO_2\\NH_3\\H_2S\end{array}\right.$$

第一阶段为酸性发酵阶段，即有机物先被产酸菌分解成醋酸、丙酸、丁酸等低级脂肪酸，然后被产甲烷菌进一步分解成甲烷、CO_2 等气体。第二阶段的产气过程称为甲烷发酵，与这一过程有关的细菌称为甲烷细菌。第一阶段的产酸菌有梭菌属（*Clostridium*）、芽孢杆菌属（*Bacillus*）、葡萄球菌属（*Staphylococis*）、变形菌属（*Froteis*）等。第二阶段已知有如表 13-1 所列基质特异性很强的产气细菌。可见，甲烷发酵是由许多厌氧细菌同时进行产酸和产气的复合发酵。一般情况下，第二阶段的甲烷细菌对温度、pH 和抑制物比较敏感，容易受到抑制。

表 13-1　各种甲烷细菌及其利用的基质

甲烷细菌	基质
马氏甲烷球菌（*Methanococcus mazei*）	醋酸盐、丁酸盐
万尼氏甲烷球菌（*Methanococcus vannielii*）	甲酸盐、H_2
甲烷八叠球菌（*Methanosarcina methanica*）	醋酸盐、丁酸盐
巴氏甲烷八叠球菌（*Methanosarcina barkeri*）	甲醇、甲酸盐、甲醛
甲酸甲烷杆菌（*Methanobacterium formicicum*）	甲酸盐、CO、H_2
奥氏甲烷杆菌（*Methanobacterium omelianski*）	伯醇或仲醇、H_2
丙酸甲烷杆菌（*Methanobacterium propionicum*）	丙酸盐
索氏甲烷杆菌（*Methanobacterium soehngii*）	醋酸盐、丁酸盐
亚氧化甲烷杆菌（*Methanobacterium suboxydans*）	丁酸盐、戊酸盐

（二）甲烷发酵的条件

用葡萄糖作为基质的甲烷分批发酵过程是：葡萄糖迅速减少，同时挥发酸增加到一定限值，随后挥发酸开始下降同时生成甲烷。在种子培养初期发酵速度很慢，随着挥发酸的增加，pH 可下降到 7 以下，以后自然回升至 7 以上。产气结束后，再加入下一批试验废水。如此反复加入少量废水，pH 回升的时间不断缩短，添加的废水量可相应增加，直至满槽，以后每日可连续加入废水。如果一次加入过量的废水，产酸的速度将大于产气的速度，而使挥发酸积蓄、pH 下降、抑制产气菌的生长，甲烷发酵难于持续进行，这种状态叫作"过负荷"。以葡萄糖为基质，甲烷发酵的气体生成量可用式 13-1 计算。

$$C_6H_{12}O_6(180g) \longrightarrow 3CH_4(67.2L) + 3CO_2(67.2L) \tag{13-1}$$

即 1g 葡萄糖可获得 747ml 气体，其中甲烷和 CO_2 各占 50%。但实际上 CO_2 溶于水中成为碳酸盐而有所减少，气体中的甲烷通常占 55%～70%。发酵初期主要为产酸过程，CO_2 产量多，后期甲烷的生成量较多。

碳水化合物、醇类的发酵分解过程中气体的生成量和气体的组成都随基质分子的结构不同而异，一般情况下，工业废水中生成的气体体积，为废水中有机物质量的 300～700 倍。

1. 废水的组成　甲烷发酵法是利用废水中的基质，因此废水中必须含有适合甲烷细菌生长的营养物质。除作为能源的碳源外，还要有氮源。碳氮比和其他微生物相似，以 10～20 为宜，氮源极端不足时，一方面限制细菌生长，另一方面会降低发酵液的缓冲能力，使 pH 下降。反之，当氮源过多时，pH 可升至 8 以上，使甲烷和 CO_2 的生产受到抑制。碳磷比以 100 为宜。废水中的氮、磷不足时，可使用肥料补充。甲烷发酵的最适 pH 为 7 左右，当处理废水的 pH 太高或太低时应进行中和，使 pH 接近中性。由于有机酸的生成，引起 pH 下降，不必进行中和。当有机酸厌氧分解后会使 pH 上升，接近中性。

2. 菌种培养　取甲烷自然发酵的河沟或者沼泽底部的污泥或工厂废水加入甲烷发酵槽，保持适当温度，加入少量试验废水或合成培养基，使细菌繁殖。也可从甲烷发酵处理的工厂或者下水处理场取消化液（甲烷发酵后的废水称为消化液）作为种子，从而缩短细菌驯化时间。必须注意的是：采用高温发酵法时，必须取高温的消化液；用中温法时，也必须取中温消化液。

3. 发酵温度　甲烷发酵的最适温度，中温发酵为 25～45℃，高温发酵为 46～60℃。两者的甲烷细菌种类不同，和中温发酵比较高温发酵的处理能力更大，因而在工业上所用的处理槽的容积可以小一些，这是高温处理的优点。温度发生 5℃ 以上的急剧变化将影响甲烷细菌的生长。中温发酵在 45℃ 以上，高温发酵在 60℃ 以上，甲烷细菌就急剧失活，不能持续进行正常发酵。

4. 污泥浓度　甲烷发酵持续进行过程中所产生的厌氧菌污泥将在液体中积累。这种污泥中含有甲烷细菌菌体、碳酸盐、氢氧化钠、硫化物、未分解的有机物残渣等。发酵液中的污泥越多，越能促进甲烷发酵。用酒精蒸馏废液进行实验得出污泥浓度与最高处理量的关系可用式 13-2 表示。

$$中温发酵，L=1.5S^{0.41}；高温发酵，L=3.8S^{0.41} \tag{13-2}$$

式中，L 是最高处理量，[有机物 $g/(L \cdot d)$]；S 是污泥浓度，（%，V/V）。由以上表达式可知，高温发酵的处理能力为中温发酵的 2.5 倍（3.8/1.5）。甲烷发酵的有机物处理量，中温发酵为 2~3$g/(L \cdot d)$，高温发酵为 5~6$g/(L \cdot d)$，将污泥浓度提高后，处理量可以增大约 3 倍。提高污泥处理能力，主要是加大发酵液中细菌的浓度，同时增加发酵液中缓冲物质（如钙盐），从而抑制 pH 波动，强化污泥的吸附作用，增加微生物生长因子而促进生长等效果。污泥的成分见表 13-2。

表 13-2　消化污泥成分（蜜糖酒精废水）

项目	有机物	灰分	总 N
数值	65.36%	34.64%	3.22%

5. 抑制物　废水中含有抑制物时，首先抑制产甲烷菌，使甲烷气体生成量减少。抑制物浓度进一步提高，则产酸菌也受到抑制。甲烷发酵一般被硫化物所抑制，这是因为废水中含 SO_4^{2-}，被发酵液中与甲烷共生的硫酸还原菌作用，还原成 H_2S 等硫化物的缘故。在以蜜糖为原料生产酒精的蒸馏废液的甲烷发酵中，经常遇到这种情况。当废水中 SO_4^{2-} 浓度在 5000mg/L 以上时，抑制作用便十分显著。可溶性硫化物以 S^{2-} 计含量在 100mg/L 以上，连续发酵就不能持续进行。若每日加入甲烷发酵槽中的 SO_2 量超过 40mg/($L \cdot d$)，则甲烷菌数量减少，甲烷气体生成量亦下降。

氯化钠浓度在 4000mg/L 内一般不抑制甲烷发酵，而硝酸盐为 50mg/L 时就抑制甲烷发酵。许多重金属抑制甲烷发酵。下水消化污泥中重金属的允许限度为：铜 100mg/L、铬 200mg/L、镍 200~500mg/L、氰根 2~10mg/L，但经驯化的甲烷细菌耐受重金属的限度可提高。发酵液中浓度在 20~40mg/L 以上软、硬型 ABS 洗涤剂都抑制甲烷发酵。五碳以上的醇类，特别是不饱和醇的抑制作用更明显。

用表 13-3 的合成培养基进行甲烷发酵时，铜、铬、镍等化合物的最高允许浓度见表 13-4。同一种金属盐因结合基不同，允许浓度各异。一般来说，厌氧菌比好氧菌容易受到抑制的影响。但对金属盐来说，趋势相反。这是由于厌氧条件下，发酵液中的 H_2S 与金属离子结合生成不溶性的硫化物而解毒的缘故。

表 13-3　合成培养基成分

成分	含量（g/L）	成分	含量（g/L）
K_2HPO_4	3	$FeCl_3 \cdot 6H_2O$	1
$(NH_4)_3CO_3 \cdot H_2O$	5	葡萄糖	35
KH_2PO_4	2	玉米浆	35
Na_2CO_3	3		

注：表中成分相当于含有机物浓度 5%，总氮/有机物 = 1/20。

表 13-4 各种金属化合物的最高允许浓度

化合物	允许浓度（mg/L）	化合物	允许浓度（mg/L）
$CuSO_4 \cdot 5H_2O$	700(178)	$Cr(OH)_3$	1000(505)
Cu_2O	300(267)	Cr_2O_3	>5000(>342)
CuO	500(400)	$CrCl_3 \cdot 6H_2O$	1000(195)
$CuCl$	500(321)	$Cr(NO_3)_3 \cdot 9H_2O$	100(13)
$CuCl_2 \cdot 2H_2O$	700(261)	$NiSO_4 \cdot 6H_2O$	300(63)
$Cu(OH)_2$	700(456)	$NiCl_2 \cdot 6H_2O$	500(123)
CuS	500(333)	$Ni(NO_3)_2 \cdot 6H_2O$	200(40)
$Cu(CN)_2$	70(39)	NiS	700(453)
$K_2Cr_2O_7$	500(177)		

四、发酵工业废液的生物处理方法

（一）发酵废液的特征

发酵废液的一般特征是：单位容量的产品排出的废液容量多，废液容量可达产品容量的数倍；有机物含量高，COD、BOD 高；不含重金属、氰化物等有害物质；色度高；pH 近中性，多磷、氮。发酵工业废液的生物处理方法必须充分考虑具体的发酵工业废液的特征。一些发酵液的性状见表 13-5 和表 13-6。

表 13-5 酒精发酵废液的组成

组成	废液（鲜薯）	废液（糖蜜）
比重	1.01~1.02	1.01~1.04
pH	4.0~5.0	4.5~5.5
总固形（%）	1.0~3.0	5.0~9.0
有机物（%）	1.0~3.0	3.0~7.0
总糖（%）	0.2~1.01	1.0~1.5
总氮（%）	0.01~0.10	0.05~0.15
BOD（mg/L）	8000~20 000	20 000~30 000
COD（mg/L）	8 000~25 000	20 000~40 000
SS	10 000~15 000	2000~6000

表 13-6 抗生素发酵废液的组成

组成	链霉素废液	卡那霉素废液	青霉素废液	啤酒废液	酵母废液
外观	黄土色，浑浊	褐色，透明	茶褐色，混浊	浅黄灰色，混浊	黑褐色，混浊
pH	6.1	5.0	7.6	3.7	5.4
蒸发残渣（mg/L）	9220	27 760	19 560	1416	35 150
灰分（mg/L）	3168	12 092	10 324	248	11 200
有机物（mg/L）	6052	15 668	9236	1162	23 950
总氮（mg/L）	616	90	578	24	594
COD（mg/L）	3260	15 600	5330	550	21 120
BOD（mg/L）	12 600	22 200	10 000	620	16 300
SS（mg/L）	2964	60	380	396	2260
效价（mg/L）	32	36	7	—	—

（二）发酵废液的处理方法

好氧法处理废水的 BOD_5 有机物的时间一般比用厌氧法处理短得多，臭气少，但需要由鼓风或压缩空气供应氧，动力消耗大，且废水中 BOD_5 有机物浓度不能太高。厌氧法可处理高浓度废水，产生的甲烷气体可以利用，但由于 H_2S 等气体产生，所以臭气大。H_2S 与水中的铁离子产生硫化铁等黑色物质，使处理后的废水颜色发黑，且出水中尚含较多的 BOD_5 值，不能完全达到国家污水综合排放标准。故对发酵（包括生物制药）工业废液这样的高浓度有机废水，一般先用厌氧法处理，然后再用好氧法等进行后处理使之达标。

根据各类发酵工业废液所含对生物处理的抑制物质不同，必须采用各种不同的前处理工艺，稀释或除去抑制物质，使之适合厌氧消化处理工艺的要求。如对于成分复杂、生物毒性高、含难降解物质的抗生素制药有机废水，典型的处理工艺流程见图 13-3。

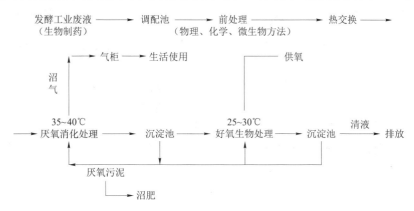

图 13-3　发酵工业废液处理的典型工艺流程

第三节　发酵工业废渣的处理

发酵工业废渣主要是指发酵液经过滤或提取产品后所产生的废菌渣。其数量通常占发酵液体积的 20%～30%，含水量为 80%～90%。干燥后的菌丝粉中含粗蛋白 20%～30%，脂肪 5%～10%，灰分约 15%，还含有少量的维生素、钙、磷等物质。有的菌丝中含有残留的抗生素及发酵液处理过程中加入的金属盐或絮凝剂等。

我国是抗生素生产、使用大国，年产抗生素原料约 21 万吨，按照 1 吨抗生素产生 40吨湿菌渣（含水 70% 左右）计算，目前抗生素湿菌渣年产量达 800 万吨左右。抗生素发酵企业大多未进行深度处理，仅将其做普通固体垃圾填埋处理；或简单处理后作为饲料或肥料供农村使用。一方面暴露在空气中的抗生素菌渣会发臭，液化造成大气污染直接影响周围居民的日常生活；另一方面，菌渣中残留的抗生素会进入土壤中，并在土壤中发生迁移，进而加剧耐药性微生物的产生，影响动植物的生长，间接影响人类的健康。

抗生素菌渣虽含有未利用完的碳氮源和菌体等资源，但菌渣中的抗生素残留决定了其不能直接作为肥料使用。如果能通过一定的处理方法将抗生素菌渣中的有害物质去除，再将无害化的菌渣用作饲料或肥料，这将是抗生素菌渣资源化的有效途径。

对于生产有毒的抗癌药或抗生素产生的菌丝，或不能利用生化处理的有机废渣，则可以采取焚烧处理的办法。但焚烧设施的投资及运行成本较高。焚烧后排放废气的除臭及无害化处理需要考虑。

一些工厂由于设备条件和生产管理的问题，人为地将发酵废渣、菌丝排放于下水道，会堵塞下水管道，造成下水中悬浮物指标严重超标。菌丝进入下水后，由于细胞死亡而自溶，转变成水中可溶性有机物，使下水呈现出很高的 COD 和 BOD_5 污染指标，下水变黑发臭，形成厌氧发酵。所以生产车间要尽量避免菌丝流失进入下水道。抗生素菌渣的处理工艺主要有：气流干燥、厌氧消化、焚烧工艺，此外还有特定微生物降解、堆肥化（composting）技术等方法，下面介绍抗生素废菌丝处置的三种工艺流程。

一、废菌丝气流干燥工艺流程

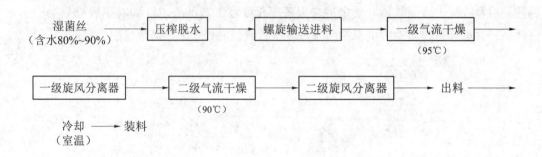

二、废菌丝厌氧消化工艺流程

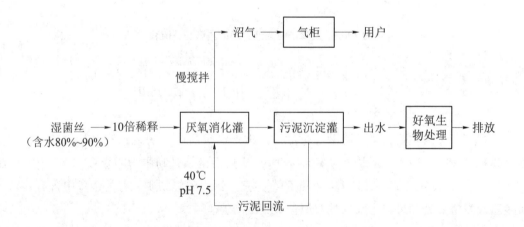

三、废菌丝焚烧工艺流程

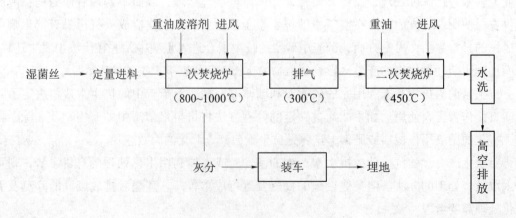

附录 13-1　化学合成类制药工业水污染物排放标准（GB 21904—2008）

序号	污染物	项目限值	污染物排放监控位置
1	pH	6~9	企业废水总排放口
2	色度（稀释倍数法）	50	
3	悬浮物	50	
4	五日生化需氧量（BOD$_5$）	25（20）	
5	化学需氧量（COD$_{cr}$）	120（100）	
6	氨氮（以 N 计）	25（20）	
7	总氮	35（30）	
8	总磷	1.0	
9	总有机碳	35（30）	
10	急性毒性（HgCl$_2$毒性当量）	0.07	
11	总铜	0.5	
12	挥发酚	0.5	
13	硫化物	1.0	
14	硝基苯类	2.0	
15	苯胺类	2.0	
16	二氯甲烷	0.3	
17	总锌	0.5	
18	总氰化物	0.5	
19	总汞	0.05	车间或生产设施废水排放口
20	烷基汞	不得检出	
21	总镉	0.1	
22	六价铬	0.5	
23	总砷	0.5	
24	总铅	1.0	
25	总镍	1.0	

注：*烷基汞检出限：10ng/L；括号内排放限值适用于同时生产化学合成类原料药和混装制剂的生产企业。

附录 13-2　废水处理中常用术语

术语	缩写	定义	单位
生物需氧量	BOD	强氧化剂氧化水中的污染物所消耗的氧量	mg 氧（L）
化学需氧量	COD	一定温度、一定时间内微生物利用有机物进行生物氧化所消耗的氧量	mg 氧（L）
水力停留时间	HRT	待处理污水在反应器内的平均停留时间	H
混合溶液悬浮固体	MLSS	曝气池中废水和活性污泥的混合液体的悬浮固体浓度	g/L
有机物负荷率	OLR	单位体积滤料（或池子）单位时间内所能去除的有机物量	kg BOD/（m^3·d）
污泥负荷率	SLR	单位质量的活性污泥在单位时间内所去除的污染物的量	kg BOD/（MLSS·d）
固体负荷率	S$_0$LR	每平方米过水断面单位时间内通过的污泥固体量	kg 固体/（m^3·d）

续表

术语	缩写	定义	单位
表面负荷率	S_fLR	每日每单位水平横断面的废水处置体积	$m^3/(m^2表面积·d)$
悬浮固体	SS	总固体中除去溶解性固体的部分	mg 固体/L
总固体	TS	水中所有残渣的总和	mg 固体/L
城市固体废弃物	MSW	城市居民在生产和生活中排出或丢弃的各种固体废弃物	

附录13-3　不同污染物处理的基本技术

处理原理	处理方法			
	悬浮物	溶解无机物	溶解有机物	微生物
化学方法		酸碱中和	湿式氧化	加氧
		氧化还原	曝气	加氯
			氧化	
			焚烧	
物理化学法	筛网法	渗析	萃取	
	自然沉降	电渗析	活性炭吸附	
	自然上浮	反渗析		
	粒状介质过滤	曝气		
	混凝沉降	萃取		
	混凝气浮	离子交换		
	超滤	螯合		
	微滤	吸附		
生物法	甲烷消化法	生物硝化	甲烷消化法	
	活性污泥法	生物反硝化	活性污泥法	
	生物膜法		生物膜法	
	氧化塘法		氧化塘法	
	污水灌溉		污水灌溉	

重点小结

发酵工业与环境保护

— 概念：COD、BOD

— 生物处理法分类、原理：好氧处理法、厌氧处理法

— 发酵废液的处理方法

— 发酵废渣的处理方法

扫码"练一练"

? 思考题

1. 好氧生物处理的原理和常见工艺有哪些？
2. 厌氧消化处理的原理和常见工艺有哪些？
3. 培养基成分和发酵废水的组成有何联系？
4. 生物处理工艺在污水处理中有何优势？
5. 制药废水和食品工业废水在组成和处理工艺上有何不同？

（周　林）

扫码"学一学"

第十四章　发酵过程经济学

学习目标

1. **掌握**　发酵成本的构成及影响因素，降低发酵成本的途径。
2. **熟悉**　发酵过程的经济学评价指标。
3. **了解**　发酵过程各单元操作的费用及其控制方法。

第一节　发酵成本的构成及影响因素

一、发酵成本的构成

发酵成本主要由固定成本和可变成本两大类组成。

1. 固定成本　具体包括：①固定资产折旧；②贷款利息；③税金；④保险金；⑤广告与捐赠；⑥研发；⑦工资的大部或全部；⑧企业一般管理费（包括行政管理、财务管理、质量管理、安全、保卫、消防、食堂、医疗、教育与培训、园林、清洁等）。这类成本又称为非生产成本或间接成本。

2. 可变成本　具体包括：①原材料（包括贮运）；②动力（包括电力、蒸汽、煤气或天然气、燃油或煤炭、水等）；③奖金、浮动工资；④维修；⑤实验；⑥废水废渣处理；⑦包装、储运及销售；⑧直接生产管理。其中动力和维修项中非生产性消耗（如生活用动力和外部维修）应计入固定成本。

各项成本中，占发酵工业第一位的是原料成本，第二位是包括劳动力在内的固定成本，第三位是公共事业成本。

二、发酵成本的影响因素

采用发酵技术进行生化产品生产时，除了要考虑发酵产品的实用性、生产技术的先进性以及生产工艺的合理性，还要考虑生产过程的经济合理性和市场的竞争能力。就发酵生产实践本身而言，影响发酵成本的因素众多，主要包括菌种性能、培养基成本、动力费用（加热与冷却，通风与搅拌）、工厂（车间）规模、发酵工艺、产物回收率、发酵废弃物处理和综合利用等。

因此，必须对涉及发酵产品生产过程的上述因素进行成本分析，并通过成本分析判断产品是否有很好的经济效益，以及是否可以通过对某些生产环节进行优化改造来进一步降低生产成本。

第二节　发酵成本的控制及过程的经济学评价

一、降低原材料成本

1. 菌种改良　发酵生产的水平首先取决于生产用菌株的性能。菌株是发酵产品生产的关键，它直接影响产品的质量和成本，决定企业生产能否获利。因此，菌株是发酵产品生产成本的基础和控制的关键。以降低原材料消耗为目标的菌种改良，就是要获得能以较少的基质投入生产出更多产物的优良菌株，提高基质的产物转化得率。菌种筛选除了注意高产量外，还应考虑提高发酵过程经济效益相关的其他性能因素，如菌种的稳定性、对噬菌体的抗性、能耗特性、泡沫形成特性、产物分离特性等。从野生型菌株或现用菌株出发，选育新的高产突变株，这是提高经济效益的有效途径。

2. 发酵工艺的改进　发酵工艺对发酵产品的生产成本及产量有着重大的影响。对于不同类型的发酵，选择合适的发酵工艺，可使微生物菌种发酵的产量最大化，原材料和动力消耗减少到最低限度，从而降低发酵成本，提高经济效益。由于发酵基质的一次性过量加入，容易造成不完全代谢，增加它们的无效消耗。而且积累的中间代谢产物还有可能引起pH和溶氧的大幅度波动，致使菌体生长受到抑制，产物生物合成受到阻遏或抑制，且增加产物回收的困难。因而由简单分批发酵向流加补料分批发酵的改进，对于发酵生产成本的降低起到了突出的作用。基质的流加可以避免以上弊端，在增加发酵产率的同时提高基质的利用效率，降低消耗。工业上应用最广的发酵工艺包括以下三种基本类型：分批发酵、补料（或流加）分批发酵和连续发酵，采用不同的发酵方式，对发酵过程的影响有所不同，因此必须根据发酵过程的具体情况来选择合适的发酵工艺。

3. 原材料的选择　在工业发酵中，为了降低成本，应当在不影响产率和产品质量的前提下，尽量选用廉价原材料。一般而言，能够使用工业级的决不使用试剂级；能够用粗制品时决不用精制品。一些廉价粗制原材料（特别是农副产品和工业副产品），如玉米浆、糖蜜、黄豆饼粉、味精废水、酒糟水等，由于含有各种微量元素和生长刺激因子，往往比高价精制原材料更有利于发酵过程。当然，也要注意某些粗制原材料中含有一些有害杂质及色素，可能降低发酵产率或增加产品提炼工序的困难。

在发酵生产所需的原材料中，碳源、氮源用量最多，是成本耗费最多的部分，工业发酵生产常用的是碳源、氮源。碳源、氮源的价格主要受两种因素影响：①种植面积和收获情况；②市场需求量。由于天然碳源、氮源是季节性很强的产品，需要有一定的贮备量。工厂中大量贮存原材料，不仅需要大容量的仓库，而且还占用着大量流动资金，影响资金的周转。因此通过筛选发酵单位数较高的培养基配方，选用价格较低的碳源、氮源等培养基主要组分可以降低原材料的成本。

在考虑原料市场价格时，同样要注意原材料中有效成分的含量，可用作发酵的原料并非是价格越便宜越节约成本。为了便于比较，常引用"碳密度"和"能量密度"的概念，只有当价格/碳密度比，或价格/能量密度比较低时，才是真正的廉价碳源。在发酵生产中氮源的价格/氮密度比与价格/能量密度比较低的，为比较经济的氮源。

在碳源、氮源选择时，尤其是次级代谢产物，如抗生素的发酵生产要注意速效碳氮源与迟效的碳氮源的相互配合，发挥各自的优势。除原料价格、物质密度、能量密度、原料有害物质等因素外，选用原材料时还需考虑原材料的预处理、稳定性、运输、贮存、安全性及其废料处理方式。在原材料的选择时，不仅要比较原料直接消耗的成本，而且，还应考虑通风量与搅拌功率问题。因为发酵时发酵液黏度较大，导致溶氧传递困难，通风量和搅拌功率便会相应增大，从而间接提高了生产成本。例如：选用淀粉作为碳源虽然比其他糖类较便宜，但其发酵时由于发酵过程传质和传热阻力，加大动力消耗；高表面张力的基质降低气泡的分散度，增加泡沫的稳定性，使通气效率和发酵罐装料容积比下降，间接地增加了发酵成本。

二、节能

发酵生产是一种高耗能的过程。根据不同的发酵类型，能耗的成本占发酵总成本的10%~30%，其主要包括水、电、蒸汽等。以下介绍发酵生产中值得注意的几个能耗方面以及其相应的节能措施。

1. 无菌空气的制备　在耗氧发酵中需要供应大量无菌空气，通气成本一般占好氧发酵动力成本的半数以上。如何经济、合理、有效地提供无菌空气对减少发酵成本有重要的意义。虽然可以通过加热灭菌的方法来获得无菌空气，但由于能耗太大（包括加热和冷却），故不适合在工业生产中应用。将压缩空气通过纤维或颗粒物质过滤，是目前最普通的空气除菌方式。

选用什么样的空气压缩机，应当根据工厂供气的规模而定。小规模供气，一般选用螺旋式压缩机较为经济，特别是带有双速马达和恒压控制器的无油螺旋式压缩机，由于能根据空气消耗情况自动调节马达的出力，避免了放空，因而对小型工厂广泛适用。对于大型工厂，则应当采用大容量离心式压缩机，特别是用排汽式蒸汽涡轮机驱动的离心式压缩机，可以降低压缩空气制备成本。有条件的工厂，最好采用电力压缩机和蒸汽压缩机联合供气，当电网处在用电高峰时，增加蒸汽压缩机供气比例，可以减轻电力负载，确保电网安全及稳定、可靠的压缩空气供应。

空气通过过滤器要产生压力降，压力降的大小随过滤介质的不同而异，并与介质的孔隙率成反比，与介质厚度及通过气流的流速成正比。过高的压力降影响空气压缩机进入发酵罐的空气流量，为了满足发酵过程对空气的需求，就必须选择更大功率空气压缩机或增加空气压缩机的台数，从而加大设备投资和动力成本。因此，适当增加过滤器的面积，减少过滤的压力降，有利于降低无菌空气的制备成本。但是，空气压力降也不是越低越经济，因为增加过滤面积必须加大过滤设备的投资成本，而且过低的空气线速度还会造成过滤效果的下降。因而，需要兼顾由压力降造成的功率损耗和设备投资使固定成本之和达到最小。

空气过滤器的总操作费用还包括过滤介质的更换费和日常的维修费。因此如何选择性能优良的过滤介质，也是一个不能忽视的节约因素。以纤维膜和微孔膜作过滤介质时，过滤器能在较小的设备空间内安置较大的过滤面积，使空气通过介质的流速下降，加上介质层很薄，从而使空气通过过滤器的压力降显著减少。

此外，由发酵动力学可知，分批发酵过程对氧的需求并不是自始至终一成不变的，而是随菌体浓度、生长速率和产物合成速率的变化而变化，其中菌体浓度的影响最明显。在发酵前期，当菌体浓度还比较低时，对氧的需求也相应较少，这时可适当降低通气量和（或）搅拌转速。这种通气量和搅拌转速的调节可通过溶氧水平的监测来进行。

2. 通气与搅拌的优化组合　厌氧发酵一般不需另设机械搅拌装置，生产成本中也不必考虑通风搅拌项目。但是，在需氧发酵中，通风与搅拌所占的费用是相当大的。

通风与搅拌是相互关联的。输入发酵罐的通气与搅拌功率，只有在适当的组合下才能发挥较好的气/液传质效果。一般来说，要避免采用过高的通气量，因为那样将造成搅拌器在气流中空转，使液体得不到充分搅拌，气体和液体不能有效地混合，形成所谓"气泛"现象，反而显著降低气/液传质效果，另外也易造成过多的泡沫、水分蒸发以及增加罐温与染菌概率。对于达到相同的氧传递量来说，增加通风量，可减少搅拌功率；而加大搅拌转速，可相应地减少通风量。因此，最佳的通风比和搅拌转速，应该以两者合计的动力费和设备维修费为最低来确定。而且，在分批发酵的不同时期，由于发酵过程的需氧量有所不同，其最适的通风比和搅拌转速亦有所不同。为此，可采用计算机来计算不同培养时期的最佳通风量和搅拌转速，以求使整个发酵过程运转费用最低。

3. 加热与冷却　发酵生产的能耗主要来自于各工序的加热与冷却。在发酵生产中，需要加热与冷却的工序大体可分为如下几个部分：①培养基的加热灭菌（包括淀粉质原料的蒸煮糊化），然后冷却到接种温度；②发酵罐及其辅助设备的加热灭菌与冷却；③发酵过程中放出的生物反应热，要用冷却水带走，以保持发酵温度的稳定；④产品提取、分离纯化、成品加工过程中的蒸发、蒸馏、结晶、干燥等，都需要加热与冷却，有时还需要冷冻。如何降低发酵生产中各工序加热与冷却过程的能耗，是发酵工作者所面临的一项长期而艰巨的任务。不同发酵产品和不同的生产工艺，节约能耗的方法各有不同，概括为如下几个方面。

（1）选择合理先进的生产工艺，降低各工序的能耗　一般而言，有相变过程（如蒸发、蒸馏等）的能耗远大于无相变过程的能耗，因此，应尽量减少有相变的单元操作过程的液体体积；就操作流程而言，连续过程的能耗一般小于间歇操作的能耗，多级过程的能耗一般小于单级操作的能耗；在固–液分离中，离心分离的能耗远大于过滤分离的能耗；在干燥操作中，对流传热的能耗大于传导传热的能耗等。

（2）选择传热效果较好的设备　适当增加传热设备的传热面积，提高传热效果，以减少加热与冷却过程中的热量与冷却水的消耗。当然，提高传热效果的结果往往需增加设备投资和维修费用，这需在二者之间找到平衡点，使能耗费用与设备投资折合的固定成本之和达最小。

（3）注意热量和水的综合利用　在发酵生产中，在同一时间内，需要加热和冷却的地方很多。如设计合理，可将加热与冷却过程有机地结合起来，大大提高热量和水的综合利用效果，从而降低能耗成本。如酒精生产中的气相过塔、差压蒸馏、二次蒸汽利用、热泵节能等。

（4）菌种改良　从节能方面看，菌种改良包括耐高温发酵菌株的选育。通过提高发酵温度可大大降低发酵过程中冷却水的用量。

三、提高设备利用率

提高设备利用率可以在增产的同时，增加固定成本效益，减少产品成本中的固定成本含量，从而降低产品成本。对发酵工厂而言，设备利用率主要指发酵罐的利用率，它的提高可以通过缩短非运转时间、增加菌体浓度、加大放罐体积等方法来实现。

1. 缩短非运转时间　发酵罐的非运转时间，包括放罐、清洗、检修、配料、灭菌、冷却等项操作占用的时间。除了检修按一定计划进行外，其余各项操作占用的时间都可设法缩短。主要措施有：尽量加大放料管径，或加装放料泵，以加快放料流速，缩短放罐时间；发酵罐内壁尽量抛光，清除不易清洗的死角，放罐后用高压水枪清洗，或在一段时间内不经清洗即投料；培养基采用连续灭菌方法，可缩短发酵罐配料、灭菌、冷却占用的时间；当发酵过程的产出/投入比未明显下降时，可尽量延长发酵周期，以缩短发酵罐总的非运转时间；当生产菌体或与菌体生长偶联的发酵产物，可采用连续发酵方法，使发酵罐的非运转时间大大缩短。

2. 增加菌体浓度　在一定的比生产速率下，发酵产率随菌体浓度的增加而提高。虽然这种产率的提高是以相应增加原材料（采用丰富培养基及加大补料浓度）和搅拌、通气、冷却等动力消耗为代价，但由于发酵罐负载率及与之相应的固定成本效益的提高，发酵生产成本仍得以降低。

必须注意的是，菌体浓度的增加受发酵罐氧传递能力的限制。当随菌体浓度增加而上升的氧消耗速率超过发酵罐的氧传递速率时，溶氧将急剧下降，比生产速率也随之下降，以致使产品成本上升。某些丝状真菌在生长成球时，可以显著降低发酵液黏度，提高传氧速率，从而在不改变搅拌、通气条件，不降低溶氧水平的前提下，能够达到较高的菌体浓度，并由此提高发酵产率。

3. 加大发酵液收获体积　发酵中间补料，特别是连续流加补料，在提高发酵单位的同时还显著增加收获的发酵液体积，使发酵产率大大提高，成本也相应降低。但受发酵罐容积的限制，要么将补料率或发酵周期限制在较低的限度内，要么减少初始发酵液体积，而影响发酵产率的进一步提高。

采用中间间歇放料的半连续发酵方法，可以加大初始发酵液体积的补料率，使发酵罐始终在满罐状态下运转，从而显著提高发酵罐的容积利用率和产率。持续的大量补料还能起到对黏稠的发酵液进行稀释、降低其黏度的作用，有利于保持较高的氧传递水平及微生物生长与产物合成活性。黏度低的发酵液滤速快，滤液澄清，又有利于产物回收得率的提高；可有效避免混合时间的延长，罐内出现滞流区而影响基质、氧和热量的传递，致使发酵产率下降等问题。但另一方面，大量补料对发酵液造成的稀释作用将降低发酵液中的产物浓度，增加回收工序的负荷和成本，故应当进行综合经济核算以确定合适的补料率。

连续发酵虽然能够进一步提高发酵罐容积利用率和产率，但由于存在回收的发酵液中产物浓度低以及基质至产物的得率低等缺点，故除了菌体与菌体生长偶联的产物这类产率提高幅度较大的物质生产过程外，其他发酵产品的生产并不经济而很少采用。

四、发酵过程的经济学评价

一个新菌株、新工艺、新材料或新设备，在发酵生产中有没有推广应用的价值，不仅要看它实现技术指标的先进性，而且要衡量它物质和能量消耗的经济性。如果把经济效益放在第一位，那么在许多情况下，后者比前者更为重要。下面，对一些主要的技术、经济指标进行分析和讨论。

1. 产物浓度　产物在发酵液中的浓度一般以 g/L 或 kg/m³ 表示，也有用百分数表示的。对抗生素和维生素来说，通常采用活性单位，称为发酵单位或发酵效价，以 U/ml 表示。

产物浓度在一般情况下可以代表发酵水平的高低，而且高浓度的发酵液可以减轻回收工序的操作负荷，发酵速率快、设备利用率高，减少回收过程原材料和动力消耗以及废水的排放量，故在很长时间内成为发酵过程追求的主要指标。但是，这一指标没有体现发酵周期、物料和能量消耗以及发酵液的质量。如果是由于采用丰富培养基、大通气量、高菌体浓度和长周期获得有限产物浓度的提高，那么这种提高未必能弥补消耗的增加。高浓培养基造成中间代谢物的积累和长周期产生产物降解的增加，还有可能引起产物抑制和副产物的形成，其结果使发酵速率下降，基质转化率减小，增加产物回收的困难，降低回收得率和成品质量。因此，片面追求高产物浓度是不可取的。

2. 发酵批产量　产物浓度与收获发酵液体积或滤液体积的乘积，前者适用于收获菌体的发酵过程，后者适合于收获滤液的发酵过程。如果包含在菌体内的发酵产物最终转移到液相中回收，那么也应采用后一种表示方法。这是因为前一种产物浓度是整个发酵液中的浓度，而后一种产物浓度是滤液中的浓度，如果用发酵液体积去计算后者的批产量，则由于计入了一个无效体积——滤渣体积，计算结果显然偏大。菌体等滤渣体积越大，偏差也就越大。

如果单位产量发酵成本不上升，那么，批产量越高，批效益也越高。但批效益不等于年效益，通过延长发酵周期可达到最高批效益，年效益却由于年生产批数的减少而下降。当批产量的提高伴随着单位产量发酵成本上升时，则批效益在经历了一个高峰之后将下降。

3. 发酵产率　单位操作时间、单位发酵罐容积生产的发酵产物量，发酵产率有小时产率（又称发酵指数）和年产率两种表示方式，计算方法分别为：发酵指数 $[kg/(m^3 \cdot h)]$ = 发酵批产量/（发酵罐容积×发酵时间）和年发酵产率（kg/m^3）= 年发酵累计产量/发酵罐总容积，年发酵产率不仅包含有效运转时间，而且计入了辅助时间，因而是更全面代表生产效率的综合性产率表示方法。

发酵产率关系到固定成本效益。在固定资产及投入和劳动力不变的情况下，即具有同等单位时间固定成本的情况下，发酵产率越高，固定成本效益也越高。通过选育优良的菌株、先进的生产工艺和设备，可有效提高固定成本的经济效益。有时，通过投入更多的原材料和能量消耗，可提高生产速率。但是，如果发酵产率的提高是以投入更多的原材料和动力为代价的话，那么固定成本效益的提高有可能被可变成本效益的下降所抵消。虽然发酵指数很高，但由于累计产量的产值尚未超越投入的成本而造成亏损。

4. 基质转化率　发酵使用的主要基质（一般指碳-能源或其他成本较高的基质）转化为发酵产物的得率。对于细胞产品，基质转化率则指碳源合成细胞的得率；对于生物转化产品，基质转化率则指前体物质转化为产物的得率；对于活性物质产品，基质转化率的含义中还必须包括活力单位。基质转化率以发酵批产量/批基质消耗总量（kg/kg 或%）表示。

为了使不同的碳-能源有一个共同的比较基准，应将它们的消耗量折算成葡萄糖当量。如果有 2 种以上碳源存在，则用它们的葡萄糖当量之和计算。

基质转化率是原材料成本效益的指示值。由于发酵成本中一般以原材料占首位，故基质转化率高的发酵过程，发酵成本较低。在发酵过程中，基质主要用于细胞生长与维持、合成目的产物和形成代谢副产物。要提高基质转化率，首先是要合理控制微生物细胞的生长水平，细胞生长过于旺盛，将会导致基质转化率下降；而细胞生长量过小，则会引起发酵速率下降。其次是要控制代谢副产物的形成，代谢副产物的大量形成，不仅直接影响基质转化率的下降，同时影响产品的提取与分离，特别是分子结构和理化性质与目的产物类似的副产物。控制代谢副产物形成的主要方法：①通过菌种选育与改造，切断某些副产物的生成途径；②优化发酵过程控制，使其工艺条件不适合副产物的形成。

5. 单位产量发酵成本　发酵产生单位数量产物所投放的固定成本与可变成本之和。单位产品能耗，包括水、电、汽（煤）总的消耗量，一般用生产每吨产品所消耗的水（t）、电（kW·h）、蒸汽或煤（kg）来表示。水、电、汽三者之间的消耗指标是相互关联的，这一指标更直接地反映了发酵过程的经济性。由于不同的地区存在着资源的差异，可以采取不同的发酵工艺来减少发酵成本。这样可以使得单位产量发酵成本最低，发酵产生的每千克产品的利润最大。

单位产量发酵成本的计算方法：单位产量发酵成本（元/kg）=［月（年）投入固定成本+可变成本］/月（年）发酵累计产量。

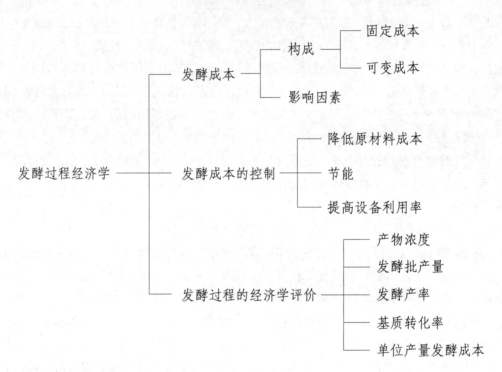

扫码"练一练"

? 思考题

1. 发酵成本的构成及其影响因素有哪些？
2. 降低发酵成本的途径有哪些？
3. 发酵过程的经济学评价有哪些指标？
4. 降低发酵原材料成本的途径有哪些？
5. 工业发酵选择原材料的原则是什么？
6. 发酵工程用优良菌种应具备哪些特性？
7. 发酵生产是一种高耗能的过程，应如何节能？
8. 发酵指数和年发酵产率分别指什么？
9. 基质转化率的定义是什么？
10. 加大发酵液收获体积一定能降低发酵成本吗？

（李昆太）

第十五章　青霉素的生产

扫码"学一学"

学习目标

1. **掌握**　青霉素发酵工艺流程、影响产率的因素和工艺主要控制点。
2. **熟悉**　青霉素提取精制工艺流程和工艺主要控制点。
3. **了解**　青霉素发现及其开发概况、药理药效。

青霉素是指从青霉菌培养液中提取的分子中含有 β-内酰胺环、能破坏细菌的细胞壁并在细菌繁殖期起杀菌作用的一类抗生素。青霉素的药理作用是干扰细菌细胞壁的合成，造成细胞壁的缺损，使细菌失去细胞壁的渗透屏障，对细菌起到杀灭作用。青霉素发酵工艺控制要点主要包括：种子质量的控制、培养基成分的控制和发酵培养的控制。青霉素 G 钾盐的提取和精制工艺控制要点主要包括：发酵液预处理过滤、溶媒萃取和结晶。

第一节　概　述

一、青霉素的发现及其开发概况

1928 年，英国细菌学家弗莱明（Fleming）首先发现了世界上第一种抗生素——青霉素。一次弗莱明外出度假，忘记了实验室里正在培养皿中生长着细菌的这件事。3 周后当他回实验室时，注意到一个与空气意外接触过的金黄色葡萄球菌培养皿中长出了一团青绿色霉菌。在用显微镜观察这只培养皿时，弗莱明发现，霉菌周围的葡萄球菌菌落已被溶解。这意味着霉菌的某种分泌物能抑制葡萄球菌。此后的鉴定表明，上述霉菌为点青霉菌（*Penicillium notatum*），其分泌的抑菌物质称为青霉素。然而遗憾的是弗莱明一直未能找到提取高纯度青霉素的方法。1929 年，弗莱明发表了他的研究成果，遗憾的是，这篇论文发表后一直没有受到科学界的重视。

1940 年，英国牛津大学弗洛里（Florey）和钱恩（Chain）实现对青霉素的分离与纯化，他们从青霉菌发酵液中提取得到青霉素结晶，并证明其能控制严重的革兰阳性细菌感染而对机体没有毒性，才在临床上开始广泛使用，从而开创了抗生素用于抗感染化疗的新时代。

美国制药企业于 1942 年开始对青霉素进行大批量生产。当时英国和美国正在和纳粹德国交战。这种新的药物对控制伤口感染非常有效。青霉素在第二次世界大战末期横空出世，迅速扭转了盟国的战局。战后，青霉素更得到了广泛应用，拯救了千万人的生命。到 1944 年，药物的供应已经足够治疗第二次世界大战期间所有参战的盟军士兵。1945 年，弗莱明、弗洛里和钱恩因"发现青霉素及其临床效用"而共同荣获诺贝尔生理学或医学奖。

当时以弗洛里为首的科研团队试图从化学合成和生物合成 2 条途径进行青霉素的开发。生物合成途径科研组，开始是以大量扁瓶为发酵容器，湿麦麸为主要培养基，用表面培养法生产青霉素。这种方法虽然落后而且会耗费大量劳动力，但终究能获得一定量的青霉素，而化学合成路线却进展不大（青霉素的化学合成到 1950 年以后才完成，因为步骤多、成本高而无法进行生产）。不久，新的生产线开始运转，以大型带机械搅拌和无菌通气装置的发酵罐取代了瓶子，引用了当时新型的逆流离心萃取机作为发酵滤液的主要提取手段，以减少青霉素在 pH 剧烈改变时受到破坏。上游研究人员则从发霉的甜瓜中，找到一株适合液体培养的产黄青霉菌株（*penicillium chrysogenum*），青霉素的效价提高了几百倍。此外发现以玉米浆（生产玉米淀粉时的副产品）和乳糖（生产干酪时的副产品）为主的培养基可以使青霉素的效价提高约 10 倍。不久，辉瑞（Phizer）药厂就建立了一座具有 14 个约 26 立方米发酵罐的车间以生产青霉素。

中华人民共和国成立前所用的青霉素全部依赖进口，中华人民共和国成立后上海市长陈毅下决心建立自己的青霉素工厂。1953 年 5 月，中国第一批国产青霉素诞生，开创了中国生产抗生素的历史。截至 2018 年年底，中国的青霉素年产量已占世界青霉素年总产量的 75%，居世界首位。

1945 年，意大利的 Brotzu 从撒丁岛城市排污口附近的海水中发现了一株顶头孢霉（*Cephalosporium acremonium*），并证明它的代谢产物具有广谱抗细菌作用。1958 年发现青霉素母核 6-氨基青霉烷酸（6-APA），1960 年发现头孢菌素 C 母核 7-氨基头孢霉烷酸（7-ACA），使青霉素和头孢菌素可能进行侧链改造。随后许多具有不同特色的半合成青霉素和半合成头孢菌素不断涌现，比如临床上广泛使用的阿莫西林（amoxicillin）、氨苄西林（ampicillin）和头孢氨苄（cefalexin）等。在发现头孢菌素 20 多年以后，又先后发现了头霉素（cephamycin）、硫霉素（thienamycin）、克拉维酸（clavulanic acid）、单环 β-内酰胺类（sulfazecins）等一系列具有新型母核的 β-内酰胺抗生素。

二、青霉素的药理药效

青霉素是一种高效、低毒、临床应用广泛的重要抗生素。它的研制成功大大增强了人类抵抗细菌感染的能力，带动了抗生素家族的诞生。它的出现开创了用抗生素治疗疾病的新纪元。通过数十年的完善，青霉素针剂和口服青霉素已能分别治疗肺炎、肺结核、脑膜炎、心内膜炎、白喉、炭疽等疾病。继青霉素之后，链霉素、氯霉素、土霉素、四环素等抗生素不断产生，增强了人类治疗传染性疾病的能力。但与此同时，部分病菌的抗药性也在逐渐增强。为了解决这一问题，科研人员目前正在开发药效更强的抗生素，探索如何阻止病菌获得抵抗基因，并以植物为原料开发抗菌类药物。

青霉素的药理作用是干扰细菌细胞壁的合成。青霉素的结构与细胞壁的成分黏肽结构中的 D-丙氨酰-D-丙氨酸近似，可与后者竞争转肽酶，阻碍黏肽的形成，造成细胞壁的缺损，使细菌失去细胞壁的渗透屏障，对细菌起到杀灭作用。由于 β-内酰胺类抗生素作用于细菌的细胞壁，而人体细胞只有细胞膜无细胞壁，所以对人体毒性很小，是化疗指数最大的抗生素。

青霉素适用于溶血性链球菌、肺炎链球菌、金黄色葡萄球菌等革兰阳性球菌所致的各种感染，如败血症、肺炎、脑膜炎、扁桃体炎、中耳炎、猩红热、丹毒、产褥热等。也用于治疗链球菌和肠球菌心内膜炎（与氨基糖苷类联合）；还用于治疗破伤风、气性坏疽、炭疽、白喉、流行性脑脊髓膜炎、李斯特菌病、鼠咬热、梅毒、淋病、钩端螺旋体病等。

青霉素类抗生素发生过敏反应在各种药物中居首位。过敏反应发生率最高可达 5% ~

10%，表现为皮疹、血管性水肿，最严重者为过敏性休克，多在注射后数分钟内发生，症状为呼吸困难、发绀、血压下降、昏迷、肢体强直，最后惊厥，抢救不及时可造成死亡。各种给药途径或应用各种制剂都能引起过敏性休克，以注射用药的发生率最高。过敏反应的发生与药物剂量大小无关，对该品高度过敏者，极微量亦能引起休克。大剂量长时间注射对中枢神经系统有毒性（如引起抽搐、昏迷等），停药或降低剂量可以恢复。内服易被胃酸和消化酶破坏。肌内注射或皮下注射后吸收较快，15～30分钟达血药峰浓度。青霉素在体内半衰期较短，主要以原型从尿中排出。青霉素性质不稳定，很容易被青霉素酶和青霉素酰胺酶催化水解，而被破坏失效，这也是有些金黄色葡萄球菌对青霉素耐药的重要原因。

第二节　青霉素的发酵工艺及过程

一、青霉素的发酵工艺流程

（一）丝状菌三级发酵工艺流程

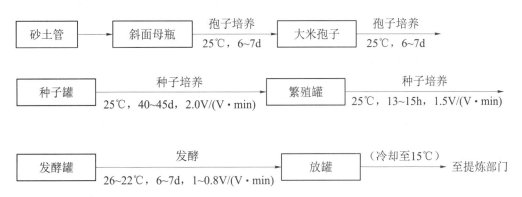

（二）球状菌二级发酵工艺流程

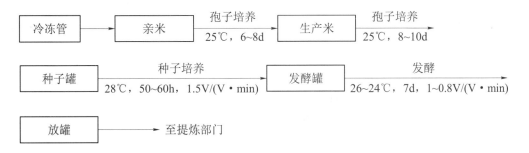

二、青霉素的发酵工艺过程及要点

（一）种子

丝状菌的生产菌种保藏在砂土管内。由沙土孢子接入拉氏培养基的母瓶斜面上，经25℃培养6～7天，长成绿色孢子，制成孢子悬浮液，接入装有大米的茄形瓶内，经25℃，相对湿度50%～45%，培养6～7天，制成大米孢子，真空干燥，并以这种形式保存备用。

生产时按一定接种量移入种子罐内，25℃培养40～45小时，菌丝浓度达40%以上，菌丝形态正常，即按10%～15%的接种量移入繁殖罐内。经25℃培养13～15小时，菌丝体积在 40% 以上，残糖在 1.0% 左右，无菌检查合格便可作为发酵罐的种子。发酵罐的接种量为 30%。

球状菌的生产种子是由冷冻管孢子经混有 0.5%~1.0% 玉米浆的三角瓶培养原始亲米孢子，然后再移入罗氏瓶培养生产大米孢子（又称生产米）。亲米和生产米均为 25℃ 静置培养，需经常观察生长发育情况，在培养到 3~4 天，大米表面长出明显小集落时要振摇均匀，使菌丝在大米表面能均匀生长，待 10 天左右形成绿色孢子即可收获。亲米成熟接入生产米后也需经过激烈振荡才可放置恒温培养，生产米的孢子量要求每粒米 300 万只以上。亲米、生产米孢子都需保存在 5℃ 冰箱内。

工艺要求将新鲜的生产米（收获后的孢子瓶在 10 天以内使用）接入含有花生饼粉、玉米胚芽粉、葡萄糖、饴糖为主的种子罐内，28℃ 培养 50~60 小时，当 pH 由 6.0~6.5 下降至 5.5~5.0，菌丝呈菊花团状，平均直径在 100~130μm，每毫升的球数为 6~8 万只，沉降率在 85% 以上，即可根据发酵罐球数控制 8000~11 000 只/毫升范围的要求，计算移种体积，然后接入发酵罐，多余的种子液弃去。球状菌以新鲜孢子为佳，其生产水平优于真空干燥的孢子，能使青霉素发酵单位的罐批差异减少。

（二）培养基

1. 碳源 青霉菌能利用多种碳源如乳糖、蔗糖、葡萄糖、淀粉、天然油脂等。乳糖由于它能被产生菌缓慢利用而维持青霉素分泌的有利条件，为青霉素发酵最佳碳源，但因货源少，价格高，普遍使用有困难。天然油脂如玉米油、豆油等也能为青霉菌缓慢利用作为有效的碳源，但作为大规模使用，不论在来源还是经济上都是不可能的。目前生产上所用的主要碳源是葡萄糖母液和工业用葡萄糖，最为经济合理。

2. 氮源 早期青霉素生产由于采用玉米浆使产量有很大提高，至今在国外仍为青霉素发酵的主要氮源。玉米浆是淀粉生产的副产物，含有多种氨基酸，如精氨酸、谷氨酸、组氨酸、苯丙氨酸、丙氨酸以及 β-苯乙胺等，后者为青霉素生物合成提供侧链的前体。以引进的球状菌为例，氮源中玉米浆占一半以上。现国内玉米浆产量少，且因工艺条件不同使质量亦不够稳定，因此经调整配方，以花生饼粉代替玉米浆，生产水平也可达到相近的技术指标，但发酵较激烈，装料系数受影响。目前生产上所采用的氮源是花生饼粉、麸质粉、玉米胚芽粉及尿素等。

3. 前体 国内外青霉素发酵生产作为青霉素生物合成的前体有苯乙酸（或其盐类）、苯乙酰胺等。它们一部分直接结合到青霉素分子中，另一部分是作为养料和能源被利用，即被氧化为二氧化碳和水。这些前体物质对青霉菌都有一定的毒性，特别是苯乙酰胺毒性更大。

苯乙酰胺和苯乙酸浓度大于 0.1%，对青霉素产生菌生长和生物合成均有毒性，用量加到 0.3%，菌丝根本不长。前体的毒性取决于培养基的 pH。苯乙酰胺在碱性 pH 时毒性较大；在中性 pH 时苯乙酰胺的毒性大于苯乙酸；而苯乙酸在酸性 pH 下，毒性较大。为此，在整个发酵过程中前体在任何时候加入的量都不能大于 0.1%。加入硫代硫酸钠（俗称大苏打）能减少它们的毒性。

国外报道有利用苯乙酸酯类、醇类作为前体以代替苯乙酸，并证实某些酯类是较满意的前体。国内首先由山东师范大学合成苯乙酸月桂醇酯，推广应用于青霉素发酵摇瓶和实验罐，随着用量增加发酵单位也迅速提高，发酵周期为 7 天，用量以 1.25%~1.5% 为宜。由于苯乙酸月桂醇酯作前体用于青霉素发酵，首先要分解成苯乙酸，然后才能被生产菌合成青霉素时用，所以在生长旺盛时期需要加入苯乙酰胺作为补充前体，若再加 0.01% 苯扎氯铵效果更好。

4. 无机盐

（1）硫和磷 青霉菌液泡中含有硫和磷，此外青霉素的生物合成也需要硫。据国外报道，硫浓度降低时青霉素产量减少 3 倍，磷浓度降低时青霉素产量减少 1 倍。

（2）钙、镁和钾 青霉素生物合成中合适的阳离子比例以钾 30%、钙 20%、镁 41% 为宜。阳离子总浓度以 300 毫克当量/升培养液时青霉素产量最高。如镁离子少，钾离子多时，菌丝细胞将培养基中氮源转化成各种氨基酸的能力强。钙离子影响细胞的生长和培养基的 pH。

（3）铁 铁易渗入菌丝内，在青霉素分泌期铁离子总量的 80% 是在胞内，它对青霉素发酵有毒害作用，发酵液中铁含量 6μg/ml 时无影响；60μg/ml 时青霉素产量降低 30%；300μg/ml 时降低青霉素产量 90%。

（三）培养条件控制

产黄青霉菌生产过程可分为三个不同的代谢时期。①菌丝生长繁殖期：培养基中糖及含氮物质被迅速利用。以球状菌而言，孢子发芽后菌丝生长逐步发育成球状，菌体浓度迅速增加。对丝状菌而言，孢子发芽长出菌丝，分枝旺盛，菌丝浓度增加很快。此时青霉素的分泌量很少。②青霉素分泌期：菌丝生长趋势减弱，间隙添加葡萄糖作碳源和间隙加入花生饼粉、尿素作氮源，并间隙加入前体，此期间球状菌 pH 要求保持在 6.6~6.9，丝状菌 pH 要求 6.2~6.4，青霉素分泌旺盛。对球状菌而言，要求球体不可太松也不可太紧。对丝状菌而言，菌丝体内的空胞为中、小型至中型，要求脂肪粒消失，大型空胞不要出现。③菌丝自溶期：菌体衰老自溶。以球状菌而言，破裂的球体比例迅速增加；以丝状菌而言，大型空胞增加并逐渐扩大自溶。青霉素分泌停滞甚至下跌，pH 上升，青霉素发酵过程要求延长分泌期，缩短菌丝生长繁殖期，并通过工艺控制使菌丝自溶期尽晚出现。

目前青霉素发酵工艺控制主要有以下几个方面。

1. **加糖控制** 丝状菌的加糖依据是残糖量及发酵过程的 pH。一般残糖降至 0.6% 左右、pH 上升后可开始加糖。加糖控制：0~72 小时为 0.6%~0.8%，72 小时至放罐为 0.8%~1.0%。加糖率每小时为 0.07%~0.15%，每 2 小时加一次。球状菌加糖主要依据是 pH，一般在 20 小时左右当 pH 高于 6.5 时开始加糖，全程 pH 要求 6.7~7.0。根据 pH 高低酌情减增，放罐要求 pH 低于 7.0。加糖后 pH 高于要求时，要增加糖量，pH 低于要求时减少糖量。

若改变加糖方式，以葡萄糖流加代替每 2 小时的滴加，则可减少总的加糖量，还可提高发酵单位。

2. **补料及添加前体** 丝状菌发酵于接种后 8~12 小时，发酵液浓度 40% 左右，液面较稳定时补入前料。

当发酵单位上升到 2500U/ml 开始补前体，每 4 小时补一次，使发酵液中残余苯乙酰胺浓度为 0.05%~0.08%。若发酵过程 pH>6.5 可随时加入硫酸铵，使 pH 维持在 6.2~6.4，发酵液氨氮控制在 0.01%~0.05%。

球状菌发酵因基础培养基内没有前体，所以在 10 小时左右就开始加入尿素、氨水和苯乙酸的混合料，每 3 小时加一次，由单位增长速度决定其加入量。

3. **pH 控制** 青霉素发酵过程主要通过加葡萄糖控制 pH，但加油多少对 pH 也有影响，故在加糖时要参考加油的多少，当油量加入较多要适当减少葡萄糖的加入量。一般要求：丝状菌发酵 pH 6.2~6.4；球状菌发酵 pH 6.7 ~7.0。

4. 温度控制　青霉菌生长最适温度高于青霉素分泌的最适温度。根据现有条件，种子罐培养丝状菌要求 25℃，球状菌为 28℃。发酵罐培养丝状菌要求为 26℃—24℃—23℃—22℃，生长浓度 48% ~54%；球状菌为 26℃—25℃—24℃，发酵液浓度在 50% 左右，都是分期变温培养，且前期罐温高于后期。

5. 通气与搅拌　青霉素发酵深层培养需要通入一定量的空气，并且不停地搅拌以保证溶解氧的浓度。通气比为 1~0.8V/（V·min）。

据国外报道，发酵过程中根据菌丝浓度进行变速控制有利于不同发酵阶段的青霉素合成，通过初步试验，中、后期减慢转速对球状菌的生理生化代谢有利，能提高发酵单位，并能节约能源。

丝状菌和球状菌在种子罐培养时要求的转速不同，丝状菌种子罐的搅拌转速快于发酵罐，而球状菌种子罐的转速慢于发酵罐。

6. 泡沫与消泡　青霉素发酵过程不断产生泡沫。过去以天然油脂如豆油、玉米油等为消泡剂。近年来以化学合成消泡剂——"泡敌"（聚醚树脂类消泡剂）部分代替天然油脂，经生产实践证明，BAPE 型的消泡能力强、毒性较低，它优于 GPE 型（BAPE 型为聚氧丙烯聚氧乙烯三聚丙醇胺醚；GPE 型为聚氧丙烯聚氧乙烯甘油醚）。一般在菌丝生长繁殖期不宜多用，在发酵过程的中、后期可以泡敌加水稀释后与豆油交替加入。

以豆油等天然油脂作消泡剂时要求少量多次的加入方式。一次多量加入会影响产生菌的呼吸代谢。

7. 球状菌发酵的注意点　①严格控制孢子培养基中大米的含水量，它直接影响孢子的数量和质量；②严格控制种子的移种龄，特别是球态、球数和沉降率；若超过 60 小时还未达到移种标准时，要慎重考虑该种子是否能用于生产；③严格控制发酵液的球数，过多或过少均不利。并要控制球体形态，球态过紧说明通气量过大，可以适当降低空气流量或减慢搅拌转速；球态过松说明通气不足，应增大空气量或加快搅拌转速；④发酵液浓度以50% 为宜；⑤严格控制苯乙酸的加入量，其残量以 0.1% 为宜。

（四）染菌及异常情况处理

若发酵罐前期染菌或种子带菌，一般可采用重新消毒并补入适量的糖、氮成分。中后期发生染菌若是产气细菌则应及时放罐过滤、提炼，事后彻底消毒处理。若遇发酵前期菌丝生长不良，发酵异常时可采取倒出部分发酵液，补入部分新鲜料液和良好的种子。遇单位停滞不长可酌情提前放罐。

第三节　青霉素的提炼工艺及过程

青霉素发酵，由于新的高产菌种不断取代低产菌种，发酵工艺也不断改进，发酵单位已提高到 100 000U/ml 左右的水平。但发酵液中青霉素的浓度仍很低，折合重量计算仅含1.5% ~2.5%，需经浓缩很多倍才便于结晶，况且发酵液中尚含有大量杂质，应预先将它去除。从发酵液中提取青霉素的方法有几种：早期曾使用活性炭吸附法；目前所采用的多为溶媒萃取法；此外也试验过沉淀法或离子交换法。但后两种方法都未应用于生产。故本节只讨论溶媒萃取法提取青霉素的一般工艺及其过程。

一、青霉素 G 钾盐的提取和精制工艺流程

（一）工业钾盐生产工艺流程

发酵液 $\xrightarrow[\text{冷却至10℃下，1/3体积中性过滤，用10\%}\,H_2SO_4\,\text{调 pH 5.0±0.1，加 PPB 溶液，冲水量 20\%～30\%}]{\text{［板框过滤或鼓式过滤］}}$

滤洗液 $\xrightarrow[\text{加1/3BA，加 PPB，10\%}\,H_2SO_4\,\text{调 pH 2.0～2.5 逆流萃取}]{\text{［一次 BA 提取］}}$

一次丁酯萃取液 $\xrightarrow[\text{加 0.3\% 活性炭搅拌 10 分钟后压滤，冷冻脱水（−10℃下），水分在 0.9\% 以下过滤得 BA 清液}]{\text{［脱水脱色］}}$

结晶液 $\xrightarrow[\text{加温至 15℃ 左右，加 KAc-}C_2H_5OH\,\text{溶液适当搅拌，结晶后静置 1 小时以上，甩滤}]{\text{［结晶］}}$ 湿晶体

$\xrightarrow[\text{挖出湿晶体放入洗涤罐，用丁醇（4～6L/10亿）洗涤，用乙酸乙酯（2L/10亿）顶洗，挖出粉子真空干燥}]{\text{［分离，洗涤，干燥］}}$

青霉素 G 钾盐成品

（二）注射用钾盐生产工艺流程

发酵液 $\xrightarrow[\text{1/3～1/2 发酵液过滤}]{\text{［鼓式真空过滤］}}$ 一次滤液另加剩余发酵液 $\xrightarrow[\text{pH 4.4～4.6，10℃下，水顶洗 28\%}]{\text{［板框过滤］}}$

二次过滤 $\xrightarrow[\text{10\%}\,H_2SO_4\,\text{调 pH 2.0～2.2，加 5\% PPB 逆流萃取}]{\text{［一次 BA 提取］}}$ 一次 BA 萃取液

$\xrightarrow[\text{1.6\% NaHCO}_3\,\text{pH 6.8～7.1}]{\text{［缓冲液提取］}}$ 缓冲液萃取液 $\xrightarrow[\text{10\%}\,H_2SO_4\,\text{调 pH 2.0～2.2，低效价 BA 逆流萃取}]{\text{［二次 BA 提取］}}$

二次 BA 萃取液 $\xrightarrow[\text{活性炭 150～300g/10亿冷冻脱水（−10℃下）}]{\text{［脱水脱色］}}$ 脱色后二次 BA 液

$\xrightarrow[\text{石棉过滤板，绸布，微孔薄膜，过滤除菌}]{\text{［无菌过滤］}}$ 结晶液 $\xrightarrow[\text{KAc-}C_2H_5OH\,\text{溶液，20℃搅拌 2min 左右}]{\text{［结晶］}}$

青霉素钾盐湿晶体 $\xrightarrow[\text{静置 30min 后甩滤，丁醇挖洗二次（4～6L/10亿）乙酸乙酯（2L/10亿）顶洗，甩干挖晶}]{\text{［分离，洗涤］}}$

洗涤后湿晶体 $\xrightarrow[\text{过筛机做颗粒过筛}]{\text{［压粉，过筛，制颗粒］}}$ 过筛后颗粒 $\xrightarrow[\text{90～95℃热水，740mmHg 柱以上真空烘烤 8～10h}]{\text{［真空干燥］}}$

干粉 $\xrightarrow[\text{凉至 40℃ 左右包装}]{\text{［凉粉］}}$ 青霉素钾盐成品

二、青霉素提炼工艺要点

根据青霉素不稳定的性质，整个提炼过程应在低温、快速条件下进行，并严格控制 pH，注意对设备清洗消毒减少污染，尽量避免或减少青霉素效价的破坏损失。

（一）发酵液的预处理和过滤

发酵液放罐后，首先要冷却。因为青霉素在低温时比较稳定，同时细菌繁殖也较慢，可避免青霉素迅速破坏。发酵液除冷却外还需进行预处理，如果发酵液不经处理而直接过滤，虽然能除去大部分不溶性固体杂质，但在滤液中还会剩余一部分微小颗粒和易溶性蛋白质等物质，滤液外观是混浊的，假若不除去这部分杂质，会给后步提炼带来很大困难，为了除去这部分杂质，要对发酵液进行预处理。

由于青霉菌菌丝较粗，除出现菌丝自溶或发酵染杂菌的情况外，一般过滤较容易。目

前采用鼓式过滤机及板框过滤机过滤。为了加快滤速，缩短工时，可利用发酵菌液的菌体作为板框压滤机中的助滤剂。由于发酵液中含有过剩的碳酸钙，在酸化时会有部分溶解，使钙离子呈游离状态，在酸化萃取时，遇到大量硫酸根离子，会形成硫酸钙沉淀。故酸化时 pH 应控制得高些，一般控制在 4~5 之间，作为助滤剂的发酵液体积一般不超过该发酵液体积的 1/3。

（二）影响青霉素提取的主要因素

青霉素提取效果除了已选定适当的有机溶媒，破乳化剂和离心分离设备外，还与下列主要因素有关。

1. **pH**　结合青霉素在各种 pH 下的稳定性（表 15-1）和青霉素在乙酸丁酯及水中的分配系数以及青霉素的 pK 值（25℃时为 2.76），一般从滤液萃取到乙酸丁酯时，pH 选择在 1.8~2.2 范围内，而从丁酯反萃取到水相时，pH 选择在 6.8~7.2 之间。

从青霉素的化学反应知道，青霉素在酸性条件下极易水解破坏，生成青霉素酸，但根据 pK 值要求，又一定要在酸性时才能转移到有机溶媒中去，这是个矛盾，因此选择合适的 pH 非常重要。目前生产上采用上述 pH，转移比较完全，而破坏又较少，因此收得率尚高；青霉素从有机溶媒转移到水中时，选择上述 pH 也较适宜。因为在中性条件下青霉素以成盐的形式溶于水中，转移也较完全。如果碱性过强，则易发生碱性水解，而且杂质也易转到水相中，质量也较差。青霉素转到水相中，通称为缓冲液（一次或二次），这与化学上"缓冲溶液"有所差别。化学上所指的缓冲溶液有一定的 pH，当加入少量酸或少量碱时其 pH 只有很小的波动。生产上所指的缓冲液为青霉素盐溶在水溶液的总称。

表 15-1　pH 和温度对青霉素 G 钠盐水溶液半衰期的影响

单位：小时

pH	保存温度			
	0℃	10℃	24℃	37℃
2.0	4.25	1.3	0.31	
3.0	24.0	7.6	1.7	
4.0	197.0	52.0	12.0	
5.0	2000.0	341.0	92.0	
5.5			—	62.0
5.8			315.0	99.0
6.0			336.0	103.0
6.5			281.0	94.0
7.0			218.0	84.0
7.5			178.0	60.0
8.0			125.0	27.6
9.0			31.2	
10.0			9.3	
11.0			1.7	

2. **温度**　根据表 15-1 温度对青霉素稳定性的影响，要求提取在低温（一般要求在 10℃以下）条件下进行较为有利。在提取设备上要考虑用冷盐水（夹层或蛇管）进行冷却，以降低温度，特别是酸化岗位，温度要求更低些。青霉素在缓冲液中，由于较稳定，故温度影响不太大。

3. 时间　除了严格控制 pH 和低温条件外，青霉素在提取过程中停留的时间越短越好。因此要求操作熟练，设备良好，不发生故障。酸化提取时速度应快些，数秒钟液体充分混合后应立即分离，使青霉素游离酸尽快地转移到乙酸丁酯中（因为青霉素游离酸在丁酯中比青霉素盐类在水中要稳定得多）。根据试验结果得知，青霉素于 0~15℃ 条件下，在丁酯中放置 24 小时不致损失效价（但在室温下损失可达 5.32%）。碱化提取时速度可放慢些，因为青霉素在中性条件下半衰期要长些，破坏情况要缓和些，故以能分离得清为原则。

4. 萃取方式和浓缩比　根据萃取方式及理论收得率的计算得知，多级逆流萃取较理想。目前生产上一般常采用二级逆流萃取方式。浓缩比的选择也很重要，因为丁酯的用量与收率和质量都有关系。如果丁酯用量太多，虽然萃取较完全，收率高，但达不到结晶浓度要求，反而增加溶媒的耗用量；如果丁酯用量太少，则萃取不完全，影响收率。据国外报道，丁酯用量为滤液体积的 25%~30% 时，色素相对含量低，青霉素的纯度最高，称之为丁酯用量的最佳条件。目前生产上从滤液萃取到丁酯时，浓缩比为 1.5~2.5 倍。从丁酯反萃取到水相时，因分配系数值较大，故浓缩倍数可较高些，一般为 3~5 倍。经过几次反复萃取后共约浓缩 10 倍左右，浓度已符合结晶要求。

（三）结晶

结晶是提纯物质的有效方法。例如，在第二次丁酯萃取液中，青霉素的纯度只有 70% 左右，但结晶后纯度可提高至 98% 以上。青霉素的结晶方法很多，青霉素钾盐的结晶方法及影响因素如下。

青霉素游离酸在有机溶媒中的溶解度是很大的，但是它与某些金属或有机胺结合成盐之后，由于极性增大，溶解度大大降低，而且自溶媒中析出。例如，青霉素游离酸的丁酯提取液加入醋酸钾、醋酸钠或丙二酸钙盐，就分别出现了青霉素钾盐，钠盐或钙盐的结晶。

溶液中的水分、酸度和温度对青霉素钾盐在此溶液中的溶解度有很大的影响。水分含量高，溶解度增大，温度升高，溶解度降低；酸度大则溶解度增大。

1. 水分的影响　反应液中水分可以溶去一部分杂质，可提高晶体质量，但收率要下降，因此水分应控制在 0.9% 以下，则影响收率较少。同时要求乙醇–醋酸钾溶液配制的水分应控制在 9.5%~11% 范围内，醋酸钾浓度在 46%~51% 范围内，应注意醋酸钾浓度高低与水分含量高低成正比较好。如果醋酸钾浓度高，而水分含量低，则醋酸钾在配制过程中易析出结晶。如果二次丁酯提取液水分含量低于 0.75%，加之醋酸钾溶液水分也低，会使晶体包含色素多而色深，影响晶体的色泽。如果配制醋酸钾溶液水分过高（在 12%~12.5%），再加上二次丁酯提取液中水分含量，整个反应母液中总水量增高，就会影响结晶收率。

2. 温度的影响　温度高时结晶速度快，晶体细小；温度低时结晶速度慢，晶体颗粒粗大。另外，反应也与污染数高低有关：一般污染数在 0.5% 以下，结晶温度控制在 10~15℃；污染数在 0.5% 以上，则结晶温度控制在 15~20℃。

3. 污染数高低对结晶的影响　杂酸与青霉素含量之比值称为"污染数"（污染数＝杂酸/青霉素酸）。总酸量可以氢氧化钠滴定求得，青霉素含量可以旋光法测定，两者之差即表示杂酸含量。上述工艺条件要求污染数在 0.5% 左右，污染数高会使反应速度降低，生成的晶体略大些结晶收率低；而污染数低使反应速度快，生成的晶体颗粒较小。同时杂酸的存在能污染晶体，影响晶体质量。

4. 青霉素与醋酸钾摩尔比关系　1mol 醋酸钾可以生成 1mol 的青霉素盐。但由于反应是可逆的，故采取过量 0.1mol 醋酸钾，使反应朝生成青霉素钾盐方向进行。另外，丁酯萃取液中杂酸的存在，要消耗一部分醋酸钾，因此结晶过程中根据污染数多少而决定醋酸钾的加入量以保证反应能完全进行。如污染数在 0.5% 左右，则反应时加入的醋酸钾摩尔比是按 1∶1.6。

重点小结

```
                青霉素概述 ——— 青霉素发现、开发概况和药理药效


青霉素的生产 ——— 青霉素发酵工艺 ——— 工艺流程、影响因素、控制要点


                提取和精制工艺 ——— 工艺流程、控制要点
```

扫码"练一练"

思考题

1. 请简述青霉素的发现及其开发概况，并说说对现代科学研究有何借鉴意义。

2. 青霉素发酵过程中哪些因素会对青霉素产率产生影响？

3. 青霉素发酵工艺的控制要点有哪些？

4. 青霉素 G 钾盐提取和精制工艺的控制要点有哪些？

5. 溶媒萃取法提取青霉素的原理是什么？提取过程中如何避免青霉素被破坏？

6. 青霉素性质不稳定，很容易被青霉素酶和青霉素酰胺酶催化水解，这也是有些金黄色葡萄球菌对青霉素耐药的重要原因，请写出这 2 个化学反应方程式。

（左爱仁）

第十六章 红霉素的生产

扫码"学一学"

红霉素（Erythromycin）是由红色糖多孢菌（*Saccharopolyspora erythraea*）产生的次级代谢产物，属于大环内酯类抗生素。1952 年 McGuire 等发现红霉素，美国 Lilly 公司和 Abbot 公司最先生产并将产品推向市场，我国于 1958 年开始生产红霉素。红霉素是一类广泛使用，用于治疗革兰阳性菌感染的广谱大环内酯类抗生素。其临床应用领域的扩大和以阿奇霉素、罗红霉素、克拉霉素、泰利菌素等为代表的新型半合成红霉素衍生物的出现，快速拉动了红霉素原料药的需求。多年来红霉素生产稳定增长，成为世界抗生素市场上头孢类和青霉素类之后的第三大类抗生素药物。

第一节 红霉素的性质

一、化学结构

根据红霉素的母环结构将其归为 14 元环大环内酯类抗生素。从化学结构上看红霉素由三部分组成，即红霉内酯（erythronolide）、红霉糖（cladinose）和脱氧氨基己糖（desosamine），彼此通过糖苷键连接。红霉内酯环为 14 个原子的大环，环内无双键，偶数碳原子上共有 6 个甲基，在 9 位上有一个羰基，C-3、C-5、C-6、C-11、C-12 共有 5 个羟基，内酯环的 C-3 通过氧原子与红霉糖相连，C-5 通过氧原子与脱氧氨基己糖连结。红霉素是一组多组分的抗生素，包括 A、B、C、D、E、F 等组分，其中，红霉素 A 是主组分，其余为小组分，其各组分的化学结构见图 16-1。红霉素 B、C 的理化性质和抗菌谱与红霉素 A 相似，但抗菌活性低于红霉素 A，其体外抗菌活性为红霉素 A 的 50%～75%。其他组分的体外抗菌活性更低。

二、理化性质

红霉素是白色或类白色结晶性粉末，无臭，味苦，微有吸湿性。易溶于醇类、丙酮、三氯甲烷、酯类等，微溶于水，红霉素碱能和有机酸或无机酸类结合成盐，其盐类易溶于水。红霉素在水中的溶解度为 2mg/ml（25℃左右），它随着温度的升高而降低，在 55℃ 时最小。在室温和 pH 6~8 的条件下，其溶液相当稳定，温度升高稳定性下降，但在 pH 6~8 以外的水溶液中，24 小时后即失效。红霉素熔点为 135～140℃（游离碱水合物），190～193℃（无水游离碱）。具有旋光性和紫外吸收峰。红霉素在干燥条件下是稳定的，结晶在室温下可以储藏一年而效价不降低。

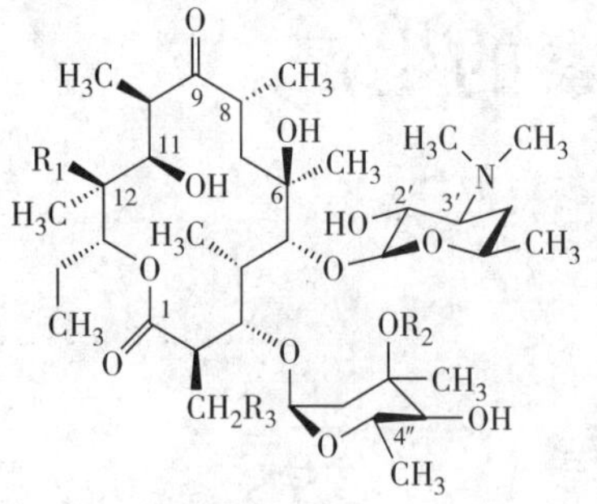

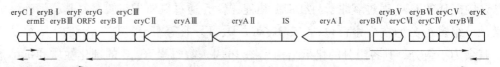

图 16-1　红霉素各组分的结构

	R_1	R_2	R_3
红霉素 A	OH	CH₃	H
红霉素 B	H	CH₃	H
红霉素 C	OH	H	H
红霉素 D	H	H	H
红霉素 E	OH	CH₃	H
红霉素 F	OH	CH₃	OH

三、抗菌活性

红霉素对革兰阳性菌有较强的抗菌活性，如溶血性链球菌、肺炎双球菌、草绿色链球菌、白喉杆菌，对部分耐青霉素的葡萄球菌也有一定的抗菌活性，对革兰阴性菌如脑膜炎球菌、淋球菌、流感杆菌、百日咳杆菌、布氏杆菌及军团菌等也有抗菌作用。此外，对军团菌属、胎儿弯曲菌、某些螺旋体、肺炎支原体、立克次体属和衣原体属也有良好的作用。

红霉素的抗菌机制是通过其与细菌核蛋白体的 50S 亚基核糖体结合，而抑制转肽作用及信使核糖核酸（mRNA）移位，使核蛋白体上延伸的肽链解离，不再形成正常功能的蛋白质，从而抑制蛋白质的生物合成。

第二节　红霉素的生物合成机制

一、生物合成基因

红色糖多孢菌染色体呈线形，长度约 8Mb，红霉素合成的基因位于离染色体一端 550kb~1.25Mb 之间的 700kb 片段。红霉素生物合成基因簇全长约 56kb，左侧以 eryC I 为终端，右侧以 eryK 为终端。各基因的相对位置和转录方向见图 16-2。

图 16-2　红霉素基因结构和转录示意图

红霉素的基因簇由 20 个 ORF 和 1 个插入序列及 eryE 组成。红霉素基因簇的转录由 4 个单顺反子 eryCI、eryE、eryBI 和 eryK，4 个多顺反子 ORF3－ORF5、ORF12－ORF6、ORF13－ORF19 和 ORF16－ORF19 组成。ORF12－ORF6 是最大的多顺反子，全长约 35kb。

二、生物合成途径

红霉素是通过 I 型聚酮合酶（polyketidesynthase，PKS）催化合成的聚酮化合物。红霉素的生物合成的起始步骤是由 1 分子丙酰辅酶 A 开始的，在 PKS 复合酶系的催化下依次接上 6 分子甲基丙二酰辅酶 A 形成 6-脱氧红霉内酯（6-deoxyerythronolide，6-dEB），6-脱氧红霉内酯的生物合成模型见图 16-3。PKS 以六聚体的形式存在，由于 PKS 合成的最终产物为 6-dEB，故也被称为 6-脱氧红霉内酯 B 合成酶（6-deoxyerythronolide B synthase，DEBS）。DEBS 由 DEBS1、DEBS2 和 DEBS3 三条肽链组成，分别由 *eryA* I、*eryA* II、*eryA* III 基因编码，每个蛋白由两个模块组成，共有六个模块。链的延伸由丙酰 CoA 开始，从模块 1 到模块 6 连续加入 6 个丙酸延伸单元，使链延伸。模块 1、2、5、6 有 KR 功能域，模块 4 有 KR、DH、ER 功能域，而模块 3 只有最小 PKS，不含任何还原性功能域。在 DEBS1 的 N-端还有一个负载域（loading domain，LD）的两个活性位点 AT（AT-L）和 ACP（ACP-L），在 DEBS3 的 C-端还有一个硫酯酶（thioesterase，TE）酶域。负载域 AT-L 特异性选择丙酸作为起始物，并将其转到 ACP-L 上，ACP-L 上的丙酸基传给 KS1 上的 Cys。延伸单元的选择由 AT 酶域决定，AT1 选择结合的丙二酸单酰基传给 ACP1 上的泛酰磷酸基，再由 KS1 催化缩合形成 β-酮，KR1 以 NADPH 还原 β-酮成羟基，完成第一轮循环；第二、第五和第六轮循环与第一轮相似。模块 3 中只有 KS、AT 和 ACP 三个酶域（有一个类似的 KR，但其上没有 NADPH 结合位点而没有功能），故第三轮结合相应的 β-位保留酮基（C-9 位）。模块 4 中不仅有 KS、AT、ACP 和 KR，而且有 DH 和 ER，这一轮循环完全类似于饱和脂肪酸的合成，故在 C-7 位为饱和烃键。当缩合反应完成六轮循环后，DEBS3 的 TE 将聚酮从 PKS 上水解下来。

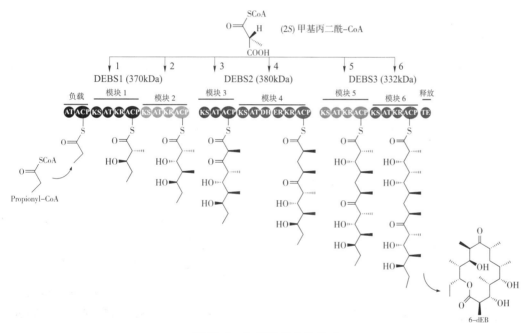

图 16-3　6-dEB 的生物合成

在合成 6-脱氧红霉内酯 B 后，红霉素的生物合成进入了大环内酯的后修饰过程。内酯环首先在羟化酶（EryF）的催化下在 6-dEB 的 C-6 位连接上一个羟基生成红霉内酯。红霉内酯通过糖基转移酶（EryBV）先在 C-3 位羟基上连接上 L-红霉糖（cladinose）形成 3-*O*-红霉糖基红霉素内酯，而后通过另一个糖基转移酶（EryC III）在 C-5 羟基上连接上 D-脱氧氨基己糖（desosamine），便形成了红霉素生物合成中间代谢产物中第一个具有活性的红霉素 D。红霉素 D 在 C-12 羟化酶（EryK）的催化下合成红霉素 C。红霉素 C 在甲基化酶（EryG）的催化下在 C-3 的红霉糖上加上一个甲基生成红霉素 A。此外红霉素 D 不仅可以合成红霉素 C，而且可以在甲基化酶（EryG）的催化下合成红霉素 B，再通过羟化酶

（EryK）合成红霉素 A，此条途径催化效率较低，为红霉素合成的副途径。红霉素合成途径见图 16-4。

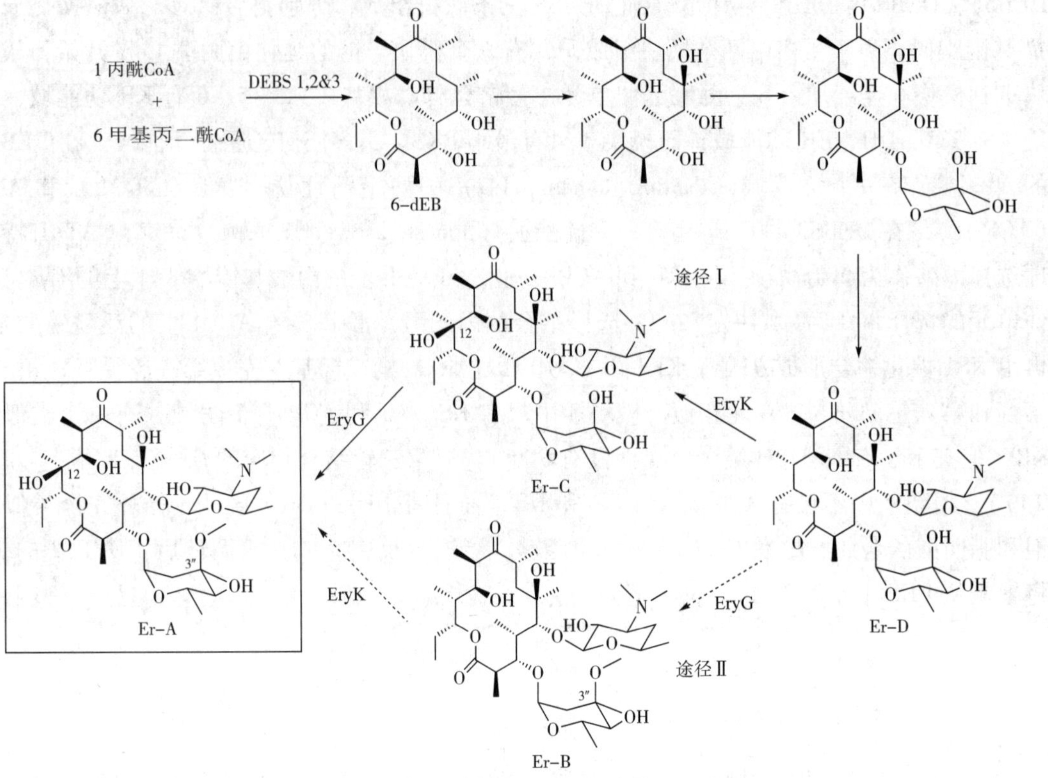

图 16-4　红霉素的生物合成途径

三、前体的供应

丙酰辅酶 A 的合成有 2 条途径：①丙酰辅酶 A 合成酶途径；②丙酸激酶与酰基磷酸辅酶 A 转移酶偶联也能够催化丙酸生成丙酰辅酶 A。

红色糖多孢菌合成红霉素所必需的另一个前体是甲基丙二酰辅酶 A，合成甲基丙二酰辅酶 A 有 3 条途径：①以三羧酸循环的琥珀酰辅酶 A 为底物的甲基丙二酰辅酶 A 变位酶和甲基丙二酰辅酶 A 消旋酶途径；②以丙酰辅酶 A 为底物的甲基丙二酰辅酶 A 转羧基酶途径；③丙酰辅酶 A 羧化酶途径。豆油能够为大环内酯类抗生素提供所需的前体，提高短链脂肪酸的合成。合成红霉素过程中短链脂肪酸主要被短链脂肪酸激酶和酰基磷酸辅酶 A 转移酶系统激活，同时还可以被酰基辅酶 A 合成酶激活，丙酸激酶途径是形成丙酰辅酶 A 的主要途径，因而豆油在红霉素合成中有可能首先通过丙酰辅酶 A 途径最终促进红霉素的合成。

第三节　红霉素的生产工艺

一、菌种改良

红色糖多孢菌在合成培养基上生长的菌落由淡黄色变为微黄色，气生菌丝为白色，孢子呈不紧密的螺旋形，3~5 圈，孢子呈球状。

红霉素的工业生产菌种经选育抗噬菌体的菌株，并使用自然分离、紫外线、氮芥子气、硫酸二乙酯、亚硝酸、甲基磺酸乙酯、激光、快中子等处理方法选育高产菌种。随着菌种选育的发展，从控制红霉素生物合成代谢途径进行定向筛选。

运用反向代谢工程手段，对红色糖多孢菌进行了代谢工程的改造，通过阻断或者敲除初级代谢中甲基丙二酰 CoA 代谢过程中的甲基丙二酰 CoA 变位基因，使红霉素生物合成过程中的前体甲基丙二酰 CoA 的流量增大，从而达到提高红霉素发酵水平的目的。

红霉素 A 是红霉素的主要活性成分，而红霉素 B 和红霉素 C 生物活性低，副作用大，欧洲药典规定其在红霉素产品中的含量不能超过 5%。因此，提高红霉素发酵液中红霉素 A 的含量和纯度，降低副产物红霉素 B、红霉素 C 含量，是红霉素生产的一个重要问题。在红霉素的发酵液里有中间代谢产物红霉素 B 和红霉素 C，在红霉素工业生产中属于很难除去但又必须除去的杂质。以组分优化为切入点，采用遗传操作来控制体内合成的化学反应，从而改善产品质量和产量。通过分析红霉素合成的途径可知，从红霉素 D 合成红霉素 A 的过程中有两个酶的参与：羟化酶（EryK）和甲基化酶（EryG），这两个酶催化效力不足会导致红霉素 B 和红霉素 C 的积累。通过对大环内酯环后修饰过程中的羟化酶（EryK）和甲基化酶（EryG）进行强化表达，包括改变基因拷贝数的比率和通过同源重组改变基因在染色体上的位点，经同源重组单交换的方式把两个拷贝的 *eryK* 基因和一个拷贝的 *eryG* 基因导入红色糖多孢菌染色体中，使 *eryK* 基因与 *eryG* 基因的拷贝数为 3：2 时，杂质红霉素 B 与红霉素 C 完全消失，红霉素 A 的产量也提高了约 25%。采用基因工程的方法从根源上把杂质红霉素 B 和红霉素 C 完全除去。

二、发酵工艺

发酵是红霉素生产过程的一个关键环节，具有操作经验的操作者通过生产过程的信息和经验知识，随时调整补加营养物料和基质，使得微生物沿着理想的生长代谢方式进行；在发酵过程中，尽管对环境的参数，如发酵温度、pH、溶解氧浓度（DO）等都可以控制得很好，但是由于微生物生长过程是高度的时变性和非线性，发酵过程中的关键变量，如总糖浓度、菌丝浓度不可在线测量，使得发酵过程的控制问题变得很复杂。

红霉素发酵属于好氧发酵过程，在发酵过程中，需不断通入无菌空气并搅拌，以维持一定的罐压和溶氧。发酵过程中应严格控制发酵温度、发酵液还原糖量、pH、溶氧量及发酵液黏度等，以便红色糖多孢菌能够大量合成红霉素并排至胞外。生产中还要加入消泡剂以控制泡沫。

1. 种子　红霉素产生菌的斜面培养基由玉米浆、淀粉、氯化钠、硫酸铵等组成。其中玉米浆质量对孢子的外观及生产能力有直接影响，会出现"黑点"（灰色焦状菌落）。孢子培养基消毒后必须快速冷却为妥，过长对孢子生长不利。温度 37℃，湿度要求 50% 左右，母瓶斜面培养 9 天，子瓶斜面培养 7 天。成熟的孢子呈深米黄色，色泽新鲜、均匀、无黑点，孢子瓶背面有红色色素，并要求每瓶的孢子数不低于 1 亿个。将子瓶斜面孢子制成孢子悬浮液，用微孔接种的方式接入种子罐。

种子罐及繁殖罐的培养基由花生饼粉、蛋白胨、硫酸铵、淀粉、葡萄糖等组成。种子罐的培养温度为 35℃，培养时间 65 小时左右；繁殖罐培养温度 33℃，培养时间 40 小时左右。种子培养成熟并经检验合格后以 10% 的接种量移入发酵罐。

2. 培养基　发酵培养基成分由玉米淀粉、黄豆饼粉、玉米浆、氯化钠、碳酸钙、硫酸铵、豆油等组成。碳源以玉米淀粉为主，氮源以黄豆饼粉为主，其次是玉米浆和硫酸铵。根据红霉素生物合成途径，丙酸是红霉内酯合成的前体物质，但丙酸对菌丝生长有抑制作用，所以发酵时以丙醇为发酵前体物质。丙醇在发酵时对菌丝的毒性作用相对较小，对 pH 的影响也较小，代谢稳定，发酵单位和产品质量都较高。此外，正丙醇除了起前体作用外，还是红色糖多孢菌中乙酰 CoA 合成的诱导物。

3. 培养条件的控制

（1）通气和搅拌　红霉素发酵为好氧发酵。发酵最初 12 小时，通气量保持在 $1 : 0.4V/(V \cdot min)$（每分钟通气量与罐体实际料液体积的比值），12 小时后到放罐可控制在 $1 : 0.8 \sim 1.2V/(V \cdot min)$。一般增大空气流量和加快搅拌转速会提高发酵单位，但必须加强补料的工艺控制，防止菌丝早衰自溶。搅拌速度不宜太快，容易损伤菌丝，不利于发酵。

（2）温度　采用全程 32~33℃ 培养，红色糖多孢菌对温度较敏感，若前期 33℃ 培养，则菌丝生长繁殖速度加快，40 小时黏度即达最高峰，但衰老自溶亦快，发酵液黏度容易下降。31℃ 培养菌丝生长虽比 33℃ 慢，48 小时黏度方达最高峰，但衰老较慢，使黏度下降速度减缓，转稀时间推迟。

（3）pH　红色糖多孢菌最适生长 pH 为 6.7~7.0，而红霉素合成的最适 pH 为 6.7~6.9。整个发酵过程维持在 pH 6.6~7.2，菌丝生长良好，不自溶，发酵单位稳定。发酵过程中的 pH 和培养基的原始 pH 与原材料的质量及消毒操作都有关，如原始 pH 微酸性，较慢地向碱性转变时则为正常。如在接种后 24 小时内 pH 过低或偏高，则菌丝生长较慢，生物合成水平的差别也很显著，特别在发酵前期，当 pH 为 5.7~6.3 时发酵终点的单位仅为对照的一半。

（4）中间补料　发酵过程中还原糖控制在 1.2%~1.6% 范围内，每隔 6 小时加入葡萄糖，直至放罐前 12~18 小时停止加糖。40 小时后补加有机氮源，一般每天补 3~4 次。根据发酵液黏度的大小决定补入量的多少，若黏度低可增加补料量；反之，则减少补料量，甚至适量补水，放罐前 24 小时停止补料。前体一般在 24 小时，当发酵液变浓，pH 高于 6.5 时开始补入，每隔 24 小时补加一次，全程共加 4~5 次，总量为 0.7%~0.8%。

（5）通氨　红霉素发酵后期通氨，对提高发酵单位和成品质量均有好处，氨水加入方式以滴加为佳。

（6）发酵液黏度的控制　在一定的黏度范围内，红霉素 C 含量与发酵液黏度呈负相关的关系。因此，适当提高发酵液黏度能减少红霉素 C 组分的比例，从而保证成品质量。

发酵液黏度与搅拌功效、氮源补入量及培养温度有关。通过减慢搅拌转速、改变搅拌叶型式、降低罐温、增加有机氮源补量、滴加氨水等能提高发酵液的黏度。但黏度过高会影响溶解氧的浓度，单位明显下降，所以必须因地制宜地进行发酵工艺控制。

（7）泡沫与消泡　因发酵培养基有黄豆饼粉，故在培养基消毒及通空气时泡沫较多。一般以植物油（豆油或菜油）作消泡剂，不宜一次多量加入。

三、提取工艺

1. 发酵液的预处理和过滤　发酵液中除含有红霉素外，绝大部分是菌丝体和未用完的培养基以及各种代谢产物如蛋白质、各种色素等。采用硫酸锌沉淀蛋白质，促使菌丝结团，可加快滤过速率。由于硫酸锌水溶液呈酸性，为防止红霉素被破坏，可用氢氧化钠溶液调

pH 至 7.2~7.8，也可用碱式氯化铝来代替硫酸锌。

2. 萃取　红霉素是一种碱性抗生素，利用它在不同 pH 时能溶解在不同溶剂中的特性。采用在有机溶剂及水中反复萃取的方法，达到提纯和浓缩的目的。比较乙酸丁酯、乙酸戊酯、二氯乙烷、三氯甲烷和二氯甲烷等不同萃取剂的提取效果，发现它们的分配系数几乎相同，但用于发酵滤液的分配系数（31~39）要比用于红霉素水溶液的分配系数（50~54）低，所得红霉素的质量没有明显差别，其产品的毫克效价都在 890~895μg/mg。

在萃取过程中，碱化和酸化的 pH 对收率和产品质量都有直接影响。碱化时 pH 高些对提取收率有利，但不能过高，否则会引起红霉素的破坏，并且乳化严重。pH 过低，对萃取不利，影响收率。一般在 pH 10.0 左右用乙酸丁酯萃取，在 pH 4.5~5.0 用乙酸缓冲液反萃取。萃取中所形成的乳浊液的稳定性随着 pH 的升高而增加。为了克服乳化现象，可用十二烷基硫酸钠（SDS），SDS 在碱性条件下处于解离状态，能留在水相。

3. 结晶　在含有 27 万~30 万 U/ml 红霉素的乙酸丁酯提取液中加入 10% 丙酮，-5℃ 放置，使红霉素碱结晶析出。加液操作温度要低，因为红霉素在丙酮中随温度升高溶解度降低，如果加液温度高会形成结晶块状物，难于过滤。结晶产生后，可适当提高温度，减少母液中红霉素含量，使结晶完全。结晶经洗涤后可除去红霉素 C，得到红霉素碱。真空干燥，控制干燥温度在 70~80℃。

红霉素分子中脱氧氨基己糖的二甲基氨基可与酸形成盐，所以可在红霉素乙酸丁酯萃取液中直接制备红霉素盐，包括丙烯基红霉素十二烷基硫酸盐、红霉素氨基碘酸盐、红霉素乳酸盐及红霉素硫氰酸盐。如制备红霉素乳酸盐，可用乙酸丁酯（用量为发酵液体积的 15%~20%）在 pH 8~10 多次提取发酵液，得到高浓度萃取液；用无水硫酸钠除水，过滤除去硫酸钠；在滤液中慢慢加入乳酸-乙酸丁酯溶液，同时搅拌，直到 pH 达 5.1，形成白色乳酸盐结晶。结晶可在不超过 55℃ 的条件进行真空干燥。

重点小结

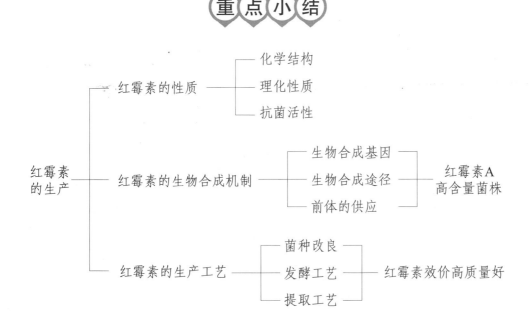

扫码"练一练"

? 思考题

1. 红霉素包括哪几种组分？哪种组分抗菌活性最高？

2. 采用哪种技术可获得提高红霉素 A 含量的菌种？

3. 在红霉素发酵过程中应如何控制条件，提高红霉素 A 的产量？

4. 溶剂萃取法提取红霉素的控制要点有哪些？

（夏焕章）

第十七章 阿卡波糖的生产

扫码"学一学"

学习目标

1. **掌握** 阿卡波糖的生产工艺。
2. **熟悉** 阿卡波糖生物合成代谢途径、杂质组分形成机制及调控方法。
3. **了解** 阿卡波糖治疗 2 型糖尿病的作用机制。

阿卡波糖（acarbose）是一种由放线菌产生的假四糖类化合物，分子中含有氨基糖苷结构。阿卡波糖作用于小肠刷状缘，能够竞争性抑制 α-淀粉酶、麦芽糖酶、蔗糖酶等 α-糖苷酶的活性，从而抑制人体对淀粉等的分解吸收，延缓餐后血糖升高，还能降低空腹血糖，可以用于 2 型糖尿病的治疗，并可以降低糖耐量减低（糖尿病前期）患者患糖尿病的风险。同时阿卡波糖对肥胖、动脉粥样硬化、胃炎、胃溃疡、龋齿也有很好的治疗效果。阿卡波糖于 20 世纪 70 年代由德国拜耳公司研究人员从游动放线菌（*Actinoplanes*）sp. SE50 发酵液中分离得到，是第一个用于临床治疗 2 型糖尿病的 α-葡萄糖苷酶抑制剂类药物，1990 年首先在德国上市（商品名 Glucobay，中文名拜唐苹），1994 年在我国批准注册上市，1995 年获美国 FDA 批准在美国上市。由于其高效、安全而得到广泛应用，已成为 2 型糖尿病的重要治疗药物，在我国阿卡波糖制剂年销售额已达 70 亿元以上。我国已实现阿卡波糖规模化生产，原料药大量出口，国产制剂市场占有率迅速提升。

第一节 阿卡波糖及其生产

一、阿卡波糖的结构与性质

1. 阿卡波糖的结构 阿卡波糖，O-{4,6-双脱氧-4-[[(1S,4R,5S,6S)-4,5,6-三羟基-3-(羟基甲基)-2-环己烯-1-1 基]氨基]-α-D-吡喃葡糖基-(1→4)-O-α-D-吡喃葡糖基-(1→4)-D-吡喃型葡萄糖}，是一种由放线菌合成的假四糖，与麦芽四糖的结构类似。从结构上看，阿卡波糖为天然 C_7N 氨基环多醇类化合物。阿卡波糖的核心结构是假二糖 acarviose，acarviose 通过 α-1,4 糖苷键与麦芽糖残基连接（图 17-1）。

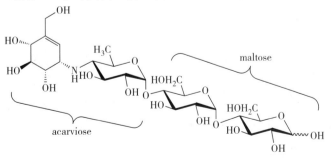

图 17-1 阿卡波糖化学结构式

2. 阿卡波糖的部分理化性质 阿卡波糖外观为白色或灰白色粉末，在水中极易溶解，20℃时在水中的溶解度为 1.4kg/L，在甲醇中溶解，在乙醇中极微溶，在丙酮、乙腈中不溶。pK_a 值为 5.1 和 12.39，分子式为 $C_{25}H_{43}NO_{18}$，分子量为 645.6，密度为 $1.7g/cm^3$，比旋光度 $[\alpha]_D^{18}$ 为+165°（0.4g/100ml 水）。

二、阿卡波糖的作用机制

2 型糖尿病（diabetes mellitus type 2，非胰岛素依赖型糖尿病）患者产生胰岛素抵抗，对胰岛素敏感性下降，血液中胰岛素增高以补偿其胰岛素抵抗，但相对高血糖而言，胰岛素分泌仍相对不足，临床表现为空腹血糖水平高。阿卡波糖口服后，作用于小肠刷状缘，其 acarviose 部位能够与 α-糖苷酶蛋白的活性中心特异性结合，竞争性抑制 α-糖苷酶活性，从而抑制人体对肠道内多糖、寡糖或双糖的分解吸收，减少体内糖原异生，延缓餐后血糖升高。餐后血糖水平降低能够缓解"葡萄糖毒性"，避免过度的胰岛素反应，从而抑制胰岛素分泌，改善胰岛素敏感性，降低胰岛素抵抗，使血糖维持良好状态。同时，阿卡波糖还能有效降低空腹血糖。

三、阿卡波糖的药物代谢动力学

口服后，阿卡波糖在体内不积累。在胃肠道内仅有 1%~2% 被肠道吸收，加上被消化酶和肠道细菌分解的部分，共占服药剂量的 35%。目前未发现阿卡波糖在体内有可测定到的代谢现象。在肠道内阿卡波糖可被消化酶和肠道细菌部分分解，其降解产物可于小肠下段被吸收。口服后阿卡波糖及其降解产物迅速完全地自尿中排出，服药剂量的 51% 在 96 小时内经粪便排出。

四、阿卡波糖的化学修饰

对阿卡波糖进行酶法修饰以获得抑制性能更好的衍生物是阿卡波糖研究的一个重要方向。Yoon 等通过环麦芽糖糊精葡萄糖基转移酶（cyclomaltodextrin glucanotransferase）将麦芽六糖、麦芽八糖、麦芽十糖结合在阿卡波糖 acarviose 中 C_7N 基团（valienamine）的 C4-OH 位置上，得到的衍生物对 α-淀粉酶抑制能力比阿卡波糖高出 1~3 个数量级。另外通过对还原端麦芽糖进行修饰也可以得到一系列阿卡波糖的衍生物。如 Yoon 和 Robyt 通过转糖基反应移除一分子 D-葡萄糖以后，得到的 acarviose-葡萄糖对酵母 α-葡萄糖苷酶的抑制作用比阿卡波糖提高了 430 倍。而 Nam 等用异麦芽糖取代阿卡波糖分子内的麦芽糖分子后，所得到的衍生物对猪胰淀粉酶的抑制能力是阿卡波糖的 15.2 倍。Lee 等用纤维二糖和乳糖取代阿卡波糖中的麦芽糖，所得到的衍生物能够对 β-葡萄糖苷酶和 β-半乳糖苷酶产生抑制作用。

五、阿卡波糖的生产方法

阿卡波糖的生产方法采用微生物发酵进行，也有化学合成法的报道，但由于原料来源有限、收率低、反应条件复杂、有效酮（valiolone）稳定性差等缺陷，化学合成法没有规模化应用。

1. 化学合成法 井冈霉素是由吸水链霉菌井冈变种（*Streptomyces hygroscopicus* var. Jinggangensis Yen）发酵所得的一种农用抗生素，经生物降解可以得到 validamine 和 valienamine，而后者可通过化学转化得到 valiolamine。valiolamine 脱氨基氧化生成 valiolone（有效酮），有效酮再在 pH 1~4 的条件下与 4-氨基-4,6-双脱氧麦芽三糖反应生成一种中间体，最后在 Na(CN)BH₃ 和 CeCl₃ 作用下将该中间体还原生成阿卡波糖（图 17-2）。

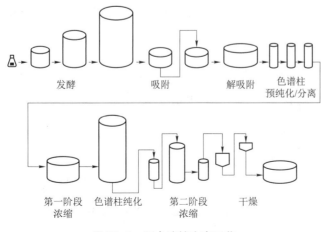

图 17-2　阿卡波糖的化学合成途径

由于原料 valiolamine 来自于井冈霉素，因而整个过程依赖于生物方法。同时，该方法生产阿卡波糖存在着收率低、反应条件复杂、有效酮稳定性差等缺陷，该技术没有规模化应用。

2. **微生物发酵法**　阿卡波糖是放线菌的次生代谢产物，能合成阿卡波糖的微生物包括游动放线菌 *Actinoplanes* sp.［*Actinoplanes utahensis* ZJB-08196，*Actinoplanes* sp. SE50/110（ATCC 31044）］和链霉菌 *Streptomyces glaucescens* GLA.O，其中 *Actinoplanes* sp. SE50/110 是 *Actinoplanes* sp. SE50（ATCC 31042）的自然变种，具有较高的阿卡波糖生产能力，目前工业化生产使用 A. *utahensis* ZJB-08196. *Actinoplanes* sp. SE50/110 及其突变株进行。发酵工艺为多级分批补料方式，发酵罐规模一般为 30~100m³，阿卡波糖提炼和精制主要采用离子交换技术，近年来也引入了膜分离技术。阿卡波糖生产工艺见图 17-3。

图 17-3　阿卡波糖生产工艺

281

六、阿卡波糖的生物合成途径

目前关于 *Actinoplanes* sp. SE50/110 中阿卡波糖生物合成途径已经基本研究清楚，发现了包含 25 个已知基因的 *acb* 基因簇调控和编码一系列与阿卡波糖合成、转运相关的酶（图 17-4）。按照 *acb* 基因簇编码的蛋白功能可将其分为三大类：阿卡波糖的生物合成相关基因 *acbAB* 和 *acbVUSRPIJKLMNOC*；转运相关基因 *acbWXY* 和 *acbFGH*；细胞外与 α-葡萄糖苷和阿卡波糖代谢相关的基因 *acbD*、*acbE* 和 *acbZ*。

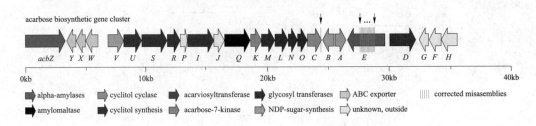

图 17-4 *Actinoplanes* sp. SE 50/110 阿卡波糖合成基因簇

阿卡波糖的生物合成一般分为三个步骤，即氨基环醇合成、4-氨基-4,6-双脱氧葡萄糖合成和阿卡波糖的合成（图 17-5）。

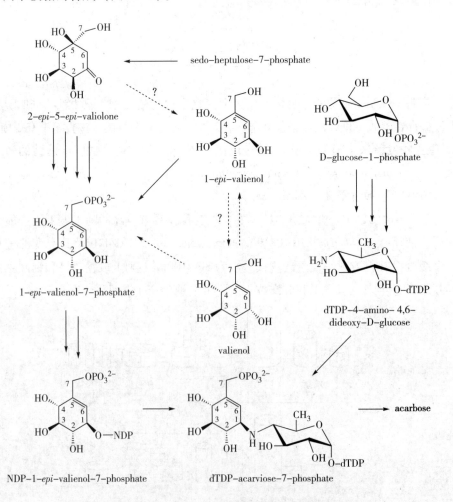

图 17-5 *Actinoplanes* sp. SE50/110 阿卡波糖的生物合成路径

氨基环醇的合成包括 6 个步骤：①在环化酶 AcbC 的作用下，7-P-景天庚糖（sedo-heptulose 7-P）分子内环化得到前体物质 2-epi-5-epi-valiolone，再磷酸化生成 2-epi-5-epi-valiolone-7-P；②在差向异构酶 AcbO（由 $acbO$ 编码）催化下，2-epi-5-epi-valiolone-7-P 发生异构生成 5-epi-valiolone-7-P；③在 NADH-依赖的脱氢酶（由 $acbL$ 编码）的作用下，5-epi-valiolone-7-PC-1 酮被还原生成 5-epi-valiolol-7-P；④在脱水酶（由 $acbN$ 编码）的作用下，5-epi-valiolone-7-P 脱水生成 1-epi-valienol-7-P；⑤1-epi-valienol-7-P 在 C-1 位被磷酸化生成 1-epi-valienol-1,7-diP，催化该反应的酶还没确定；⑥在 ADP-葡萄糖合酶 GlgC（由 $acbR$ 编码）作用下，1-epi-valienol-1,7-diP 核苷酸化生成 NDP-1-epi-valienol-7-P。

4-氨基-4,6-双脱氧葡萄糖的合成包括 3 个步骤：①在 dTDP-葡萄糖合酶 AcbA 的作用下，D-葡萄糖-1-P 生成 dTDP-D-葡萄糖；②在 dTDP-葡萄糖-4,6-脱水酶 AcbB 的作用下，dTDP-D-葡萄糖脱去一分子水生成 dTDP-4-酮-6-脱氧-葡萄糖；③在氨基转移酶 AcbV 的作用下，dTDP-4-酮-6-脱氧-葡萄糖生成 dTDP-4-氨基-4,6-双脱氧-葡萄糖。

阿卡波糖的合成包括 2 个步骤：①在糖基转移酶（可能由 $acbI$，$acbS$ 编码）的作用下，NDP-1-epi-valienol-7-P 和 dTDP-4-氨基-4,6-双脱氧-葡萄糖结合生成 dTDP-acarviose-7-P，dTDP-acarviose-7-P 还有可能再结合 1~2 个单糖基形成不同的类似物 dTDP-acarviose-7-P-Glc(n)；②在转运蛋白（由 $acbWXY$ 编码）的帮助下，dTDP-acarviose-7-P 以及结合了不同数目糖基的 dTDP-acarviose-7-P-Glc(n) 转移至细胞外，然后在 acarviosyl 转移酶（由 $acbD$ 编码）作用下与麦芽糖结合，生成阿卡波糖。同时，在这一过程中还生成了许多阿卡波糖的类似物。

$S.$ $glaucescens$ GLA. O 中负责阿卡波糖合成的 gac 基因簇与 $Actinoplanes$ sp. SE50 中的 acb 基因簇有很大的相似性，如同样存在一个被称为"carbophor cycle"的循环。但同时也存在着明显的不同之处，如 C_7N-环醇的合成路径与 $Actinoplanes$ sp. SE50 不同。

第二节　阿卡波糖的发酵工艺

阿卡波糖工业化生产采用 $Actinoplanes$ sp. SE50/110 及其突变株进行，为多级分批补料发酵，发酵罐规模 30~100m³。

一、生产菌种选育及保藏

（一）生产菌种

$Actinoplanes$ sp. SE50 属于放线菌目，游动放线菌科，游动放线菌属，该菌株基因组测序已于 2011 年完成（GenBank：CP003170）。革兰阳性，菌落中央隆起，粗糙，不规则，在某些培养基上可产浅黄色、绿黄色或棕色水溶性色素（图 17-6）。无气生菌丝，基生丝直径约 1mm，在短孢囊柄上产生浑圆孢囊，直径 4~10mm，表面不规则。孢囊孢子亚球形，直径 1.4~1.8mm，有鞭毛，能运动。细胞壁类型为 Ⅱ 型（$meso$-DAP，甘氨酸），全细胞糖类型 D 型（木糖和阿拉伯糖），肽聚糖 AⅠγ 型。

（二）生产菌种选育

阿卡波糖及其他糖苷酶抑制剂产生菌可以利用其抑制糖苷酶水解反应特性进行筛选。

a. 光学显微镜图；b、c. 电子显微镜图

图 17-6 *Actinoplanes* sp. SE50 平板菌落照片

如 α-淀粉酶可以催化 2-氯-4-硝基苯-α-半乳糖-麦芽糖苷（Gal-G2-α-CNP）水解，生成在 402nm 处有特征吸收峰的 2-氯-4-硝基苯酚（CNP）（图 17-7），当反应体系中阿卡波糖等 α-淀粉酶抑制剂存在时，水解反应被抑制，导致生成的 CNP 产量降低，通过与对照组对比，可以确定样品中是否存在 α-淀粉酶抑制剂，以及其含量的相对高低。Feng 等人根据这一原理建立了基于 CNP 显色反应的阿卡波糖高通量检测模型，结合低能离子束注入技术，实现了阿卡波糖高产突变株的高效筛选，获得了生产性状优良的阿卡波糖高产突变株。

图 17-7 Gal-G2-α-CNP 结构及其与 α-淀粉酶反应机制

目前阿卡波糖菌种改良采用常规诱变育种技术，主要利用紫外线辐照、微波辐照、低能离子束注入、亚硝基胍、硫酸二乙酯和亚硝酸等手段处理菌丝体或原生质体进行诱变，近年来也引入了基因组重排技术。

由于 *Actinoplanes* sp. SE50/110 游动孢子不易收集制备，诱变是对其菌丝体进行处理。在诱变处理前，需对菌丝体进行超声处理以将菌丝打断，并过滤除去未破碎的菌丝。为减轻筛选工作量，可以利用阿卡波糖的糖苷酶抑制剂活性进行初筛，用高效液相色谱进行复筛。

（三）生产菌种保藏

短期使用可以采用定期转接法，但长期多次传代培养会导致菌种衰退，可以采用 -80℃ 冷藏、液氮保藏或真空冷冻干燥保藏。

二、种子培养

生产过程中，保藏菌种先通过平板培养或摇瓶培养进行活化，培养基可以采用 CPC 培养基，组分（g/L）如下：蔗糖 30，蛋白胨 2，酪蛋白水解物 1，$K_2HPO_4 \cdot 3H_2O$ 1，KCl

0.5，MgSO₄·7H₂O 0.5，FeSO₄·7H₂O 0.1，pH 7.0。CPC 平板活化时 26~28℃下培养 48~72 小时。

挑取单菌落接种摇瓶种子培养基，其配方（g/L）如下：玉米淀粉 10，热榨黄豆饼粉 40，甘油 20，CaCO₃ 2，pH 7.0。培养条件为摇床转速 200r/min，在 28℃下培养 48~72 小时。然后转接种子罐，种子罐为机械搅拌发酵罐，种子培养可以多级进行，25~28℃培养 24~72 小时，培养接种量 1%~10%（V/V），通气量 1.0V/(V·min)左右。

三、发酵

工业化生产阿卡波糖使用 30~100m³ 机械搅拌罐进行，发酵培养基组分包括麦芽糖、葡萄糖、热榨黄豆饼粉、谷氨酸单钠、CaCO₃、CaCl₂、FeCl₃ 和 K₂HPO₄ 等。接种量 1%~10%，通风量 1.0V/(V·min)左右，发酵为高耗氧过程，要求保持一定的溶氧水平。阿卡波糖发酵同其他抗生素发酵一样，受培养条件影响较大，前体、发酵培养基组分、发酵条件等对阿卡波糖发酵都有显著的影响。

（一）培养基组分

1. 碳源　尽管 *Actinoplanes* sp. SE50 具有广泛的碳源适应性，其最适碳源为麦芽糖和葡萄糖。Lee 等发现阿卡波糖的麦芽糖基团来自于麦芽糖、麦芽三糖或较高分子的麦芽寡糖，添加麦芽糖比添加葡萄糖更有利于 *Actinoplanes* sp. SN223/29 生产阿卡波糖。Frommer 等发现只有添加麦芽提取物可以明显增加 *Actinoplanes* sp. SE50 阿卡波糖发酵水平。高敬红等发现葡萄糖和麦芽糖是 *Actinoplanes* sp. AC-17 发酵生产阿卡波糖的最适碳源，最适浓度分别为 5~10g/L 和 100~120g/L，二者的混合最适于阿卡波糖生产。姜玮等发现麦芽糖浓度保持在 6%~7% 可以促进 *Actinoplanes* sp. 合成阿卡波糖。Wang 等发现麦芽糖在 *Actinoplanes utahensis* ZJB-08196 阿卡波糖发酵过程中，可以作为碳源和阿卡波糖分子中的麦芽糖基团供体，也可以作为渗透压调节剂，保护细胞正常生理活动。因此，工业化生产中往往采用复合碳源，如麦芽糖、葡萄糖或者高麦芽糖浆等。

2. 氮源　*Actinoplanes* sp. 能利用多种氮源进行生长和发酵。其中，阿卡波糖分子中的 N 来自于谷氨酸。蛋白胨、酵母提取物、豆饼粉等有机氮源有利于阿卡波糖发酵。工业化生产往往采用复合氮源，如黄豆饼粉、酵母粉、玉米浆等。

（二）发酵条件

1. pH　*Actinoplanes* sp. 生产阿卡波糖过程中，其 pH 较稳定。不同菌株可能不同，有的菌种发酵过程中发酵液 pH 可能会先稍微下降后会升至 6.8~7.5 并维持稳定；有的菌种发酵液 pH 也是先下降后基本稳定在 6.6~6.8 之间。

2. 溶氧　阿卡波糖发酵是个高耗氧的过程，大型发酵罐发酵时，通气量一般在 1.0V/(V·min)左右，溶氧水平控制在 20% 以上。Li 等发现，DO 控制在 40%~50% 之间有利于 *Actinoplanes* sp. A56 生产阿卡波糖（图 17-8）。

3. 温度　*Actinoplanes* sp. SE50/110 最适生长温度为 24~32℃；其最适发酵温度为 28~30℃，但在生产过程中也发现，发酵温度降低至 22℃，发酵单位仍然能够提高。

4. 渗透压　阿卡波糖发酵培养基碳源、氮源含量高，渗透压较高，因此，渗透压对阿卡波糖发酵有着重要影响。Beunink 等发现培养液的渗透压值在 300~500mOsm/kg 之间有助于 *Actinoplanes* sp. SE50/110 生产阿卡波糖，其最适宜的渗透压为 400~450mOsm/kg。姜玮

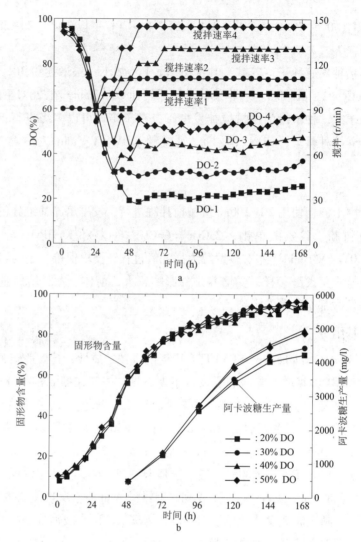

a. 溶氧变化曲线；b. 溶氧对细胞生长和阿卡波糖生产的影响曲线

图 17-8 30m³ 发酵罐上 *Actinoplanes* sp. A56 发酵过程中溶氧变化

发现 *Actinoplanes* sp. SE50/110 突变株 CKD485-16 最适宜的渗透压值为 500mOsm/kg，发酵水平达到 3200mg/L，提高了 39%。Cheng 等在 *Actinoplanes* sp. A56 发酵过程中采用渗透压分段控制技术（0~48 小时：250~300mOsm/kg；49~120 小时：450~500mOsm/kg；121~168 小时：250~300mOsm/kg）与恒渗透压技术（450~500mOsm/kg）相比，阿卡波糖发酵单位从 3431.9mg/L 提高到了 4132.8mg/L。Wang 等通过分批补料将渗透压控制在适宜范围时，*A. utahensis* ZJB-08196 阿卡波糖发酵水平达到 4878mg/L，较分批发酵提高了 15.9%（图 17-9）。

5. 前体和小分子信号物 加入小分子物质如井冈霉素降解产物 validamine（阿卡波糖前体）和 *S*-腺苷甲硫氨酸（SAM）可以促进阿卡波糖合成。Xue 等发现加入 20mg/L validamine 后，*A. utahensis* ZJB-08196 阿卡波糖产量从 3560mg/L 增加到 4950mg/L。通过进一步分批补料发酵，阿卡波糖产量达到 6606mg/L（图 17-10）。Sun 等发现加入 SAM 可以将 *A. utahensis* ZJB-08196 阿卡波糖产量提高 10%~30%（图 17-11）。

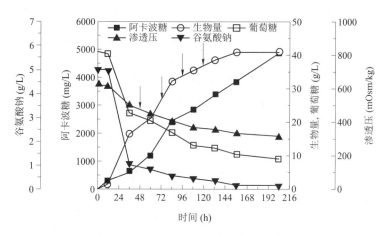

图 17-9 *A. utahensis* ZJB-08196 间歇补料发酵生产阿卡波糖过程曲线

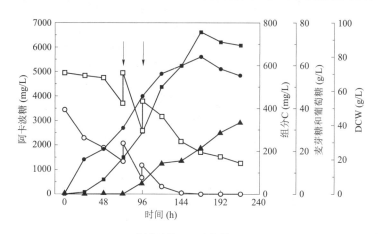

阿卡波糖■；麦芽糖□；

葡萄糖○；生物量●；组分 C▲；发酵条件：28℃，200r/min

图 17-10 加入 20mg/L validamine 后 *A. utahensis* ZJB-08196 发酵过程

（三）发酵动力学

阿卡波糖为次生代谢产物，属于产物形成与菌体生长部分偶联型。刘丽玲考察了 *A. utahensis* ZJB-08196 摇瓶发酵生产阿卡波糖的发酵动力学，其菌体生长动力学、产物生产动力学和底物消耗动力学模型用式 17-1、式 17-2、式 17-3 表示。

菌体生长动力学模型
$$\frac{dX}{dt} = 7.9 \times 10^{-2} X\left(1 - \frac{X}{29.05}\right) \tag{17-1}$$

产物生长动力学模型
$$\frac{dP}{dt} = -11.59 \times \frac{dX}{dt} + 1.13X \tag{17-2}$$

底物消耗动力学模型
$$-\frac{dS}{dt} = 1.2\frac{dX}{dt} + 7.2 \times 10^{-3}\frac{dP}{dt} \tag{17-3}$$

式中，S 为基质浓度，mmol/L；P 为产物阿卡波糖浓度，mg/L；X 为菌体浓度，g/L；t 为发酵时间，h。

（四）补料发酵

补料发酵是抗生素等微生物药物生产的常用技术，在阿卡波糖发酵过程中补加麦芽糖、葡萄糖、甘油等碳源和酵母提取物、黄豆饼粉等氮源可以显著提高阿卡波糖产量。因此，工业化生产大量采用分批补料发酵工艺。

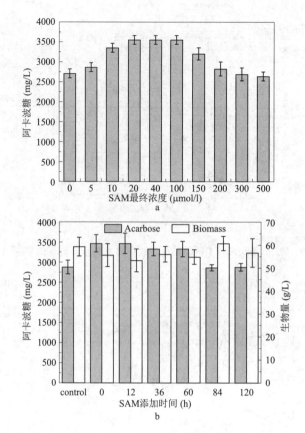

图 17-11　SAM 添加量（a）和添加时间（b）对 *A. utahensis*
ZJB-08196 阿卡波糖产量的影响

　　魏淑梅等通过多次补加麦芽糖和酵母提取物，*Actinoplanes* sp. AC-17 阿卡波糖发酵单位达到 3768mg/L。姜玮等通过补料和渗透压控制，50L 发酵罐上 *Actinoplanes* sp. 阿卡波糖发酵单位达到 3360mg/L，提高了 50% 以上。Wang 等通过分批补料控制渗透压，将 *A. utahensis* ZJB-08196 阿卡波糖发酵水平提高到 4878mg/L。Xue 等通过添加 validamine 和分批补料，将 *A. utahensis* ZJB-08196 阿卡波糖发酵单位提高到 6606mg/L。Li 等通过补料发酵，30m³ 发酵罐中 *Actinoplanes* sp. A56 阿卡波糖发酵单位达到 4132.8mg/L。周鲁谨等采取利用自动变速补料工艺，在 60m³ 发酵罐上阿卡波糖发酵水平较间歇补料方式和连续恒速补料方式分别提高了 2200mg/L 和 800mg/L。

四、先进控制系统应用

　　近年来，随着计算机技术、自动控制技术和分析测试技术的进步，先进控制系统已在阿卡波糖生产中得到应用。国内生产厂家在生产装置上面直接安装了基于 EPA 协议的现场变送器，取代了传统的模拟变送器，对于暂时无法开发的变送器，则在工程实施的过程中安装基于 EPA 协议的各种常规 IO 信号采集模块，将常规的模拟信号转换成符合 EPA 协议的数字信号接入整个 EPA 系统中，实现了数据的自动采集和处理。

五、发酵过程中杂质组分的控制

　　Actinoplanes sp. SE50 代谢产物中含有与阿卡波糖结构类似的多种代谢杂质组分（表 17-1），药典对其含量要求严格。由于其结构与阿卡波糖相似，尤其是组分 A 和组分 C，在后续的分离纯化过程中难以分开，导致提取步骤多，收率低，酸碱消耗量大。杂质组

分的形成可能与糖基转移酶有关。关于杂质组分的形成机制只有组分 C 研究的比较清楚（图 17-12），treY 基因编码的麦芽寡糖基海藻糖合成酶（TreY）在组分 C 的形成中起着主要作用。但杂质组分 A 及其他杂质组分的形成机制尚不清楚，pH 在 10 以上时，杂质 A 增加幅度较明显，组分 C 无明显变化。

表 17-1　阿卡波糖及其同系物结构

名称	结构
阿卡波糖	Ac-1,4-Glc-1,4-Glc
组分 A	Ac-1,4-Glc-1,4-Fru
组分 B	Ac-1,4-Glc-1,4-(1-epi-vlienol)
组分 C	Ac-1,4-Glc-1,1-Glc
组分 D	Ac-1,4-Glc-1,4-Man
组分 4a	Ac-1,4-Glc-1,4-Glc-1,4-Fru
组分 4b	Ac-1,4-Glc-1,4-Glc-1,4-Glc
组分 4c	Ac-1,4-Glc-1,4-Glc-1,1-Glc

注：Ac＝Acarviose，Glc＝葡萄糖，Fru＝果糖，Man＝甘露糖。

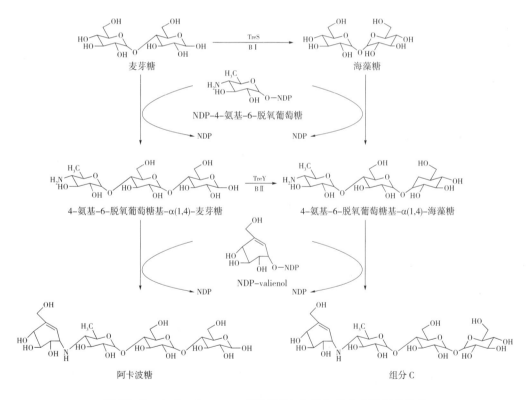

图 17-12　*Actinoplanes* sp. SN223/29 中组分 C 合成的相关途径

通过菌种改良、添加糖苷酶抑制物质、控制溶氧水平和放罐后低温预处理发酵液等措施可以降低杂质组分的含量。井冈霉素及其降解产物等的加入可以抑制 C 组分形成，如 Choi 和 Shin 发现加入 10μmol/L valienamine 可以将 C 组分含量减少 90% 以上（表 17-2）。张琴等利用紫外-亚硝基胍、硫酸二乙酯、亚硝酸组合诱变处理 *Actinoplanes* sp. LA-H6，得到一株突变株 SIPI-AK，其发酵液中组分 C 含量显著降低。Li 等通过渗透压分段控制技术，*Actinoplanes* sp. A56 发酵液中杂质组分 C 含量从 498.2mg/L 降低到 307.2mg/L。Xue 等在发酵过程中加入 20mg/L validamine 后，不仅提高了 *A. utahensis* ZJB-08196 阿卡波糖发酵水平，还降低了杂质组分 C 的含量，在分批发酵条件下，该菌株阿卡波糖产量从 3560mg/L 增加到 4950mg/L，而杂质组分 C 的含量则从 289mg/L 降到 107mg/L，分批补料发酵时，阿卡波糖产量达到 6606mg/L，而组分 C 含量只有 212mg/L（图 17-11）。黄隽等通过接合转移方法将同源重组片段导入 *Actinoplanes* sp.，经双交换将 *treY* 基因灭活，获得了 C 组分含量明显降低的突变株。

Zhao 等同样通过敲除 *Actinoplanes* sp. SE50/110 中的 *treY* 基因大幅度降低了组分 C 的形成。

表 17-2　10μmol/L valienamine 对阿卡波糖产量和组分 C 含量的影响

发酵液渗透压 (mOsm/kg)	阿卡波糖（mg/L）		组分 C（mg/L）	
	无抑制剂	valienamine	无抑制剂	valienamine
30L 发酵罐				
200	2530	2540	340	38
500	3054	3320	650	45
700	2430	2930	840	56
1500L 发酵罐				
200	2650	2590	350	37
500	3450	3490	680	43
700	2780	3210	880	52

何志勇等在阿卡波糖发酵中后期将溶氧水平控制在 80%~105%，发酵液中杂质组分 A 含量较未采取溶氧水平控制的对照下降近 60%，显著降低了杂质组分 A 的含量。周鲁谨等发现温度对预处理过程中杂质组分 A 含量有着显著的影响，控制温度可以抑制放罐后杂质组分 A 的形成。通过控制放罐后阿卡波糖料液在预处理阶段中的温度为 0~25℃，可以使料液中杂质组分 A 含量显著降低（表 17-3）。

表 17-3　料液温度变化时杂质组分 A 含量

料液	变温前		变温后	
	料液温度（℃）	杂质 A（%）	料液温度（℃）	杂质 A（%）
发酵液	20	1.03	30	1.31
滤液	19	1.04	31	1.65
去盐中和液	19	1.14	30	1.89
预层析浓缩液	12	1.21	32	2.11
纯化浓缩液	不控制温度	0.24	不控制温度	1.09

第三节　阿卡波糖的提取

阿卡波糖分子内的氮桥结构使阿卡波糖电离后形成带正电荷的离子，电离存在两级平衡，相应的 pK_a 值分别为 5.1 和 12.39（图 17-13），其电离方程如下所示，因此可以运用阳离子交换树脂工艺进行分离。工业化生产中主要采用阳离子交换技术提取阿卡波糖。

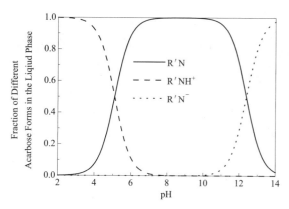

图 17-13 阿卡波糖在水相中的理论离子形式分布（298K）

两级电离方程如下。

$$R'-NH^+ \xleftrightarrow{pK_a^I=5.1} R'N+H^+$$
$$R'N \xleftrightarrow{pK_a^{II}=12.39} R'N^-+H^+$$

可以看到阿卡波糖在水相中存在三种粒子形式，$R'-NH^+$、$R'N$、$R'N^-$，所以不仅可以通过离子交换来吸附阿卡波糖，也可以通过化学吸附来达到分离。

阿卡波糖提炼流程一般如图 17-14 所示。

固液分离 → 脱盐 → 离子交换色谱 → 浓缩 → 纯化 → 干燥

图 17-14 阿卡波糖提炼一般流程

一、固液分离

阿卡波糖合成最后一步是在细胞外进行的，因此，细胞内不含阿卡波糖，只存在于发酵液中。在离子交换前需经过固液分离，除去菌丝体、凝固的蛋白质以及黄豆饼粉等固体。阿卡波糖工业化生产中固液分离一般采用板框压滤，操作时需加入硫酸铝等絮凝剂和硅藻土等助滤剂。阿卡波糖发酵液固液分离方式也可以用陶瓷膜等超滤膜进行处理。用 Ultra-Flo 超滤系统或管式微滤系统去除阿卡波糖发酵液中的菌丝体、可溶性蛋白、培养基及部分色素。通过低温储藏，可以抑制放罐后发酵液中杂质组分 A 的进一步形成。

二、脱盐

阿卡波糖的提炼和纯化主要通过阳离子交换技术进行，因此在使用阳离子交换树脂提炼前，需要对阿卡波糖滤液进行脱盐处理。工业化生产中，通常采用强阳离子交换树脂和弱阴离子树脂进行脱盐，降低滤液中的离子含量，同时可以去除大部分色素。该方法的优点是设备简单，工艺过程温度易于控制。但由于阿卡波糖分子上带弱阳离子的特点，在强阳离子交换树脂上会有吸附，造成部分产品损失。

也有通过膜分离技术进行滤液的脱盐处理。将超滤过滤得到的滤液经纳滤膜分离系统浓缩，并脱盐脱色，去除部分单糖、无机盐等小分子杂质。得到的浓缩液可进行离子交换色谱。

三、离子交换色谱

阿卡波糖分离纯化以离子交换色谱为主。经脱盐后的溶液用强阳离子交换树脂层析。阿卡波糖及其结构类似物一起被吸附于强阳离子交换树脂上，然后经过一系列不同梯度的盐酸洗脱，通过高效液相色谱检测洗脱液中阿卡波糖的组分含量，收集阿卡波糖组分含量

90%以上的洗脱部分，从而实现阿卡波糖与其他结构类似物分离的目的。洗脱液经阴离子交换树脂调节 pH 至中性。通过离子交换色谱得到的阿卡波糖粗品纯度为 80% 左右。

四、浓缩

阿卡波糖粗品在进一步纯化前，需要进行浓缩。工业化生产中，一般采用纳滤膜浓缩技术，纳滤可能需要多次进行，其优点在于浓缩过程中温度较低，能保证产品稳定，并且能耗低。工业化生产中也有采用传统的减压浓缩工艺，但其能耗较高。

五、纯化

离子交换色谱得到的阿卡波糖粗品还需要进一步纯化才能达到质量要求。工业化生产中，会通过弱阳性离子交换树脂、大孔吸附树脂等方式进行纯化，不纯的阿卡波糖在特定条件下通过以上两类树脂，可以得到纯度 95% 以上的阿卡波糖产品。也可通过乙醇沉淀、固定化亲和凝胶色谱等技术进行阿卡波糖的纯化，但限于成本较高，并未在国内的工业化生产中应用。

六、干燥

在工业化生产中，阿卡波糖的干燥技术一般采用较为成熟的喷雾干燥和冷冻干燥技术。经干燥去除溶液中的水分后，可得阿卡波糖最终的产品。

提炼技术实例一

Rauenbusch 等开发的阿卡波糖提炼工艺步骤包括：①向发酵液中加入酸型强酸性阳离子交换树脂和碱型弱碱性阴离子交换树脂的混合物吸附阿卡波糖，此过程有 80%~95% 的阿卡波糖结合在阳离子树脂上；②利用离心过滤机将树脂从发酵液和菌丝体中分离出来，可以用去离子水洗脱部分杂质；③用含一种以上阳离子的溶液洗脱吸附在强酸性阳离子树脂上的阿卡波糖；④用一组酸型强酸性阳离子交换树脂和碱性阴离子交换树脂处理洗脱液，吸附阿卡波糖及其结构类似物，经酸型强酸性阳离子交换树脂处理后，将流出液 pH 调到 3.0 以上，再用碱型阴离子交换树脂处理脱盐；⑤将脱盐的料液用酸型强酸性阳离子交换树脂处理，用 0.01~0.05mol/L 的无机酸进行梯度洗脱，收集含阿卡波糖的料液；⑥合并含阿卡波糖的洗脱液，调 pH 至 6.0~6.5，用碱型阴离子交换树脂处理，所得料液经真空浓缩、过滤灭菌、冷冻干燥或喷雾干燥，得到阿卡波糖产品。

提炼技术实例二

蒋林煜和林凌涛开发的阿卡波糖提炼技术步骤：阿卡波糖发酵液经一级膜（截流量 10 000~150 000Da）分离系统处理去除菌丝体、可溶性蛋白、培养基及部分色素，所得滤液经二级膜（截流量 5~500Da）分离系统进一步浓缩，并脱盐脱色，去除部分单糖、无机盐等小分子杂质。浓缩液中的阿卡波糖经预层析树脂和层析树脂吸附，梯度酸洗后得到高纯度阿卡波糖溶液，经纳滤膜（截流量 200Da）浓缩，喷雾干燥后得到产品，纯度达到 98% 以上。其工艺流程见图 17-15。阿卡波糖生产车间和制剂生产见图 17-16、图 17-17。

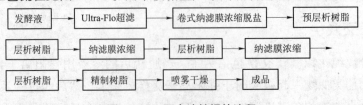

图 17-15 阿卡波糖提炼流程

图 17-16　阿卡波糖生产车间

图 17-17　阿卡波糖制剂生产

重点小结

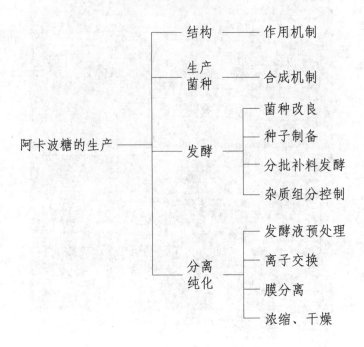

扫码"练一练"

思考题

1. 阿卡波糖治疗 2 型糖尿病的作用机制？

2. 阿卡波糖生产菌种及其生物合成途径是什么？

3. 阿卡波糖生产菌种改良方法有哪些？

4. 阿卡波糖分子中 N 原子和麦芽糖基团来源是什么？

5. 阿卡波糖发酵为何以分批补料为主？

6. 游动放线菌产阿卡波糖时会产生哪些结构类似物？其形成机制及控制措施如何？

7. 阿卡波糖分离纯化为什么常用离子交换技术？

8. 简述阿卡波糖发酵法生产流程。

9. 为什么阿卡波糖干燥处理要采用冷冻干燥或喷雾干燥？

（王远山）

第十八章 维生素的生产

扫码"学一学"

学习目标

1. **掌握** 维生素C的生产工艺。
2. **熟悉** 维生素C和维生素B_2的合成代谢途径及调控方法。
3. **了解** 维生素的功能和制备方法。

第一节 概 述

一、维生素的生物功能与分类

（一）维生素的生物功能

维生素（vitamin）是一系列有机化合物的统称，曾依音译，称作"维他命"。一般指动物体内不能合成，却为动物体代谢所必需的物质。维生素不产生能量，但会对生物体的新陈代谢起调节作用。体内各种维生素应维持一定的水平，如果缺乏某种维生素会导致严重的健康问题；适量摄取维生素可以保持身体强壮健康；过量摄取维生素却会导致中毒。

维生素是人体生命活动必需的营养物质，它主要以酶类的辅酶或辅基形式参与生物体内的各种生化代谢反应。维生素还是防治由于维生素不足或缺失而引起的各种疾病的首选药物。如维生素B族用于治疗神经炎、角膜炎等多种炎症；维生素C能刺激人体造血功能，增强机体的抗感染能力；维生素D是治疗佝偻病的重要药物。

（二）维生素的分类

现被列为维生素的物质约有30余种，其中被认为对维持人体健康和促进发育至关重要的有20余种。它们的结构各不相同，有些是醇、脂，有些是胺、酸，还有些是酚、醛。

化合物必须满足以下四个特点才可以称之为必需维生素：①外源性：动物体自身不可合成或合成量不足以满足生理所需（维生素D人体经紫外线照射可以合成，但是由于较重要且可能缺乏，仍被作为必需维生素），需要通过食物补充。②微量性：动物体所需量很少，但是可以发挥巨大作用，通常在体内扮演辅酶及辅因子的角色。③调节性：维生素必须能够调节人体新陈代谢或能量转变。④特异性：缺乏了某种维生素后，动物将呈现特有的病态。

维生素的种类很多，化学结构各异。一般按其溶解性质分为水溶性和脂溶性两大类。

1. **水溶性维生素** 能在水中溶解的一组维生素，包括维生素C、维生素B_1、维生素B_2、维生素PP、维生素B_6、泛酸、生物素、叶酸、维生素B_{12}和硫辛酸等。

2. **脂溶性抗生素** 溶于脂肪和有机溶剂（如苯、乙醚、三氯甲烷等）的一组维生素。常见的有维生素A、维生素D、维生素E、维生素K等。

二、维生素的来源与制备方法

（一）维生素的来源

不同动物对各种维生素需要及合成能力各有不同。植物一般有合成维生素的能力，微生物合成维生素的能力随其种属不同而不同。霉菌有合成大部分维生素的能力。多数哺乳动物皆可自行合成维生素 C 满足身体所需，但人类及天竺鼠则缺乏相关合成酶，只能从膳食中摄取。反刍动物虽无法合成维生素 B 群，但通过瘤胃微生物的帮助，可以得到维持生理所需维生素 B。

人体本身也能合成少量的维生素，如人体经皮肤吸收紫外线后，可以合成维生素 D_3。人体肠道微生物能合成并分泌一些维生素（如维生素 K、维生素 PP、生物素），但其量不足以满足人体所需。人体需要的维生素主要来源于食物，特别是蔬菜、水果以及动物组织等。

（二）维生素的制备方法

微生素的制备方法可以分为三类：天然产物提取法、化学合成法和发酵生产法。由于维生素是生物体产生的物质，因此理论上所有的维生素都可从天然产物中提取，如从动物、植物或微生物中提取。但从经济角度考虑，天然产物提取法不一定最经济，因此不同维生素的生产方式不同，三种生产方法都有应用于实际的报道。但化学合成法和发酵生产法是维生素生产的主流。

目前，由化学合成法生产的维生素有维生素 B_1、维生素 B_6、维生素 A、泛酸等，由微生物发酵法生产的维生素有维生素 C、维生素 B_2、维生素 B_{12}、胡萝卜素等。随着发酵技术的进步，更多的维生素生产逐渐放弃了化学合成法，而采用发酵法生产：如在维生素 B_2 的工业生产上，化学合成法和发酵法一直在相互竞争，近年来发酵法有取代化学法之势。

第二节　维生素 C

一、结构与性质

维生素 C（vitamin C）又称 L-抗坏血酸（L-ascorbic acid），化学名称是 L-2,3,5,6-四羟基-2-己烯基-γ-内酯（L-2,3,5,6-tetrahydroxy-2-hexenoic acid-γ- lactone），分子式为 $C_6H_8O_6$，分子量为 176.12。维生素 C 是无色、无臭的片状结晶体，熔点为 180~182℃；易溶于水、甘油和乙醇，不耐热，易被空气氧化，微量金属离子可加速其氧化。其化学结构有 L 型和 D 型 2 种异构体，只有 L 型有生理功能。维生素 C 在酸性溶液中较稳定。在水溶液中，还原型维生素 C 的烯醇式羟基的氢可解离出 H^+ 使水溶液呈酸性。

维生素 C 能参与人体内多种代谢过程，它在胶原蛋白合成中起作用，作为一些金属依赖性单加氧酶和双加氧酶催化的反应中的辅因子，并且可能参与细胞信号传导反应和转录因子活化，是人体内必需的营养成分。另外，它具有较强的还原能力，可作为抗氧化剂。维生素 C 缺乏会导致坏血病。维生素 C 用于生产维生素补充剂、化妆品和治疗制剂。它还广泛用于食品、饮料和动物饲料行业。

维生素 C 广泛存在于新鲜水果及绿叶蔬菜中。水果中枣、番石榴、猕猴桃、橘子、山楂、柠檬、沙棘含有丰富的维生素 C；蔬菜中绿叶蔬菜、辣椒、大蒜、菜花等维生素 C 含量较高。绝大多数动物都可以通过新陈代谢合成维生素 C，但人类、其他灵长类和豚鼠体内缺乏合成维生素 C 的酶类，因此不能自身合成，必须依靠食物供给。

二、工艺路线

维生素 C 的生产方法大致可分为 3 类，即化学合成法、化学合成结合生物合成法（也称为半合成法）和生物合成（发酵）法。

（一）化学合成法

1833 年，Reichstein 和 Ault 两个研究小组分别发表了维生素 C 化学合成的方法，但由于合成路线长、收率低，并没有实观工业化生产。

（二）化学合成与生物合成结合的方法

从 1837 年起，以 Reichstein 和 Grusener 的发明为基础，建立了从葡萄糖出发，用化学法结合发酵法生产维生素 C 的"莱氏法"（图 18-1）。从此维生素 C 进入了大规模工业化生产阶段。这一方法后经不断改进和完善，在世界范围得以 广泛应用。由于葡萄糖原料便宜且易得，中间化合物尤其是双丙酮-L-山梨糖的化学性质稳定，工艺流程不断改进及产品质量好等原因，"莱氏法"曾是世界几大制药公司采用的生产维生素 C 的方法。主要生产公司有瑞士的罗氏公司、日本的武田制药、德国的巴斯夫。

"莱氏法"（Reichstpin process）产维生素 C 的工艺路线如下。

该方法首先化学氢化 D-葡萄糖以形成 D-山梨糖醇。再由氧化葡萄糖酸杆菌（*Gluconobacter oxydans*）催化生物反应，将 D-山梨糖醇转化为 L-山梨糖。许多葡糖杆菌、醋酸杆菌具有催化 D-山梨醇转化为 L-山梨糖的能力。常用的微生物有弱氧化醋酸杆菌（*Acetobacter suboxydans*）、生黑葡糖杆菌（*Gluconobacter melanogenus*）等。该转化利用微生物系统，因为只有 L-异构体具有生物活性。微生物将 D-山梨糖醇转化 L-山梨糖后，由于氧化山梨糖时酮基比羟基更容易发生氧化反应，因此后续合成需要先丙酮化保护易反应基团，再在催化剂催化下发生氧化反应，最终得到酮古龙酸。即 L-山梨糖与丙酮缩合后，形成山梨糖-双丙酮，然后使用铂催化剂将其氧化成 2-酮基-L-古龙酸盐。2-酮基-L-古龙酸 烯醇化和内酯化后，得到 L-抗坏血酸，最终产率约为 50%。该工艺尚有许多缺点：工艺路线长，操作困难，不稳定性大，难以连续化操作，需使用大量的有毒、易燃易爆的化学药品且产出大量三废，而且对生产环境有严格的要求，生产过程有一定的危险且对环境易造成污染。因而，"莱氏法"已经越来越不能适应大规模维生素 C 工业生产的要求。

由于酶催化具有优异的区域选择性，因此科学家尝试选择合适的酶催化山梨糖直接氧化生成酮古龙酸。20 世纪 60 年代以来，各国科学家一直探索更好的维生素 C 生产方法，相继提出了许多反应路线。但真正成功地应用于生产实践的还是我国发明的两步发酵法，即采用不同的微生物进行两步微生物转化。第一步转化与莱氏法相同，将 D-山梨醇转化为 L-山梨糖，接着在微生物酶的催化下将山梨糖直接转化为 2-酮基-L-古龙酸（2-keto-L-gluonic acid，2-KLG）。此法使产品产量得到大幅度提高。反应过程如图 18-1 所示。

（三）生物合成法

研究维生素 C 生物合成过程和转化机制，不仅对生产中的菌种选育和发酵条件控制有指导作用，而且对研究一步发酵法生产维生素 C 具有理论指导意义。植物、大部分动物和一些微生物都能合成维生素 C，但不同生物体合成维生素 C 的途径有很大不同，合成维生素 C 使用的糖和糖醇也不相同。植物中维生素 C 合成包括 L-半乳糖途径和 L-古洛糖途径。脊椎动物

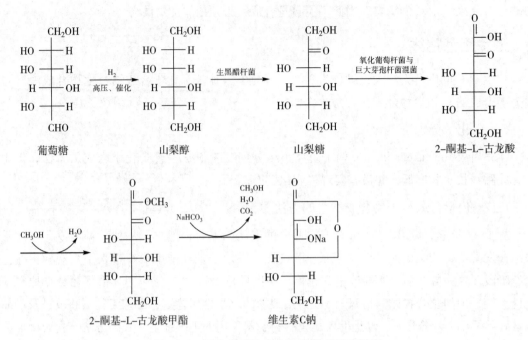

图 18-1 两步发酵法生产维生素 C 反应过程

使用 UDP-D-葡萄糖醛酸为底物，通过 NADP⁺ 依赖性醛还原酶将 D-葡糖醛酸还原为 L-古龙糖酸。然后内酯酶催化形成 L-古龙糖酸-1，4-内酯。L-古龙糖酸内酯氧化酶将 L-古龙糖-1，4-内酯氧化成 L-抗坏血酸。人类由于缺乏古龙糖酸氧化酶，因此不能合成维生素 C。

利用微生物直接将 D-葡萄糖转化为 2-酮基-L-古龙酸的一步发酵法，已提出的途径有 2 条（图 18-2）。

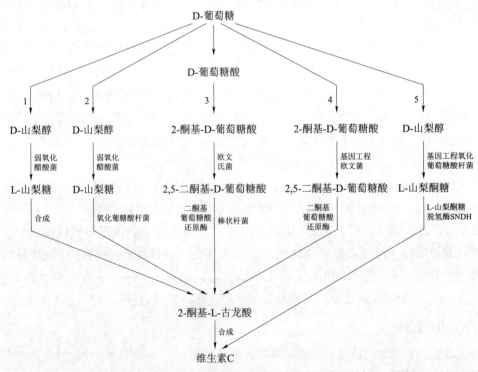

1. 莱氏法；2. 两步发酵法；3. 串联发酵法；4. 基因工程菌发酵生产酮古龙酸；
5. 基因工程氧化葡萄糖酸杆菌发酵生产维生素 C

图 18-2 利用微生物生产维生素 C 的各种合成途径

　　第 1 条是将欧文菌（*Erwinia sp.*）和棒状杆菌进行串联发酵（实质上也是两步发酵）。其转化过程是欧文菌先将葡萄糖转化成 2,5-二酮基-D-葡萄糖酸（2,5-diketo-D-gluconic acid，2，5-DKG），棒状杆菌再将 2,5-二酮基-D-葡萄糖酸转化为 2-酮基-L-古龙酸（2-KLG）。此发酵方法已研究成功。日本学者用欧文菌突变株，在以 D-葡萄糖为碳源，玉米浆为氮源，并加入碳酸钙的培养基中经过 26 小时发酵生成 2,5 -二酮基-D-葡萄糖酸液，产物对葡萄糖的转化率为 90%。然后在葡萄糖、玉米浆及微量元素组成的培养基中培养棒状杆菌（*Corynebacterium sp.*），当菌体增殖到最大值时，加入上述发酵所得的 2,5-二酮基-D-葡萄糖酸液，在 10m³ 发酵罐的放大试验中，转化率为 84%。

　　第 2 条是基因工程菌催化的一步发酵。一些细菌中存在 将 D-葡萄糖转化为 2，5-二脱氢-D-葡糖酸的酶，如欧文菌。利用基因工程技术将棒状杆菌 2,5-二酮基-D-葡萄糖酸还原酶基因在欧文菌（如 *Erwinia herbicola*、*Erwinia citreus*）中表达，构建获得基因工程欧文菌。该欧文菌能够催化葡萄糖转化成 2,5-二酮基-D-葡萄糖酸，但不能以 2，5-DKG 或者 2-KLG 为唯一碳源，即该菌种不能分解代谢 2，5-DKG 或者 2-KLG。构建获得的基因工程欧文菌可以直接将葡萄糖催化形成 2-酮基-L-古龙酸。最终，化学催化 2-酮基-L-古龙酸脱水为 L-抗坏血酸。

　　莱氏法、两步发酵法和上文提到的一步发酵法得到的产物 2-酮基-L-古龙酸仍需要化学转化形成维生素 C。而大部分生物可以合成维生素 C，这意味着这些生物可以直接将葡萄糖转化为维生素 C。研究发现，被用于生产 2-酮基古龙酸的氧化葡糖酸杆菌也含有催化 2-KLG 中间代谢产物山梨酮糖直接产生维生素 C 的山梨酮糖脱氢酶（SNDH），可以省去化学反应形成维生素 C 的步骤（图 18-2）。同时，氧化葡糖酸杆菌和其他乙酸菌细胞质中也含有一系列的催化山梨醇、山梨糖和山梨酮糖相互转化的脱氢酶系（图 18-3）。为了实现直接发酵生产维生素 C，帝斯曼公司（DSM）对利用氧化葡糖酸杆菌生产维生素 C 进行了大量的工作（表 18-1）。

表 18-1　氧化葡糖酸杆菌中不同的基因操作对维生素 C 的产量的影响

菌株	不同底物的维生素 C 产量（mg/L）		
	D-山梨醇	L-山梨糖	L-山梨酮糖
17078	180	360	2050
17078/*snd*H	750	760	3890
17078/Δ*sts*24	1460	1330	5210
17078/*snd*H↑Δ*sts*24	2400	2080	6770
17078			1300
17078/Δ*sms*05			1800
17078/*snd*H↑Δ*sms*05			6100
17078	240		
17078/*snd*H	640		
17078/*snd*H↑Δ*vcs*01	1100		
17078	180	360	2050
17078/*snd*H	750	760	2890
17078/Δ*vcs*08	650	1050	3810
17078/*snd*H↑Δ*vcs*08	1800	2440	6640

注：以三种底物分别孵育 20 小时得出维生素 C 产量。

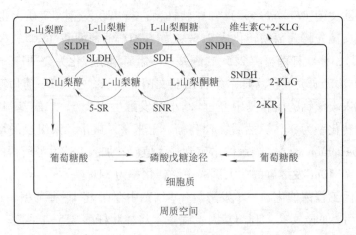

SLDH：D-山梨醇脱氢酶；SDH：L-山梨糖脱氢酶；SNDH：L-山梨酮糖脱氢酶；
SR：D-山梨醇还原酶；SNR：L-山梨糖还原酶；KR：2-酮基古龙酸还原酶

图18-3　氧化葡糖酸杆菌中山梨醇代谢途径

1. 通过增加催化合成维生素 C 的酶，能够提高维生素 C 产量。将含有山梨酮糖脱氢酶基因 *sndH* 的质粒转化入野生型菌株中，增加 *sndH* 的基因剂量，几乎使维生素 C 产量提高 1 倍，从 2.5g/L 提高到 4.2g/L。

2. 通过改变糖转运蛋白（STS）增加周质空间中底物的相对含量，能够增加维生素 C 的产量。维生素 C 合成的反应中间体（山梨醇、山梨糖、山梨酮糖）既可以在周质空间中被催化，也能被转运到细胞质中代谢（图18-3）。将维生素 C 合成的反应中间体转运入细胞质中将降低产物合成效率和产量，因此找到这些糖转运蛋白并降低它们的转运功能，能够增加维生素 C 产量。如将转运蛋白基因 *sts24* 在 *G. oxydans* DSM 17078 中阻断，维生素 C 产量得到了极大提高，甚至超过表达 *sndH* 基因的效果，使以山梨醇为底物生产维生素 C 的产量从 180mg/L 提高到 1460mg/L，将 *sndH* 基因过表达和 *sts24* 基因阻断两者相结合后产量进一步提高，提高至 2400mg/L。将细胞质中山梨糖等中间代谢物排出细胞质可能会提高维生素 C 产量，如将菌体中阿拉伯糖醇转运蛋白基因（*sts01*）的启动子替换为强启动子，同时表达 *sndH* 基因的工程菌株比只表达 *sndH* 基因的菌株维生素 C 产量提高了 20%。过表达 *sts18*、阻断 *sts22* 也使维生素 C 产量提高了至少 20%。

3. 改变山梨醇/山梨糖代谢系统蛋白（SMS）。减少细胞质中底物流向中心代谢途径的量也能够增加维生素 C 的产量，山梨酮糖流向中心代谢途径主要通过细胞质山梨酮糖脱氢酶（Sms05）催化，在 *G. oxydans* DSM 17078 中阻断 *sms05* 后维生素 C 产量也大幅提高（表18-1）。在其他的山梨醇/山梨糖代谢蛋白中，阻断 *sms02* 使维生素 C 产量提高 1 倍，阻断 *sms04*、过表达 *sms12*、过表达 *sms13*、过表达 *sms14* 都使维生素 C 产量提高了至少 20%。

4. 由于从葡萄糖合成维生素 C 涉及多步氧化还原反应，因此涉及呼吸链系统的蛋白（RCS）对维生素 C 的产量有重要影响。由于山梨酮糖还原酶为 PQQ 依赖型，为了增加辅因子 PQQ 的量，通过同源双交换将 PQQ 合成蛋白基因（*rcs21*）自身启动子替换为强启动子，过表达 *rcs21* 使过表达 *sndH* 基因的工程菌株维生素 C 产量又提高了 20%。分别过表达 *rcs23*、*rcs24*、*rcs25* 基因也使维生素 C 产量提高了 20% 以上。由于一些未知的原因，阻断甘露糖-1-磷酸胍基转移酶/磷酸甘露糖异构酶基因（*vcs01*）、谷氨酸天冬酰胺合成酶基因（*vcs08*）也使维生素 C 产量得到了提高。

从维生素 C 菌种改造可以看出，生物代谢是一个复杂网络，各产物间相互联系、相互影响，因此要提高某一产物的产量，通常需要对多个靶点进行工程化改造。其中除涉及产物合成的酶，底物和产物转运、代谢和呼吸链系统蛋白都与维生素 C 代谢相关，也影响到维生素 C 的产量。因此通过基因工程、代谢工程和合成生物学方法重新设计代谢网络，可以获得维生素 C 高产菌种。同时代谢网络的解析也为传统菌种选育和发酵控制提高维生素 C 产量提供了理论依据。

三、工艺过程

虽然直接发酵法生物合成维生素 C 是目前研究的热点，但由于两步发酵法具有较高的糖酸转化效率，生产工艺成熟、生产成本低，目前仍是世界上大规模工业化生产维生素 C 的主要方法。该生产工艺由我国最早研发成功，于 20 世纪 80 年代中期向瑞上 Hoffmann-La Roche 制药公司进行了技术转让。下面主要介绍维生素 C 两步发酵法的生产工艺过程。

1. 菌种　能催化 D-山梨醇转化为 L-山梨糖的菌种主要有：生黑醋酸杆菌、生黑葡萄糖酸杆菌和弱氧化醋酸杆菌。

能催化 L-山梨糖转化为 2-酮基-L-古龙酸的菌种为氧化葡萄糖酸杆菌（小菌），但由于小菌单独存活的能力很弱，需要和另外一种菌——巨大芽孢杆菌（*Bacillus megaterium*，大菌）混分培养才能够生长并产生 2-酮基-L-古龙酸。此外，某些假单胞菌（*Pseudomonas*）也能催化 L-山梨糖直接氧化为 2-酮基-L-古龙酸。

2. 发酵工艺

（1）第一步发酵　生黑醋酸杆菌经种子扩大培养，接入发酵罐。种子和发酵培养基的成分相似，主要包括山梨醇、玉米浆、酵母膏、碳酸钙等成分，pH 5.2~5.4，通气量 1：1V/（V·min），罐压 0.02~0.05MPa。山梨醇浓度控制在 24%~27%，培养温度 32℃，培养 50 小时。发酵结束后，发酵液经 70℃、20 分钟低温灭菌，灭菌标准为杀死黑醋菌而不破坏山梨糖。灭菌后发酵液移入第二步发酵罐作转化原料。D-山梨醇转化为 L-山梨糖的生物转化率达 98% 以上。

第一步发酵种子质量标准如下。

1）生黑醋酸杆菌斜面　斜面培养 2 天，色素较深，无杂菌，中型菌落，边缘整齐。

2）一级种子　培养时间 12~14 小时，测定培养基中山梨糖含量大于 80mg/ml；镜检无杂菌，菌丝均匀，染色深，革兰阴性、短杆菌。

3）二级种子　培养时间 6~8 小时，测定培养基中山梨糖含量大于 80mg/ml；镜检无杂菌，菌丝均匀，染色深，革兰阴性、短杆菌。

（2）第二步发酵　氧化葡萄糖酸杆菌和巨大芽孢杆菌混合培养。种子和发酵培养基的成分相似，主要有 L-山梨糖、玉米浆、尿素、碳酸钙、磷酸二氢钾等，pH 为 6.7~7.0，通气量 1：1V/（V·min），罐压 0.02~0.05MPa。大、小菌经二级种子扩大培养，接入含有泡敌的发酵罐中。29~30℃下通入大量无菌空气搅拌。培养过程中流加山梨糖，山梨糖生成酮古龙酸使发酵液 pH 下降。为使菌体正常生长代谢，从流加糖开始，流加 25% Na_2CO_3 调节 pH，使 pH 维持在 6.7~7.0。根据 pH 变化，调节流加碱的速度，直至发酵终点。50 小时左右结束发酵，放罐标准为培养基中残糖（山梨糖）含量小于 0.6mg/ml、产酸（2-酮基-L-古龙酸）大于 3mg/ml。目前工业生产中，酸含量能达到 12%，转化率可达 90%。发酵工艺流程见图 18-4。

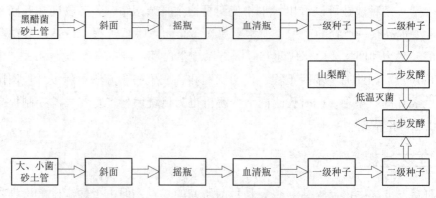

图 18-4 两步发酵法生产维生素 C 发酵工艺流程

第二步发酵种子质量标准如下。

1）斜面　大菌为巨大芽孢杆菌，革兰阳性菌；小菌为氧化葡萄糖酸杆菌，革兰阴性菌；斜面培养 4 天，大小菌有一定比例，放置时间小于 1 周。

2）一级种子　29℃培养时间 18~24 小时，产酸量大于 3mg/ml；镜检无杂菌，大小菌有一定比例，形态正常。

3）二级种子　培养时间 12~16 小时，产酸量大于 3mg/ml；镜检无杂菌，大小菌有一定比例，形态正常。

3. 提取工艺

（1）提取酮古龙酸　经两步发酵后，发酵液中含有 8% 左右的 2-酮基-L-古龙酸，同时含有菌体、蛋白质和悬浮的固体颗粒等杂质，常采用加热沉淀法、化学凝聚法、超滤法分离提纯。传统工艺是加热沉淀法，发酵液经静置沉降后通过 732 氢型离子交换树脂柱，除去大部分钠离子和蛋白，活性炭脱色后，上清液再次通过阳离子交换柱，真空浓缩，低温结晶后得到 2-酮基-L-古龙酸（图 18-5）。

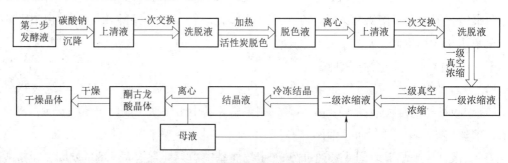

图 18-5 酮古龙酸晶体生产工艺流程

（2）化学转化 2-酮基-L-古龙酸为维生素 C　2-酮基-L-古龙酸经过酸转化法或碱转化法转化为维生素 C。碱转化法是国内生产维生素 C 厂家普遍采用的方法。目前碱转化法采用 2-酮基-L-古龙酸与甲醇反应生成 2-酮基-L-古龙酸甲酯，2-酮基-L-古龙酸甲酯在 $NaHCO_3$ 作用下发生内酯化反应生成维生素 C 钠盐，维生素 C 钠盐再经过树脂交换得到维生素 C。采用上述方法制备维生素 C 钠工艺简单，反应温度温和，但反应周期长，甲醇消耗高。

2-酮基-L-古龙酸在甲醇中用浓硫酸催化酯化生成 2-酮基-L-古龙酸甲酯，生产过程：反应罐中加入甲醇 3000L 和 2-酮基-L-古龙酸 1500kg 作为反应底物，23L H_2SO_4 作为催化剂进行酯化反应。反应温度 68℃，反应产生的水通过甲醇蒸发带出，流加甲醇，维持蒸发甲醇量和流加甲醇量相等，共流加甲醇 7500L，反应 8~10 小时。

酯化后降温至 40℃，加 NaHCO₃ 转化生成维生素 C 钠盐。

（3）维生素 C 的精制　加 50% H₂SO₄ 调 pH 至 2.1~2.3 进行酸化，温度维持在 40℃，反应 2 小时，打入静止罐分层。上层为维生素 C，下层为 Na₂SO₄。经脱色、结晶得到维生素 C 粗品。粗品经结晶精制得维生素 C 成品。流程如图 18-6 所示。

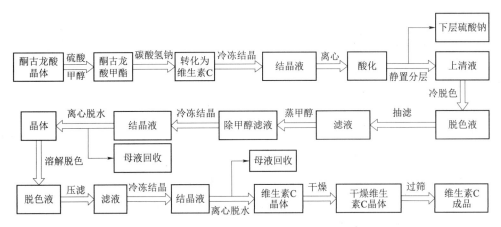

图 18-6　由酮古龙酸成产维生素 C 工艺流程

第三节　维生素 B₂

一、结构与性质

维生素 B₂（Vitamin B₂）又称核黄素，微溶于水，易溶于碱性溶液在中性或酸性溶液中热稳定。水溶液呈黄绿色荧光，在波长为 565nm、pH 4~8 时荧光最强。结构中异咯嗪上 1，10 位 N 存在活泼共轭双键，既可作氢供体，又可作氢受体。

在生物体内核黄素是以黄素腺嘌呤二核苷酸（FAD）和黄素单核苷酸（FMN）两种形式参与氧化还原反应，起到递氢的作用，是机体中一些重要的氧化还原酶的辅基。当缺乏时，影响机体的生物氧化，使代谢发生障碍。其病变多表现为口、眼和外生殖器部位的炎症，如口角炎、唇炎、舌炎、眼结膜炎和阴囊炎等，故本品可用于上述疾病的防治。

维生素 B₂ 是水溶性维生素，容易消化和吸收。体内维生素 B₂ 的储存是很有限的，超过肾阈即通过泌尿系统以游离形式排出体外，所以要以食物或营养补品来补充。维生素 B₂ 广泛存在于酵母、肝、肾、蛋、奶、大豆等。核黄素虽然广泛存在于动植物中，但因含量很低，不适宜采用从天然产物中提取的方法制备。而化学合成法步骤多，成本比微生物发酵法高，所以目前工业上维生素 B₂ 的生产主要采用微生物发酵法。

二、产生菌

能生物合成维生素 B₂ 的微生物包括某些细菌、酵母菌和霉菌。但真正能用于工业化生产的微生物种类不多；工业上使用的维生素 B₂ 产生菌主要有阿舒假囊酵母菌（*Eremotecium ashbyii*）和棉病囊霉菌（*Ashbya gossypii*）。经过菌种改良后，维生素 B₂ 生产水平可达到 7000~10000 U/ml，且产品质量好，成本低。

1890 年德国的 BASF 公司首先使用 *Ashbya gossypii* 作为生产菌种进行核黄素的商业化生产。经过 6 年的发展，他们最终用微生物发酵法完全取代了化学合成法。

随着分子生物学技术的发展，基因工程等先进技术已应用于核黄素生产菌种的育种。1990 年瑞士的 Roche 公司采用了基因工程菌种 *Bacillus subtilis* Marburg 168 用于维生素 B$_2$ 的生产，该菌种具有产量高、能耗低等优点，经济效益十分显著。我国的广济药业公司从国外引进了维生素 B$_2$ 的高产菌株枯草芽抱杆菌基因工程菌株，发酵水平可达 17 000 ~ 20 000 U/ml。

三、工艺过程

以阿舒假囊酵母为生产菌株，维生素 B$_2$ 的发酵生产采用三级发酵法。

（一）培养基

1. 斜面培养基　葡萄糖 2%、蛋白胨 0.1%、麦芽浸膏 0.5%、琼脂 2%、灭菌后用氢氧化钠溶液调 pH 至 6.5。

2. 发酵培养基　以植物油、葡萄糖、糖蜜或大米粉等作为主要碳源，植物油中以豆油对维生素 B$_2$ 产量提高的效果最为显著，有机氮源以蛋白胨、骨胶、鱼粉、玉米浆为主，无机盐有 NaCl、K$_2$HPO$_4$、MgSO$_4$。

如果采用少量的葡萄糖和一定数量的油脂作为混合碳源时，与无油培养基相比，维生素 B$_2$ 的产量可增加 4 倍。这可能是微生物对油脂的缓慢利用，解除了葡萄糖或其代谢产物对维生素 B$_2$ 生物合成的阻遏作用。在研究烷烃类化合物作碳源时，发现此时菌体合成的维生素 B$_2$ 易分泌到细胞外，这可能是烷烃类物质影响细胞膜和细胞壁结构的缘故。各种油脂与核黄素发酵单位间的关系见表 18-2。

表 18-2　各种油脂与维生素 B$_2$ 发酵单位间的关系

油脂名称	维生素 B$_2$ 相对产量（%）	油脂名称	维生素 B$_2$ 相对产量（%）
对照（无油）	100	棉籽油	480
玉米油	500	油菜籽油	420
亚麻籽油	490	豆油	510
橄榄油	540	猪油	440
花生油	490		

培养基中常用的氮源有蛋白胨、鱼粉、骨胶等有机氮源。其中蛋白胨的品种对维生素 B$_2$ 的产量有显著影响，见表 18-3。

表 18-3　不同蛋白胨对维生素 B$_2$ 发酵产量的影响

蛋白胨品种	维生素 B$_2$ 产量（mg/L）
动物组织的胰蛋白酶水解物	1529
酪蛋白的胰蛋白酶水解物	340
明胶的胰蛋白酶水解物	3620

（二）前体及刺激剂

由核黄素的生物合成途径可知（图 18-7），GTP 和 D-核酮糖 5-磷酸是核黄素合成的前体，因此发酵培养中添加鸟嘌呤、鸟嘌呤核苷酸或其他嘌呤类化合物作为前体对维生素 B$_2$ 的生物合成有促进作用。

表 18-4 嘌呤、核苷、核苷酸对维生素 B_2 产量的影响

添加物（75×10^{-4} mol/L）	维生素 B_2 相对产量（%）
不添加（对照）	100
黄嘌呤（xanthine）	130
黄嘌呤核苷（xanthosine）	100
次黄嘌呤（hypoxanthine）	115
次黄嘌呤核苷（inosine）	106
鸟嘌呤（guanine）	140
鸟嘌呤核苷（guanosine）	118
鸟苷酸（guanylic acid）	140
腺嘌呤（adenine）	121

（三）发酵工艺

维生素 B_2 的工业发酵一般为二级或三级发酵，种子扩大培养和发酵的通气量要求均比较高，通气量一般在 1.0V／（V·min），罐压 0.05MPa 左右，搅拌功率要求比较高。阿舒假囊酵母的最适生长温度在 28~30℃，种子培养 35~40 小时后接入发酵罐，发酵培养 40 小时后开始连续流加补糖，发酵液的 pH 控制在 5.4~6.2，发酵周期为 150~160 小时。

通气效率高低是影响维生素 B_2 产量的关键，通气效果好，可促进大量膨大菌体的形成，维生素 B_2 的产量迅速上升，同时可缩短发酵周期。因此认为大量膨大菌体的出 现是产量提高的生理指标。如在发酵后期补加一定量的油脂，能使菌体再生，形成第二代膨大菌体，可进一步提高产量。

（四）生物合成

核黄素的生物生物合成途径已经研究清楚（图 18-7）。一个核黄素分子的生物合成需要一个 GTP 分子和两个 D-核酮糖 5-磷酸分子作为底物。将 GTP 的咪唑环水解打开，得到4,5-二氨基嘧啶核苷酸，通过脱氨基、侧链还原和去磷酸化将其转化为 5-氨基-6-（D-核糖基氨基）尿嘧啶。5-氨基-6-（D-核糖基氨基）尿嘧啶与从 D-核酮糖 5-磷酸获得的 L-3,4-二羟基丁-2-酮 4-磷酸酯的缩合导致形成 6,7-Dimethyl-8-（D-ribityl）lumazine。两分子 6,7-Dimethyl-8-（D-ribityl）lumazine 在核黄素合成酶的催化下产生一分子核黄素和一分子 5-氨基-6-D-核糖基氨基）尿嘧啶，再与 L-3,4-二羟基丁-2-酮 4-磷酸酯缩合，循环参与核黄素的合成。

在大肠埃希菌和枯草芽孢杆菌中，几种双功能酶参与该途径。一种双功能酶催化 4,5-二氨基嘧啶核苷酸脱氨、还原两步反应。

生物合成途径的阐明为构建基因工程高产核黄素菌株打下基础，也为发酵工艺中前体补加提供了理论支撑。如根据生物合成途径可知，增加 GTP 和核酮糖-5 磷酸生物合成的前体供应，可增加维生素 B_2 的产量。而实验证实，鸟苷酸及其合成前体的补加确实能够显著提高微生物 B_2 的产量（表 18-4）。

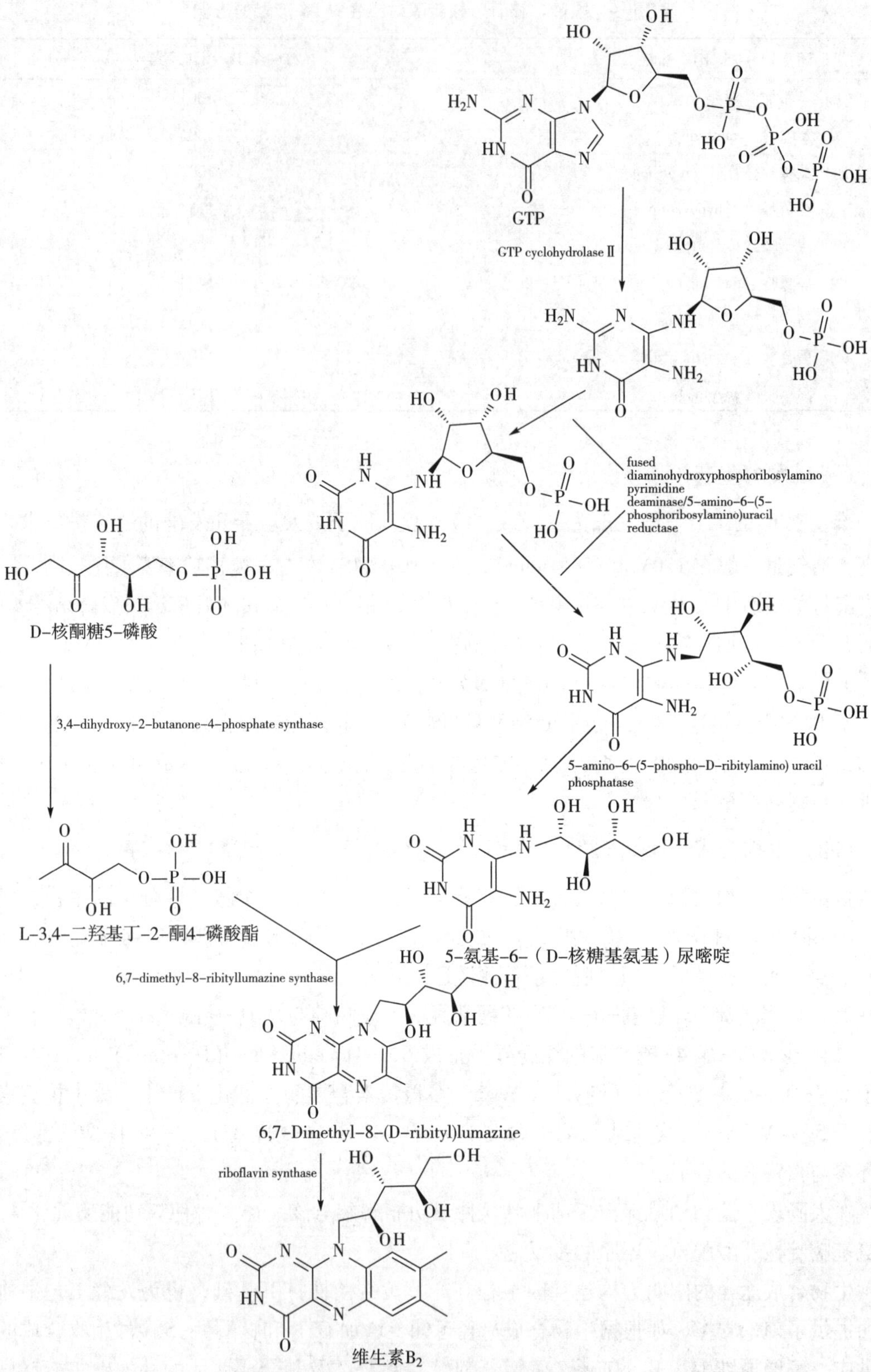

GTP

GTP cyclohydrolase Ⅱ

fused
diaminohydroxyphosphoribosylamino
pyrimidine
deaminase/5–amino–6–(5–
phosphoribosylamino)uracil
reductase

D–核酮糖5–磷酸

3,4–dihydroxy–2–butanone–4–phosphate synthase

5–amino–6–(5–phospho–D–ribitylamino) uracil
phosphatase

L–3,4–二羟基丁–2–酮4–磷酸酯

5–氨基–6–（D–核糖基氨基）尿嘧啶

6,7–dimethyl–8–ribityllumazine synthase

6,7–Dimethyl–8–(D–ribityl)lumazine

riboflavin synthase

维生素B₂

图 18–7　维生素 B₂ 生物合成途径

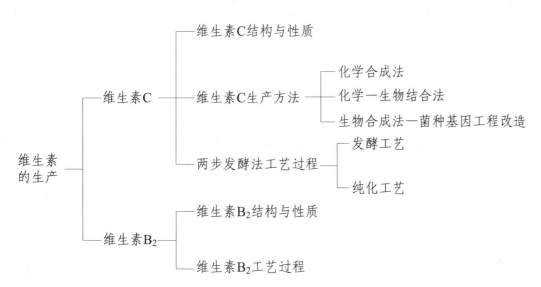

思考题

1. 维生素 C 的生产包括哪几种方法？各有什么特点？

2. 根据维生素 C 的代谢途径，如何通过理性设计提高维生素 C 生产菌种产量？

3. 两步发酵法生产维生素 C 时，如何纯化获得维生素 C？

4. 根据维生素 B₂ 的生物合成途径，如何设计培养基配方和补料工艺提高维生素 B₂ 的产量？

（倪现朴）

扫码"练一练"

参考文献

[1] 熊宗贵. 发酵工艺原理［M］. 北京：中国医药科技出版社，2011.

[2] 白秀峰. 发酵工艺学［M］. 北京：中国医药科技出版社，2009.

[3] 何建勇. 生物制药工艺学［M］. 北京：人民卫生出版社，2007.

[4] 王以光. 抗生素生物技术［M］. 2版. 北京：化学工业出版社，2019.

[5] 杨生玉，王刚，沈永红. 微生物生理学［M］. 北京：化学工业出版社，2007.

[6] 储炬，李友荣. 现代生物工艺学（上册）［M］. 上海：上海华东理工大学出版社，2007.

[7] 吴松刚. 微生物工程［M］. 北京：科学出版社，2004.

[8] 陈坚，堵国成. 发酵工程原理与技术［M］. 北京：化学工业出版社，2012.

[9] 吴梧桐. 生物制药工艺学［M］. 4版. 北京：中国医药科技出版社，2016.

[10] 夏焕章，熊宗贵. 生物技术制药［M］. 2版. 北京：高等教育出版社，2006.

[11] 俞俊棠. 新编生物工艺学［M］. 北京：化学工业出版社，2003.

[12] 戚以政. 生物反应工程［M］. 北京：化学工业出版社，2004.

[13] 臧荣春. 微生物动力学模型［M］. 北京：化学工业出版社，2004.

[14] 张嗣良. 发酵工程原理［M］. 北京：高等教育出版社，2013.

[15] 张嗣良，储炬. 多尺度微生物过程优化［M］. 北京：化学工业出版社，2003.

[16] 史仲平，潘丰. 发酵过程解析、控制与检测技术［M］. 北京：化学工业出版社，2010.

[17] 黎亮，张嗣良，庄英萍，等. 在线质谱仪在工业发酵过程优化与放大中的应用［J］. 分析仪器，2012，4：103-105.

[18] Li L, Wang ZJ, Chen XJ, et al. Optimization of polyhydroxyalkanoates fermentations with on-line capacitance measurement［J］. Bioresource Technology, 2014, 156：216-221.

[19] 余龙江. 发酵工程原理与技术［M］. 北京：高等教育出版社，2016.

[20] 李校堃. 生物制药理论与应用［M］. 北京：高等教育出版社，2013.

[21] Zou X, Hang HF, Chu J, et al. Oxygen uptake rate optimization with nitrogen regulation for erythromycin production and scale-up from 50L to 372m^3 scale［J］. Bioresource Technology, 2009, 100：1406-1412.

[22] Zou X, Xia JY, Chu J, et a. Real-time fluid dynamics investigation and physiological response for erythromycin fermentation scale-up from 50L to 132m^3 fermenter［J］. Bioprocess Biosyst Eng, 2012, 35：789-800.

[23] 梅乐和，姚善泾，林东强. 生化生产工艺学［M］. 2版. 北京：科学出版社，2018.

[24] 曹军卫. 简明微生物工程［M］. 北京：科学出版社，2008.

[25] 邱立友. 发酵工程与设备［M］. 北京：中国农业出版社，2008.